북한의 군사

북한학총서
북한의 새인식 ④

북한의 군사

북한연구학회 편

景仁文化社

■ 발간사

통일연구원 선임연구위원

북한연구학회가 출범한 지도 벌써 10년이 지났다. 세월은 유수같이 빠르고, 10년이면 강산도 변한다는 데, 10여 년 전에는 40대 초반의 중년의 나이로 학계를 누볐던 학자들이 이제는 머리가 희끗희끗하고 중후한 50대 초반의 학자들로 변모하였다. 그래도 연구활동을 묵묵하게 하고 있는 모습을 보면, 여전한 연구열에 감탄하곤 한다.

10여 년의 세월이 흐르면서 북한학계는 눈부시게 발전하였다. 남북관계의 변화만큼 북한학계 또한 변화했고, 양적인 면이나 질적인 면에서 비교할 수 없을 만큼 장족의 발전을 이룩하였다. 우선 북한연구학회 회원만 해도 400여 명 가까이 증대하였고, 새로운 시각으로 쓰여진 학위논문과 학술논문, 단행본 등이 수백 편에 이르고 있다. 특히 사회문화, 여성, 무용, 가족, 과학, 체육 분야 등에서도 연구성과물이 나오면서 북한학 연구의 다양성이 확보되었다. 북한을 정치군사, 경제적 측면에서만 주로 분석·전망하는 한계를 벗어나 다양한 관점에서 분석·전망할 수 있는 터전이 마련된 셈이다. 앞으로도 더욱 다양한 분야에서 연구 성과물들이 쏟아져 나올 것으로 기대된다. 아울러 우수한 신진학자들이 많이 배출되어 북한학 연구의 저변이 확보됨으로써 북한학의 명맥을 유지할 수 있게 되었고, 통일에 대비한 인적 집단이 충분히 확보됨으로써 통일 이전이나 이후의 문제점, 특히 통일후유증을 최소화할 수 있게 되었다.

사실 1989년 을유문화사가 12권의 북한학 총서를 간행한 이후 이렇다할 북한연구 총서가 나오지 않아 일반인이나 전문가들의 아쉬움이 컸었다. 이러한 기대가 오늘날 『북한의 새인식』(전 10권)이라는 총서가 나오게 된 배경이 되었다. 솔직히 처음 시작할 때는 제대로 책이 나올까 하는 두려움도 없지 않았지만 훌륭한 동료, 후배들의 격려에 힘입어 끝까지 출판을 마무리 할 수 있었다. 책이 나오게 된 지금에 와서 돌아보니, 『북한의 새인식』 총서 10권의 출판이 북한학의 역사에도 크게 기여하게 되리라는 자부심이 일을 끝까지 마무리할 수 있었던 큰 힘이 아니었나 생각된다.

이 자리를 빌어 모든 난관을 참고 견뎌준 편집책임자 정영철 박사를 비롯해 전영선·이무철·신효숙·고재홍 박사님들께 감사를 드린다. 그리고 출판계의 어려움에도 불구하고 별 이익도 없는 사업에 흔쾌히 출판을 맡아준 경인문화사 한정희 사장님께 감사드린다. 특히 출판의 타당성을 놓고 망설이고 있을 때 자신감을 불어 넣어준 유영구·정창현 선생에게 무한한 감사를 드린다. 아울러 많은 실무자들이 일을 할 수 있도록 물심양면으로 도와준 최준택 차장님, 정세현·박영규·라종억 박사님들께도 사의를 표한다. 아울러 총서 출간을 위해 지원을 마다하지 않은 미래에셋 최현만 사장님께도 감사드린다. 마지막으로 집필자 선정을 위해 시간을 아끼지 않으신 북한연구학회의 정규섭·고유환·김근식·이기동 박사님들께 감사드린다.

아쉬운 것은 수 천편의 책과 글 중에서 110여 편의 글과 110여 명의 필자들만이 선정되어 좋은 글과 필자들이 많이 빠졌다는 점이다. 여러 가지 이유로 여기에 실리지 못한 연구자들에 대해서는 죄송한 마음을 금할 길이 없다. 지면관계상 또는 필자별·분야별로 안배를 하다보니 많은 우수한 논문들과 필자들이 빠지게 되었다. 다음에 이러한 기회가 있을 때는 보다 정교한 선정작업이 이루어져 모든 글들이 실리기를 바란다. 다시 한번 총서가 나오기까지 물심양면으로 도와주신 수많은 선배·동료·후배님들에게 감사의 마음을 전하고, 이 총서가 수많은 초학자는 물론 기존 연구자들에게도 북한 연구의 좋은 길잡이가 되기를 바라면서 발간사를 가름한다.

2006년 11월
북한연구학회장 **전 현 준**

■ 추천사

동국대학교 교수

북한연구학회가 창립 10주년을 맞아 북한학 총서『북한의 새인식』(전 10권)을 출간하는 것은 대단히 뜻 깊은 일이다. 학회 창립의 산파역을 맡아 동분서주하던 일이 엊그제 같은 데, 벌써 10년의 세월이 흘렀다. 그 동안 학회는 장족의 발전 속에 북한, 남북관계 등의 영역에서 많은 연구 성과를 거뒀다. 총서 10권을 출간함으로써 이제 학회는 단단한 반석 위에 섰다 하겠다.

사실 북한학 총서는 지난 1989년 을유문화사에서『북한의 인식』(전 12권)으로 출간된 적이 있었다. 당시의 북한학 총서는 북한 연구의 척박한 현실을 반영하듯, 북한에 대한 각 분야의 소개에 그친 점이 없지 않다. 그럼에도 당시의『북한의 인식』은 연구자들에게 많은 영향을 미쳤고, 상당한 성과를 거두었다. 그로부터 약 17년의 시간이 흐른 뒤, 남북한은 물론 남북관계에도 많은 변화가 있었다. 가장 큰 변화는 2000년 정상회담과 '6·15 공동선언'의 발표라고 할 수 있다. 이로부터 약 6년의 시간동안 남북한은 과거의 대립과 갈등을 지양하고, 평화와 공존, 번영을 위한 여러 분야에서의 협력을 진척시켜왔다. 그 결과 이제 남북한간에는 무역액 10억 달러 이상, 연간 교류 인원 10만 명을 웃도는 관계 진전을 이루었다. 북한 연구도 이러한 시대적 조류에 맞게 많은 발전을 이룩하였다. 과거 정치와 경제, 군사부문에 한정되던 연구 주제들이 사회, 여성, 가족, 교육, 문화, 과학기술, 외교 등으로 확장되었고, 연구의 질도 심화되었다. 이러한 조건에서 북한학 총서의 발간은 북한학의 새로운 단계로의 발전을 위한 시의 적절한 기획이고, 앞으로의 발전을 위한 단단한 초석이라고 할 수 있겠다.

총 114편의 논문으로 구성된 이번의 총서는 북한의 정치·경제·사회·문화 등 모든 영역을 망라한 국내외 최초의 대규모 기획이다.

1권 '북한의 정치 1'에서 10권 '북한의 통일외교'에 이르기까지 북한 연구의 중요한 주제들을 모두 포괄하고 있다. 필진 역시 원로 학자에서부터 소장 학자에 이르기까지 국내 북한학 연구 인재들을 총망라하였다. 각각의 논문을 그 분야 전문 연구자가 집필함으로써 총서의 무게감을 더한 것도 큰 성과라 할 수 있다. 이러한 성과는 그동안 북한학 연구자들의 저변이 확대된 현실과 그 연구의 질적 심화의 과정을 그대로 보여주고 있는 고무적인 현상이다.

    연구사적 차원에서도 총서 발간으로 이제 국내 북한 연구는 한 획을 그었다고 할 수 있다. 탈냉전 이후 북한 연구를 집대성한 최초이자 최대의 성과이기 때문이다. 이 성과를 바탕으로 학회 창립 20주년이 되는 2016년에는 북한학과 통일학을 망라한 총서 20권의 출간을 기대한다. 북한 연구의 지평을 넓힌 북한학 총서는 북한학 연구에 관심 있는 모든 연구자와 학생들에게 길잡이로서 손색이 없다. 관심 있는 모든 이들에게 일독을 권하는 바이다.

    끝으로 총서 발간을 기획하고 출간을 가능케 한 전현준 회장과 출판을 위해 수고한 연구자들에게 감사를 표하는 바이다.

2006년 11월
북한연구학회 고문을 대표하여
강 성 윤

■ 추천사

통일부 장관

북한연구는 우리 사회의 북한에 대한 인식의 거울이라고 할 수 있습니다. 남북관계의 변화만큼이나 우리의 북한에 대한 이해의 방향과 깊이도 많이 변화되어 왔기 때문입니다.

냉전시기 북한에 대한 연구는 이데올로기적 가치판단에 따라 실증적·과학적 연구가 크게 제약되었고, 그 결과 학문성 자체까지도 의심을 받아온 것이 사실입니다.

그러나 이제 그 시대는 지나갔습니다. 1980년대 후반 한국 사회의 민주화와 세계냉전의 붕괴는 북한 연구에 있어서도 큰 영향을 미쳤습니다. 이데올로기적 편견의 탈피, 실사구시의 강조, 객관적 비교연구, 이런 것들이 북한 연구에서도 본격적으로 나타나기 시작했습니다.

북한연구학회의 창립도 이러한 시대적 흐름과 궤를 같이 하고 있다고 봅니다.

북한연구학회는 지난 1996년 출범한 이래 객관적·실증적이고 학제적인 북한 연구를 통해 북한에 대한 새로운 시각을 제시하는데 앞장서 왔습니다.

이러한 노력의 연장선상에서 북한연구학회 창립 10주년을 맞아 발간한 『북한의 새인식』(전 10권)은 그간의 북한 연구의 결정체이자 국내 북한 연구자들의 땀과 노력이 빚어낸 값진 쾌거입니다.

북한 연구는 다른 연구와 달리 3중고에 시달리고 있습니다. 이분법적 이념의 편견이 여전히 남아 있고, 공신력있는 1차 자료를 획득하는 것이 불가능한 경우가 많고, 경험적이고 실증적인 현장연구가 상당히 제약되어 있다는 것입니다.

『북한의 새인식』은 이러한 3중고 속에서도 북한의 실체에 최대한 가까이 접근하고자 한 학자적 소신과 열정이 녹아 있습니다.

이 10권의 총서는 이러한 어려움 속에서도 북한의 정치·경제·사회문화 등 제반 분야의 과거와 현재, 나아가 미래까지를 아우르고 있다는 점에서 북한 연구에 있어 매우 귀중한 자산이 될 것으로 평가합니다.

북한을 이해한다는 것은 우리 자신을 보다 잘 이해하는 것입니다. 60년간 잊고 있었던 우리의 반쪽을 알아가는 과정입니다.

북한을 정확히 아는 것은 진정한 통일을 위한 첫걸음이기도 합니다. 남북이 하나의 공동체로 나아가기 위해서는 서로에 대해 있는 그대로 인식하는 것이 무엇보다 중요하며, 그러한 바탕 위에서 남북간에 차이를 좁히고 동질감을 확산시키는 부단한 노력이 이루어져야 할 것입니다.

그동안 이 총서가 발간되기까지 많은 수고를 아끼지 않으신 전현준 북한연구학회장을 비롯한 출판 관계자 여러분의 열정과 노고를 높이 평가하며 경의를 표합니다.

이 총서가 북한과 통일에 대해 연구하는 내외의 학자들에게는 소중한 나침반이 되고, 대북정책을 추진하고 있는 정부의 실무자에게는 정책을 수립하고 집행하는 데 있어 유용한 참고서가 될 것입니다.

그리고 일반인에게는 편견없이 북한을 바라볼 수 있는 진솔한 설명서가 될 것으로 기대합니다.

2006년 11월
통일부 장관
이 종 석

■ 추천사

전 통일부 장관

1989년에 국내 한 출판사가『북한의 인식』(을유문화사)이라는 북한학 총서 12권을 출간한 이후, 17년 만에 북한연구학회가『북한의 새인식』총서 10권을 출간하게 되었다. 북한연구학회 회원인 114명의 학자들이 집필한 대작大作이다. 북한에 관한 한 다루지 않은 문제가 거의 없는 것 같다. 먼저 이러한 방대한 연구사업을 기획하고 추진해 온 전현준全賢俊 회장을 비롯한 북한연구학회 임원진의 추진력과 노고에 대해 경의를 표한다.

1989년을 전후해서 북한은 매우 어려운 상황에 처해 있었다. 남북간 체제경쟁은 사실상 오래전에 결판이 났고, 중국의 개혁・개방과 소련의 페레스트로이카・글라스노스트가 속도를 내면서 국제정세가 탈냉전 방향으로 발전하는 동시에 사회주의권은 붕괴되는 상황이었다. 체제생존이 위협받는 상황에서 북한 나름의 자구自救를 위한 노력이 시작되었다. 북한의 모습과 실체가 작은 변화나마 시작했었다는 점에서 1989년에 국내 출판사가 출간한『북한의 인식』이라는 총서는 북한에 대한 지식과 정보의 갈증을 느끼던 사람들에게 매우 유익한 길잡이 역할을 했다고 본다.

그로부터 17년이라는 시간이 흐르는 동안 국제정세도 변했지만, 남북관계는 가히 '극적인 변화'라고 할 수 있을 정도로 변했다. 남북 정상회담 이후 남북관계가 빠른 속도로 개선되면서 북한도 다른 사회주의국가들처럼 개방・개혁을 시작했고, 북한주민들의 대남인식과 북한사회의 변화도 감지되고 있다. 북한을 제대로 알아야 한반도 평화와 남북관계 개선을 위한 올바른 인식과 정책대안이 나올 수 있다는 점에서 17년 전의 북한학 총서를 수정・보완할 필요는 충분히 있다. 그때의 총서가 당시로서는 훌륭한 역할을 했지만, 최근의 변화 상황까지 설명할 수는 없기 때문이다.

21세기를 맞이하여 북한도 새로운 시각과 관점에서 살 길을 찾고 있다. 변하고 있는 북한을 분석하고 평가하는 데도 새로운 시각과 관점이 필요하게 되었다. 그런데 매사에 지속(continuity)과 변화(change)가 공존하기 때문에 변화의 요소를 보면서도 지속의 요소를 놓쳐서는 안 된다.

이번에 북한연구학회의 북한학총서를 집필한 학자들 중 상당수는 1990년대에 박사학위를 받고 대학과 연구기관에서 가르치고 연구해온 신진학자들이다. 그러나 집필진에는 원로학자도 있고 중진학자도 적지 않다. 신진학자들과 원로·중진이 함께 토의하고 분야를 나누어 집필하여 하나의 총서로 꾸몄으니, 집필진 구성면에서 노老·장壯·청靑 3결합이 조화롭게 이루어진 셈이다. 북한연구학회가 출간하는 총서『북한의 새인식』은 변화된 상황에 맞게 적시에 출간되기 때문에 의미가 크지만, 북한에 대해서 가질 수 있는 편견을 극복하고 북한 실체에 더 가까이 다가갈 수 있도록 집필진이 구성되었다는 점에서도 주목을 받을만하다고 본다.

다시 한 번 북한연구학회의『북한의 새인식』총서 출간을 축하하면서, 북한문제에 관심 있는 분들, 특히 통일 후계세대들에게 이 책을 추천하고자 한다.

2006년 11월
북한연구학회 명예고문을 대표하여
丁 世 鉉

<차 례>

□ 발간사
□ 추천사

서 문
□ 북한 군사학의 종합학문으로의 발전을 위하여 〈강신창〉　｜　1

제1부 북한군의 형성과 발전
□ 조선인민군의 형성과 발전 〈최완규〉　｜　7
   1. 서　론 ··· 7
   2. 조선인민군의 형성과 발전 ······································· 10
   3. 초기 조선인민군의 발전과정과 당·군 관계 ················ 24
   4. 결　론 ··· 42

□ 선군정치하 북한군 역할과 위상 변화 〈백승주〉　｜　53
   1. 서　론 ··· 53
   2. 선군정치론 발표의 배경과 내용 ································ 55
   3. 군 역할과 위상 변화 ·· 62
   4. 결　론 ··· 76

□ 북한의 정책결정 과정에서 군부의 영향 〈김진무〉　｜　85
   1. 서　론 ··· 85
   2. 북한 군부의 위상 강화 ··· 88
   3. 북한의 정책결정 구조 ·· 94
   4. 북한 정책결정 과정에서 군부의 역할 ······················· 103
   5. 결　론 ··· 112

□ 북한의 국방위원장 통치체제 〈정영태〉 ▍ 121
  1. 서 론 ··· 121
  2. 북한의 군중시체제의 실제 ···································· 124
  3. 군사중시체제의 국가제도화: 국방위원장 체제 ········ 137
  4. 북한의 주요 군사 권력기관의 역할 확대 양상 ········ 149
  5. 결 론 ··· 161

□ 북한군 총정치국 〈이대근〉 ▍ 169
  1. 서 론 ··· 169
  2. 총정치국의 구조와 기능 ······································· 170
  3. 총정치국의 군통제 유형 ······································· 186

□ 북한군 최고사령관의 군사지휘체계 〈고재홍〉 ▍ 207
  1. 문제제기 ·· 207
  2. 북한군 최고사령부 최고사령관의 신설과 의미 ········ 209
  3. 북한의 비상시·평시 구분 ····································· 215
  4. 북한군의 비상시 군사 지휘체계 ···························· 218
  5. 북한군의 평시 군사 지휘체계 ······························· 226
  6. 결 론 ··· 230

□ 북한 군사전략의 역동적 실체와
   김정일체제의 군사동향 〈이민룡〉 ▍ 241
  1. 서 론 ··· 241
  2. 군사전략의 기조와 변화양상 ································· 243
  3. 김정일체제의 군사동향 ·· 259
  4. 결 론 ··· 278

□ 김정일 체제하 북한의 군민관계 〈김병조〉 ▍ 283
  1. 서 론 ··· 283
  2. 군민일치운동의 발생 ·· 284

3. 군민일치운동의 전개 …………………………………… 286
4. 군민일치운동의 내용 …………………………………… 290
5. 군민일치운동의 한계와 역기능 ……………………… 297
6. 결론 및 전망 ……………………………………………… 304

제2부 북한군의 전력과 국방비

□ 북한 군사력 및 군사위협 평가 재론 〈함택영〉 │ 313
1. 서 론 ……………………………………………………… 313
2. 남북한 군비경쟁 및 군사력균형 ……………………… 316
3. 최근의 북한 군사위협론 ………………………………… 330
4. 남북한 군사투자비 비교 ………………………………… 341
5. 결론: 북한 불패론을 넘어서 …………………………… 346

□ 북한의 대량살상무기 개발 현황 및 의도와 전망 〈윤정원〉 │ 361
1. 서 론 ……………………………………………………… 361
2. 북한의 대량살상무기 위협 현황 ……………………… 362
3. 북한의 대량살상무기 개발 및 운용 의도 …………… 380
4. 북한의 대량살상무기에 대한 전망과 대응방향 …… 393
5. 결 론 ……………………………………………………… 403

□ 북한의 군수산업 정책 〈임강택〉 │ 415
1. 서 론 ……………………………………………………… 415
2. 북한의 군수산업 정책 …………………………………… 416
3. 북한의 군수산업 운용체계와 제2경제 ……………… 435

□ 북한 공표군사비 실체에 대한 정밀 재분석 〈성채기〉 │ 461
1. 서 론 ……………………………………………………… 461
2. 공표군사비의 추이 분석 ………………………………… 462
3. 군사비 은폐론과 그 증거들 …………………………… 465

4. 군사비 '비은폐'의 논거들 ………………………………………… 489
5. 결   론 ……………………………………………………………… 496

- **찾아보기** | 507
- **필자약력** | 511

서문:
북한 군사학의 종합학문으로의 발전을 위하여

강 신 창

　한 국가의 군사연구가 학문이나 국가정책의 대상으로 인식되어 온지 오랜 세월이 흘렀다. 그렇지만 군사연구가 그 국가의 존망과 국민의 생존문제가 달린 안보라는 테제는 정치학·경제학·사회학과 같이 독립적 학문분야로 존재 할 수 있느냐에 대해 사회과학자들이 많은 의문을 제기하여 왔다. 이러한 의문은 무엇보다도 군사연구가 연구영역이나 연구주제 면에서 독립적 성격을 갖지 못한다는 데서 발생되어 왔다.
　지난날 군사연구는 그 주제를 전쟁철학(전쟁원인과 본질), 전쟁론, 전쟁사 그리고 군사전략에 한정시켜 왔다. 따라서 한 국가의 군대는 전쟁에서 사용되는 수단으로서 연구의 대상이 되었으며, 군대가 사회의 기능과 정책결정에 참여하는 방법에 대한 탐구가 적었다. 그리고 전쟁철학이나 전쟁론, 군사전략은 국제정치학에서도 다루는 중요한 연구주제가 되어 왔다. 더불어 군사연구의 주요 연구주제 들은 인접학문 분야에 흡수되어 독자적인 학문영역을 찾지 못해 왔던 것이 사실이다.

　일반적으로 시간의 흐름의 누적을 변화라고 하고 변화가 점증해지는 것을 발전이라고 한다. 발전이 혁명적으로 이루어진 것을 전환점이라고 한다. 산업화·현대화 포스트모더니즘을 전환하여 정보화·세계화·유비쿼터스 시대에 걸맞게 현대군사 과학발전 추세에 따라 군사연구도 한정된 학문영역의 경계를 초월하여 다양화된 학문체계로 발전시켜 나아갈 당위성이 내재되고 있다.

　특히 북한의 군사연구는 중국 모택동의 이당영군以党領軍과 이군영당以軍領党의 변증법적 발전을 교묘하게 적용, 당·군관계의 권력투쟁을 무마하여 왔다. 김일성시대 북한 군대는 "조선 로동당 규약 제 66조에서 조선 인민군은 조선 로동당의 무장력"이라고 규정되어 당의 군대임을 분명히 하여 왔다. 그러나 김일성이 '94년 7월 8일 사망한 후, 김정일 국방위원장은 3년 3개월 유훈통치를 실시하면서 강성대국 건설을 위한 "선군정치"를 표방하였다. "선군정치론"이란 이군영당 정책으로 당보다 군대를 먼저 생각하고 중시하는 김정일 국방위원장의 정치 비전이다. "선군정치"의 기본방식은 군대를 틀어쥐고 군사를 선행하는 정치이며 군에 의거하여 사회주의 건설과 민중의 운명을 책임지고 수령의 사명을 다해 사회주의 혁명을 전진 발전시켜 나가는 정치이다.

　북한은 선군정치를 통해 강성대국 건설을 관철하기 위한 덕목으로 ① 혁명적 군인정신, ② 전체 인민의 수령결사 옹위정신, ③ 총폭탄 정신, ④ 자폭정신으로 충성을 다하는 선군혁명영도를 강조하고 있다. 그리고 "강성대국론"의 주안점은 경제적인 자본의 논리에 기반한 경제의 강국보다는 항일빨치산 혁명의 논리에 기반한 사상과 정치의 강국, 또한 제국주의의 전쟁논리에 기반한 군사강국을 중시하고 있는 것이 북한 군사 연구의 큰 차별성이라고 할 수 있다.

　이번 북한연구학회가 각종 북한군사 연구 자료와 논문을 종합하여

"북한의 새인식"이란 제하의 북한 연구 총서 시리즈 총 10권 중 제4권 『북한의 군사』란 단행본을 발간하게 된 것은 군사연구를 독립된 학문분야로 인정할 수 있다는 대전제 아래 북한 인민군을 분석 단위로 잡아 군사학의 학문적 체계화를 시도한 연구서이다. 이 책은 북한 군사 연구의 학문적 성격을 밝히는 것을 시작으로 크게 3가지를 분석 평가하고 있다. 첫째, 인민군의 건설과 군대와 인민을 정치 사상적으로 무장시키는 기초위에 ① 전인민의 무장화, ② 전국토의 요새화, ③ 전군의 간부화, ④ 전군의 현대화를 기본 내용으로 하는 자위적 군사노선의 관철, 둘째, 기습, 속전속결, 배합전략 선정의 여건이 되는 안전 보장관과 군사정책을 다른 국가정책과 상호관계성 위에서 군사력 건설 방향을 밝힌 군사정책의 지침, 셋째, 군사정책 산출에 영향을 미치는 조직과 이원화된 지휘체계, 관료적 요인이 그것이다.

본 서는 제1부 북한군의 형성과 발전에서 군사력 중심의 접근법을 기초로 연구 주제를 북한 인민군의 6개 역할의 분석에 주안점을 두었다. 북한 인민군은 항일빨치산의 전투부대로써의 역할을 수행하였던 경험을 토대로 하여 북한 체제의 수립과정과 더불어 형성 발전 되었다. 일반적으로 한 국가의 군사력의 구성인자를 이해하기 위하여 군사교리, 군사력 구조와 지휘체계, 간부제도, 군사 교육과 훈련, 군사전략의 변화과정의 추세를 분석하였다. 그리고 북한 인민군의 정치적인 정책 결정 참여와 경제적인 생산대 역할을 이해하기 위하여 군・민 관계의 문제를 취급하였다. 특히 인민군의 외교적 역할과 대외 군사협력에 관한 북한의 군사정책을 살펴보았다.

제2부 북한군의 재래식 전력과 WMD 전력 평가를 비롯한 대량 살상무기 개발현황과 전망을 하면서 북한의 핵실험 기술과 능력, 미사일의 개발에 참여한 인민군의 동태적 분석과 군수 산업정책을 정태적으로 분석하고 여기에 경제적인 부담인 군사비의 증감을 분석 평가 하였다.

이러한 주제들을 분석 평가하는 과정에 참여하여 주신 북한연구학회 회원 집필자들의 노고를 치하하며 군사연구가 사회과학의 영역을 넘은 종합과학의 성격을 지녔음을 인식하고 군사학의 체계화 내지는 이론화를 위해서는 주요 분석 개념의 준거틀(Frame of Reference) 선정으로부터 주제의 확인 및 주제 사이의 상호관련성(군사교리, 군조직과 지휘체계, 무기체계, 교육과 훈련간의 상호연계성)을 구명하는데 학문적인 노력이 필요함을 절감하게 되었다. 동시에 원고를 기고한 집필자들은 완벽한 군사학의 학문체계의 정립 이전이라도 불안전한 분석의 틀을 기초로 하여 남북한 군사력의 정태적·동태적 분석을 비롯한 한반도 주변 강대국들의 군사 문제를 체계적으로 분석한 연구서들이 지속적으로 많이 나오기를 기대한다.

이번에 출간될 제 4권 북한의 군사 연구서는 군사학의 학문적 체계화를 촉진시킬 수 있는 비교 군사론의 기초 연구서가 될 것은 분명하다. 그리고 이번에 간행된 북한의 군사연구야 말로 비교 군사 분야의 실제 문제를 해결하는 응용연구와 미래지향적인 연구발전의 토대가 될 것으로 본다. 이로써 본서의 분석의 틀이 독자들로 하여금 북한의 군사문제와 군사정책을 보다 더 역사적이며 체계적이고 효율적이며 실용주의적인 이해에 도움을 주고 다른 국가의 군사문제 분석을 위한 참고의 준거틀이 된다면 집필자들은 본서 출간의 최소 목적을 달성하였다고 그 의미를 부여하게 될 것이다.

제1부
북한군의 형성과 발전

최완규 　조선인민군의 형성과 발전
백승주 　선군정치하 북한군 역할과 위상 변화
김진무 　북한의 정책결정 과정에서 군부의 영향
정영태 　북한의 국방위원장 통치체제
이대근 　북한군 총정치국
고재홍 　북한군 최고사령관의 군사지휘체계
이민룡 　북한 군사전략의 역동적 실체와 김정일체제의 군사동향
김병조 　김정일 체제하 북한의 군민관계

조선인민군의 형성과 발전

최 완 규

1. 서 론

　해방 후 북한에서 김일성을 정점으로 하는 인민정권(조선민주주의인민공화국)이 수립될 수 있었던 것은 전적으로 전후 소련의 '소비에트화' 정책 때문이었다는 사실이 한동안 통설로 받아들여져 왔다.[1] 이 통설을 별다른 이의 없이 받아들이는 경우, 북한의 초기 정권수립과정에서 김일성을 중심으로 한 갑산파(김일성파)의 역할은 전적으로 무시되거나 의미 없는 것으로 다루어 질 수밖에 없다.

　물론 북한에서 마르크스-레닌주의 이데올로기를 수범체계로 하는 정권이 들어서고 김일성을 위시한 빨지산 집단이 권력의 중심으로 진입할 수 있는 결정적 계기를 만들어 준 것은 소련이었다. 그러나 이와 같은 사실이 곧 초기 정권형성과정에서 김일성이 그와 경쟁관계에 있었던 세력집단의 도전을 효과적으로 제어하고 권력의 주도권을 장악한 요인 모두를 설명해주는 것은 아니다.[2]

주지하듯이 해방 후 북한에는 갑산파 이외에도 국내파, 연안파 그리고 소련파 등 3개 파벌이 있었다. 이들 파벌은 북한의 소비에트화 과정에서 저마다 자파가 주도권을 장악하기 위해서 서로 치열한 경쟁을 하고 있었다. 비록 김일성이 소련 점령당국의 비호를 받기는 했으나 경쟁적인 한국(북한)인 정치집단들과 그와의 관계는 전혀 다른 문제였다.3) 김일성이 초기 정권형성과정에서 여타 파벌의 도전을 물리치고 주도권을 장악할 수 있었던 것은 소련 점령군의 지원 이외에도 대부분의 노련한 공산주의자들이 남한에 묶여 있었다는 점과 다른 집단들이 단결해서 한 정치인을 지지하지 못했다는 사실, 그리고 그가 군대를 통제할 수 있었기 때문이었다.4)

사실 소련군이 북한에 진주한 이후 초기 몇 달 동안 김일성과 그를 추종하는 빨지산 세력은 국내파와 연안파로부터 심각한 도전에 직면하게 되었다.5) 김일성은 이와 같은 도전을 전적으로 소련의 지원만을 받아 물리친 것은 아니었다. 김일성은 초기 정권형성과정에서의 주도권 장악 여부를 가늠하는 계기가 되었던「조선공산당 이북 5도 책임자 및 열성자대회」의 개최를 앞두고 자파세력의 강화작업을 본격화하였다. 이 대회 수주일전부터 김일성 그룹은 소련의 지지와 지도를 바탕으로 북한 전역에 요원을 파견하였다. 그들의 속셈은 각 지방의 당 조직에 접근하여 박헌영의 추종자들로부터 권력을 빼앗아 우위를 확보하려는 것이었다. 김책, 안길, 김일 등 김일성의 충실한 동료들은 북한에서의 당 활동 중심지들을 모조리 순회했다.6) 또한 이들은 만주에서 투쟁당시 그들과 연계되어 있던 국내의 세력들과도 제휴를 모색하였다.

김일성은 이와 같은 일련의 자파세력 강화작업을 통해서 동 대회 개최 후 구성된「조선공산당 북조선 분국」의 제1비서에 취임할 수 있었다. 보도에 의하면 북조선 분국 제3차 확대집행위원회는 김일성의 무장병력들에게 둘러싸인 채 열렸다.7) 이 사건에서 볼 수 있듯이 김일성이

다른 공산주의자들과 달리 무장부대를 갖고 있었다는 것은 그에게는 커다란 무기였다.8)

이와 같은 일련의 사실을 고려할 때 김일성과 그의 집단은 흔히 지적되어 온 바와 같이 단순히 소련의 꼭두각시만은 아니었다.9) 그는 비록 소수였지만 그 어떤 파벌보다 응집력과 충성심이 강한 집단의 지도자였다. 여타 파벌, 특히 토착공산주의자들이 분열되어 있었던 것에 비한다면 이것은 김일성의 큰 장점이었다. 특히 김일성이 충성심과 응집력이 강한 무장부대를 거느리고 있었다는 것은 초기 정권형성과정에서 그가 권력의 주도권을 장악하는데 있어서 매우 유리한 위치를 차지하고 있었음을 의미하는 것이었다. 커밍스가 적절히 지적한 바와 같이 무장과 연안의 중국공산당에 연결된 소규모의 부대를 제외하고는 모든 한국의 망명정객들은 개인적으로 혹은 기껏해야 몇 명 안 되는 추종자들을 거느리고 무장하지 않은 채 귀국했다. 이에 비해 김일성은 어느 집단보다도 강력하고 무장된 부대를 거느렸다. 이것은 김일성이 갖는 가장 중요한 장점이었다.10) 정권형성 초기 김일성에게 권력을 부여한 것은 소련이었지만 그것을 강화하고 계속 유지할 수 있었던 것은 그의 능력이었다.

이 논문은 이와 같은 사실에 주목하면서 북한체제의 형성 및 강화에 중요한 역할을 했던 조선인민군의 형성과 발전과정을 분석하는데 그 목적이 있다. 이를 위해서 본 논문에서는 다음과 같은 몇 가지 물음에 논의의 초점을 맞추고자 한다.

첫째, 흔히 조선인민군의 모체라고 불리 우는 항일무장투쟁기의 조선인민혁명군과 인민정권출범 직전 창설된 조선인민군과는 구체적으로 어떠한 연관이 있는가?

둘째, 조선인민군의 창설배경과 성격 및 역할은 무엇인가?

셋째, 초기 조선인민군의 규모와 조직은 어느 정도였으며 당·군 관계는 어떻게 규정되었는가?

2. 조선인민군의 형성과 발전

1) 조선인민군의 모체 : 조선인민혁명군

북한은 1977년 이후 조선인민군의 모체가 항일무장투쟁시기에 김일성에 의해 결성되었다고 알려지고 있는 조선인민혁명군이라고 밝히고 있다. 김일성은 1977년 11월 30일에 조선인민군 제7차 선동원대회에서 행한 연설을 통해 "우리 인민군대는 조선인민혁명군의 후신입니다. 조선인민혁명군이 해방 후 조선인민군으로 발전하였습니다."[11]라고 주장함으로써 조선인민혁명군과 조선인민군과의 관계를 구체화시켰다. 북한은 1978년 2월에 와서는 1948년 2월 8일에 창설된 조선민주주의인민공화국 인민군이 실은 1932년 4월 25일 김일성의 빨지산 부대가 조직된 그날에 창건되었다고 발표했다. 그리고 1978년부터는 4월 25일이 창군기념일이라면서 그해 4월 25일을 46주년이라고 선언했다.[12]

사실 북한은 조선인민군을 공식 창건한 1948년 2월 8일에 이미 조선인민군이 항일 빨지산 부대의 전통을 계승한 군대임을 밝히고 있다. 김일성은 이에 대해서 다음과 같이 말하고 있다.

> 우리 인민군대가 가지는 또 하나의 특성은 이 군대가 과거 일제의 가혹한 탄압 밑에서 조국과 인민의 해방을 위하여 항일무장투쟁에 모든 것을 바쳐온 조선의 진정한 애국자들을 골간으로 하여 창건되었다는데 있습니다.
> …… 우리 인민군대는 민주조선의 정규군대로서 비록 오늘 창건되기는 하지만은 실지로는 오랜 력사적 뿌리를 가진 군대이며 항일유격투쟁의 혁명전통과 고귀한 투쟁경험과 불굴의 애국정신을 계승한 영광스러운 군대입니다.[13]

우리는 이와 같은 사실에서 북한이 조선인민군의 뿌리를 창군 직후부터 이미 1930년대의 항일 무장투쟁에서 찾고 있음을 알 수 있다. 다만 1970년대 후반에 들어오면서부터 조선인민군의 뿌리를 조선인민혁명군이라는 구체적인 무장부대와 연계시키고 있는 것은 주체사상에 입각하여 북한의 역사를 재구성하고 재해석하는 과정에서 나타난 현상이라고 할 수 있다.

북한의 설명에 의하면 조선인민혁명군은 항일무장투쟁을 효과적으로 전개하기 위해서 조직되었다. 김일성은 1930년 여름 항일무장투쟁의 준비를 위하여 공청 및 반제청년동맹의 핵심들로써 조선혁명군을 결성했다. 이 혁명군은 항일무장투쟁의 조직준비를 위한 조선공산주의자들의 정치 및 반군사조직으로서 우리나라에서의 첫 맑스-레닌주의적 무장소조였다.14) 북한에 의하면 이 혁명군을 골간으로 하여 1932년 4월 25일 안도에서 조선인민의 첫 맑스-레닌주의적 혁명무력인 반일인민 유격대인 항일유격대가 창건되었다.15)

김일성이 창건한 이 항일유격대는 "적극적인 군사 활동과 대오의 확대 강화를 위한 투쟁, 항일무장투쟁의 대중적 지반의 강화, 반일부대와의 공동전선 형성 등 투쟁을 통하여 급속히 장성 강화되었다.16) 이에 따라 군사조직 체계를 개편하는 것이 필요하게 되어 "1934년 3월 김일성은 항일유격대의 조직체계를 개편하여 조선인민혁명군을 편성하였다.17) 북한에 의하면 조선인민혁명군은 여러 개의 사단과 독립연대로 편성되었고 매 사단이 유격활동에 적응한정연한 조직체계를 가지도록 했다. 그리고 유격전투행동에 적합하도록 연대 아래에 대대를 두지 않고 직접 중대를 두어 이것을 전술적인 기본단위로 삼았다.18)

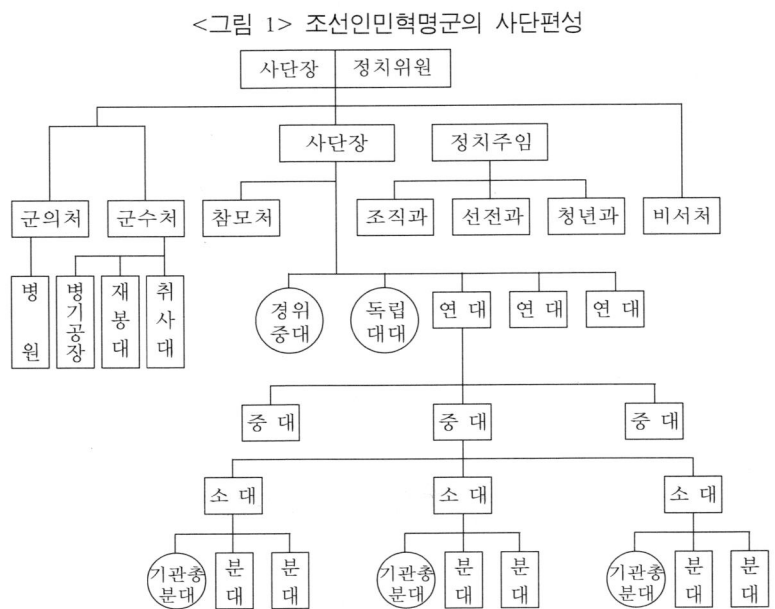

<그림 1> 조선인민혁명군의 사단편성

출처: 韓柱玉, 『朝鮮人民軍』(東京: 力や書房, 1990), 73쪽.

　한편 조선인민혁명군의 각 부대 내에는 당위원회가 조직되었고 연대 이상 단위에는 정치위원제가 실시되었다. 각급 당위원회들은 부대 내 정치, 군사 후방 등 모든 부문에 대한 최고 영도기관이었다. 조선인민혁명군내 당 조직 및 정치기관들은 정치사업을 통하여 대원들을 무한히 충직한 혁명 전사로, 열렬한 혁명가로 키웠으며 대열의 순결성과 통일단결을 고수하고 부대 내에서 혁명적 군사규율을 확립하며 일상적인 전투준비를 보장하였다.19)

　북한의 주장에 의하면 조선인민혁명군의 편성으로 항일무장투쟁의 범위와 규모가 급속히 확대되었고 따라서 그만큼 일제 침략자들에게 큰 타격을 주었다. 그리고 항일무장투쟁과 대중투쟁을 더욱 밀접히 결합시키고 대중운동을 앙양시키는 데도 큰 의의를 가지게 되었다. 특히 이 조선인민혁명군이 편성됨으로써 군내의 군사간부들을 더욱 세련시키고 단련시킬 수 있었고 그 결과 해방된 조국에서 창건할 정규군의 기초를 더욱 확고하게 쌓을 수 있었다.20)

그렇다면 이와 같은 북한의 주장은 어느 정도 사실과 부합하는가? 결론부터 말하자면 북한이 주장하고 있는 조선인민혁명군의 존재는 김일성의 항일무장투쟁 경력을 과도하게 신화화하는 과정에서 사실보다 매우 과장시켜 부각되었다. 사실상 오늘날 북한이 주장하고 있는 그대로의 조선인민혁명군은 존재한 적이 없었다.

북한은 정권형성 초기의 김일성의 경력을 선전할 때에는 조선인민혁명군의 존재에 대해서는 아무런 언급이 없었다. 예컨대 1946년 8월에 나온 『우리의 태양』에 수록된 최초의 김일성 약력에서는 조선인민혁명군에 대한 사실이 전혀 기술되어 있지 않았다. 같은 책에 수록된 한재덕의 "김일성 장군 유격대전사"는 김일성으로부터 직접 이야기를 들어 그것에 의거하여 집필된 것으로 알려져 있다. 거기에는 1932년에 中韓반일유격대—동만인민반일유격대가 된 우리 유격대의 힘은 날로 강대해져서 1934년에는 인민혁명군으로서 사단의 힘이 한층 강대해 졌는데, 이때 가장 큰 전투 하나를 치렀다고 썼다.21)

한재덕의 글은 1947년 11월 간행의 그의 저서「김일성장군 개선기」에 간추려 실렸다. 그런데 이 책이 1948년 3월에 재판될 때에는 1932년에 "인민반일유격대—후일의 조선인민 해방군이 조직되어"로 되고, "1934년에는 군력이 한층 커졌는데 이 때 가장 큰 전투를 하나 치렀다"로 바꾸어졌다.22) 그리고 이 책에는 혜산사건 판결문이 소개문과 함께 권말에 실렸는데 재판의 해설에서 "본 판결서에 나오는 동북항일연군이라는 것은 정확하게는 조선인민혁명군이라는 데에 유의하지 않으면 '안 된다"라는 구절이 추가되었다.23)

와다 하루키에 의하면 조선인민혁명군은 김일성을 민족의 지도자로

밀어 올리는 캠페인 과정에서 거론된 것이다. 그러나 하루키는 이러한 캠페인은 최초의 착상에 불과한 것이며 이것은 만주파(김일성파)에 의해서도 채택되지 않았다고 지적하고 있다.24) 1948년 2월의 조선인민군 창건식에서 총사령관 최용건은 김일성을 처음으로 "위대한 우리의 수령"이라고 불렀지만, 그러한 그도 인민군대는 "김일성 장군이 친히 영도해오던 빛나는 인민유격대의 전통을 계승"하였다고 밖에 말하지 않았다.25)

그러나 이 시기에도 조선인민혁명군이란 말은 「역사학」잡지 등을 통해서 계속 사용되었다. 특히 「역사학」잡지에 기재된 윤세평의 글 "8·15 해방과 김일성 장군의 항일무장투쟁"은 조선인민혁명군을 본격적으로 거론한 가장 대표적인 것이었다. 이 글에서 윤세평은 1936년 이후 "김일성 장군의 항일무장유격부대는 북만 일대에서 활약하고 있던 김책, 최용건 동지 등과 연계를 유지하고, 남만의 양세봉 부대(조선혁명군) 등을 통합하여 조선인민혁명군으로 무장통일을 완수했다. 조선인민혁명군은 우리 조국의 무장대오의 성원으로서 출현한 것뿐 아니라 이 혁혁한 반일투쟁의 무훈은 국제적 반파쏘 무장대오의 한 성원으로서 귀중한 위치를 차지하게 되었다"라고 지적하고 있다.26)

이처럼 조선인민혁명군이란 명칭을 정권형성 초기부터 일관해서 사용하지 못하고 경우에 따라서 간헐적으로 원용하고 있는 이유는 무엇인가? 특히 1948년 2월 조선인민군 창건식에서 행한 김일성의 연설에서 조선인민혁명군의 존재에 대해서 한마디의 언급이 없는 것은 무엇을 의미하는가? 그것은 우선 당시 거론되고 있었던 조선인 혁명군 자체가 역사적 사실로서 존재하지 않았다는 것을 시사하는 것이다. 또한 당시 권력 장악을 위해 경합하고 있던 4개 파벌 간에 조선인민혁명군의 존재에 대한 견해가 일치되지 못했고 이것을 조정할 만큼 김일성파의 세력에 확고하지 못했다는 점을 반증하는 것이다. 예컨대 1949년 북한의 반 공식적 正史로 씌어진 김일성대학 역사교과서 「조선민족해방투쟁사」의 내용 중에는 연안파의 거두 최창익이 김일성의 빨지산 부대에 관해 기술하고 있는데 중국인과 한 조직으로 싸웠다는 사실까지는 얼버무리고 있으나 조선인민혁명군이란 명칭은 사용하지 않고 있다.27) 또한 조선인민혁명군의 기관지 「선전원 수책」 1950년 제1호에 실린 이나영의 "김일성 장군의 영웅적 빨지산 투쟁"에서는 "장군은 1934년 말에 동만 반일유격대와 인민혁명군을 통일 개편하여 영도했으며, 그 후 이 조직은 1935년부터 1936년에 걸쳐 다시 완전한 통일적 무장조직체인 동북항일연군으로 강화 발전되기에 이르렀다고 기술하고 있다.28)

그러나 이러한 과정 속에서도 조선인민혁명군의 존재에 대한 논의는 점차 정식화되어 갔다. 1950년 당시 조선인민군 총참모장이며 민족보위성 부상이었던 강건은 인민군 창건 2주년에 즈음한 논설을 통하여 "김일성 장군은 1933년에 동북에서 반일민족통일전선을 형성함과 동시에 당시 각지에 산재해 있던 무장유격대를 통합하여 조선인민혁명군을 조직했다"29)고 주장하였다. 그 후 조선인민혁명군의 존재는 1958년에 나온 이나영의 『조선민족해방투쟁사』에서 공식적인 역사로서 정식화되었다.

이나영의 『조선민족해방투쟁사』에 뒤이어 1960년에는 임춘추의 『항일무장투쟁시기를 회상하며』라는 저서에서도 조선이민혁명군의 존재가 재 부상 되고 있다. 이 책에서 임춘추는 "동북인민혁명군 제2군은 당시 조선공산주의자들이 조직한 동만반일유격대를 기초로 하여 개편된 것으로서 그 구성이 전부 조선사람이었다. 그래서 중국 사람들은 조선인민혁명군 혹은 조선홍군 등으로 불렀다. 우리는 그 후 동북에서 활동할 때는 동북인민혁명군이라고 하였고 조선에 나와서 활동할 때는 조선인민혁명군이라 불렀다"30)고 주장하고 있다.

조선인민혁명군의 존재는 1970년대에 들어오면서부터 김일성과, 연계를 보다 강화시키면서 부각되었다. 예컨대 ≪로동신문≫에 기고한 글에서 이찬걸은 "위대한 수령 김일성 동지께서는 <소아발령회의> 이후 소부대활동을 성과적으로 벌이기 위하여 조선인민혁명군을 수많은 소부대, 소조들로 편성하시고 국내 각지와 만주의 광활한 지역에 파견하시었으며 매 시기 정확한 활동방향과 방침을 제시하시고 소부대 구성원들에게 깊은 사랑과 뜨거운 배려를 돌려주시었다. 당시 소부대, 소조들의 활동지역은 회령, 종성, 온성, 경원, 웅기, 나진으로부터 시작하여 함흥, 원산, 평양, 인천, 부산 등 전국의 전반적 지역과 만주의 광활한 지역을 포괄하였다"31)고 주장함으로써 김일성의 역할과 조선인민혁명군의 규모를 과대포장하고 있다.

이상에서 살펴 본 바와 같이 조선인민혁명군에 대한 북한 측의 주장과 설명에는 일관성이 없다. 특히 조선인민혁명군의 편성일자에 대해서 북한은 한동안 1936년 편성을 주장했다가 지금은 1934년으로 정식화시키고 있다. 이것은 곧 오늘날 북한 측이 주장하고 있는 그대로의 조선인민혁명군의 존재는 없었다는 것을 시사해 주는 것이다.

사실 1930년대 만주에서의 항일무장 투쟁사를 연구한 학자들에 의하면 역사적 사실로서의 조선인민혁명군은 존재하지 않았다. 서대숙 교수에 의하면 조선인민혁명군이란 중국유격대 밑에서 활동 중인 한인부대를 가리키기 위해 고안된 이름이다. 조선혁명군이란 비슷한 부대의 이름은 있었으나 그 부대는 김일성보다 나이가 두 배나 되고 1962년에 한국정부로부터 한국 독립에 기여한 공로로 훈장이 추서된 양세봉이 지휘하는 한인 민족주의자들의 부대였다.32) 이와 같은 서교수의 견해는 임춘추가 설명하고 있는 <동강회의>(1936년 5월)의 내용에서도 확인되고 있다. 임춘추에 의하면 이 회의는 동북 일대의 공산주의자들을 중심으로 조선인민혁명군 혹은 기타 민족적인 형식의 군대를 따로 창건할 것을 제시한 의제를 토의하는 회의였다. 이 회의에서 김일성은 "만일 우리가 조선인민혁명군을 따로 편성하지 않는다 하여 중국혁명에 대하여서만 생각하고 조선혁명의 임무수행을 망각할 수 있겠는가?"33)라고 지적함으로써 스스로 자신에 의해 조선인민혁명군이 편성된 적이 없었음을 인정하고 있다.34)

이상의 논의를 종합해 보면 북한이 주장하고 있는 조선인민혁명군의 존재는 1934년 중국공산당 동만 특위가 결성한 동북인민혁명군 제2군 독립사를 과대포장 한 것이라고 할 수 있다. 따라서 김일성이 반일인민유격대를 조선인민혁명군으로 확대 개편하였다는 것은 명백한 사실의 왜곡이다. 그러나 김일성이 동북인민혁명군 제2군의 주요 간부였다는 사실은 분명하게 밝혀졌다. 한 때 김일성의 항일무장투쟁 사실 자체를 부정하면서 가짜 김일성 론을 강력하게 주장하는 흐름이 있었으나 현재에는 이와 같은 흐름은 설득력을 상실하였다.35)

요컨대 김일성이 조선인민혁명군을 창설했다는 신화와 동북인민혁명군 제2군의 주요 간부였다는 사실사이에는 상당한 차이가 존재한다. 서대숙 교수가 지적한 바와 같이 김일성은 항일무장투쟁과정에서 항복하지도 않고 자신을 격파하려는 일본사람들의 몇 차례의 작전에 패퇴하지도 않았으며, 또 수많은 전향 유혹에 굴복하지도 않고 진정한 공산 게릴라로 살아남았다.36) 이것은 김일성의 업적으로 인정해야 할 것이다. 그러나 그는 주체사상에 입각해서 역사를 재구성하는 과정에서 자신의 과거 경력을 수없이 왜곡하고 과대 포장함으로써 오히려 그의 경력을 손상시키는 결과를 초래했다. 조선인민군의 모체가 자신이 창설한 조선인민혁명군이라고 주장하는 것도 이와 같은 맥락에서 이해할 수 있다. 김일성은 조선인민혁명군의 존재를 과도하게 부각시킴으로써 북한의 해방이 소련의 힘으로 이루어진 것이 아니라 자신의 힘으로 이루어진 것임을 인정받고 싶었던 것이다.

2) 조선인민군의 창설배경

북한이 조선인민군의 창설을 공식적으로 선포한 것은 1948년 2월 8일이다. 이것은 북한이 그들의 국가인 "조선민주주의인민공화국"을 출범시킨 것보다 시기적으로 7개월 정도 앞선 것이다.[37] 그러나 북한은 조선인민군의 공식 창설에 앞서 이미 보안대를 조직하는 등 인민군 창설의 기초를 닦아 왔다. 어떤 의미에서 보면 조선인민군의 창설 준비는 해방직후부터 시작된 것이다.

해방직후 북한에서는 민족진영 세력은 자위대를 국내파 공산주의 세력은 치안대를 각각 조직하여 일본의 항복에 따른 치안공백 상태를 해소하려고 하였다. 한편 소련군과 함께 입북한 공산세력들은 별도로 적위대를 편성해서 일본군의 군사시설과 무기를 접수하고 자파세력의 강화를 도모하기 시작했다. 이러한 상황에서 각 파간에 충돌이 빈발하자 소련 점령군 사령관인 치스챠코프 대장은 1945년 10월 12일 성명을 통해 모든 무장조직의 해산과 무기를 당국에 반납하라는 명령을 내리면서 그 대신 일정수의 인원으로 보안대를 조직하는 것을 허가하였다.[38]

1945년 11월 초 치스챠코프의 명령에 따라 약 2천명의 인원으로 보안대가 편성되었다. 이 부대는 소련이 김일성을 위해 공식으로 조직한 최초의 무장부대였다.[39] 소련 점령당국은 곧이어 보안대와는 별도로 철도보안대를 창설(1946.1.11)하였다. 이처럼 별도의 부대를 창설한 표면적 이유는 보안대만으로는 치안유지와 경비업무를 감당하기 어렵다는 것이었다. 그러나 보다 중요한 이유는 북한 내의 중요시설을 소련의 극동지역으로 안전하게 수송하기 위한 방편을 마련하기 위해서였다.[40] 철도보안대의 조직은 급속하게 확장되어 1946년 7월에는 철도경비대로 발전적 개편이 이루어 졌고 병력도 13개 중대 규모로 증강되었다. 그리고 평양에 북조선철도경비사령부를 설치했고 나남과 개천에 훈련소를 개소하였다.
 한편 보안대가 조직되고 확대 개편되는 과정에서 군사장교와 정치간부를 훈련시키는 최초의 학교라고 할 수 있는 평양학원이 창설(1945. 11)되었다. 김일성은 동 학원의 개원식(1946.2.23) 연설에서 "우리 당은 우리의 정규군대를 창건하기 위한 군사정치 간부들을 키워내기 위하여 이미 지난해 11월에 평양학원을 창설하고 올해 초부터 학습을 시작하게 하였다"[41]고 지적하였다. 평양학원은 김일성파인 항일유격대 출신의 김책이 원장직을 맡았고 소련계 한인인 기석복이 교육장직에 있었다. 그리고 동 학원에서는 주로 소련군 출신 한인들이 교관에 임명되었고 이들을 중심으로 원생들에게 소련군의 군사학 과정과 러시아어, 공산주의 이론, 정치사상교육 등이 이루어졌다. 커밍스에 의하면 평양학원은 보안대 간부를 훈련시키기 위해서 설립되었으며 제1기생은 1946년 봄에 졸업했고 제2기생은 1946년 8월이나 9월에 졸업했다. 1기생들은 철도안전의 임무를 맡았으며 2기생들은 보안대 간부로 발령을 받았다. 커밍스는 남한의 미정보기관의 정보를 토대로 평양학원은 약 500여명의 1기 후보생들에게 4달간의 군사훈련 및 경찰훈련을 시켰다고 지적하고 있다.[42]
 평양학원의 개원에 뒤이어 1946년 6월에는 중앙보안간부학교가 설립되었고 동년 8월에는 3개의 보안간부훈련소(평남 개천의 제1훈련소, 함북 나남의 제2훈련소, 평남 평양의 제3훈련소<그 후 원산으로 옮김>)를 개소하였다. 당시 보안간부훈련소에 근무했던 주영복과 최태환의 증언에 의하면 이 훈련소가 바로 조선인민군의 전신이었다고 한다.[43] 최태환에 의하면 보안간부훈련소는 제1, 2, 3 훈련소와 사령부격인 대대부 등으로 구성되었으며, 이중 제1, 2 훈련소는 강건이 이끄는 만주 병력을 주축으로 해서 1946년 4월에 창설되었으며 훈련소 이외에도 최용진과 박효삼이 각각 장으로 있던 제1, 2 군관학교가 창설되었다고 한다. 훈련소 창설 초기에는 인력자원이 부족했으나 1946년 5월 박일우가 지휘하던 조선의용군 5지대가 조직한 교도대 병력 500명과 동북만주연군의 길동군구소속 한인 사병 2,000여명을 흡수함으로써 인력난을 다소 해소할 수 있었다.[44] 사령부격인 대대부의 주요 간부 진용은 다음과 같다.

<표 1> 보안간부 훈련 대대부의 간부진용

대 대 사 령 관 : 최용건	부사령관 겸 문화부사령관 : 김 일
참 모 장 : 안 길	포 병 사 령 관 : 무 정
후방부사령관 : 최홍일	간 부 부 장 : 조 훈
통 신 부 장 : 박영순	공 병 부 장 : 박영순
공 병 부 장 : 황호림	정 보 부 장 : 최 원
총사령부 총고문 : 스미르노프(기병소장)	

출처 : 주영복, 앞의 책, 73쪽.

대대부의 간부진용을 살펴보면 연안파의 무정을 제외하고는 김일성파 일색이다. 이것은 김일성이 소련의 지원을 바탕으로 정권형성 초기부터 무력을 완전히 장악하고 있었음을 시사하는 것이다. 이 대대부를 중심으로 북한은 본격적으로 병력증강과 군사시설의 확장을 추진하였다. 그러나 대대부 산하 군사조직은 그 때까지 정식 계급장 제도가 없었다. 다만 군관과 전사의 구분만 있었고 직책에 따라 상하의 구별만이 있었을 뿐이다. 보안간부훈련대대부 산하 전 장병에게 계급장이 수여된 것은 1947년 5월 17일이다.[45] 대대부는 이 계급장 수여식을 계기로 해서 인민집단군으로 확대 개편되었고 예하부대에 각 부대의 고유명칭을 부여하였다.

인민집단군은 산하에 있던 3개 훈련소를 확대 개편시켰다. 즉 제1훈련소는 인민집단군 제1보병사단으로, 나남에 있던 제2훈련소는 제2사단으로 바꾸었고 제3훈련소는 인민집단군 제3혼성독립여단으로 개편하였다. 그리고 집단군 총사령부 직속의 위생대를 직속 중앙병원으로 확대 개편하였고 경위대는 경위연대로 승격시켰다. 인민집단군 간부진은 대대부 간부들이 거의 그대로 임명되었다. 사령관에는 대대사령관이었던 최용건이 취임하였고 제1사단장에는 김웅 소장, 제2사단장에는 강건 소장, 제3혼성독립여단장에는 김광협 소장이 각각 임명되었다. 사단 편성은 다음과 같다.

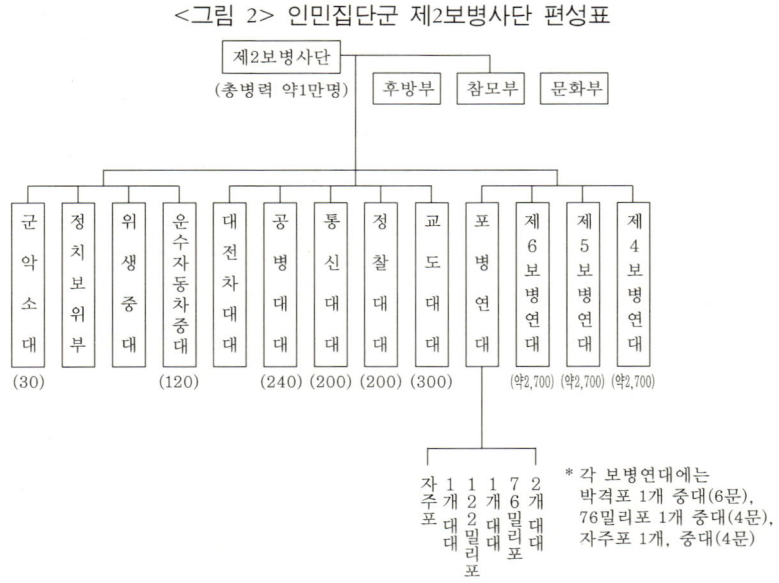

출처: 주영복, 앞의 책, 93쪽.

북한은 지상군의 편성과 더불어 해군과 공군의 조직에도 관심을 기울였다. 북한은 1946년 7월 해안경비를 명분으로 내세워 수상보안대를 창설하였다. 수상보안대는 그 본부를 원산에 두었으며 원산과 남포에 각각 동해수상보안대와 서해수상보안대를 설치하였다. 수상보안대는 1946년 8월 그 본부를 평양으로 이전하면서 조직을 확대했고 명칭도

해안경비대로 바꾸었다. 해안경비대의 간부들은 처음에는 주로 평양학원과 보안간부학교 출신들로 충원되었으나 기술상의 문제가 야기되어 1947년 6월 원산에 해안경비대 간부학교가 신설되었다. 이 해안경비대가 1948년 2월 조선인민군이 정식 창건되는 것을 계기로 북한해군으로 발전되었다. 이 과정에서 해안경비대 간부학교는 조선인민군 해군군관학교로 개편되었다.46)

북한의 공군은 신의주 항공대를 모체로 하여 발전되었다. 북한은 비행장이 있는 도시와 비행기술을 갖고 있는 청년들을 모집하여 항공대와 항공협회 등을 구성하였다. 이에 따라 신의주를 비롯해서 평양, 함흥, 청진, 회령 등에 항공협회 지부가 만들어졌다. 신의주 항공대는 소련군 사령부의 승인아래 보안대가 발족하기 전에 나고야 항공학교 출신 이활과 중국비행학교 출신 왕연이 중심이 되어 만들었다. 이 항공대는 조종교육대, 정비교육대, 그리고 통신교육대 등으로 편성되었으며 항공관계의 경험자와 고학력자를 선발하여 항공훈련교육을 시켰다. 신의주 항공대는 처음에는 이활을 중심으로 민간차원에서 운영되었으나 곧 당국의 지휘 감독을 받게 되었다. 1946년 1월에는 제1기생 80명이 졸업했고 동년 2월에는 제2기생 160명을 모집하였다. 그리고 규모가 확대됨에 따라 훈련장소와 시설을 평양비행장으로 이전하였고 항공대 자체는 평양학원에 편입되어 민간항공대의 성격을 상실하고 당국의 공식적인 공군 군사교육기관이 되었다.47)

북한은 이처럼 해방직후 소련군이 입북한 후 곧 군대의 창설 준비에 들어갔다. 그러나 초기 준비단계에서는 치안대나 적위대, 그리고 보안대 등의 치안유지 조직들이 경찰과 군의 역할을 동시에 수행했기 때문에 양자를 엄격히 구분하기가 사실상 불가능하였다. 바로 이 때문에 북한에서 언제부터 군사조직이 본격적으로 가동되었는가를 정확히 파악하는 것이 어렵다. 북한과 미국의 공식자료들은 북한군대의 기원을 1945

년 1월과 12월 —즉 이 시기에 남한에서 미군정도 남한군대의 창설을 준비하고 있었다— 의 제 사건들 속에서 찾고 있다.[48] 이 시기는 앞서 지적한 보안대의 창설시기와 유사한 것이다.

그런데 북한의 군대문제를 다루고 있는 분류되지 않은 미국문서에 의하면 실질적인 북한군대의 기원은 중국으로부터 한국인 사병들이 북한에 도착한 1946년 9월이었다고 한다. 1947년의 정보 보고서도 이에 동의하면서 비록 북한에서 정규군을 창설하려는 결정은 1946년 봄에 내려졌지만 그것의 수행은 1946년 9월까지 연기되었다고 주장했다.[49] 이와 같은 주장은 앞서 지적한 최태환의 증언과도 부합되는 것으로서 북한군대가 창설준비단계에서부터 김두봉 휘하의 연안에서 활동하던 부대와 연결되었음을 시사하는 것이다.

사실 해방직후인 1945년 9월 혹은 10월 말에 중국 8로군에 가담했던 한인부대인 조선의용군이 한만국경 지대인 안동에 집결하여 북한으로 들어오려고 했다. 해방 전 이 부대의 인원은 300명 정도였으나 귀국 도정에 만주에 성 인원을 보강하여 병력이 2천명~2천 5백 명 선으로 불어났다. 김강과 김호가 이끈 이 부대는 한만국경에서 소련군에 의해서 입북이 저지당했다. 그리하여 북한으로 들어오고자 했던 부대원들은 무장해제를 당한 후에 입북이 허가되었고 대부분의 병력은 만주로 되돌려 보내졌다. 이 당시 입북했던 일부 병력은 보안대의 창설요원으로 흡수되었다. 소련과 김일성이 조선의용군의 입북을 허가하지 않은 것은 이 세력이 연안파를 도와 김일성의 권력을 위협할 가능성이 있다는 판단과 중국의 영향력이 확대되는 것을 염려했기 때문이라고 알려지고 있다.[50]

그러나 조선의용군의 입북이 거절된 이유를 다르게 해석하는 경우도 있다. 커밍스는 조선의용군의 무장을 해제하고 입북을 허가하지 않은 것은 미국과 소련의 합의에 따른 것이라는 색다른 견해를 제시하고 있다. 그는 만약 연안파 부대 2천여 명을 무장시킨 채 38선 부근에 배치했다면 미국은 어떻게 생각했을 것인가? 라고 반문하면서 미·소 합의설을 주장하고 있다.51) 이러한 합의조치는 생각보다 북한정치에 미치는 영향력이 컸다. 소련은 무장한 조선의용군부대를 중국 8로 군과 함께 싸우도록 만주로 되돌려 보냈고 결국 이 부대는 만주에서 몇 년간을 보내면서 폭넓은 군사적 경험을 쌓았고 양적으로도 팽창되었다.52) 이 부대가 1949년부터 50년 초에 걸쳐 북한군과 합류했다는 사실을 고려할 때 조선인민군의 창설에 있어서 이 부대의 존재가 갖는 의미는 매우 크다고 할 수 있다. 요컨대 초기 조선인민군은 앞서 언급한 보안대(김일성파가 지휘) 세력과 연안파 휘하의 조선의용군 등 두개의 뿌리를 모체로 하여 형성되었다고 볼 수 있다. 특히 국내에 있던 부대가 덜 훈련되고 무장의 질이 저급했던 것에 비해 조선의용군은 실전경험이 풍부하고 잘 무장되었고 숫자도 많았다는 점을 고려할 때 이 부대가 바로 초기 조선인민군의 주력이었다고 말할 수 있을 것이다.

3. 초기 조선인민군의 발전과정과 당·군 관계

1) 발전과정

해방직후 소련군의 입북과 더불어 시작된 인민군 창설의 준비작업은 1948년 2월 8일 조선인민군의 창건을 공식적으로 선포함으로써 완료되었다. 이로써 한동안 병행되었던 경찰업무와 군의 업무가 확실하게 구분될 수 있었고 인민군의 성격도 분명하게 규정되었으며 병력과 무기의 증강, 그리고 군대의 조직과 편제의 강화도 본격적으로 추진할 수 있게 되었다.

(1) 조선인민군의 성격

김일성은 조선인민군창건에 즈음하여 인민군 열병식에서 행한 연설을 통하여 조선인민군의 성격에 대해서 다음과 같이 지적하였다.

> 오늘 우리가 창건하는 군대는 자본주의국가의 군대와는 근본적으로 다른 새 형의 군대입니다.
> 자본주의국가의 군대는 소수의 자본가, 지주들을 위하여 절대다수인 근로인민을 억압하고 착취하는 제도를 무력으로 옹호 유지하며 다른 민족과 남의 나라 령토를 침략할 목적에서 조직된 군대입니다.
> 이와는 달리 오늘 우리가 창건하는 군대는 조선의 로동자, 농민을 비롯한 근로인민의 아들딸로써 조직되었으며 조선민족의 해방과 독립을 위하여, 인민대중의 해방을 위하여 외래제국주의침략세력과 국내 반동세력을 반대하여 싸우는 진정한 인민의 군대입니다.
> 우리 인민군대가 가지는 또 하나의 특성은 이 군대가 과거 일제의 가혹한 탄압 밑에서 조국과 인민의 해방을 위하여 항일 무장투쟁에 모든 것을 바쳐온 조선의 진정한 애국자들을 골간으로 하여 창건되었다는데 있습니다.[53]

이 연설 속에는 가장 강조되고 있는 사실은 조선인민군이 인민의 군대라는 것이다. 이것은 조선인민군의 계급적 성격을 단적으로 표현해 주는 것이다. 김일성은 조선인민군이 정식 창건되기 전인 1947년 10월 5일 평양학원 제3기 졸업식에서 행한 연설 '참다운 인민의 군대, 현대적인 정규군대를 창건하자'에서도 "우리 군대는 인민 속에서 나와 인민을 위해 복무하는 인민의 군대이다. 물고기가 물을 떠나서 살 수 없는 것과 같이 인민군대는 인민을 떠나서는 일각도 존재할 수 없다"[54]고 말함으로써 인민군대의 계급적 특성을 강조한 바 있다. 이와 같은 현상은 공산혁명과정에서의 인민군(People's Army)의 일반적 성격과 유사한 것이다. 예컨대 베트남 인민군(Vietnam People's Army)의 상징적 인물인 지압(Vo Nguyen Giap)은 인민군이 인민을 접하는 3원칙으로서 1) 인민을 존경하고, 2) 인민을 도와주며, 3) 인민의 이익을 방어해야 한다는 것을 제시한 바 있다.55)

조선인민군의 성격을 논의함에 있어서 계급적 특성과 함께 지적되어야 할 것은 소련군의 영향이다. 김일성은 1952년 12월 24일 인민군 고급군관회의에서 행한 '인민군대를 강화하자'라는 제하의 연설을 통해서 조선인민군의 기본성격은 소련의 여향을 받아 형성되었음을 다음과 같이 인정하고 있다.

> 1948년 2월에 창건된 우리 인민군은 쏘베트 군대의 제 원칙에 립각하고 그의 풍부한 경험을 참작하여 조직되었습니다.
> 새로운 사회적 계급은 사상적으로 새 군대와 새 규율, 새 계급의 새 군사조직을 편성하지 않고서는 곤란한 국내 전쟁 속에서 그와 같은 것을 편성하지 않고서는 결코 이 지배를 달성하고 이를 공고화하지 못하였으며 또한 현재에도 그렇게 할 것이다 라고 하신 브·이·레닌의 교시는 인민군을 건설함에 있어서 로동당과 공화국 정부의 실제적 사업의 토대로 되었습니다.
> …… 조선인민군은 자기의 조직과 활동에 있어서 쏘련의 위대한 승리적 조국전쟁에서 시련되었으며 세계에서 가장 선진적인 쏘베트 군사과학과 쏘베트 군사예술에 의거하고 있습니다. 우리의 군대가 창조적으로 적용한 쏘베트 군사예술은 조국 해방전쟁의 전체 행정을 통하여 긍정적 평가를 가져 왔습니다.56)

이와 같은 김일성의 지적은 조선인민군이 소련군을 모델로 해서 조직되었으며 소련이 조선인민군의 형성과 발전에 직간접적으로 많은 영향을 미쳤음을 시사하는 것이다. 커밍스는 조선인민군의 주축을 이룬 김일성부대나 조선의용군이 소련에 의해서가 아니라 중국과 만주에서 일제에 대항해 싸워 오면서 탄생했다는 사실을 들어 소련의 영향은 부수적인 것이었다고 지적하고 있는데[57] 위의 내용을 볼 때 이 지적은 좀 과장된 것이라고 할 수 있다. 적어도 초기 조선인민군은 소련식 군편제와 무기체계 등에 상당한 정도로 의존하고 있었던 것이 사실이다.

그러나 북한은 주체노선을 강조하고 김일성의 유일지배체제를 강화해 가는 과정에서 조선인민군의 형성과 발전에 대한 소련의 영향력을 인정하지 않고 있다. 위의 김일성의 연설내용 중 "쏘베트 군대의 제 원칙에 립각하고……"의 내용도 후에 간행된 「김일성 저작선집」에서는 "우리 인민군대는 일제의 가혹한 탄압 밑에서 조국과 인민을 해방하기 위하여 항일무장투쟁에 모든 것을 바쳐 온 조선의 진정한 혁명가들을 골간으로 하여 그들이 쌓은 풍부한 투쟁 경험을 토대로 하여 조직 되었습니다"[58]로 수정되었다. 그리고 "…… 자기의 조직과 활동에 있어서 쏘련의 위대한……"이라는 부분도 "……조선인민군은 자기의 조직과 모든 활동에 있어서 맑스-레닌주의적 군사건설 원칙과 군사과학에 의거하고 있습니다"[59]로 내용을 바꾸었다. 이와 더불어 오늘날 북한에서는 조선인민군을 김일성의 군대라고 까지 규정하고 있다. 예컨대 서철은 '인민군 창건 47돌 기념보고'에서 "인민군은 수령이 조직해서 현대적 정규무력으로 강화 발전시킨 당의 혁명적 무장력이며 김일성의 군대"[60]라고 주장하였다. 이렇게 볼 때 초기 조선인민군의 성격은 시간이 지남에 따라 상당히 변질되었음을 알 수 있다.

(2) 규모와 조직체계

조선인민군의 규모는 공식적인 창건 선언 이후 급속히 확대되어 갔다. 인민군이 창건된 지 불과 2년여 만에 북한이 한국전쟁이라는 전면전을 감행했다는 사실은 양과 질적인 면에서 조선인민군이 얼마나 빠른 속도로 발전했는가를 시사해 주는 것이다. 조선인민군 창건 과정에서 군의 조직체계, 전략, 전술, 무기체계, 그리고 심지어 군복과 행군스타일에 이르기까지 결정적 영향력을 미쳤던 소련군은 조선인민군이 창건된 지 약 10개월 후인 1948년 말 약간의 군사고문단을 잔류시킨 것을 제외하면 완전 철수했다.61) 남북간의 긴장이 해소되지 않고 있는 상황에서 그리고 남한에 미군이 주둔하고 있는 데도 불구하고 소련군이 철수했다는 것은 조선인민군이 이 시기에 이르러 상당한 정도로 강화되었음을 의미하는 것이다.

조선인민군은 1948년 9월 9일 북한에서 '조선민주주의인민공화국'이 출범함으로써 명실상부한 지휘계통을 확립하게 되었다. 정부 수립이후 조선인민군의 편성은 <그림 3>과 같다.

<그림 3> 조선인민군의 편성(1948년 12월 8일 현재)

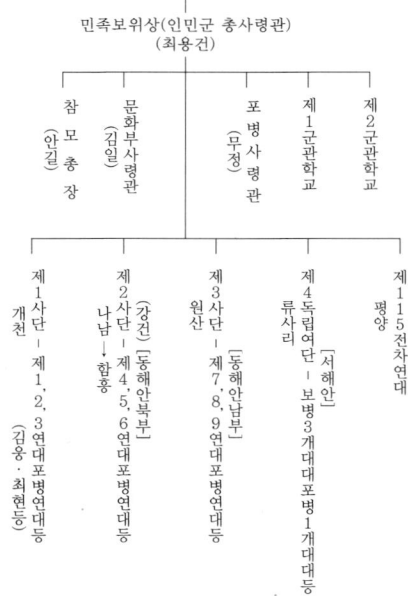

출처: 塚本勝一, 앞의 책, 20쪽.

조선민주주의인민공화국 출범과 함께 내각이 구성되었고 조선인민군은 내각 신하 민족보위성의 지휘, 통제를 받게 되었다. 초대 민족보위상에는 조선인민군의 전신이라고 할 수 있는 보안간부훈련 대대부 사령관을 지냈고 김일성파의 2인자라고 할 수 있는 최용건이 취임하였다. 그리고 군의 핵심 간부직은 대부분 김일성과 함께 만주에서 빨지산으로 활동했던 인물들이 차지했다. 예컨대 참모총장에는 안길, 문화사령관에는 김일, 제1사단장에는 최현, 제2사단장에는 강건이 각각 임명되었다. 중공군 내에서 한인 장교로서는 가장 높은 직책을 맡았던 연안파의 무정은 포병사령관직을 맡는데 그쳤다.

조선인민군 창건 초기(1949년 이전)에는 병력을 주로 18세~22세의 지원병을 중심으로 매년 약 2만 명씩 충원되었다. 민족보위성은 지방인민위원회 산하 각 시·군 기관마다 책임량을 할당했다. 이렇게 하여 1948년 말까지 약 6만 명의 병력이 동원되었다. 1949년에 들어와서는 병력 수요가 급증하여 종래의 지원병 제도가 징병제로 바뀌었다.[62] 이와 더불어 1948년 여름에는 조국통일 민주주의 전선의 산하기기구로서 조국보위위원회가 창설되었다. 이 기구는 민간차원의 군사조직으로서 인민군에 대한 전 국민적 원호와 민간방위조직에 대한 군사훈련과 군사지식 보급을 담당하였다. 전 함경북도 군사동원부장 김혁에 의하면 조국보위위원회가 군사동원 준비작업을 맡았다고 한다. 도당 수준에서는 도당 부위원장이 대개 군사동원계획을 입안하는 것이 상례였으며 군 장교들은 공작임무를 띠고 여러 공장, 기업, 기관에 파견되어 군사훈련을 담당했다.[63]

조선인민군의 규모가 짧은 시일 안에 급속히 확대된 것은 징병제를 강화한 것에서 부분적인 그 원인을 찾을 수 있다. 그보다는 앞에서 잠깐 언급한 바와 같이 중국내전 기간동안 중국공산군과 함께 만주에서 싸워온 조선의용군과 이홍광 부대가 인민군에 합류하게 된 것이 규모 확장의 결정적 요인이라고 할 수 있다. 주지하듯이 1930년대부터 만주에는 중국공산군과 더불어 일제와 싸웠던 많은 한인 부대가 있었다. 이 부대 중에서 1940년대 말까지 존속했던 것은 조선의용군과 이홍광 부대였다. 이홍광 부대는 楊靖宇가 이끈 동북항일연군 제 1로군의 한인 정치고문이었던 이홍광을 추념하기 위하여 붙여진 이름이다. 이홍광은 1935년 전사했다. 커밍스에 의하면 조선의용군은 1945년 8월까지만 해도 그 병력이 300명~400여명에 지나지 않았다고 한다. 그러나 일제가 패망하고 만주의 일본군에 소속되었던 많은 한인들이 해산하여 중국공산군과 연계되었던 조선의용군에 가담함으로써 이 부대의 규모는 급속히 확대되었다.64) 그런데 이홍광 부대는 조선의용군에 앞서 입북, 인민군 창건식에서 조선인민군과 합류했다. 이 때 합류한 병력은 약 1만 명 정도였다.

조선의용군은 만주에 잔류했던 인원은 물론 해방 이후 북한에서 파견한 인원으로 보강되었다. 북한은 약 1만 명의 인원을 전투경험을 쌓게 하기 위해서 만주로 파견했었다. 이 과정에서 북한과 중국공산당간에는 긴밀한 협조관계를 유지하고 있었다. 예컨대 1946년에서 1947년에 이르는 기간동안 북한은 중국공산군의 믿을만한 배후기지(reliable rear area)로서 식량을 비롯한 여러 가지 전투비품을 중국공산군에게 제공했다.65) 1947년 5월 17일에는 북한과 중국공산당간에 북한이 중국공산군을 도와주는 대가로 일정수의 병력 쿼타권을 북한이 갖는다는 내용을 핵심으로 하는 방어 협정이 체결되었다는 설도 있다. 이와 더불어 1949년 3월에는 북한과 중국공산당간에 비밀리에 7만 명의 북한군의 중국파병 요청과 이 파병의 대가로 만약 북한이 전쟁 수행에 필요하면 20만의 중국공산군의 북한파병을 서약한다는 내용이 담겨져 있다는 정보도 있었다.66)

국공내전에서 공산당이 승리함으로써 결과적으로 북한과 중국공산당간의 협조관계 유지는 조선인민군을 강화하는 계기를 만들어 주게 되었다. 1949년 7월부터 10월 사이에 약 3만에서 4만 명의 조선의용군이 입북하였으며 한국전쟁이 발발되기 불과 수개월 전인 1950년 2월에서 3월 사이에는 약 4만에서 5만 사이의 병력이 북한으로 돌아왔다. 1949년에 돌아온 조선의용군(중국인민해방군 제164사단 및 166사단 소속)은 조선인민군 제5사단과 6사단의 주축 병력이 되었다. 1950년 2월에 돌아온 병력은 인민군 제7사단의 주축병력이 되었고 그 밖에 개별적으로 돌아온 병력을 주축으로 하여 1950년 3월 인민군 제10사단을 창설하였다.

북한은 이처럼 만주에서 돌아온 병력을 토대로 인민군 규모를 확대하는 한편 소련의 도움을 받아 무기를 비롯한 군장비의 보강에도 전력을 기울였다. 1948년 12월 북한주둔 소련군이 철수하는 것과 관련하여 소련은 대규모의 군사사절단을 평양에 파견하여 북한 측과 인민군 강화방안에 대해 논의했다. 소련은 동사절단의 방북 보고를 듣고 인민군을 강화시키기 위하여 보병을 5개 사단(상설)으로 확대하고 다시 보병 8개 사단과 예비 8개 사단을 편성하기 위한 장비를 제공하고 T-3전차 500대를 중심으로 2개 전차사단의 편성준비를 진행하도록 결정하였다.[67]

소련은 이와 같은 결정을 내린 이후 김일성을 모스크바에 초대하였다. 김일성은 1949년 3월 부수상 겸 외상인 박헌영과 군 대표 김일 중장 등을 이끌고 모스크바를 방문하여 소련과 조·소 우호조약을 체결하였다. 명목상으로는 양국간의 우의를 다지는 조약이었으나 실질적인 내용은 무기, 연료의 원조와 군 지휘계통에서의 협력을 강화하는 것이었다.[68] 체결된 조약내용 중 군과 관련된 것은 1) 보병 6개 사단의 장비와 무기 등의 추가원조, 2) 3개 기계화 부대에 필요한 장비의 추가원조, 3) 7개 기동보안대의 장비 추가원조, 4) 북한공군이 충분히 훈련되었을 때 항공기의 원조, 5) 105~120명의 소련 군사고문단을 1949년 5월 1일부터 20일 이내에 북한에 파견, 6) 1949년 5월 20일까지 10억원에 해당하는 물자반입 등 이었다.[69]

이와 같은 일련의 군비강화 과정을 거친 끝에 조선인민군은 한국전쟁발발직전인 1950년 6월 초에는 지상군은 10개 사단의 병력 18만 2천 7백 명과 전차 242대 규모가 되었다. 해군은 병력이 약 1만 3천 7백 명이었고 30척의 경비정을 갖게 되었다. 그리고 공군의 경우는 병력이 약 2만 명 정도였고 소련제 Yak-9기와 Il-10 등의 전투기를 약 500대 가량 보유하게 되었다. 1950년 6월 현재 조선인민군의 병력규모와 군편성은 다음과 같다.

<표 2> 조선인민군의 병력 현황(1950년 6월 현재)

지상군(육군)	T-34형 전차 242대
보병사단 10	장갑차 54대
독립보병여단 2	자주포 SU-76 176문
기계화여단 1	해 군
계 : 182,680명	병력 13,700명
장 비	경비정 30척
박격포 1,800문	공 군
유탄포 550문(76mm 및 122mm)	병력 20,000명
고사포 36문	Yak-9, Il-10 전투기 및 정찰
대전차포 550문	기 약 500대
총 병력 : 216,380병	

출처 : 塚本勝一, 앞의 책, 34쪽.

2) 당·군 관계와 정권형성 과정에서의 인민군의 역할

일반적으로 공산국가의 권력구조의 문제를 다루는데 있어서 가장 빈번하게 논의의 대상이 되고 있는 주제의 하나가 당·군 관계이다. 당·군 관계를 어떻게 규정할 것인가의 문제에 대해서는 대체적으로 두 가지 경향이 있는 것 같다. 그 하나는 양자를 적대적 구조의 관계로 가정해서 파악하는 것이고 또 다른 하나의 경향은 양자를 갈등보다는 조화의 차원에서 보고자 하는 것이다.70) 그런데 최근에 들어와서는 전자 보다는 후자의 경향이 더 보편화되고 있는 것 같다.

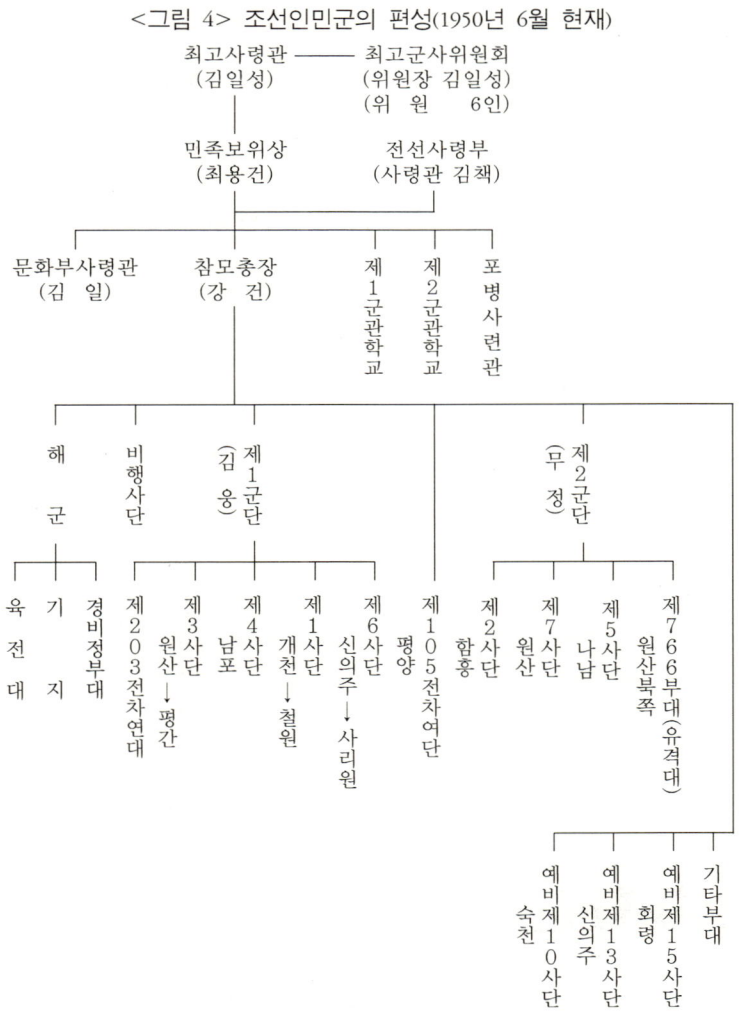

출처: 위의 책, 33쪽.

한편 공산국가의 당·군 관계를 이론화하기 위한 다양한 접근법들이 소개되고 있는데 그중에서도 이익집단 접근(interest group approach or institutional-conflict model), 관료주의 모델, 참여 모델, 그리고 주로 동유럽의 사례를 토대로 한 발전 모델 등이 대표적인 것들이다.71) 특히 허스프링(Dael R. Herspring)이 제시하고 있는 발전 모델에서는 당·군 관계를 전환단계(transformation phase), 강화시기(consolidation period), 그리고 체제유지 시기(system maintenance period) 등으로 나누어 당·군 관계의 특성을 파악하고 있다72)는 점에서 공산정권 형성 초기의 당·군 관계를 살펴보는데 유용한 관점을 제공해 줄 수 있다고 본다. 그에 의하면 전환단계에서는 당의 리더십과 군부 간에 광범한 가치의 불균형(wide disparity of values) 현상이 나타난다. 그리고 정권의 으뜸가는 목표는 체제에 명백하게 적대적 태도를 취하는 세력을 무력화시키는데 있다. 이 시기에 있어서 당 정치기구(Party-Political Apparatus)의 임무 중의 하나는 새로운 정권에 대해 수동적인 감정을 갖고 있는 군부, 특히 군 장교들을 몰아내거나 무력화시키는 것이다. 강화 시기는 감독과 통제기능의 강화(intensification)로 특징 지워진다. 그리고 거기에 덧붙여 군 생활의 모든 면에 있어서의 정치화에 보다 큰 강조점을 두게 된다. 끝으로 관리기에 들어오면 당의 리더십은 모든 상황에서 군부를 신뢰하는 것은 아닌 반면, 대부분의 상황에서는 군부를 새로운 정권의 지지 세력으로 간주하려는 경향을 보이게 된다.73)

그러나 허스프링의 발전모델도 동유럽의 사례에 국한에서 정립된 것이기 때문에 여타 공산국가의 당·군 관계의 분석에 적용하는 데에는 한계가 있다.74) 이와 같은 한계를 보완하기 위해서 나온 접근법의 하나가 알브라이트(David Albright)의 컨틴젼시 접근법(contingency approach)이다. 그는 당·군 관계의 갈등적 개념(the notion of army-party conflict)을 회피하고 있다. 알브라이트는 공산국가의 서로 다른 당·군 관계의 사례를 적절하게 설명하기 위한 7개의 변수를 제시하고 있다. 그 변수는 1) 권력 장악의 과정, 2) 대외관계, 3) 상층 지배엘리트군의 기능적 전문화의 정도, 4) 통치 엘리트내의 파벌투쟁의 정도, 5) 정치의 관료화의 정도, 6) 군사 독트린, 7) 국내질서의 정도 등이다.75) 이 접근법은 공산국가의 당·군 관계의 이론화의 수준을 한 단계 진전시키는데 기여한 바 크다. 그러나 각 변수 간의 상대적 중요성이나 상관관계를 정확히 파악할 수 없다는 약점이 있다.

아델만(Jonathan R. Adelman)은 위에서 논의한 제 접근법이나 모델의 한계와 약점을 보완하기 위해서 역사적 발전모델(historical developmental model)을 제시하고 있다. 그는 혁명적 발전의 속성과 소련의 관여의 정도가 공산국가의 당·군 관계의 성격을 결정하는 결정적 요인이라고 지적하고 있다. 특히 권력 장악의 과정이 권력을 장악한 처음 20년간의 당·군 관계의 성격을 결정하는 것이라고 알브라이트는 강조하고 있다.76) 그는 이와 같은 사실에 기초하여 공산국가의 당·군 관계의 세 가지 서로 다른 유형의 존재를 가설로 내세우고 있다.77) 그 첫 번째 유형은 강력한 정치적 역할을 맡고 있는 군부가 혁명적 권력 장악 과정의 성격과 밀접하게 연결되어 있고 내전(civil war)을 초래한 경우이다. 이 유형에 속하는 나라는 중국, 베트남, 그리고 유고 등이다. 이 유형에 속하는 나라에서의 권력은 단순히 소련군의 간섭을 통해 받아 낸 것도 아니고 노동자들의 반란에 의해서 쟁취된 것도 아니다. 이 경우의 권력은 강력한 적과의 오랫동안 어려운 투쟁 끝에 쟁취한 것이다. 두 번째 유형은 군대에 의해 행사된 영향력이 최소화된 형태의 경우를 말한다. 이 유형은 동구에서 전형적으로 찾아볼 수 있다. 이 경우의 권력 장악 과정에서는 소련의 역할이 결정적이다. 마지막으로 세 번째 유형은 소련군의 경우가 전형적인 사례이다. 소련군의 정치적 역할은 역사적으로 미미했는데 후르시초프시대 이래 군은 정당한 이익집단의 하나로 정치적 역할이 증대되어 왔다.

초기 정권 형성과정에서의 북한의 당·군 관계를 분석하는데 있어서는 알브라이트나 아델만의 접근법 및 모델이 하나의 준거 틀이 될 수 있다고 본다. 특히 알브라이트가 제시한 변수 중에서 권력 장악과정과 파벌투쟁의 정도라는 변수와 아델만이 말하고 있는 혁명적 발전의 속성 및 소련의 관여정도는 초기 북한의 당·군 관계를 설명하는데 유용한 관점을 제공해줄 수 있을 것이다.

초기 북한의 당·군 관계에 있어서 가장 특징적인 사실의 하나는 당·군 관계를 규정하고 있는 어떤 구체적인 문건이 하나도 존재하지 않고 있다는 것이다. 조선인민군 창건식에서 행한 김일성의 연설에서도 "우리 인민군대는 인민이 낳은 군대이고 인민을 위하여 복무하는 군대"[78]라는 사실을 강조할 뿐 당·군 관계에 대해서는 일체 언급이 없다. 이와 같은 사실은 북한이 체제관리기에 들어와서부터 군에 대한 일관된 당의 우위 원칙을 견지하고 있는 것과 비교해볼 때 매우 특이한 현상이라고 할 수 있다. 정권형성 초기에 당·군 고 관계를 규정하는 구체적인 원칙이 제시되지 않은 이유는 당과 군이 통일된 단일권력에 의해 지배되지 않고 이원화되어 있었다는 사실에서 찾을 수 있다.

일반적으로 공산국가에서 권력 장악이 자체의 무장력에 의해서 이루어진 경우에는 정권형성 초기부터 당과 군이 이원화되는 사례는 없다. 이 경우의 당·군 관계는 대체적으로 양자 중 어느 한쪽이 우월하든가 간헐적으로 양자간에 갈등이 존재하는 것이 상례였다. 그러나 북한의 경우는 자체의 무장력에 의해서 권력 장악이 이루어지지 않았다. 알브라이트가 제시한 당·군 관계를 규정하는 세 가지 유형 중 북한의 경우는 두 번째 유형, 즉 군대에 의해 행사된 영향력이 최소화된 형태로서 소련의 역할(권력 장악과정)이 결정적인 형태에 가깝지만 그 전형적 사례에 해당되지는 않는다. 왜냐하면 소련에 의해서 북한의 공산혁명을 추진할 주역으로 선택된 김일성이 국내에 지지 세력이 거의 없다는 약점을 갖고 있었던 반면에 국외에서의 항일무장투쟁이라는 강점을 갖고 있었기 때문이다. 바로 이 때문에 김일성은 무장투쟁 시절의 동료 및 부하들을 주축으로 소련의 도움을 받아 인민군의 형성과정에서는 주도권을 장악할 수 있었지만 당에서는 국내파를 비롯한 연안파와 소련파 등 다른 공산세력의 도전으로 처음부터 주도권을 행사할 수 없었다. 여기서 당과 군이 이원화된 배경을 분석하기 위해서 이와 같은 상황을 좀 더 구체적으로 살펴보고자 한다.

김일성은 당에서와는 달리 군에서는 처음부터 주도권을 장악할 수 있었다. 인민군의 형성과정에서 이미 지적했듯이 해방직후 북한에 주둔하고 있던 일본군은 무장을 해제 당했고 곧이어 이 공백을 메우기 위해서 치안대 등이 조직되었으나 소련당국에 의해 해산되었다. 그 이후 북한의 치안 및 군사조직은 소련의 전적인 지원을 받아 김일성파가 장악하게 되었다. 해방이후 조선인민군이 정식으로 창설될 때까지 군대와 국내치안을 담당하는 모든 자리는 사실상 김일성의 빨지산 동료들이 차지했다. 예컨대 군사장교와 정치 간부를 양성하기 위한 최초의 학교인 평양학원의 원장은 만주2로군 출신의 유격대원이었던 김책이었다. 그리고 1946년 2월에 조직된 북조선인민위원회 산하의 보안국장은 역시 빨지산 출신인 최용건이었으며 중앙보안간부학교와 모든 간부훈련소들의 책임자들도 빨지산 출신들로 임명되었다. 이와 같은 현상은 조선인민군이 창설되고 조선민주주의인민공화국이 정식으로 출범한 이후에도 그대로 지속되었다. 정부수립 이후 군대와 보안대가 분리되었는데 군대는 민족보위성에 편입되었다. 그런데 민족보위상에는 최용건이 부상에는 김일, 그리고 인민군 총사령관에는 강건이 임명됨으로써 군의 최고위 핵심 요직은 모두 김일성파가 차지하게 되었다.

이와는 달리 김일성파의 잠재적인 도전세력이라 할 수 있는 국내파

등 여타의 파벌은 군대 내에 자파세력을 부식시키지 못했다. 국내파는 숫자는 많았으나 자체의 군사조직이 없었으며 군보다는 주로 정치투쟁 쪽에 관심을 집중시키고 있었고 소련파도 역시 군 문제 보다는 정치문제에 관여하는 경향을 보였다.79) 아마도 군사부문에서 김일성파와 경쟁할 수 있는 잠재력을 갖고 있는 유일한 세력은 연안파였을 것이다. 그러나 연안파는 바로 이와 같은 잠재력을 갖고 있다는 점 때문에 처음부터 소련과 김일성파의 심한 견제를 받아야만 했다. 중국공산군의 한인으로서는 가장 고위직에 있었고 한때 김일성과 경쟁할 수 있는 유력한 인물로 간주되었던 무정은 포병사령관직을 맡는 것에 그치고 말았다. 일부에서는 중국공산군과 합류하여 전투경험을 쌓은 많은 한인무장부대를 거느렸던 연안파가 단순히 김일성파와 소련의 견제만으로 북한군 내에서 별다른 영향력을 행사할 수 없었는가에 대해서 의문을 제기하는 경우도 있다. 이에 대해서 커밍스는 색다른 견해를 제시하고 있다. 그에 의하면 일반적으로 알려진 것처럼 김일성파와 연안파가 적대관계에 있었던 것만은 아니라는 것이다. 김일성은 1930년대의 항일무장투쟁시기에 이미 중국공산당과 긴밀한 관계에 있었기 때문에 소련이 오히려 김일성파와 연안파의 제휴 내지는 동맹가능성에 대해 두려움을 갖고 있었다는 것이다. 김일성은 연안파와 제휴해서 일하는데 있어서 별다른 어려움이 없었다고 말한 적이 있다고 커밍스는 지적하고 있다.80) 커밍스의 주장을 전적으로 수용하지 않는다 하더라도 김일성의 중국공산당과의 연계를 고려한다면 만주에서 돌아온 많은 한인무장 세력이 단순히 연안파의 전적인 지지 세력이라고만은 할 수 없을 것이다. 이렇게 본다면 한인무장 세력의 대거 입북에도 불구하고 연안파가 군대 내에서 김일성파의 경쟁상대가 되지 못했던 이유가 어느 정도 해명될 수 있을 것이다.

   군에서와는 달리 당에서는 김일성이 처음부터 주도권을 장악하여 당을 지배하지 못했다. 페이지(Glenn D. Paige)의 표현을 빌면 북한에서 모든 파벌주의(factionalism)가 제거되고 김일성이 당권을 완전 장악, 승리한 것은 1961년 9월에 열린 로동당 제4차 당 대회 이후라고 한다.81) 사실 북한에서는 중국이나 소련의 경우와는 달리 이미 조직된 공산당 주도하에 공산혁명과 정권수립이 추진된 것이 아니기 때문에 당의 주도권이 처음부터 어떤 특정세력의 수중에 있을 수가 없었다. 비록 김일성이 소련점령군의 전적인 지원을 받아 다른 공산주의 세력에 비해서 유리한 위치에 있었지만 김일성 자신과 그의 동료들이 대중적 명망이나 지지기반이 거의 전무했기 때문에 대중조직을 생명으로 하는 당에서는 여타 세력과의 제휴와 협력이 불가피했다.

해방직후 북한에서 최초로 조직된 당은 1945년 10월 10일에 개최된 조선공산당 서북 5도 당책임자 및 열성자 대회에서 채택된 정치로선과 조직 강화에 대한 결정서에 의해 창설된 조선공산당 북조선분국이었다. 이 시기에는 조선공산당의 서울중앙이 명백하게 인정되고 있었다.82) 북조선 분국의 초대 책임비서에는 국내파인 김용범이 선출되었는데 1945년 12월 17일에 개최된 북조선 분국 제3차 확대집행위원회에서 김용범 대신 김일성이 책임비서가 되었다. 그런데 일설에 의하면 이 회의는 김일성의 무장병력에 둘러싸인 채 개최되었다.83) 이것은 김일성의 책임비서 취임이 분국구성원의 자발적인 지지에 의해서라기보다는 강압에 의한 것이었음을 강하게 시사하는 것이다. 조선공산당 북조선 분국은 1946년 4월 그 명칭을 북조선공산당으로 바꾸었다. 서대숙 교수는 당 조직 형성 초기에 1945년 9월 서울에서 결성된 조선공산당의 본부가 서울에서 평양으로 옮겨졌더라면 그 지도자들은 당시 북한의 행정기관인 서북 5도행정국과 김일성의 부상을 효과적으로 가로막을 수도 있었다고 지적하고 있다.84)

초기 당 활동에서 김일성이 직면하고 있던 어려움은 북조선노동당의 결성과정에서도 그대로 나타나고 있다. 주지하듯이 북 노당은 북조선공산당과 연안파가 창설한 신민당이 합당해서 만들어진 당이다. 1946년 2월 16일 연안파는 조선신민당의 창당을 선언했다. 동 당은 북조선공산당에 비해 규모는 작았지만 북한사회에서 없어서는 안 될 인사들인 학자, 문필가, 과학자 및 행정적 경험을 가진 자들이 주류를 이루었고 북한의 인테리켄챠들로부터 지지와 호응을 받고 있었다. 신민당이 지식인들로부터 호소력을 가질 수 있었던 것은 동 당이 공산당에 비해 비교적 온건한 강령을 제시하고 있었기 때문이다.85) 이와 같은 성격을 갖고 있던 신민당은 1946년 8월 북조선공산당과 합당을 함으로써 해체되었다. 공산주의자들의 공식기록에 따르면 양당의 합당은 신민당의 발의로 이루어졌다.86)

양당의 합당대회(노동당의 제1차 당 대회)에서 선출된 당 간부의 파벌별 분포를 보면 김일성이 당의 주도권을 장악하고 있지 못했음을 알 수 있다. 우선 당중앙위원회의 위원장직에 김일성이 아닌 연안파의 대표 인물이라고 할 수 있는 김두봉이 선출되었다. 이 위원장 선출에 대해서는 두 가지 설이 있다. 그 하나는 김일성이 당 대회 이전에 연안파의 지도자들과 전술적으로 타협하여 합당에 협력한 대가로 위원장직을 연안파에 양보했다는 설이다. 다른 하나의 설은 김일성이 선거에 패배했다는 것이다. 서대숙 교수는 중앙위원회 전원회의에서의 선출과정이 공개되지 않았기 때문에 실제로 비밀투표가 이루어져서 김일성이 투표에서 패배했는지, 아니면 선거가 미리 결정된 간부명단의 형식적 승인에 지나지 않았는지 평가하기 어렵다고 지적하고 있다.87) 그러나 어떤 설을 취하든 간에 김일성은 위원장이 아닌 부위원장에 선출되었을 뿐이다. 그리고 당 권력의 핵심기관인 정치위원회 위원의 파벌별 분포를 보면 전체 위원 수 5명 중 김일성파 1명(20%), 연안파 2명(40%), 국내파 1명(20%), 소련파 1명(20%)으로 각 파벌 간에 안배 형식을 취하고 있다.

당중앙위원회 위원의 파벌별 분포는 총인원 43명 가운데 김일성파 4명 (9.3%), 연안파 12명(17.9%), 국내파 14명(32.6%), 소련파 8명(18.6%), 불명 5명(11.6%)으로 김일성파가 가장 적다.88)

이와 같은 현상은 1948년 3월에 개최된 2차당대회의 경우에서도 그대로 지속되었다. 2차당대회에서도 당중앙위원회의 위원장은 김두봉이었다. 정치위원회 위원의 파벌별 분포를 보면 총인원 7명 중 김일성파 2명(28.5%), 연안파 3명(42.8%), 국내파 1명(14.2%), 소련파 1명(14.2%)으로써 1차당대회 때보다 김일성파가 1명 늘었으나 전체 구성비에 있어서는 별 차가 없다. 당중앙위원회의 경우를 보면 김일성파 8명(11.9%), 연안파 14명(20.9%), 국내파 25명(37.3%), 소련파 15명(22.4%), 불명 5명(7.5%)으로써 1차당대회 때보다 김일성파의 진출이 약간 늘었으나 여전히 국내파의 숫자가 가장 많다.89) 김일성파와 소련당국 그리고 김일성파의 협력세력인 소련파의 견제에도 불구하고 국내파가 가장 많은 수의 인원을 중앙위원회에 진출시키고 있는 것은 국내파의 세력기반이 그만큼 강했다는 것을 의미하는 것이다.

북노당은 1949년 6월 24일 남노당과 북노당의 합동 중앙위원회의 연석회의를 통해서 조선노동당으로 개편되었다. 이 때에 비로소 김일성은 당 위원장직을 차지하게 되었다. 그러나 양당이 통합되었을 때도 김일성에 대한 도전은 실제로 있었다. 많은 남한공산주의자들이 북한에 있었을 뿐 아니라 그의 권력의 가장 충실한 지원자이자 권력의 중추인 소련점령군이 북한에서 철수했기 때문이다. 김일성의 빨지산 부대원들은 수에서 여전히 열세였고 당에서도 비효율적이었으므로 자기들의 힘을 대부분 군과 보안관계에만 집중시켰다.90)

이처럼 김일성은 처음부터 당에서 주도권을 장악하지 못했기 때문에 당을 통한 군의 지휘 통제방식을 채택하지 않았는지 모른다. 오히려 그는 이미 군에서 확보한 주도권을 바탕으로 열세에 있던 당에서의 위치를 강화하기 위해서 당과 군의 관계를 이원화시켰을 가능성이 매우 크다.91) 여하튼 김일성은 정권형성 초기부터 군대와 보안대를 완벽하게 통제했고 다른 어떤 집단도 이에 대한 통제력을 갖거나 영향력을 행사하지 못했기 때문에 당에서의 열세를 만회할 수 있었고 결과적으로 다른 권력의 도전세력을 효과적으로 무력화시킬 수 있었다.

4. 결 론

이상에서 조선인민군의 형성과 발전과정을 조선인민혁명군과의 관계, 창설배경, 인민군의 성격, 그리고 당·군 관계를 중심으로 살펴보았다. 서론에서도 잠깐 지적한 바와 같이 이 논문에서는 조선인민군의 창설을 비롯해서 북한의 정권형성의 전 과정을 단순히 소련점령군의 절대적인 역할에만 초점을 맞추어 분석하는 것을 지양하고 김일성과 그 휘하세력, 그리고 여타의 많은 공산세력 간의 협력과 제휴 및 갈등과 연계시켜 분석하는데 중점을 두고자 한다.

우선 지적할 수 있는 것은 조선인민군의 형성과정에 있어서는 소련의 후원과 영향이 매우 컸다는 것이 부인할 수 없는 사실이었다. 그러나 김일성과 그 휘하세력이 조선인민군의 형성과정에서 주도권을 장악할 수 있었던 것은 소련의 도움뿐만 아니라 김일성 자신의 항일무장투쟁의 경험이라는 일정한 업적과 투쟁당시의 동료와 부하들이 인민군 창설의 주역으로 활동했었기 때문이라고 볼 수 있다. 김일성은 조선인민군의 창건에 즈음하여 이미 인민군이 항일투쟁에 모든 것을 바쳐온 애국자들을 골간으로 창건되었음을 강조함으로써 자신이 조선인민군 창설의 주역이며 정통성의 상징임을 과시하였다. 이와 같은 현상은 조선인민군의 모체를 역사적 사실로서는 존재하지 않았던 조선인민혁명군으로 대체시키는 것을 계기로 더욱 심화되었고 결과적으로는 조선인민군이 김일성의 군대라고까지 규정하는 것으로 발전하게 되었다.

요컨대 김일성이 일제의 식민통치하에 항일무장투쟁의 경험, 비록 그 투쟁업적에 대한 과장과 왜곡이 많지만, 군사력을 갖고 있었다는 것은 소련의 지원과 더불어 그가 북한의 정권형성 초기에 주도권을 장악하는 데 큰 힘이 되었고 그 이후 절대 권력을 행사하는 정통성의 근원이 되었다. 그는 무장투쟁의 업적과 세력을 통해 군을 장악했고 이것을 토대로 당에서의 세력의 열세를 만회하는데 성공하였다. 만약 김일성에 반대하는 여타의 공산세력들이 단결하여 그의 권력 장악을 반대했다고 해도 김일성은 군대와 보안대라는 실질적인 권력의 지렛대를 확보하고 있었기 때문에 성공하기 어려웠을 것이다. 어떤 의미에서 보면 김일성의 권력 장악은 군사력의 접수로 특징화할 수 있는 것이다.

※ 이 글은 "조선인민군의 형성과 발전," 『북한체제의 수립과정, 1945～1948』(경남대극동문제연구소, 1991)에 수록되었다.

주註

1) 이와 같은 통설을 대표하는 연구로서는 김창순,『북한 15년사』(서울: 지문각, 1961) ; 양호민,『북한의 이데올로기와 정치』(서울: 고려대학교 아세아문제연구소, 1967), 57~109쪽 ; 양호민, "북한의 소비에트화," 고려대학교 아세아문제연구소 공산권연구실(편),『북한공산화과정연구』(서울: 고려대학교 아세아문제연구소, 1973), 1~27쪽 ; 김갑철, "북한의 소비에트화 과정," 극동문제연구소(편),『북한정치론』(서울: 극동문제연구소, 1976), 72~106쪽 등을 들 수 있다.
2) 김일성이 초기 정권형성과정에서 권력의 주도권을 장악한 것은 단순히 소련의 전적인 지원 때문만은 아니었다는 견해도 있다. 이와 같은 견해를 대표하는 연구로서는 Bruce Cumings, *The Origins of Korean War Vol. I* 김주환 옮김,『한국전쟁의 기원』하권 (서울: 청사, 1986), pp. 247-315 ; Bruce Cumings, *The Origins of Korean War Vol. II : The Roaring of the Cataract* (Princeton, New Jersey: Princeton University Press, 1990) ; Dae-Sook Suh, *Kim Il Sung: the North Korean Leader*, 서주석 옮김,『북한의 지도자 김일성』(서울: 청계연구소, 1990), 51~66쪽 ; 이종석, "북한지도집단과 항일무장투쟁," 김남식 외,『해방전후사의 인식 5』북한 편 (서울: 한길사, 1989), 35~154쪽 등을 들 수 있다.
3) 서대숙 앞의 책, 63쪽.
4) 위의 책, 66쪽.
5) 이에 대해 자세한 것은 Robert A. Scalapino & Chong-Sik Lee, *Communism in Korea Part I : The Movement* 한홍구 옮김,『한국공산주의 운동사 2』(서울: 돌베개, 1986), pp. 399-486을 참조.
6) 위의 책, 420쪽.
7) Dae-Sook Suh, *The Korean Communist Movement, 1918-1948* (Princeton, New Jersey: Princeton University Press, 1967), p. 319.
8) 김주환 옮김, 앞의 책, 279쪽.
9) 커밍스는 최근에 해제된 북한에서의 노획문서를 분석해 본 결과 정권형성 초기의 북한이 소련의 단순한 위성국(Soviet satellite)이 아니었다고 밝히고 있다. 그는 김일성체제(Kimilsungist system)와 주체 이데올로기도 1960년대의 산물이 아니라 정권형성 초기인 1940년대의 산물이었다고 주장한다. 이에 대해 보다 자세한 것은 Bruce Cumings, *The Origins of Korean War Vol. II : The Roaring of the Cataract, 1947-1950*, pp. 291-349 참조.
10) 김주환 옮김, 앞의 책, 272쪽.
11) 김일성, "정치사업을 잘하여 인민군대의 위력을 더욱 강화하자,"『김일성 저작

선집 7』(평양 : 조선로동당출판사, 1978), 414쪽.
12) ≪로동신문≫ 2월 8일자 사설 및 4월 25일. 서주석 옮김, 앞의 책, 12쪽에서 재인용.
13) 김일성, "조선인민군 창건에 즈음하여,"『김일성 저작집 4』(평양: 조선로동당출판사, 1979), 103~104쪽 ; 조선인민군이 항일빨지산부대의 계승자라는 사실은 그 후에도 계속 강조되어 왔다. 예컨대 김일성은 1958년 2월 8일 조선인민군 창건 10주년을 맞이하여 '조선인민군은 항일무장투쟁의 계승자이다'라는 제하의 연설을 통해서 "왜 우리가 인민군대를 항일무장투쟁의 영광스러운 계승자라고 합니까? 그것은 항일유격투쟁 때부터 조선인민은 지주, 자본가들의 리익을 옹호하는 것이 아니라 로동자, 농민을 비롯한 광범한 인민대중의 리익을 옹호하며 제국주의를 반대하는 군대를 가지게 되었기 때문입니다"라고 주장함으로써 이 사실을 강조하였다.『김일성 저작선집 2』(평양: 조선로동당출판사, 1986), 65쪽.
14)『정치사전』(평양: 사회과학출판사, 1973), 1034쪽.
15) 위의 책, 1034쪽.
16) 위의 책, 1035쪽.
17) 위의 책, 1035쪽.
18) 위의 책, 1035쪽.
19) 위의 책, 1035쪽.
20) 위의 책, 1035~1036쪽.
21)『우리의 태양』, 8~9쪽. 와다 하루키, "김일성과 '만주'의 항일무장투쟁,"『사회와 사상』1988년 11월호, 175쪽에서 재인용.
22) 한재덕,『김일성장군개선기』(평양: 민주조선출판사, 1947), 33쪽. 와다 하루키, 앞의 글, 175쪽에서 재인용.
23) 한재덕, 앞의 책, 168쪽. 와다 하루키, 앞의 논문, 175~176쪽에서 재인용.
24) 위의 논문, 176쪽.
25)『조선인민군』(평양: 조선인민출판사), 14~15쪽. 위의 논문, 176쪽에서 재인용.
26) 윤세평, "8·15 해방과 김일성 장군의 항일무장투쟁,"『역사문제 2』1949년 9월, 71쪽. 위의 글, 176쪽에서 재인용.
27) 崔昌益,『조선민족해방투쟁사』(東京: 三一書房, 1952), 318~325쪽.
28) 이나영, "김일성 장군의 영웅적 빨지산 투쟁,"『선전원 수책』제1호, 1950, 14~15쪽. 와다 하루키, 앞의 논문, 177쪽에서 재인용.
29) ≪로동신문≫ 1950년 2월 6일.
30) 임춘추,『항일무장투쟁시기를 회상하며』(평양: 조선로동당출판사, 1960), 64쪽.
31) ≪로동신문≫ 1976년 8월 9일.

32) 서대숙, 앞의 책, 12쪽.
33) 임춘추, 앞의 책, 145~146쪽.
34) 동강회의의 내용은 김일성의 口述筆錄에 의해서도 확인되고 있다. 이 필록은 해방직후 김일성이『동북항일연군투쟁약사』의 저자 관기신의 질문에 답한 것이다. 동 필록에 의하면 김일성은 1935년경에 '동북인민혁명군' 제2군 제3사장(1군과 2군을 합해 놓았을 때는 제6사장)이었다. 이렇게 볼 때 이 당시 조선인민혁명군이 별도로 편성될 가능성은 없다. 임은,『김일성정전』(서울: 옥촌문화사, 1989), 95~96쪽.
35) 김일성을 매우 비판적 입장에서 다루고 있는 임은의 경우도 김일성이 동북인민혁명군의 주요 간부였음을 인정하고 있다. 임은, 앞의 책, 53~56쪽 참조.
36) 서대숙, 앞의 책, 28쪽.
37) 쯔가모도 가쯔이치(塚本勝一)는 국가보다 군대를 먼저 창설한 것은 공산주의자들의 전통적인 군중시사상 때문이라고 지적하고 있다. 塚本勝一,『超軍事 國家: 北朝鮮軍事史』(東京: 亞紀書房, 1988), 7쪽 ; 박갑동은 인민군 창설을 서두른 이유는 다음과 같은 4가지 판단과 계획 때문이라고 설명하고 있다. 1) 1947년 9월 제2차 미·소공동위원회가 마지막으로 파탄하고 미국이 한국문제를 유엔에 상정하였기 때문에 미·소 협조에 의한 민주적 통일 한국정부의 가능성이 없어졌다. 2) 미국이 남한에 단독 정부를 세우게 되면 북한에서도 이에 대항하는 정부를 세운다. 3) 소련군은 가능한 한 빠른 시기에 미·소 양군 동시 철수를 주장하고 만약 미군이 철수하지 않더라도 소련군은 북한에서 철수하고 조선 문제는 조선인에게 맡긴다는 형태를 취한다. 4) 소련군이 철수한 후 남북의 정부가 대결할 때 북한을 방위하기에 충분한 현대적 군대를 조속히 건설할 필요가 있다. 박갑동,『한국전쟁과 김일성』(서울: 바람과 물결, 1990), 41쪽.
38) 이 해산 명령은 북조선 주둔 소련 25군 사령관의 성명서속에 포함되어 있는데 그 내용은 다음과 같다.
"……
(마) 북조선 지역 내에 있는 모든 무장부대를 해산시킬 것,
모든 무기, 탄약, 군용물자들은 군경무사령관에게 바칠 것.
평민 중에서 사회질서를 유지하기 위하여 임시 도인민위원회들은 소련군 사령부와의 협의 하에 인정된 인원수의 보안대를 조직함을 허가함."
고려대학교 아세아문제연구소 편,『북한연구자료집 1』(서울: 고려대학교 출판부, 1969), 604쪽.
39) 青田 學,『金日成の軍隊: 朝鮮人民軍の全貌』(東京: 教育社, 1979), 22쪽.
40) 塚本勝一, 앞의 책, 13쪽 ; 위의 책, 23쪽 참조.
41)『김일성 저작집 2』(평양: 조선로동당출판사, 1982), 73쪽.

42) 김주환 옮김, 앞의 책, 292쪽. 김일성은 평양학원의 교육목적은 우리 인민의 혁명적 정규군건설에 요구되는 훌륭한 간부를 길러내는데 있다고 지적하였다. 그리고 교육내용에 있어서는 정치사상교육과 현대적 군사과학과 기술교육을 강조하였다. 『김일성 선집 1』(서울: 대동, 1988), 335~336쪽.
43) 주영복,『내가 겪은 조선전쟁』(서울: 고려원, 1990), 73쪽 ; "6·25 전쟁 발발의 실상을 밝힌다 ; 팔로군 출신 방호산 사단 정치보위부 최태환의 증언," 『역사비평』 1988년 가을호, 362~389쪽.
44) 위의 증언, 365쪽, 371쪽. 보안간부훈련소의 개소시기에 대해서 주영복과 최태환의 증언이 다르다(주영복은 1946년 8월 설을 주장하고 있고 최태환은 동년 4월 설을 주장). 최태환이 4월에 개소되었다고 증언한 것은 강건의 입북시기를 기준으로 삼았기 때문이라고 추측된다.
45) 이 당시는 아직 정식 군대가 창건되지 않은 때임으로 공식적인 계급 호칭은 병적카드나 문서상에는 위관小星, 좌관中星, 장관大星으로 나누고 그것을 다시 등급별로 나누어 소성 1(소위), 소성 2(중위), 소성 3(상급중위), 소성 4(대위), 중성 1(소좌), 중성 2(중좌), 중성 3(대좌), 중성 4(총좌), 대성 1(소장), 대성 2(중장)로 하였다. 그리고 병·하사관은 전사, 하사, 중사, 상사, 특무장으로 불렀다. 주영복, 앞의 책, 95쪽.
46) 북한해군의 창설과정에 대해서 자세한 것은 안찬일, "인민군 창건과정과 발전에 관한 연구," 『북한』 1990년 10월호, 106~107쪽 참조.
47) 북한공군의 형성과정에 대해서 자세한 것은 위의 책, 107~109쪽 ; 韓桂玉, 『朝鮮人民軍』(東京: カヽや書房, 1990), 139~140쪽 참조.
48) 김주환 옮김, 앞의 책, 191쪽.
49) 위의 책, 293쪽.
50) 이에 대해 자세한 것은 김창순, 앞의 책, 61~65쪽 참조.
51) 김주환 옮김, 앞의 책, 294쪽.
52) 위의 책, 294쪽.
53) 『김일성 저작집 4』(평양: 조선로동당출판사, 1979), 103~104쪽.
54) 韓桂玉, 앞의 책, 141쪽.
55) VoNguyen Giap, *People's War People's Army: The Viet Cong Insurrection Manual for Underdeveloped Countries* (New York: Frederick A. Praeger, 1962), p. 56.
56) 『김일성 선집 4』(평양: 조선로동당출판사, 1954), 346쪽, 358쪽.
57) 김주환 옮김, 앞의 책, 295쪽.
58) 『김일성 저작선집 7』(평양: 조선로동당출판사, 1980), 452쪽.
59) 위의 책, 458쪽.
60) ≪로동신문≫ 1979년 4월 25일자.

61) Bruce Cumings, *The Origins of Korean War Vol. II*, pp. 355-356.
62) 한홍구 옮김, 앞의 책, 496쪽.
63) 위의 책, 496쪽.
64) Bruce Cumings, op.cit., p. 358. 커밍스는 국부군이 일제에 보복한다는 명분 하에 일본군에 소속되었던 많은 한인병력을 휘하로 흡수하지 않은 것은 국공내전기의 국부군이 범한 결정적인 오류라고 지적하고 있다.
65) Ibid., p. 358.
66) Ibid., p. 359. 주영복의 증언은 이와 같은 사실과 다르다. 그에 의하면 김일성 일행은 모스크바에 가서 무기 및 연료 공급을 골자로 하는 조·소 우호조약을 체결하고 돌아오는 길에 만주의 심양에 들려 중국공산당과 조·중 비밀군사협정을 체결했는데 그 내용은 국공내전에 협력한 조선인 부대(3~5만 명)를 시급히 북한에 귀환시켜 조선인민군에 편입시키는 것이었다. 주영복, 앞의 책, 135쪽.
67) 이에 대해 자세한 것은 塚本勝一, 앞의 책, 28쪽 ; 극동문제연구소 편, 『북한전서 중권』(서울: 극동문제연구소, 1974), 25쪽 참조.
68) 주영복, 앞의 책, 133쪽.
69) 塚本勝一, 앞의 책, 29~30쪽 ; 위의 책, 25쪽.
70) Suck-Ho Lee, *Party-Military Relations in North Korea: A Comparative Analysis* (Seoul: Research Center for Peace and Unification of Korea, 1983), pp. 31-32. 적대적 관계로 파악하고 있는 대표적인 연구로서는 Roman Kolkowicz, *The Soviet Military and the Communist Party* (Princeton New Jersey: Princeton University Press, 1967) ; Michael Deane, *Political Control of the Soviet Armed Forces* (New York: Crane, Russak, 1977) 등을 들 수 있다. 조화적 차원에서 보고 있는 대표적인 연구로서는 William E. Odom, "The Party Connection," *Problems of Communism* 22 (September-October 1973), pp. 12-26 ; Dale R. Herspring, "Development Model," *Studies in Comparative Communism*, 11 (Autumm 1978), pp. 207-212 등을 들 수 있다.
71) 이에 대해 자세한 설명은 Suck-Ho Lee, *op.cit.,* pp. 33-38 ; Dael R. Herspring, op.cit., pp. 207-212 참조.
72) Herspring, op.cit., pp. 210-212.
73) Ibid., pp. 210-211.
74) 발전모델을 비롯해서 이익집단 접근법, 참여모델 등 공산국가의 당·군 관계를 설명하기 위한 제 접근법이나 모델 등의 한계에 대한 자세한 설명은 Jonathan R. Adelman, "Toward A Typology of Communist Civil-Military Relations," Jonathan R. Adelman (ed.), *Communist Armies in Politics* (Boulder, Colorado:

Westview Press, 1982), pp. 3-5 참조.
75) David Albright, "A Comparative Conceptualizton of Civil-Military Relations." *World Politics* Vol. 32 No.4 (July 1980), pp. 553-576.
76) David R. Albright, op.cit., P. 5.
77) Ibid., pp. 5~10.
78) 『김일성 저작집 4』, 105~106쪽.
79) Suck-Ho Lee, *op.cit.*, p. 84.
80) Bruce Cumings, *op.cit.*, pp. 350~376, 특히 365 참조.
81) Glenn D. Paige, *The Korean People's Democratic Republic* (Stanford: Hoover Instiution Press, 1966), p. 48. 페이지는 4차 당 대회를 김일성파의 승리의 집회였다고 지적하고 있다.
82) 북한의 문헌에서도 1945년 10월 25일 조선공산당 중앙위원회에서 북조선분국의 설립을 승인했다고 기술하고 있다. 『조선중앙년감』 1949년판 (평양: 조선중앙통신사, 1949), 715쪽.
83) 坪江, 『北朝鮮 解放十年』 (東京: 日刊勞動通信社). Dae-Sook Suh, *op.cit.*, p. 319에서 재인용.
84) Dae-Sook Suh, *Ibid.*, p. 319.
85) 한홍구 옮김, 앞의 책, 451쪽. 동 강령에서는 마르크스적 용어보다는 민족주의적 용어를 더 강조했으며 완전 독립, 사회정의, 그리고 완전한 정치적 민주주의를 특징으로 하는 민주공화국의 건설을 위해서 모든 계급의 통일과 협동을 필요성을 강조하고 있다.
86) 김주현, "북조선 로동당의 탄생," 『근로자』 1946년 10월 제1호, 35~48쪽. 위의 책, 453쪽에서 재인용.
87) 서주석 옮김, 앞의 책, 64쪽.
88) 최완규, "엘리트 구조를 통해 본 북한정치체제의 변화가능성 분석," 『경남대 논문집 4』, 1977년 12월, 217~219쪽.
89) 위의 글. 217~219쪽.
90) 서주석 옮김, 앞의 책, 84쪽.
91) 이석호 교수는 초기 북한군 내에 당 조직이 없었던 이유를 4가지로 설명하고 있다. 첫째, 소련파와 갑산파(김일성파), 특히 갑산파의 리더들이 당이 김일성의 완전한 지도하에 통합되지 못했기 때문에 군내에 당 조직을 두면 여타 세력이 군을 통제할 가능성을 두려워했다는 점과 둘째, 군대 내의 공산당의 존재가 자칫 병사들의 부정적 반응을 야기 시킬 수 있으며 군대에 자발적으로 참여하려는 젊은이들의 저항을 초래할 수 있다는 판단과, 셋째, 군의 효율성을 제고시키기 위해서 군조직의 독자성을 유지할 필요성이 있었다는 점, 넷째, 소련에서

와는 달리 북한에서는 지도자들 간에 이념투쟁이 없었기 때문에 당 조직이 없이도 안전하게 인민군을 창설할 수 있었다는 사실 등이다. Suck-Ho Lee, *op.cit.*, p. 161.

<참고문헌>

1. 북한문헌

『김일성 선집 4』(평양: 조선로동당출판사, 1954).
『김일성 저작선집 2』(평양: 조선로동당출판사, 1968).
『김일성 저작선집 7』(평양: 조선로동당출판사, 1978).
『김일성 저작집 2』(평양: 조선로동당출판사, 1982).
『김일성 저작집 4』(평양: 조선로동당출판사, 1979).
『조선인민군』(평양: 조선인민출판사).
김일성, "조선인민군 창건에 즈음하여," 『김일성 저작집 4』(평양: 조선로동당출판사, 1979).
사회과학출판사 편, 『정치사전』(평양: 사회과학출판사, 1937).
안찬일, "인민군 창건과정과 발전에 관한 연구," 『북한』 1990년 10월호.
임춘추, 『항일무장투쟁시기를 회상하며』(평양: 조선로동당출판사, 1960).
한재덕, 『김일성장군개선기』(평양: 민주조선출판사, 1947).
≪로동신문≫ 2월 8일자 사설 및 4월 25일.

2. 남한문헌

『김일성 선집 1』(서울: 대동, 1988).
극동문제연구소 편, 『북한전서 중권』(서울: 극동문제연구소, 1974).
김갑철, "북한의 소비에트화 과정," 극동문제연구소(편), 『북한정치론』(서울: 극동문제연구소, 1976).
김창순, 『북한 15년사』(서울: 지문각, 1961).
박갑동, 『한국전쟁과 김일성』(서울: 바람과 물결, 1990).
양호민, 『북한의 이데올로기와 정치』(서울: 고려대학교 아세아문제연구소, 1967).
양호민, "북한의 소비에트화," 고려대학교 아세아문제연구소 공산권연구실(편), 『북한공산화과정연구』(서울: 고려대학교 아세아문제연구소, 1973).
와다 하루키, "김일성과 '만주'의 항일무장투쟁," 『사회와 사상』 1988년 11월호.
윤세평, "8·15 해방과 김일성 장군의 항일무장투쟁," 『역사문제』 제2집, 1949년 9월.
이나영, "김일성 장군의 영웅적 빨지산 투쟁," 『선전원 수책』 제1호, 1950.
이종석, "북한지도집단과 항일무장투쟁," 김남식 외, 『해방전후사의 인식 5: 북한편』(서울: 한길사, 1989).
임 은, 『김일성정전』(서울: 옥촌문화사, 1989).

주영복, 『내가 겪은 조선전쟁』(서울: 고려원, 1990).
최태환, "6·25 전쟁 발발의 실상을 밝힌다: 팔로군 출신 방호산 사단 정치보위부 최태환의 증언,"『역사비평』1988년 가을호.
Bruce Cumings, *The Origins of Korean War* Vol. Ⅰ 김주환 옮김,『한국전쟁의 기원』하권 (서울: 청사, 1986).
Dae-Sook Suh, *Kim Il Sung: the North Korean Leader*, 서주석 옮김,『북한의 지도자 김일성』(서울: 청계연구소, 1990).
Robert A. Scalapino & Chong-Sik Lee, *Communism in Korea Part* Ⅰ: *The Movement*, 한홍구 옮김,『한국공산주의 운동사 2』(서울: 돌베개, 1986).

3. 외국문헌

塚本勝一,『超軍事 國家: 北朝鮮軍事史』(東京: 亞紀書房, 1988).
靑田 學,『金日成の軍隊: 朝鮮人民軍の全貌』(東京: 敎育社, 1979).
韓桂玉,『朝鮮人民軍』(東京: カヽや書房, 1990).
Bruce Cumings, *The Origins of Korean War Vol.* Ⅱ : *The Roaring of the Cataract* (Princeton, New Jersey: Princeton University Press, 1990).
Dae-Sook Suh, *The Korean Communist Movement, 1918-1948* (Princeton, New Jersey: Princeton University Press, 1967).
Dale R. Herspring, "Development Model," *Studies in Comparative Communism*, 11 (Autumm 1978).
David Albright, "A Comparative Conceptualizton of Civil-Military Relations." *World Politics* Vol. 32 No.4(July 1980).
Jonathan R. Adelman, "Toward A Typology of Communist Civil-Military Relations," Jonathan R. Adelman (ed.), *Communist Armies in Politics* (Boulder, Colorado: Westview Press, 1982).
Michael Deane, *Political Control of the Soviet Armed Forces* (New York: Crane, Russak, 1977).
Roman Kolkowicz, *The Soviet Military and the Communist Party* (Princeton New Jersey: Princeton University Press, 1967).
Suck-Ho Lee, *Party-Military Relations in North Korea: A Comparative Analysis* (Seoul: Research Center for Peace and Unification of Korea, 1983).
VoNguyen Giap, *People's War People's Army: The Viet Cong Insurrection Manual for Underdeveloped Countries* (New York: Frederick A. Praeger, 1962).
William E. Odom, "The Party Connection," *Problems of Communism* 22 (September-October 1973).

선군정치하 북한군 역할과 위상 변화

백 승 주

1. 서 론

    1999년 6월 16일 ≪로동신문≫·『근로자』가 "우리 당의 선군정치는 필승불패이다"라는 공동논설을 발표한 이후 북한은 「선군정치론」[1]을 통하여 김정일이 이끄는 북한의 정치, 경제, 외교 등 국가운영 전반을 설명하고 있다.

    선군정치론은 1998년 8월 22일 북한의 ≪로동신문≫이 정론으로 게재한 「강성대국론」의 주요 논지를 유지한 가운데 군이 정치, 경제, 외교의 모든 분야를 선도하고 있으며, 군의 선도가 불가피함을 강조하고 있다. 아울러 1998년 9월 헌법개정을 통하여 정비된 국가기구들의 역할, 기능 조정과 관련하여 국방위원회를 중시한 것을 이론적으로 더욱 합리화한 측면이 있다.

강성대국론과 마찬가지로 선군정치론은 김정일 개인의 정치적 카리스마를 고양하는데 일차적인 목적이 있는 것으로 보인다. 선군정치의 중심에 김정일을 위치시키고 있으며, 김정일의 새로운 통치방식인 선군정치 때문에 북한체제가 내외의 위기를 극복할 수 있었다는 정치논리를 구성하여 김정일의 통치능력을 자화자찬하고 있는 측면이 강하다.

아울러 김정일이 체제유지를 위하여 군을 중시하고 있음을 강조함으로써 김정일에 대한 군의 충성심을 지속적으로 확보하려는 노력을 보이고 있는 동시에, 군에 대한 김정일의 장악정도를 내외에 과시하고 있다. 북한 사회가 군(military)과 비군(non-military)으로 우리 사회와 같이 엄격하게 분화되지 않은 점을 감안하더라도 김정일은 비군사적 국가기구보다는 군기관을, 군내 당인사를 정치적으로 신뢰하고 있음을 나타내었다고 할 수 있다.

선군정치론은 북한 외부에서 북한정치를 연구하는 연구자들에게 '노동당과 북한군의 관계' 변화에 대한 논쟁을 불러일으켰다. 일부 학자들은 북한군에 대한 당의 권위가 약화되고 그 관계가 역전되었다는 주장을 제기하고 있기도 하다.

이 글에서는 선군정치론을 통치방식2)으로 발전시킨 지적인 배경으로 강성대국론을 상정하여 그 내용을 분석하였다. 아울러 선군정치론을 체계적으로 정립한 1999년 6월의 남북관계 상황을 중심으로 하여 북한이 선군정치론을 국내정치에 본격적으로 활용된 정치군사적 정세 배경을 다루었다. 아울러 선군정치론이 발표되기 이전부터 수행하여온 군의 체제유지 역할에 어떤 영향을 주었으며, 당군관계에 어떠한 영향을 주었는지를 고찰하였다. 이러한 고찰을 통하여 북한의 국내정치 진행상황에 대한 정확한 평가와 전망을 하는데 유용한 지적인 단서를 찾는데 이 글의 목적이 있다.

2. 선군정치론 발표의 배경과 내용

1) 이론적 배경: 강성대국론

시기적으로 볼 때 「선군정치론」은 1998년 8월 22일 북한의 로동신문이 정론으로 게재한 「강성대국론」을 발표한지 10개월 뒤에 발표되었다.

정치슬로건으로서 「강성대국론」은 김정일의 제도적 권력승계를 앞두고 제시되었으며, 그 이후 거의 모든 집회에서 반복적으로 그 실천을 결의하고 있다는 점에서 국내정치적 의미가 상당히 크다고 평가된다. 특히 강성대국론은 김정일의 성공적인 지도력으로 지난 4년간의 체제위기를 극복하였음을 스스로 평가하고,[3] 새로운 국가좌표를 내외에 제시한 측면이 있다.

내외정세를 고려할 때 북한이 강성대국론을 강조한 것은 다음 몇 가지 배경을 갖고 있는 것으로 전망된다.

첫째, 1994년 김일성 사망 이후 진행되어온 권력승계작업이 실질적으로 완성되는 시점에 새로운 슬로건을 제시할 필요가 있었다. 북한은 1998년 9월 5일 제10기 최고인민회의 제1차회의를 통하여 김정일을 국방위원장에 재추대하고 그 지위를 제도적으로 강화하는 조치를 통하여[4] 제도적 승계를 완성하였다. 이러한 정치적 행사를 2주일 정도 앞둔 1998년 8월 22일에 강성대국론을 발표한 것은 이러한 권력승계의 완성과 깊은 관련성이 있을 것임을 암시해준다.

둘째, 1996년 공동사설을 통하여 제시한 사회주의 사상진지의 구축, 경제적 진지의 구축, 군사적 진지 구축이라는 「3대진지강화정책」에 대한 실적을 긍정적으로 평가함으로써 주민의 사기를 고양할 필요가 있었다.

셋째, 황장엽씨 등 고위인사들의 도미노식 망명 등으로 인한 사상적 동요, 국가의 공급기능 한계로 인한 체제에 대한 주민의 충성심 이완 등을 추스릴 체계적인 통치이념을 제시할 필요가 있었다.

넷째, 한국이 직면한 금융위기 및 주변국의 대북한 현상유지 정책 등을 고려할 때 체제 유지에 대한 자신감을 상당히 회복할 수 있었다.

1980년대 말 세계적 차원에서 동구의 공산주의체제가 도미노식으로 붕괴가 진행되고 북한체제의 존망에 대한 내외의 관심이 고조된 상황에서 북한은 1990년대 초 '우리식 사회주의'라는 정치적 슬로건을 내세워 위기를 극복한 적이 있다.5)

북한의 우리식사회주의를 대신할 정치적 슬로건을 김정일의 제도적 승계 시기에 제시하려는 목적으로 강성대국론을 제시한 것으로 보인다.

1998년 8월 22일자 로동신문에 정론으로 게재된 강성대국론은 크게 세 부분으로 구성되어 있다.6)

첫째, 주체의 강성대국을 건설하는 의의를 다음과 같이 표현하며 강조하고 있다.

> 주체의 강성대국 건설은 가장 신성하고도 위대한 애국애족 위업이다. … 주체의 강성대국 건설은 위대한 장군님께서 선대 국가 수반 앞에, 조국과 민족 앞에 다진 맹약이며 조선을 이끌어 21세기를 찬란히 빛내이려는 담대한 설계도이다. … 강성대국은 주체의 사회주의 나라이다. 인민대중이 역사의 자주적 주체가 되고 그 어떤 지배와 예속도 허용하지 않는 국가이다.

둘째, 주체의 강성대국 건설의 역사적 필연성과 건설 방법을 제시하고 있다. <고난의 행군>이라는 표현으로 김일성 부자가 겪은 시련을 강조하면서 다음과 같이 강성대국론의 건설 방법을 제시하고 있다.7)

> 우리 민족이 헤쳐온 고난의 행군 길은 실로 엄혹하기 그지 없었다. … 우리는 수령 중심의 강성대국론을 주장한다. 사회주의 강성대국 건

설사는 곧 국가수반이다. 대를 이어 국가수반복을 누리는 것은 우리 인민의 민족적 대행운이다. … 경애하는 장군님께서 내세우신 목표는 명백하며 우리의 갈 길은 불변이다. 나에게서 그 어떤 변화를 바라지 말라. 모든 사업을 위대한 수령님식대로! 이것이 장군님이 견지하는 신조이고 철칙이다. … 사상의 강국을 만드는 것부터 시작하여 군대를 혁명의 기둥으로 튼튼히 세우고 그 위력으로 경제건설의 눈부신 비약을 일으키는 것이 장군님의 주체적 강성대국 건설 방법이다.

셋째, 강성대국건설을 위한 인민의 참여와 결의, 실천을 강조하고 있다.8)

민족의 강위성은 완강한 실천력에 있다. 강한 민족은 허세를 모르며 빈말을 하지 않는다. … 일심단결은 강성대국 건설의 천하지대본이다. 주체사상으로 온 사회가 일색화되고 수령을 중심으로 혼연일체를 이룬 힘이야말로 우리 민족이 무한히 강성할 수 있는 최대 국력이다. … 참된 강국은 자력갱생의 나라이다. 부강조국 건설의 최대의 원칙, 필승의 보검은 주체의 정신, 자력갱생에 있다.

북한 내부의 이론가의 역할과 통치행태, 통치슬로건을 고려할 때 강성대국론을 전개한 사람이 선군정치론을 발전시킬 개연성이 매우 높다. 강성대국론의 설계사로 김정일을 위상시켜 김정일의 정치적 카리스마를 확충하는 노력의 연장선상에서 새로운 상황을 고려하고 실제 진행 중인 통치스타일을 합리화하기 위하여 '관념론, 당위적 차원의 정치구호로 이해되던 강성대국론'을 더욱 실천적 측면에서 구체적으로 발전시켰다.

2) 군사적 배경: 연평해전

'선군정치론'이 체계적으로 발표된 1999년 6월은 북한의 모험적 군사정책 시도로 인하여 한반도가 군사적으로 매우 긴장된 시기였다. 1999년도 전반기에 북한의 장거리 미사일 추가 발사 징후가 포착됨으로써 북한의 전략무기 개발에 대한 미국 등 서방의 견제정책으로 새로운 긴장이 조성되고 있었다.9)

남북간에도 연평해전으로 인하여 군사적 긴장이 조성되어 있었다. 1999년 6월 7일~6월 15일 북한 어선 20여척과 경비정 7~8척이 어로작업 및 보호명목으로 북방한계선을 침범하여 이를 저지하려는 우리 해군과 대치하였다. 이러한 과정에서 1999년 6월 15일 09:28경 북한 경비정이 먼저 사격을 가해옴에 다라 상호교전이 발생하였으며, 그 결과로 북한 해군은 어뢰정의 침몰 등 다수의 함정 및 인명 피해를 입고 북쪽으로 퇴각하였다.10) 피해 상황과 관련하여 북한은 우리측 발표내용과 상반되게 "우리측 10 여척의 전투함선들이 불에 타거나 대파되었으며 숱한 사상자를 내었다"라고 발표한 바 있다.11)

국제정세상으로도 3월 24일부터 미국과 NATO가 세르비아를 공습하면서 시작된 코소보사태로 인하여 미국과 러시아, 미국과 중국간의 대결분위기가 조성되어 진영대결적 분위기가 형성되어 있었다. 유엔 안보리의 결의가 없이 진행된 세르비아에 대한 공격은 중국과 러시아의 반발을 초래하였지만 러시아, 중국은 미국과 서방의 군사조치에 대하여 군사적으로 무력한 대응을 보였다.

이러한 내외의 상황을 고려할 때 선군정치론은 다음 몇 가지 분명한 정치적 목적이 고려되어 준비되고 발표된 것으로 분석된다.

첫째, 연평해전으로 떨어진 군의 사기를 제고하려 했을 것이다. 북한측은 연평해전에서 승리했다고 주장하였지만 불과 14분간의 전투에서 강요당한 북한의 피해를 고려할 때, 연평해전은 북한 군부에게 상당한 충격을 주었을 것이다. 사실, 북한 군부는 남북한 군사력 비교에서 주한미군전력을 제외하면 북한이 절대 우위에 있다는 믿음을 가지고 있었던 점12)을 고려한다면 북한군부의 충격은 상당했다고 고려된다. 이러한 상황에서 김정일은 북한 군부가 북한 정치의 중심에 있으며, 체제유지의 핵심적 기능을 수행하고 있다는 정치논리를 통하여 북한군의 사기를 고양하려 했을 수 있다.

둘째, 미사일 개발 등 북한의 군사정책문제가 북한체제 유지정책과 밀접한 관계가 있음을 내외에 과시하려 했을 것이다. 군이 중심이 되어 북한체제가 유지되고 있음을 대외적으로 재천명함으로써 북한과 관계 개선을 하려는 상대방이 북한체제의 군사적 특징을 정확하게 인식하도록 할 필요가 있었을 것이다.

셋째, 1990년대 초 동구사태와, 코소보 사태를 직시하면서 자신의 군사력만이 체제를 유지시킬 수 있다는 교훈을 재확인한 것으로 보인다. 특히 미국에 대하여 동맹국인 중국과, 옛 동맹국인 러시아가 군사적으로 무기력한 모습을 보이는 것을 보고, 북한은 체제 유지를 위하여 자신의 군사력 건설에 더욱 집착하는 상황을 만들었을 것으로 보인다.

연평해전 이전부터 군을 중시하여 왔으며, 연평해전 직후에 발표되었다는 측면에서 시간적으로 '선군정치론'이 연평해전 이후에 준비되지는 않았을 것이다. 그러나 체계적으로 다듬은 이론을 발표하는 시점을 결정하게 된 데는 연평해전이 군의 사기에 미친 부정적 영향을 고려한 것으로 보인다.

3) 국내정치적 배경: 군의 비군사적 활용 강화

선군정치론의 핵심내용은 "선군정치방식은 바로 군사선행의 원칙에서 혁명과 건설에서 나서는 모든 문제를 해결하고 군대를 혁명의 기둥으로 내세워 사회주의위업 전반을 밀고 나가는 영도방식"13)이라는 표현에 함축되어 있는데 그 주요 내용은 다음 몇 가지로 요약할 수 있다.

첫째, 선군정치론은 김정일의 통치 원칙이라는 점이다. "선군정치는 나의 기본정치방식이며 우리 혁명을 승리에로 이끌어 나가기 위한 만능의 보검이다"14)라고 김정일 스스로 밝혔듯이 영도의 주체가 김정일임을 분명히 하고 있다. 북한헌법은 "조선민주주의인민공화국은 로동계급이 영도하는 노농동맹에 기초한 전체 인민의 정치 사상적 통일에 의거한다"(북한헌법 제10조)라고 규정하고 있다. 아울러 북한 헌법은 "조선민주주의인민공화국은 조선로동당의 영도 밑에 모든 활동을 진행한다"(헌법 제11조)라고 규정하고 있다. 적어도 '영도'라는 단어에 기초하여 볼 때 '선군정치론'을 통하여 헌법에 규정된 노동당·노동계급을 부정하고 있으며, 김정일이 북한을 영도하고 있음을 이론화하였다.

둘째, 통치 방법과 관련하여 군사선행의 원칙을 강조함으로써 국정운영에서 군사적 측면을 우선적으로 고려하고 있음을 명백하게 하였다. 북한이 직면한 경제난을 극복하는 과정에서 군사 보다는 경제를 중시하는 정책을 전개할 수 밖에 없을 것이라는 일부의 전망이나 견해가 북한의 체제유지 기본구상과는 다소 거리가 있음을 명백하게 하였다.15)

이와 관련하여 업무수행과 관련하여 군사적 측면을 우선적으로 고려할 뿐 아니라 군사기관, 군인사를 더욱 적극적으로 활용하겠다는 의미도 담겨 있는 것으로 보인다. 전통적으로 당이 수행하던 인민의 사상교육에 대하여 "… 군대에서 창조된 혁명적 군인정신으로 숨쉬고 사고하는 우리인민들도 썩어빠진 부르조아 사상문화를 단호히 배격하고 있다…"라고 주장함으로써 군이 당의 전통적 역할을 대신하고 있는 측면을 강조하고 있다. 북한군내 당조직을 통하여 이러한 기능을 하여왔기 때문에, 당·정·군의 관계에서 군 기관이 우월적 역할, 위상을 강조한 것으로 해석이 가능하다.

셋째, 혁명과정의 해석에서 당의 역할 보다 군의 역할을 상대적으로 강조하고 있다.

우리의 정권의 역사는 곧 선군정치의 역사였다. 우리나라에서는 당과 정권이 창건되기에 앞서 군대가 먼저 건설되었다. 항일의 피어린 투쟁 속에서 강화 발전된 위력한 혁명군대가 있었기에 해방후 지체없이 당창건위업이 실현되고 우리 공화국이 창건될 수 있었다. 선군혁명영도의 고귀한 전통이 빛나게 계승되고 있기에 우리의 사회주의 정권이 그 어떤 풍파속에서도 흔들리지 않는 가장 공고한 혁명정권으로 되고 있는 것이다.16)

위의 내용에 나타나듯이 선군정치론은 당 보다 군이 혁명과정에서 중요한 역할을 하였음을 강조하고 있다. 혁명과정에 대하여 노동당규약은 당의 역할을 중시하고 있다. "… 위대한 수령 김일성동지는 1926년 우리나라에서 처음으로 되는 공산주의적 혁명조직으로서 타도제국주의동맹을 결성했으며 오랜 항일혁명투쟁을 통해 당 창건을 위한 조직적, 사상적 기반을 마련했으며 이에 기초하여 영광스러운 조선노동당을 창건하였다.…" 뿐만 아니라 선군정치론은 동구 사회주의 붕괴의 원인이 '군사를 중시하지 않았기 때문'이라는 북한식 해석 시각도 보여주고 있다.

넷째, 선군정치론의 궁극적 목적은 강력한 군사력 건설에 있는 것이 아니라 강성대국을 건설하는데 있다고 밝히고 있다. "선군정치는 단순히 군사, 국방력 강화를 위한 정치가 아니라 나라의 전반적인 국력을 최상의 높이에 이르게 하는 정치"라고 강조하고 있다.

2001년 6월 북한 중앙방송이 소개한 김정일의 선군정치 관련 어록중 "선군정치는 군대만 강하게 만든 것이 아니라 우리의 혁명진지 전반을 튼튼하게 다지세 했다"라고 한 바 있다.17) 여기서 김정일이 강조한 진지는 경제진지, 사상진지라고 볼 수 있으며 선군정치론을 군사적 측면만의 발전전략으로 제한, 해석해서는 안됨을 입증해주고 있다.

3. 군 역할과 위상 변화

1) 군 인사의 위상 상승

북한에서 군부의 정치적 영향력 변화를 평가하는 것은 대단히 어렵다. "북한사회의 폐쇄성 때문에 정보 접근이 어렵다"는 북한연구의 공통의 애로 뿐만 아니라, 북한체제의 엘리트들이 상호 중첩되어 역할을 담당하고 있기 때문이다. 북한체제를 이끌고 있는 노동당, 군부, 내각의 엘리트들이 중복하여 책임을 맡고 있는 체제(interlocking system)를 유지하고 있기 때문에18) 어떤 간부의 영향력이 증가하는 것이 노동당의 간부이기 때문인지, 군의 지위 때문인지, 행정부의 책임자이기 때문인지가 명료하지 않다.

그러나 일반적으로 북한군의 정치적 위상 증가를 평가하기 위한 객관적 자료로서 다음 몇 가지 변수가 활용되고 있다.

첫째, 현역 군 인사가 통치기구에서 차지하는 비율이 증가하면 군부의 영향력이 증가하고, 통치기구에서 차지하는 비율이 하락하면 군부의 영향력이 감소한 것으로 평가하고 있다. 고려되는 통치기구는 노동당 중앙기구(중앙위원 및 정치국), 최고인민회의(상임위원회), 공안기구 책임자(국가안전보위부, 인민보안성) 등을 들 수 있다.

둘째, 북한의 주요행사에서 발표되는 권력서열에서 차지하는 주요 군 인사의 서열 변화를 고려하고 있다.

셋째, 최고지도자의 공개활동의 대상이 되는 기관들 중에서 군 기관이 차지하는 비율이 새롭게 군의 영향력 증가를 평가하는 기준이 되고 있다.

이러한 기준에서 평가해 볼 때 김일성 사후 김정일이 이끄는 북한에

서 군부의 위상이 증가하였다고 볼 수 있다.19)

첫째, 1998년 9월 헌법개정으로 국가의 최고 통치기구가 된 국방위원회의 구성원 10명중 7명이 현역 장령이다. 이들 위원의 주요 인적사항은 다음과 같다. 다음 도표에서 나타나는 바와 같이 현재 군 관련 직책을 갖고 있지 않은 위원은 연형묵, 전병호 뿐이다. 그러나 실제로 전병호는 제2경제위원회 부위원장으로 군수산업을 총괄 지휘하고 있기 때문에 연형묵을 제외하고는 모두 군관련 주요 사업의 책임을 맡고 있다. 국가를 지도하는 국방위원회 10명의 위원중 9명의 위원이 군관련 직책을 맡고 있다는 점은 북한군의 위상의 그 어느 때보다 증가되었다고 주장할 수 있는 논거가 된다.

<표 1> 국방위원회 위원 일람표

인 명	국방위원회 지위	군 계급	군 주요직책	비 고
김정일	위원장	원수	최고사령관	
조명록	제1부위원장	차수	총정치국장	
김일철	부위원장	차수	인민무력성상	
이용무	부위원장	차수	?(총정치국장역임)	
김영춘	위원	차수	군총참모장	
연형묵	위원			군 경력 없음
이을설	위원	원수	호위총사령관	
백학림	위원	차수	인민보안성상	
전병호	위원			제2경제위원회 부위원장
김철만	위원	대장	군수동원총국장(역)	제2경제위원회 위원장

둘째, 일부에서는 권력서열적 의미가 없다는 주장이 있지만20) 김일성 사망 이후 주요행사의 주석단 서열에서 군인사의 숫자가 증가하고 서열이 점차 상향되어 가고 있다.

<표 2> 북한 주석단(20위 이내)의 군 비중 변화

일 시	94.7.8 김일성 사망 장의위원회	98.7.8 김일성4주기 추모식	98.9.5 최고인민회의 제10기 1차회의	99.4.7 최고인민회의 제10기2차회의
군 인사 숫자	3	4	6	6
군인사(서열)	오진우(2)* 최광(9)* 김철만(14) *사망	이을설(7) 조명록(8) 김영춘(9) 김철만(14)	조명록(7) 이을설(8) 김일철(9) 김영춘(14) 김철만(17) 백학림(19)	조명록(3) 김영춘(8) 이용무(9) 김일철(10) 김철만(13) 백학림(14)

셋째, 김정일을 국방위원장으로 추대한 제10기 전국 최고인민회의 대의원 선거에서 군인의 비중이 107명으로 제9기 때 62명에 비해 대폭 증가하였다.

넷째, 김정일의 관심분야를 가늠할 수 있는 공개활동의 비중이 군에 집중되어 있다. 1995년 20회를 시작으로 1996년 35회, 1997년 40회, 1998년 49회로 증가하였다.

군 위상의 이러한 변화에 선군정치론이 영향을 미쳤다고 생각하지는 않는다. 오히려 체제유지과정에서 이러한 군 인사의 위상이 강화되고 있는 현상을 선군정치론으로 설명되는 측면이 많다. 즉 군 인사의 위상이 강화되고 있는 현상과 선군정치론과의 인과관계는 추가적인 검증이 필요하다. 그러나 선군정치론을 발표한 시점을 전후하여 군의 위상이 강화되고 있는 것으로 평가할 수 있다.

2) 사회통제 기능 강화

북한에서 주민을 통제하여 사회의 안정과 질서를 유지하기 위하여 공식적으로 운영되고 있는 통제기구는 인민보안성,[21] 국가안전보위부,

국가검열위원회, 사회주의법무생활지도위원회 등이다. 이들 기구중 주민들의 동태를 직접적으로 통제하는 대표적인 기관은 인민보안성과 국가안전보위부이다.[22]

국가안전보위부[23]의 주요 활동은 북한내외에서 반당, 반국가활동을 감시하여 체제를 유지하는 치안활동을 하고 있다.

첫째, 북한주민의 반당, 반국가사범에 대한 내사, 방북 외국인의 활동을 감시한다.

둘째, 해외에 파견중인 공관원 등 주요 인사의 활동을 감시한다.

셋째, 김정일 등 주요인물의 현지지도를 호위하는 활동을 한다.

인민보안성은 노동당 독재체제 유지를 위한 일반치안을 담당하는 기관이다.[24] 인민보안성의 주요임무는 반혁명 행위의 감시와 적발, 처벌 등에 있다.

군은 이러한 사회통제기구에 다음 몇 가지 형태로 적극 개입하고 있다.

첫째, 사회통제기구에 비하여 우월적 지위로서 그들의 활동을 감시하는 행위이다. 군은 이들 정보기관에 대한 감시를 군 편제상 존재하는 보위사령부가 행사하고 있는 것으로 보인다. 보위사령부는 군의 편제상 인민무력성 직할 기관이다. 군보위사령부는 원래 인민무력부의 '안전보위국'으로 존재하였었다. 1992년 보위총국으로 개편되었으며, 1995년 6군단 사건 이후에 보위사령부로 개편되었다.

군보위사령부는 총정치국, 군당위원회와 함께 당이 군을 통제하는 군내정치조직의 하나이다. 보위사령부는 총정치국과 긴밀한 협조를 통하여 업무를 수행하고 있으며 인민무력성으로부터 말단 중대급까지 보위지도원이 조직되어 김일성·김정일을 중심으로 한 족벌체제에 반대하는 모든 음모를 사전에 색출 체포하고 숙청하는 군내 비밀 경찰업무를 수행하고 있다. 보위사령부로 개편되기 이전에는 국방위원회 지휘를 받는 인민무력부와 국가안전보위부의 지휘를 동시에 받는 것으로 되어 있었으나 1990년대 보위사령부가 국가안전보위부를 사찰하는 역할을 수행함으로써 보위사령부의 역할이 확대되어 있는 것으로 분석되고 있다.

<그림 1> 인민무력부 및 보위사령부 체계도

북한은 군 보위사령부[25)]에게 일반 사찰기구를 통제하는 권한을 부여하고 있다. 1993년 김정일의 지시에 의하여 군 보위사령부에게 사회안전부 요원을 단속할 권한을 부여하였다. 1998년에 군보위사령부는 국경지대와 대도시·군들에 군보위사령부 요원들로 구성된 파견단을 투입하여 국가안전보위부, 인민보안성 당 정권기관 등에 대한 대대적인 감사를 실시한 적이 있다.[26)]

둘째, 군 보위사령부의 사찰 임무와 기능이 확대되고 있는 것으로 보인다. 체제이탈, 체제불만세력이라고 볼 수 있는 탈북주민에 대한 단속업무를 1995년 초 국가안전보위부에서 인민무력부로 이관한 것은 군 보위사령부의 역할 증대와 밀접한 관련을 가질 수 있다. 아울러 북한은 각 대학에 군 보위사령부 요원으로 구성된 '군사대표단'을 상주시키고 있는 것으로 알려지고 있다.

셋째, 사회통제기구인 인민보안성 최고 책임자에 군출신을 임명함으로써 사찰기구가 군의 영향력 하에 있음을 보여주고 있다. 인민보안성 성상에 임명된 백학림은 현역 차수이다. 아울러 군 보위사령부 요원들이 이들 사찰기관에 파견 근무하기도 한다.

넷째, 대표적인 체제유지기구인 국가안전보위부 요원의 직제를 군의 직제와 동일하게 함[27]으로써 군사적 영향력 하에 있음을 가늠하게 하여 주고 있다.

사회통제기관간 영향력 관계에서도 군 보위사령부가 여타 통제기구보다 우위를 차지하고 있는 것으로 보인다.

첫째, 군보위사령부 책임자가 인민보안성 책임자 보다 영향력 측면에서 비교 우위에 있는 것으로 분석되고 있다. 현역 대장인 보위사령관 원응희 대장은 현역 차수이며 혁명1세대인 백학림 보다 우위에 있는 것으로 분석되고 있다.[28] 1998년 초 국가정보원은 김정일이 1991년 12월 최고사령관에 취임한 이후 단행한 군 인사개편, 진급수혜자, 당 군사위원회, 국방위원회 위원 및 총참모장, 총정치국장, 군 병종사령관 등 주요 직책 보직자 변동사항, 김정일의 군관련 행사에 수행하는 빈도 등을 종합적으로 고려하여 김정일의 군 측근 12인을 선정하였는 바, 군보위사령관 원응희는 6위에 선정되었는데 비하여, 백학림은 선정되지 못하였다.[29]

둘째, 국가안전보위부와의 관계에서도 군 보위사령부의 우위가 현실적으로 나타나고 있다. 1998년 초 국가보위부 제1부부장인 김영룡이 군보위사령부의 수사를 받는 과정에서 자살한 것으로 알려지고 있다. 국가보위부의 제1부부장은 1987년 이후 부장이 궐석인 점을 감안하면 국가보위부의 최고책임자이다.[30]

결론적으로 군은 인민무력성의 군내 정치사찰 기능을 수행하는 군보위사령부를 통하여 국가보위부와 인민보안성의 민간인 사찰을 감시하거나 그 역할을 대신하는 형태로 사회통제를 실질적으로 주도하고 있는 것으로 보인다. 아울러 군 출신인사가 여타 사찰기구의 최고 책임자 지위를 차지하고, 하부기구에 인력을 파견하여 사회통제활동을 실시하고 있는 것으로 보인다.

3) 경제활동 관여 확대

북한군이 북한경제에 직접 참여하는 형태는 크게 거시적 차원에서 경제정책 결정에 직접 간여하는 방법과, 군 관련 기관이 재화를 생산하는 활동, 그리고 부대운영차원에서 생산활동을 지원하는 활동으로 이루어지고 있다.

정책결정에 참여하는 형태로서는 제2경제위원회를 통하여 이루어지는 것으로 추정된다. 제2경제위원회는 1980년대 말부터 북한에서 망명한 인사들이나 재일교포의 증언을 통해 존재가 알려져 있으며 경제계획과 관리 전반에 책임을 지고 있는 정무원[31]의 경제부처 보다 정책결정과 영향력이 더 큰 것으로 분석되고 있다.

최근 일본의 한 연구자가 제2경제위원회와 관련한 망명자의 증언 및 관련연구를 비교적 체계적으로 서술하고 있는 바 그 내용을 도표로 나타내면 다음과 같다.[32]

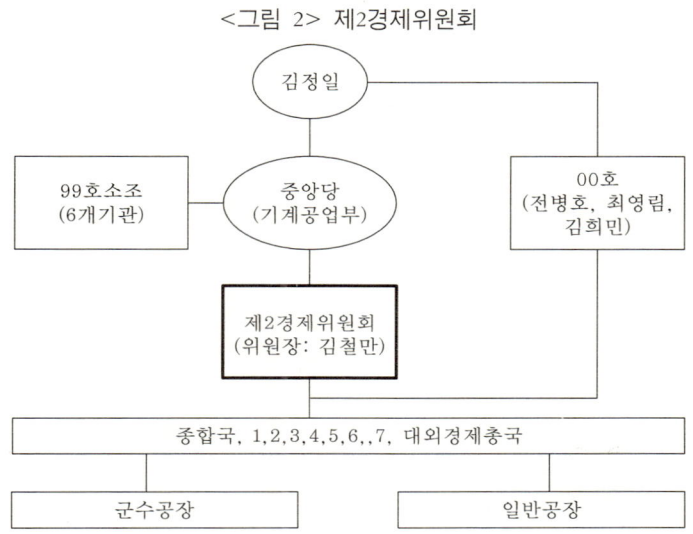

<그림 2> 제2경제위원회

제2경제위원회가 관장하는 예하기구의 기능은 다음과 같다.

① 종합국: 기획, 예산편성, 에너지와 원자재 조달 및 분배
② 제1국: 보통 무기(소총, 기관총, 탄약, 수류탄, 군장비 등)의 생산, 공급
③ 제2국: 전차, 장갑차의 생산·공급
④ 제3국: 야포, 고사포, 자주포, 다연장 로켓포 등과 같은 포류의 생산·공급
⑤ 제4국: 미사일, 로켓류의 생산, 공급
⑥ 제5국: 화학병기(샤린 가스 등 신경성 독가스 제외)의 생산·공급
⑦ 제6국: 해군 함선의 생산·공급
⑧ 제7국: 군사통신, 항공을 관할
⑨ 대외경제총국: 무역(병기, 부품, 원자재, 원료 등) 업무담당, 외부적으로는 용악산 상사, 금강은행, 이라는 명칭으로 활동하고 있으

며, 독자적인 외자자금 운용기능을 지니고 있음. 수출품으로는 병기는 물론 비철금속, 보석류 등 주요자원까지 독점적으로 장악하고 있음.

중앙당 기계공업부의 지시를 받는 99호소조는 독자적인 대외군사무역기관을 직속으로 두고 있다.33) 이 기관은 중공업부 제5과에 직속해 있으며, 제 2경제위원회 부위원장이 이 소조를 책임지고 있다. 이 소조의 상사부문은 제2경제 산하의 용악산 상사를 위시하여 금릉상사, 연합상사 등의 상사를 보유하고 있다. 동 소조는 공장 및 사업소에 지령을 내려 물자, 제품, 전력, 운송수단 등을 조달하지만, 그 지령은 제2경제위원회의 지령보다 우선시 되고 있다.

병기의 개발·생산은 제2경제나 99호소조에만 국한되는 것은 아니다. 가장 비밀을 요하는 핵무기의 개발 및 생산은 00호(숫자는 불명)라고 불리는 3인위원회가 담당하고 있다. 그 3명은 전병호(당정치국원 겸 비서), 최영림(당정치국원 후보), 김희민(소련유학 기술자)으로 전병호가 이 기관의 정치부분을, 최영림이 행정부분을, 김희민이 기술부분을 담당하고 있다.

결론적으로 거시차원의 경제정책 운영에 제2경제위원회, 99호소조, 3인위원회의 영향이 상당히 작용하고 있는 것으로 보인다. 이들을 통하여 거시경제 운영에 군의 입장이 반영될 것으로 추정된다.

경제활동에 대한 지원을 김정일이 직접 독려하는 분위기를 유지하고 있다. 북한의 김정일은 최고사령관의 명령 및 지시를 통하여 군이 경제활동을 지원하도록 하고 있다.34) 북한군의 경제활동은 지원성격에 따라 다음 몇 가지로 분류할 수 있다.

첫째, 직접 농장과 공장을 경영하는 등 생산·관리 활동의 주체가 되는 경우이다. 북한군은 군 지역 농장을 인민무력부가 전용농장으로 지정, 운영하고 있다.35) 아울러 발전소, 화학공장, 펄프공장, 탄공 등 민수용 산업에 대한 관할권을 확보하여 운영하거나 직영공장을 운영하고 있다.36)

둘째, 대형 건설공사에 군병력을 투입하는 형태이다. 주로 인민경비대 도로총국, 공병총국이 건설지원을 주도하는 것으로 보인다.37)

셋째, 외화벌이를 전담하는 조직을 설치, 유지하는 것이다. 국가적 차원에서 제2경제위원회의 대외경제총국이 주도하고 있으며, 군 총참모부의 25총국, 44부도 이 업무를 전담하고 있는 것으로 알려지고 있다. 각 군단은 외화벌이 전문 1개대대를 운영하고 있으며 특수작물을 재배하거나 사금채취를 하는 등 외화벌이에 나서고 있다.

넷째, 금요노동 제도38) 등 정상적인 부대활동의 하나로서 영농활동을 지원하도록 하고 있다.

군의 경제활동 참여는 체제유지와 관련하여 다음 몇 가지 영향을 미치고 있는 것으로 보인다.

첫째, 주요한 국가의 경제정책에 제2경제위원회를 통하여 군의 특수한 입장이 큰 영향을 미침으로써 경제전반에 부정적 영향을 미칠 수 있다.

둘째, 군이 독자적인 경제활동 영역을 보유함으로써 단기적으로 국가 전체의 경제난에 직접적인 영향을 적게 받을 수 있는 측면이 있다.

셋째, 군이 경제활동에 간여함으로써 군이 부패에 노출할 여지가 많다.

넷째, 군의 과도한 경제활동은 군 전투력 강화에 필요한 교육훈련 단축을 초래할 것이기 때문에 군 전투력에는 부정적 영향을 미칠 수 있다.

다섯째, 군의 독자적인 외화벌이 사업부서를 운영함으로써 단기적으로 경제난 극복에 도움을 줄 수도 있으나 부대와 부대간의 재정상태에 차별화를 초래하여 군 지도부간 갈등 요인이 될 수 있다.

경제에 대한 군의 영향력과 역할은 장기적으로 체제유지에 필요한 경제역량을 약화시키고, 군과 주민의 관계를 악화시킴으로써 체제유지에 부정적인 영향을 미칠 것이다. 그러나 단기적으로 체제유지의 핵심집단인 군이 경제적 어려움을 직접 받지 않도록 함으로써 군의 충성심을 유지하여 체제유지에 긍정적 기능을 미치고 있는 것으로 분석된다.

4) 군사력 증강정책 유지

선군정치론 중에서 "군사가 든든하면 남의 눈치를 볼 것도 없고 남에게 눌리울 것도 없다"라는 주장을 통하여 북한이 군사력 건설에 정책의 중점을 둘 것임을 분명히 하고 있다. 북한은 선군정치론을 표방한 이후 "지속적인 경제난에도 불구하고 대포동 미사일 개발노력과 함께 장사정포(170mm 자주포, 240mm 방사포)를 전방지역에 증강 배치하는 등 대량살상무기와 재래식 전력의 증강을 추진하고 있다. 또한 연평해전 이후 실질적인 전투기량 향상에 주력하고 있으며, 이라크와 코소보사태 교훈을 도출하여 지속적으로 전투준비태세를 보완하고 있다.[39]

향후 북한 군사력은 현재 북한을 이끄는 김정일 집단이 북한의 군사력 건설 목표 수준을 설정하고, 그 수준을 근거로 현존 군사력 건설상태를 평가한 결과에 따라 군사력 건설방향이 정해질 것으로 보인다. 이러한 과정을 통하여 설정된 군사력 건설방향도 건설에 소요되는 국방자원의 확보 여부에 따라 상당한 영향을 받을 것으로 전망된다.

북한은 군사력 건설 목표 변화와 관련하여 지난 50년간 '대남 비교우위의 군사력(Relative Military Capability)' 건설 목표를 추진해 왔으나 향후에는 '우리측에게 피해를 강요하는 군사력량을 집중(The Ability to Cause Damage)'하는 정책으로 목표를 수정할 가능성이 많다.[40]

1990년대는 북한이 군사능력 발전방향을 재래식 무기에서 전략무기로 가시적으로 수정한 연대로 평가된다. 북한은 이 시기에 핵무기 개발을 통한 전략적 위협능력 보유를 추구하였으며, 중장거리 탄도미사일을 개발하고 화생무기를 대량보유하는 등 비대칭 전력을 급격하게 증강하였다.

향후 몇 년간은 1990년대 추구하여온 군사력 건설의 연장선상에서 비용은 적게 들면서 대남위협정책에 활용도가 높은 군사력 건설에 집중할 가능성이 많다. 이러한 차원에서 다음 몇 가지 사항에 정책의 중점을 둘 것으로 보인다.

첫째, 대남 우위의 지속을 위하여 재래식 전력의 수명 연장에 최선을 다할 것이다. 한국에 비해 상대적으로 양적 우위를 유지하고 있는 재래식 전력은 노후화 정도가 심각하고, 성능이 떨어지는 구형위주로 되어 있다. 유사시 우위를 갖고 있는 전략무기를 사용하는데는 국제여론 때문에 제한요소가 많기 때문에 일정수준의 재래식 전력의 우위를 북한은 추구하지 않을 수 없을 것이다. 이러한 상황을 고려할 때 재래식 무기를 새롭게 증강하기 보다는 노후된 장비의 수명연장에 역점을 둘 것으로 보인다.

둘째, 1990년대 이후 추진해온 비대칭전력 건설노력을 지속할 것이다. 북미관계의 개선, 서방과의 관계개선이 전략무기 개발을 일시적으로 제한할 수 있겠지만, 전략무기에 대한 북한의 의지를 소멸시키지는 못할 것으로 보인다. 미사일의 경우에 미국, 서방사회가 관심을 갖고 제한하려는 거래제한에는 적극 협력하겠지만, 생산과 배비에는 주권사항으로 주장하며 발전시키는 정책을 유지할 것이다.

셋째, 한국이 우월한 경제력을 바탕으로 군사혁신을 하는 정책에 대응하기 위하여 Cyber군, 정보화군 건설과 같은 군사혁신을 추진할 가능성이 많다. 상대적으로 첨단화되고 있는 무기체계를 일시에 무력화할 수 있는 전자전에 치중할 가능성이 높다.

넷째, 남북한 군사관계에서 현재의 남북한 군사력의 배열상태를 유지하거나, 보다 우위의 입장을 확보하기 위하여 우리측의 군사력 건설을 억제하는 정책을 추진할 것이다. 주한미군의 철수, 한미연합훈련의 중지, 한미연합작계의 폐기, 한국의 군사력 건설 억제 문제를 남북관계, 미북관계 개선을 위한 각종회담의 주요 의제로 지속적으로 상정하여 입장을 관철하려 할 것이다. 군사적으로 대치하고 있는 상황에서 경제적 조건 및 여타 환경으로 인하여 자신의 군사력을 증강하지 않고, 우위의 입장을 유지하기 위해서는 상대방이 군사력을 확충할 수 없도록 하는 방법을 선택할 가능성이 많다. 즉 북한은 한국과 미국의 정치협상을 통하여 한국의 대북군사태세를 무력화 할려는 정책을 가장 경제적인 대남 군사정책으로 인식할 수 있을 것이다.

5) 군내 당 통제기구의 위상 강화: 군내 정치통제 강화

(1) 지휘계통상의 총정치국 위상 강화

선군정치론 이전의 군 조직내 총정치국의 위상은 최고인민무력부와의 관계에서 현재의 관계 보다 상대적으로 수직적 관계에 있었으며 다음과 같은 북한군의 지휘체계에서 잘 나타나고 있다.[41]

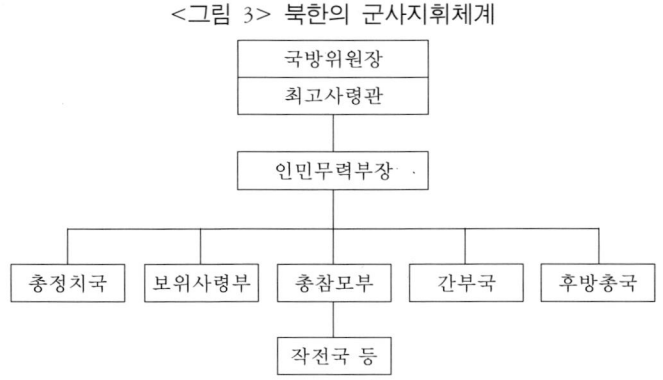

<그림 3> 북한의 군사지휘체계

그러나 선군정치론 이후 군의 지휘체계는 총정치국이 인민무력부와 대등한 병렬적 관계 또는 상위에 위치하고 있는 것으로 파악되고 있다. 선군정치론 이후의 지휘체계는 다음과 같이 변한 것으로 나타낼 수 있다. 국방부는 2000국방백서를 통하여서도 외형적으로 북한의 지휘체계가 선군정치 이전상태를 유지하고 있는 것으로 파악하고 있다. 즉 인민무력부가 군사집행기구로 총정치국, 총참모부를 비롯한 기구들을 통하여 정규군의 군무를 총괄・집행하고 북한군의 대표성을 유지하고 있으나 군정권軍政權만 행사하고, 총참모부가 실질적으로 군사작전을 지휘, 관장하고 있는 것으로 보고 있다.42)

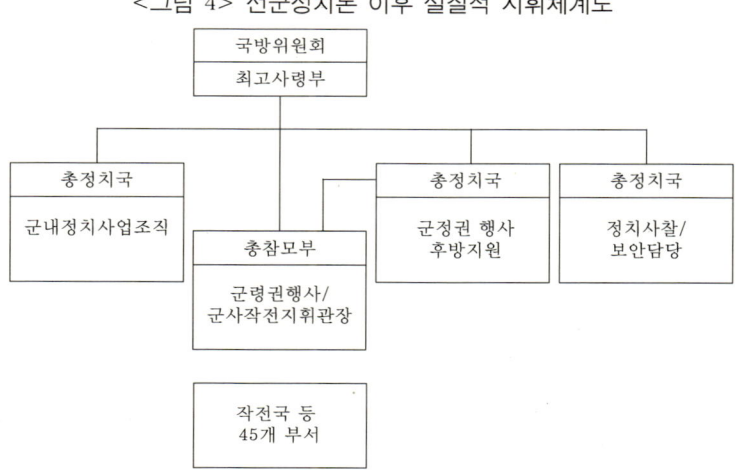

<그림 4> 선군정치론 이후 실질적 지휘체계도

(2) 군 총정치국 간부의 위상 상승

총정치국의 위상 제고는 북한의 주요행사시 조명록 총정치국장이 인민무력부장이나, 총참모부장 보다 높은 서열을 유지하고 있는데서 나타나고 있다. 2000년 4월 24일 조명록은 서열 2위인데 비하여 김영춘 총참모장은 3위, 김일철 인민무력부장은 4위를 차지하고 있었다.

<표 3> 2000년도 주요행사시 조명록, 김영춘, 김일철 서열변화 추이[43]

일 자	행사명	서열내용
2.15	김정일 58회 생일 중앙보고대회	조명록(3위), 김영춘(6위), 김일철(7위)
4. 4	최고인민회의 10기 3차회의	조명록(3위), 김영춘(7위), 김일철(8위)
4.14	김일성 88회 생일 중앙보고대회	조명록(1위), 김영춘(8위), 김일철(9위)
4.24	인민군 창건 68돌 경축보고대회	조명록(2위), 김영춘(3위), 김일철(4위)

뿐만 아니라 총정치국[44] 3명의 국장중 2명의 부국장도 군의 실세라는 평가를 받고 있다. 조직담당 부국장 현철해와 선전담당 부국장인 박재경은 김정일의 군 시찰을 빈번하게 수행하면서 군부 실세로 등장하고 있다는 평가를 받고 있다.

결론적으로 선군정치를 전후하여 국가적 차원에서는 당과 군의 관계에서는 군인사를 중시하는 정책으로 군우위의 정책이 전개되고 있으며, 군내에서는 정치담당장교가 영향력이 증대하고 있다.

이러한 당군관계에 나타나는 특징은 국가적 차원에서는 군을 중시하여 김정일의 정치적 기반을 확대하되, 높아진 군 위상이 자신의 권좌를 위협하지 못하도록 군내부에서는 정치적 감시를 강화하는데 목적이 있는 것으로 보인다.

4. 결 론

"우리 당의 선군정치는 필승불패이다"라는 논제 속에서 선군정치가 통치방식을 의미한다면 '필승불패'라는 표현은 성공적인 체제유지 정책을 의미한다. 따라서 선군정치론의 핵심 논제는 '선군정치를 통하여 체제를 유지하자'는 것이라고 이해할 수 있다.

선군정치는 이론적 차원에서는 강성대국론을 발전시킨 것으로 볼 수 있으며, 체계적으로 발표한 당시 상황을 고려하면 김정일 위원장이 연평해전에서 패배한 충격 속에서 군 간부의 사기를 앙양하고 군사력 강화 방침을 나타낸 것이라고 볼 수 있다. 국내정치적 측면에서 본다면 김정일의 통치방식을 이론화하여 지도자로서의 카리스마를 확충하고, 군 이외의 분야에도 군이 선도적으로 참여하는 현실을 합리화한 측면이 있다.

선군정치를 표방한 것을 전후하여 북한정치, 체제유지정책은 다음 몇 가지 정책의 특징을 보여주고 있거나, 이전의 특징을 더욱 분명히 하고 있다.

첫째, 김정일이 당·정·군의 관계에서 군 출신 인사, 군 관련 기관을 체제 유지에 더욱 중요하게 활용하는 것으로 보인다. 개인의 권력강화적 측면도 있지만 연평해전에 패배하여 사기가 저하된 군인사의 자신감 동요를 진정시키려는 의도도 있었던 것으로 보인다.

둘째, 군의 비군사적 역할이 증대되고 있다. 국가보위부, 인민보안성보다 군의 사찰기구인 군 보위사령부의 기능이 상대적 우위를 차지하고 있다. 기구 뿐만 아니라 군 보위사령관인 원응희의 위상도 높아진 것으로 보인다. 아울러 거시 경제에 대한 군의 개입도 제2경제위원회를 통하여 이루어지고 있으며 직접 생산활동을 하거나, 생산활동을 지원하는 역할도 유지되고 있는 것으로 보인다.

셋째, 경제난에도 불구하고 군사력을 증강시키고 있는 노력도 계속하고 있다. 2000년 국방백서에 의하면 전투기, 자주포를 중심으로 한 재래식 군사력 증강노력을 계속하고 있는 것으로 보인다. 선군정치론을 통하여서도 군사력 증강노력을 중시할 것임을 명확히 하고 있다.

2000년 10월 조명록 국방위원회 부위원장이 미국을 방문했다. 그리고 군복을 입고 클린턴 대통령을 면담했다. 이러한 모습은 군 인사가 외교정책의 전면에 나서고 있는 측면이다. 선군정치론은 군인사가 강성대국 건설을 위하여 국정운영의 중심이 되고 있음을 보여주고 있다. 동시에 국가의 모든 정책 추진에 있어 군사적 측면이 우선적으로 고려되어야 하는 방침을 주고 있기도 하다.

1990년대 초의 우리식 사회주의론, 1998년의 강성대국론, 1999년의 선군정치론은 내외의 위기에 직면하여 그 국면을 타개하기 위한 정치적 슬로건이라는데 공통점이 있으며, 선군정치론은 군이 중시되는 북한통치의 현실을 내외에 확인시켜준 데 가장 큰 의미가 있다.

※ 이 글은 "(선군정치하) 북한군의 역할과 위상변화" 국방연구원, 『국방정책연구』 54호 (2001)에 수록되었다.

주註

1) 선군정치라는 용어는 1998년 5월 26일자 정론을 통해 처음 등장하였다. 동태관・전성호, "군민일치로 승리하자" ≪로동신문≫ 1998년 5월 26일. 또한 북한은 김일성 사망 3주에 즈음하여「선군후로先軍後勞」라는 말을 사용한 바 있다. 그러나 1999년 6월 16일자 사설은 이러한 군중시 정치사상을 체계적으로 제시한 논문으로 이해된다. 6월 16일자 사설이 발표된 이후 북한은 선군정치의 당위성을 체계적으로 전파하기 시작하였다.
2) 북한은 '통치방식'이라는 표현 대신에 '정치방식'이라고 표현하고 있다. "정치방식이란 정치이념을 구현하기 위한 수단과 방법, 체계를 통틀어 이르는 말이다. 정치방식문제를 어떻게 해결하는가에 따라 정치의 위력과 정치제도의 공고성에서 근본적인 차이를 가져온다 … 선군정치방식은 바로 군사선행의 원칙에서 혁명과 건설에서 나서는 모든 문제를 해결하고 군대를 혁명의 기둥으로 내세워 사회주의위업전반을 밀고나가는 영도방식이다," ≪로동신문≫・『근로자』 공동사설, 1999년 6월 16일.
3) 김일성 사후 김정일의 성공적인 통치결과를 다음과 같이 묘사하고 있다. "… 대국상을 당한 한 민족의 불행을 두고 원쑤들은 때이른 쾌재를 올리고 벗들은 손에 땀을 쥐고 우려하던 4년전, 온 민족이 땅을 치며 통곡하던 그 때에 이 세상 그 누가 조선이 다시 일떠설수 있으리라 믿었으며 네 해만에는 강성대국의 깃발을 하늘 높이 쳐들 것이라고 상상이나 했겠는가…" ≪로동신문≫ 1998.8.22.
4) 김영남은 추대사를 통하여 "국방위원장은 나라의 정치・군사・경제역량의 총체를 통솔・지휘하는 국가 최고의 직책"이라고 하였으며 새 헌법 10조는 '국방위원장은 일체의 무력을 지휘・통솔하여 국방사업 전반을 지도한다'라고 규정하고 있다.
5) '우리식사회주의'라는 용어를 북한이 완성된 형태로 처음 사용한 것은 1990년 노동당 이론지『근로자』12월호에서 "우리 식 사회주의의 우월성을 산 현실을 통하여 깊이 인식하자"라는 제하의 글에서이다. 곽승지, "북한의 '우리식 사회주의'논리에 대한 고찰,"『북한연구학회보』2권 1호(1998), 183쪽.
6) 이 글은 로동신문 제1부주필 최칠남, 로동신문 기자 동태관, 전성호가 공동의 기명으로 게재하였다. 이하 인용문은 ≪로동신문≫ 1998년 8월 22일자 내용임.
7) ≪로동신문≫ 1998년 8월 22일자.
8) ≪로동신문≫ 1998년 8월 22일자.
9) 미 정보기관들은 북한이 1999년 5월 엔진발사 실험을 완료하였으며, 미사일 발사대(대포동1호 미사일 미사일 발사시 사용)를 확장 보수하고 연료를 저장소

로 이동한 징후를 파악하고 미사일 추가 발사 가능성이 있다고 밝힌 바 있다.
10) 교전 결과 북한은 어뢰정 1척이 우리 해군의 공격으로 격침되고 5척이 크게 파괴되었으며 많은 인원이 손상을 입고 북으로 도주하였다. 이에 반해 우리 해군은 고속정 5척이 경미한 손상을 입었으며 9명이 가벼운 부상을 당하였다. 국방부, 『국방백서 1999』, 199쪽.
11) 1999년 6월 19일 북한측 해군사령부 성명 내용중 전쟁 결과에 대한 평가부분은 다음과 같다. "… 무모하게 날뛰는 괴뢰군 악당들의 무장도발에 대처하여 영웅적 조선 인민군 함정들은 자위적 조치로서 놈들에게 섬멸적인 타격을 가하였다. 이 날의 교전에서 적들은 10여척의 전투함선들이 불에 타거나 대파되었으며 숱한 송장들과 패잔병들을 걷어가지고 도주하지 않으면 안되었다.…"
12) 백승주, 『남북한 군사상황에 대한 황장엽의 인식과 안보적 대응방향』(국방연구원, 주간국방논단 제679호, 1999.5.16) 참조.
13) "우리 당의 선군정치는 필승불패이다" (《로동신문》·『근로자』 공동논설, 1999.6.16, 조선중앙방송)
14) 《로동신문》·『근로자』, 앞의 논문.
15) 앞의 논문 중에서 관련된 내용은 다음과 같다. "… 정세가 긴장하면 군사를 강화하다가도 정세가 완화되면 군사를 약화시키며 사회경제적 과업이 전면에 나서면 국방을 쒜버리는 일이 사회주의정치에서는 허용될 수 없다. … 경제는 주저 앉았다가도 다시 추설 수 있지만 군사가 주저앉으면 나라의 백년대계의 기틀이 허물어지게 된다…."
16) 위의 논문.
17) 《연합뉴스》 2001년 6월 28일.
18) 한 명의 간부의 여러 개의 주요 직책을 겸임하고 있는 상황을 말한다. 즉 1인의 간부가 노동당 정치국원이면서, 군의 장령이고, 내각의 중요 직책을 맡고 있는 일이 북한에서는 일반화되어 있다.
19) 북한의 노동당은 제6차대회가 1980년 10월에 개최된 이후 개최되지 않고 있기 때문에 중앙위원회에 차지하는 군 간부의 위상 변화를 평가할 수 없기 때문에 노동당에서 군의 지위 변화는 분석하지 않았다.
20) 황장엽은 호명된 당 및 군 서열을 실제 권력서열이라고 볼 수 없다고 주장한다.
21) 2000년 4월 사회안전성에서 인민보안성으로 개칭되었다.
22) 국가검열위원회는 전 행정기관의 재정 및 물자관리를 감사하는 역할을 하며, 사회주의법무생활지도위원회는 통제기능 보다는 법 집행을 감시하여 사상투쟁을 전개하는 역할을 한다.
23) 1945년 11월 19일 보안국(현 인민보안성) 내에 명칭 미상의 과로 최초 편제하였다. 1973년 김일성의 지시에 의하여 정무원 부서인 사회안전부의 기능중 정

치보위부문만을 독립시켜 국가정치보위부를 신설하였다. 1982년 김정일이 "국가정치보위부가 당의 영도를 성실하게 받아들이지 않고 당 위에 군림한다. 당의 계급노선과 군중노선을 왜곡 집행하여 애매한 사람들을 잡아 죽인다"고 지적하여 '국가보위부'로 이름을 바꾸었다. 1993년부터 당 중앙위원회 결정에 따라 국가안전보위부로 그 명칭을 바꾸었으며, 1998년 헌법개정 이후에도 그 명칭을 사용하고 있다.

24) 1948년 9월 북한정권 수립 당시에는 내무성 산하의 일개 국局 형태로 존속하다가 1951년 3월 사회안전성으로 분리 독립한 다음 1952년 10월 다시 내무성으로 흡수되었다. 그 후 1962년 10월 다시 사회안전성으로 분리된 후 1972년 12월 신헌법 채택과 함께 사회안전부로 개칭되었으며, 1998년 헌법 개정으로 사회안전성으로 다시 개칭되었다.

25) 군보위사령부는 원래 인민무력부의 '안전보위국'으로 존재하였었다. 1992년 보위총국으로 개편되었으며, 1995년 6군단사건 이후에 보위사령부로 개편되었다.

26) ≪연합뉴스≫ 1999년 4월 9일.

27) 국가안전보위부의 계급과 직제가 군의 계급 및 직제와 동일한 것을 근거로 국가안전보위부를 준군사기구로 인식되기도 하였으나(玉城 素,『북한에 있어서의 군의 역할』) 최근 귀순한 보위요원의 증언에 의하면 1992년 경 기강확립 차원에서 군사칭호를 부여한 것으로 밝혀지고 있음.

28) 원응희는 혁명3세대로서 1990년까지 공군사령부 정치위원을 지내다가 1990년경 무력부 보위국장에 보임되어 군내 사찰활동의 책임자로 활약하고 있다. 특히 1992년말 이른바 '프룬제 사건'이라고 불리우는 소련 유학 장교 주도의 체제불만 사건을 적발한 공을 인정받아 일약 중장에서 대장으로 파격적인 승진을 받은 바 있다. 국정원을 비롯한 내외의 북한전문가들은 원응희의 비중을 백학림 보다 높게 평가하는데 의견을 일치를 보이고 있다.

29) http://www.nis.go.kr/upload/11_1706_29/2-10-32.htm

30) 김영룡은 김정일과 김일성대학 동기동창으로 1987.7 이진수 부장이 사망한 뒤 제1부부장으로 임명되어 10여년간 보위부장 직무대행을 하면서 보위부의 제반 업무를 김정일에게 직보하고 수시 전화접촉을 하는 등 김정일체제 유지에 핵심적인 역할을 한 것으로 분석된다. 1997년 8월경 직무수행과 관련하여 조사를 받던중 자살하였는 것으로 알려지고 있음.

31) 1998년 개정헌법에 의하여 '내각'으로 개칭되었음.

32) 關川夏央・惠谷治, NK회 편, 김종우 역,『김정일의 북한, 내일은 있는가』(서울: 청정원, 1999), 145~159쪽.

33) 99호 소조는 1980년대초 김정일의 지시에 의하여 설립된 것으로 알려지고 있음. Ibid., p. 152.

34) 김정일은 최고사령관 명령 '제0000호'를 통하여 "각 군부대는 각종 건설을 적극 지원하라"는 지시를 하달한 바 있으며(≪조선중앙방송≫ 1994년 11월 9일), 군 창건일 중앙보고시 "군이 사회주의 경제건설에 주도적 역할"(≪조선중앙방송≫ 1998년 4월 25일)을 지시한 바도 있다.
35) 황남 용연군, 평남 회창군, 강원도 고성군, 함북온성군(4·25담배농장) 등에 대표적인 농장이 있으며, 함남·함북·양강도 지역에 아편농장도 운영하고 있는 것으로 알려지고 있다.
36) 인민무력부로 이관한 대표적인 민수용 공장으로는 승리화학공장, 선봉화력발전소, 길주펄프공장, 고참탄광, 선봉항 등을 들 수 있으며, 군 직영공장으로는 백송담배공장(함북회령시), 조개탄공장(평남은산군), 군수피혁공장(평북선천군)을 들 수 있다.
37) 1990년대에 인민군이 투입된 주요 건설공사는 다음과 같다. ① 4·25여관(98.9 완공, 2만명 규모), ② 9·9절 거리(98.9완공, 9.8KM), ③ 4·25영화촬영소(97.9 착공), ④ 평양-남포간 고속도로(98.11.18 착공), ⑤ 안변청년발전소(87-96.9: 1단계, 19만 KW 발전용량)
38) 매주 2/4주 금요일은 총참모부 국장급/ 총정치국 부국장 이하 장령 및 군관들을 포함하여 모든 군인들이 영농지원을 하도록 하고 있으며, 농번기에는 금, 토, 일 3일간씩 실시하고 있다.
39) 국방부, 『국방백서 2000』, 46쪽.
40) 대남우위의 군사력 건설정책이란 북한의 군사력이 주한미군 군사력을 포함한 한국군 전력에 비교하여 우위에 있다는 평가를 가지려는 정책을 말한다. Bruce Benett, "The Dynamics of The North Korean Treat: The Erosion of North Korean Military Capabilities, Real or Imagined?" *The Changing Dynamics of Korean Security*(1998 JOINT CONFERENCE, Seoul, RINSA in Korea National Defense University), pp. 187-188.
41) 국방부,『국방백서 1999』, 40쪽. 통일부도『북한개요』(1999)에서 이와같은 지휘체계도를 인용하고 있다. 이 점에서 이 그림은 한국 정부당국이 공식적으로 파악하고 있는 북한의 군사지휘체계도라고 할 수 있다.
42)『국방백서 2000』, 38~39쪽. 국방백서를 통하여 종래의 지휘체계도를 인정하고 있으나 실질적 차원의 운용은 그림과 같은 방향으로 변화고 있음을 인정하고 있는 것으로 보아야 한다. 국방부는 2000년 9월 초 제1차 국방장관회담을 목전에 두고 북한당국이 인민무력상을 갑자기 인민무력성으로 변경시킨 사실과, 총정치국장이 인민무력부장 보다 서열이 높은 북한군의 조직적 특성을 한꺼번에 설명할 수 있는 지휘체계도 작성에 상당한 논란이 진행될 것으로 보인다.
43) 국방부 내부자료.

44) 총정치국은 두 명의 부국장과 판문점 대표부를 두고 있다. 현재 조직담당 부국장은 현철해(95.10)이고, 선전담당 부국장은 박재경(93.1), 판문점대표부는 이찬복(4.5.25 판문점 대표 확인)으로 구성되어 있다.

<참고문헌>

1. 북한문헌

동태관·전성호, "군민일치로 승리하자," ≪로동신문≫ 1998년 5월 26일.
"우리 당의 선군정치는 필승불패이다," ≪로동신문≫·『근로자』, 공동사설, 1999년 6월 16일.
≪로동신문≫ 1998년 8월 22일.
≪조선중앙방송≫ 1994년 11월 19일 ; 1998년 4월 25일.

2. 남한문헌

곽승지, "북한의 '우리식 사회주의'논리에 대한 고찰," 북한연구학회, 『북한연구학회보』 2권 1호(1998).
關川夏央·薰谷治, NK회 편, 김종우 역, 『김정일의 북한, 내일은 있는가』(서울: 청정원, 1999).
국방부, 『국방백서』(1999).
국방부, 『국방백서』(2000).
백승주, 『남북한 군사상황에 대한 황장엽의 인식과 안보적 대응방향』(국방연구원, 주간국방논단 제679호, 1999.5.16).
玉城 素, 『북한에 있어서의 군의 역할』.
통일부, 『북한개요』(1999).
≪연합뉴스≫ 1999년 4월 9일.
≪연합뉴스≫ 2001년 6월 28일.
http://www.nis.go.kr/upload/11_1706_29/2-10-32.htm

3. 외국문헌

Bruce Benett, "The Dynamics of The North Korean Treat: The Erosion of North Korean Military Capabilities, Real or Imagined?" *The Changing Dynamics of Korean Security*(1998 JOINT CONFERENCE, Seoul, RINSA in Korea National Defense University).

북한의 정책결정 과정에서 군부의 영향

김 진 무

1. 서 론

 북한이 지난 5월 7일부터 서울에서 개최될 예정이던 제2차 남북경제협력추진위원회 참가를 거부하자, 국내 언론들은 일제히 그 배경으로 북한 내 강경파인 군부의 강한 반발을 들었다. 즉 개최될 예정이던 남북경제협력추진위원회의 핵심 안건인 경의선 및 동해북부선 철도-연결에 대해 북한군부가 비무장지대를 관통하는 철도-도로 연결을 무장해제라며 반대했을 가능성을 제기하였으며, 최근 국내에서 금강산댐 붕괴 위험성 논란과 관련 군이 동원되어 만든 사업이라 군부의 자존심과 관련하여 민감하게 반응하였을 것이라는 것이다. 또한 최성용 외교부 장관의 발언에 대해 사과를 받아야 북한 내 대남 협상에서의 강경파인 군부의 반발을 무마하고 설득할 명분이 있다는 것이다.[1]

작년 9월 북한이 제4차 남북이산가족상봉과 제6차 장관급회담을 일방적으로 연기하자 10월 16일자 조선일보는 "금강산 관광대가 미납 등 대남사업이 기대한 만큼의 성과를 거두지 못하고 있는 데 대해 불만을 가진 북한 군부가 남북관계를 틀고 있으며, 비무장지대 개방 등에 아직 소극적인 북한 군부가 의도적으로 남북관계 진전을 늦추고 있다"라고 하였으며,[2] 김대중 대통령도 10월 17일 보도된 미국 일간 <USA Today>와의 인터뷰에서 현재 남북관계의 정체 이유에 대해 "북한 정권 내의 의견 다툼이 남한과의 화해를 방해하는 것 같다"라고 대답했다.

또한 6차 장관급회담이 결렬되자 홍순영 통일부장관은 2001년 11월 22일 "북한 군부 강경파의 입김이 작용하고 있는 것으로 보인다"고 말하였으며, 일부에서는 "현재 북한에서는 군부 등 강경파의 입장이 매우 강경하고 대화파의 입지가 약화되어 있는 것으로 관찰되었다"고 분석하였다. 작년 8월 중앙일보는 '북북 갈등' 이라는 신조어를 만들어, "평양에도 '북북 갈등' 있어"라는 제목의 기사에는 "북한에도 대남 관계 사업을 놓고 '북북 갈등'이 그 동안 심심찮게 있었던 것으로 알려지고 있다"고 하였다.

이러한 우리측의 분석 이외에도 남북회담시 북한측 인사들이 실제로 북한 군부 영향력 행사를 언급하고 있다. 즉 2000년 8월 29일 제2차 장관급회담시 북측 대표 김용순은 "군사직통전화 문제는 판문점에 미군과의 전화가 있기 때문에 불필요하다는 이유로 군부가 반대하고 있다"고 하였으며, 2001년 9월 14일 5차 남북장관급회담시 북측 수행원들은 "(경의선 철도 관련) 언젠가는 개통되겠지만 군부의 반대 때문에 당장은 어렵다"고 하였고, 또한 "현대가 1,200만불을 지급하지 않아 군부의 반발이 심하며, 경의선 연결사업이 잘 진행되지 못한 것도 금강산 사업쪽에서 문제가 생기자 군부에서 반발했기 때문이다"고 하였다. 그리고 과거에도 북한 외교관들은 강온파가 북한에 존재하며 강경파인 군부의 견제로 인해 북·미관계 개선이나 경수로협정 체결 등에 난관이 많다는 발언을 유포하였다.

해외의 시각 역시 마찬가지다. 즉 러시아의 세계경제 및 국제관계연구소(IMEMO) 노다리 시모니야 소장은 지난 2001년 9월 동아일보와의 인터뷰에서 "유일한 문제는 김 위원장은 변화에 대한 준비가 돼 있는 것처럼 보이지만 그의 주변을 감싸고 있는 군부 등 보수 강경파가 변화를 두려워한다는 사실이다."라고 말했다. 또 2001년 6월 셀리그 해리슨은 북한을 방문하고 돌아와 "북한에서는 현재 권력투쟁이 진행 중이며, 빌 클린턴 전 미국 대통령의 방북이 무산된 이후 북한 내부의 강경파가 득세하기 시작했고, 부시 행정부가 장기간 대북정책 재검토에 들어간 뒤에는 온건파의 입지가 더욱 좁아지면서 김정일이 서울 답방 등 6·15 남북 공동선언의 합의내용을 이행할 수 없었다."고 주장했다. 그리고 만수로프는 1994년 북·미 기본합의서가 체결된 것이 결국 김정일, 외교부, 원자력공업부, 에너지, 채취공업, 대외무역, 금융, 통신 분야의 친서방 관료들의 승자 연합이 인민군, 당료, 사회안전부, 경공업 부서의 엘리트들의 패자연합을 압도했기 때문이라는 분석을 내놓기도 하였다.3)

그런데 이런 주장들로부터 우리는 북한정권의 권력구조와 관련해 대단히 논쟁적인 주제가 담겨있음을 알 수 있다. 즉 '북한이 김정일 일인독재체제인가' 아니면 '권력이 분산되어 있는 체제인가' 또는 '군부와 행정부, 당 등이 서로 견제하고 힘을 겨루는 체제인가' 하는 것들이 그것이다. 또한 북한의 정책결정과정에 있어 북한군부의 역할에 대한 중요한 의문을 제기하고 있는 것이다. 즉 남북관계 등 주요 정책을 김정일이 단독 결정하는가? 군부가 남북관계 진전에 제동을 걸고 있는 것은 아닌가? 등의 의문이 남게 한다. 그런데 이러한 의문은 북한사회의 성격을 가늠하고 대북정책의 방향을 달리할 수 있는 중요한 문제이다.

따라서 우리는 이러한 의문으로부터 한 걸음 더 나아가 북한의 권력

구조 및 정책결정과정에 대해 다음과 같은 두 가지 상반된 시각이 존재하고 있다는 사실을 알 수 있다. 즉 첫째는 북한이 사회주의 국가이고 노동당에 의하여 지배되고 있기 때문에 동구사회주의국가들이 그러했던 것처럼 당정치국과 같은 의사결정기구 내에서 집체적 협의에 의하여 중요한 정책들이 결정되며, 당·정·군 내부에 강경파와 온건파가 있어 의사결정시 대립하고 있다고 보는 견해가 그것이다.4)

둘째, 남북관계에 관한 북한내부 의견조율 과정에서 이른바 '강경파'의 입김이 작용하고 있으며, 김정일이 군부 강경파를 달래기 위해 강경파의 손을 들어줬다는 식의 주장은 "북한의 정책결정 과정에 대한 이해가 부족하고 남한식 사고와 잣대로 북한을 들여다보기 때문"이라는 주장이 그것이다. 즉 수령을 정점으로 하는 유일지도체제 하의 북한 정치구조에서 군부는 단순한 의사결정의 지지세력에 불과하다는 것이 이들의 주장이다.5)

김일성 사후 북한에서는 군의 역할이 전례 없이 강조되고 김정일의 공식행사 중 상당부분이 군과 관련되는 것 같은 현상에 직면하여 국내에서는 김정일 시대 군의 위상과 역할에 대해 비교적 활발한 논의가 이루어지고 있다. 이러한 논의의 연장선상에서 본 논문은 북한의 정책결정과정에서의 군부의 역할을 규명하고자 하는 것이다.

2. 북한 군부의 위상 강화

당의 군대, 혁명의 군대, 김부자의 군대로서의 북한군은 김일성 사망 이후 경제난, 체제난 등 위기 극복과정에서 체제수호의 중추적인 역할을 수행해 오고 있다. 북한은 1998년 3월 9일자 로동신문 정론에서 구소련 및 동구 사회주의권 몰락에 대해 "군대를 비사상화, 비정치화 함으로써 총을 쥔 군대가 당이 변질되고 국가가 와해되는 것을 보고도 속수무책으로 나앉아 혁명의 전취물을 지켜내지 못한 결과였다"고 분석하고, 군대를 '혁명의 주력군이며 나라의 기둥'으로 내세우며 군대를 강화하고 이를 활용해 북한을 통치하기 위해 '군사우선정책'을 적극적으로 추진하면서, 북한군은 정치·경제·사회 각 분야의 역할을 확대하고 있다. 이와 관련하여 북한은 "인민군대가 혁명적 군인정신으로 우리식 사회주의의 결정적 승리를 위한 돌파구를 열어나가는 데 핵심적 역할을 수행하고 있다"6)고 선전하면서 군부 우선의 정치를 의미하는 '선군정치'를 강조하고, '사회주의 강성대국' 건설을 위해 '선군혁명영도' 역할을 크게 부각시키고 있다.

이처럼 '선군정치'에 의한 군부중시 통치체제를 유지하면서 북한의 권력체계에서 나타나고 있는 특징중의 하나가 군부의 위상강화 현상이며, 이러한 군부의 위상강화 현상을 권력구조측면과 군의 역할이라는 측면에서 살펴볼 수 있을 것이다.

먼저 북한군의 위상변화는 권력구조에서 특히 부각되고 있다. 특히 국방위원회의 지위와 권한이 강화되었다. 1998년 9월 5일 최고인민회의 제10기 1차 회의에서 헌법을 개정하여 국방위원회에 '전반적 국방관리'(제100조)와 '국방부문의 중앙기관의 설치와 폐지권'(제103조)까지 부여함으로써 권한을 대폭 확대하는 한편, 주석제를 폐지하는 대신 국방위원장을 "국가의 최고직책이며 우리 조국의 영예와 민족의 존엄을 상징하고 대표하는 성스러운 중책"7)이라고 함으로써 국방위원장이 국가원수격의 실권적 지위임을 밝혔다. 따라서 논쟁의 여지는 있지만 최소한 형식상으로는 국방위원회가 국정전반을 지도하는 것으로 평가할 수 있을 것이다.

둘째, 현역 군인사가 통치기구에서 차지하는 비율이 증가하였다는 것이다. 즉 북한의 군부가 지니는 주요 정치세력으로서의 성격은 노동당 및 국가기구 내에서 차지하는 군부 지도층의 위치를 통하여 가장 잘 파악할 수 있다. 1998년 9월 헌법 개정으로 국가의 최고 통치기구가 된 국방위원회의 구성원 10명 중 김정일을 포함하여 7명이 현역 장령이며, 현역 군인이 아닌 위원은 김철만, 연형묵, 전병호이다. 그러나 김철만은 제2경제위원회 위원장, 전병호는 군수담당 비서이며 연형묵은 북한 군수공장이 밀집되어 있는 자강도당 위원장으로서 실제로는 국방위원 모두가 군 관련 주요 사업의 책임을 맡고 있다.

또한 군 고급 장교가 노동당내 요직을 차지한 비율은 대단히 높다. 정치국, 당중앙위원회 등 각종 권력 기관에서 군인이 차지하는 비중이 전체 성원의 1/3~1/4정도로 소련을 비롯한 여타 사회주의 국가에 비해 월등히 높다.[8] 특히 정치국 위원 11명중 김정일을 포함하여 5명이 군인으로서 45%를 차지하고 있다.

셋째, 일부에서는 권력서열적 의미가 없다는 주장이 있지만 김일성 사망 이후 주요행사의 주석단 서열에서 군인사의 숫자가 증가하고 서열이 점차 상향되어 가고 있다. 즉 다음 표에서 보는 바와 같이 1994년 김일성 장의위원회에는 오진우와 최광 만이 서열 20위 이내에 있었으나, 1998년 9월 최고인민회의 제10기 1차 회의 이후 5명이 서열 20위 이내로 진입하였다. 특히 1994년 김일성 장의위원회시와 현재의 권력서열을 비교하면, 조명록은 84위에서 3위로, 김영춘은 83위에서 5위로, 김일철은 85위에서 6위로, 이을설은 73위에서 7위로 격상되었다. 그리고 주석단 서열 30위 이내에서의 군부 현황을 보면 최근 김일성 90회생일 기념 중앙보고대회시 주석단 서열에서 군부 인물 11명(37%)이 포진하고 있다.[9]

<표 1> 북한 주석단(20위 이내)의 군의 비중 변화

	'94.7.8 김일성 장의위원회	'98.7.8 김일성 4주기 추모회	'98.9.5 최고인민회의 제10기 1차회의	'02.4.15 김일성 90회생일 중앙보고대회
군인사 숫자	2	3	5	5
군인사 (서열)	오진우(2) 최 광(9)	이을설(7) 조명록(8) 김영춘(9)	조명록(7) 이을설(8) 김일철(9) 김영춘(14) 백학림(19)	조명록(3) 김영춘(5) 김일철(6) 이을설(7) 백학림(8)

넷째, 김정일을 국방위원장으로 추대한 제10기 최고인민회의 대의원 선거에서 군인의 비중이 109명으로 제9기 때의 62명에 비해 대폭 증가함으로써 군부를 중심으로 하고 있음을 반영하고 있다.

<표 2> 최고인민회의 제9, 10기 대의원의 직능별 비교

	근로자	관료	당료	군인	학자	기타	계
제9기	263	207	80	62	49	26	687
제10기	265	178	90	109	23	22	687

다섯째, 김정일의 관심분야를 가늠할 수 있는 공개활동이 군에 집중되어 있다. 1995년 20회를 시작으로 1996년에는 35회, 1997년 40회, 1998년 49회로 증가하였다. 그리고 2000년 남북정상회담으로 김정일의 군관련 행사 참석이 다소 감소하였으나, 2001년 56회로 다시 크게 증가하였다.

<표 3> 1994년 이후 김정일 공개활동 중 군관련행사

	1994	1995	1996	1997	1998	1999	2000	2001
총횟수	21	35	52	59	70	69	95	146
군관련 행사	1	20	35	40	49	41	22	56
%	4.7	57	74	67	70	59	23	38

특히 김일성이 1945년부터 1994년 사망시까지 군관련 행사 참석이 15.1%를 차지한 데 비하여 김정일은 1995년부터 2001년까지 62.6%를 차지하였다.

<표 4> 김정일과 김일성의 군사부문 공개활동 비교

구 분	김일성('45-'94)	김정일('95-'01)
군사분야	15.1 %	62.6 %
비군사분야	84.9 %	37.4 %

자료 : 통일부, 『북한동향』 제588호 2002.4.20~2002.4.26, 43쪽.

다음으로 김정일 체제하의 군부의 비군사적 분야 즉 정치·경제·사회 분야에 있어서의 기능과 역할은 유례가 없을 만큼 확대되고 있다. 먼저 김정일 정권은 소련 및 동유럽의 사회주의체제 와해와 김일성 사망 이후 정치적 경제적 사회적 위기로 인해 체제 붕괴 위험 때문에 잘 조직된 군을 혁명의 기둥으로 삼아 정권 및 체제수호의 역할을 담당하게 하고 있다. 김정일이 "총대 우에 평화가 있고 사회주의가 있다. 총대를 틀어쥐지 않고서는 사회주의를 고수할 수 없다"고 강조한 사실에서 북한 당국이 체제유지를 위해 군을 얼마나 중시하고 있는지를 알 수 있다.

둘째는 군의 경제적 기능의 확대이다. 김정일체제에서 군부는 경제활동의 지원자적 입장에서 주체자로 바뀌고 있다. 북한군은 각종 산업 현장에 투입되어, 집단농장의 경영, 각종 건설사업, 기간산업의 운영 등에 직접적으로 간여하고 있는 것으로 알려져 있다. 지난해 북한군이 경제부문에 약 20여만 명을 투입하였으며, 현재 진행중인 개천-태성호간 수로공사나 대규모 토지정리사업 등에 대규모 병력이 투입되어 공사를 진행하고 있다는 것은 알려진 사실이다. 이외에도 농업, 어업, 무역 등에서 군이 경제영역에서 차지하는 비중은 지속적으로 높아져 오고 있는 것이다.

셋째, 군의 사회적 기능의 강화이다. 현재 북한에서 군은 사회 치안업무까지 담당하는 한편 사회구조를 군사체제화하고 있다. 특히 북한은 경제난에 따른 사회통제력 약화현상에 대해 큰 우려를 표명하고 이를 극복하기 위해 인민무력부 보위국을 보위사령부로 승격하여 국가적 보위감시기능을 부여하면서 사회통제를 위한 군의 역할을 강조하고 있다. 또한 체제결속을 위하여 '혁명적 군인정신 따라 배우기 운동'이 전사회적으로 확산되고 있으며, 특히 2001년 9월 21일 북한은 '번영하라 선군시대여'라는 제목의 로동신문 정론을 통해 "선군시대는 김정일을 중심으로 선군혁명을 통하여 군인이 중심이 되는 시대이다.… 천리마시대는 노동계급 정신이 선군시대에는 군인정신, 총대정신이 시대의 정신이다… 모든 일군들은 혁명군대의 지휘관, 병사들처럼 영웅적 투쟁기풍을, 모든 가정은 혁명적 군인가정처럼 혁명화 하여야 한다"고 하면서 병영국가화를 도모하고 있다.

한편 군은 대외적으로도 적극적인 역할을 수행하고 있다. 즉 김정일은 소련 및 동구 사회주의권 붕괴 직후인 1992년 말에 이미 "제국주의자들과 계급적 원쑤들이 아무리 발악해도 인민군대만 강하면 문제될 것이 없다"[10]는 입장을 피력한 바 있고, 2000년 8월 12일 남한 언론사 사장단과의 만남에서 "내 힘은 군력에서 나오며, 외국과의 관계에서도 힘은 군력에서 나온다"고 하였다. 이는 김정일이 외부로부터의 압력에 의한 체제 위기 극복의 방법으로 강군 건설에 커다란 비중을 두어왔다는 것을 의미한다. 특히 북한은 핵개발 능력을 가지고 있는 것으로 보이며 또한 장거리 미사일 및 화생무기 등 대량파괴무기를 보유하고, 이를 대외 관계에 있어서 군사적 위협을 통한 협상력을 크게 강화하는데 이용하고 있다.

한마디로 북한은 정권 및 북한체제의 생존을 위한 전략적 차원에서 군부의 역할을 그만큼 중시하고 있는 것이다. 적어도 오늘날 북한군은 당에 의한 사회적 통제의 약화를 보완하고, 경제현장에 대대적으로 동원되어 인민들에게 모범을 보이고 있다. 또한 대외적으로 강군의 모습을 과시함으로써 반사적으로 체제 내부의 강화를 도모하는 모습을 보이고 있다.11)

따라서 북한군의 경제·정치·사회적 영역으로의 역할 확대는 자연적으로 북한 군부의 위상을 높여 왔으며, 비록 북한의 군대가 정치적 목적으로 창설되었고 전통적으로 군에 대한 당의 정치적 통제가 매우 엄격하다고 할지라도 최근의 군부 중심의 비상 위기관리체제 하에서 북한 군부의 위상은 그 어느 때보다 높아졌다고 할 수 있다.

3. 북한의 정책결정 구조

1) 제도적 정책결정

북한에서 정책은 당과 국가기구의 이원적 체제를 통해 수립되고 집행된다. 1980년 당규약은 당대회가 '당 노선과 정책 및 전략전술에 관한 기본 문제를 결정'하고 당중앙위원회는 '당의 노선과 정책을 수립하고 그 수행을 조직 지도한다'고 규정하고 있고, 1998년 헌법은 최고인민회의가 '국가의 대내외 정책의 기본원칙을 세운다'고 규정하고 있으며, 내각이 "국가의 정책을 집행하기 위한 대책을 세운다"고 되어 있다. 따라서 북한의 정책결정구조를 당규약과 헌법을 중심으로 보면 먼저 당에서 총비서의 영도에 따라 정치국 및 정치국 상무위원회가 핵심적 결정 기구의 역할을 담당하며 당중앙위원회 전원회의를 거쳐 당대회 및 당대표자회에서 정책을 공식화하고, 최고인민회의에서 정책을 법적 제도화하며, 국방위원장의 지도하에 내각에 의해 집행된다는 것을 의미하는 것이다.

북한의 정책결정과정에서 당 기구의 역할을 살펴보면 1980년 당규약에서 당대회는 당의 최고지도기관으로서 '당로선과 정책 및 전략전술에 관한 기본문제를 결정한다'고 규정되어 있으며, 당대표자회는 당대회와 당대회 사이에 '당로선과 정책, 전략전술에 관한 긴급한 문제를 결정'하는 기구라고 규정되어 있다. 따라서 당 대회는 당규약의 제정 또는 개정, 당의 노선 및 중요 정책을 결정하는 자리임을 알 수 있다. 그러나 당대회와 당대표자회는 수령 유일지도체제의 확립과 더불어 당노선과 정책을 둘러싼 논쟁과 토론장소가 아닌 단순히 수령이 결정한 노선을 공식화하는 자리로 서 형식상의 최고의결기구에 불과하였으며, 그나마 1980년 제6차 당대회 이후 개최되지 않고 있다.

당중앙위원회는 당대회와 당대회 사이의 당사업을 지도하는 사실상의 핵심기구로서 당규약은 당중앙위원회가 '당의 노선과 정책을 수립하고 그 수행을 조직 지도한다'고 규정하고 있으며, 당중앙위원회 전원회의는 '해당 시기 당이 직면한 중요문제를 토의 결정한다'고 규정되어 있다. 즉 규범적으로 당의 노선과 정책을 결정하는 기관은 당중앙위원회이다. 그러나 전원회의는 인원, 개최시기, 회의기간 등을 고려할 때 실질적인 정책결정기구라고 보기 어렵다. 즉 1980년 제6차 당대회시 중앙위원회는 정위원 145명, 후보위원 103명으로 구성되어 정책을 토론하고 결정하기에는 너무 많다고 할 수 있다. 또한 6개월에 1회 이상 소집하도록 되어있는데도 불구하고 1980년대를 통해 년 1회 정도 개최되었으며, 대부분 3일 이내 종결됨으로써 정책의 결정보다는 결정된 사항에 대한 추인하는 역할을 하였고, 더구나 1993년 12월 제21차 전원회의 이후 소집되지 않고 있다.

당의 노선 및 정책결정에 있어서 핵심적 기구는 정치국과 정치국 상무위원회라고 할 수 있는데, 구소련과 동구 사회주의 국가들에서는 당 정치국이 주요 정책을 결정한 것은 주지의 사실이다. 당규약은 정치국과 정치국 상무위원회가 '전원회의와 전원회의 사이에 당중앙위원회 명의로 당의 모든 사업을 조직 지도한다'고 규정하고 있다. 정치국은 규범적으로는 당의 핵심인물들로 구성된 집단지도기구라고 할 수 있는데 회의 의제 등 현실 운용의 측면에서 볼 때 정치국 회의에서 당노선이나 대외정책 등 중요 정책을 논의하지는 않은 것으로 보인다. 공개된 정치국 회의 의제를 볼 때 함흥수산물가공문제, 경제계획문제, 공화국수립 40주년문제 등 정책집행상의 문제나,[12] 1986년 10월에는 김일성의 소련방문, 1987년 5월에는 김일성의 중국방문, 1988년 김일성의 몽고방문, 1991년 10월에는 김일성의 중국방문 등 김일성의 대외방문 성과를 높이 평가하고 양국관계의 확대 발전을 결의하는 자리로 이용되었을 뿐 당의 노선 또는 정책을 결정하는 자리가 아니었다. 김일성 생존시 당 정치국은 대외 보도상 필요하다고 판단될 때 소집되고 명의만 사용했으며 정치국 위원들은 하부에서 전수된 정책안들을 필요한 것만큼만 통보받는 들러리 역할을 하였으며, 어떤 사안이 정치국 내부에서 충분한 협상과 토론이 진행된 후 정책으로 결정된 사례는 극히 적었다. 그나마 김일성 사후에는 당 정치국 회의는 단 한번도 열리지 않은 것으로 확인되고 있다.[13]

정치국 상무위원회는 당의 중요문제에 대한 최종적인 결정권을 행사하는 북한 정치구조에 있어 최고권력기관이라 할 수 있다. 1980년 제6

차 당대회시 상무위원은 김일성, 김일, 오진우, 김정일, 이종옥 등 5명이었다. 그러나 김일성 생존시에도 상무위원회는 당의 집단지도기구라기보다는 형식적인 집단의사결정기구의 역할을 하였으며, 실질적인 권한은 김부자에게 독점되어 다른 상무위원들은 사실상 결정된 노선의 지지세력에 불과하였다. 김일성 사후에는 새로운 충원 없이 김정일만이 상무위원직을 유지하고 있는 비정상적인 상태가 계속되고 있다.

또한 당군사위원회는 조명록 총정치국장, 김영춘 총참모장, 김일철 인민무력부장 등 대부분 무력과 관련된 부서의 고위직책의 군부지도자들로 구성되어 있어 실질적인 군사정책결정기구의 성격을 가지고 있음을 예상할 수 있다. 그러나 현재까지 군사위원회의 회의시기, 의제, 회의형태에 대하여 알려진 바 없으며, 고정 사무실을 가지고 정책을 입안하거나 개발하는 인력을 가진 상설기관이 아닌 회의체의 성격을 가지고 있다.

다음은 헌법적 측면에서 볼 때 북한의 국가기관들은 입법, 행정, 사법의 3권 분립을 이루고 있다. 최고인민회의가 입법부문의 최고기관인 반면 국방위원회 및 내각 등이 행정부문의 주요책임을 지고 있다.

먼저 최고인민회의는 헌법상 '대내외정책의 기본원칙을 세운다'고 되어 있다. 그러나 최고인민회의는 상설기구라고는 최태복 의장과 그의 부속실로 구성되어 있으며, 최태복 의장은 최고인민회의가 진행될 때 회의진행만 맡아보고, 대외적으로 외국 국회의장 또는 국회대표단을 영접하는 임무만을 수행한다. 따라서 하부조직이 하나도 없는 최고인민회의는 정책의 기본원칙을 세울 수 없으며 최고인민회의 개최시 당·정·군 등 각 분야에서 이미 작성한 정책들을 통과시키기 위한 고무도장에 불과하다. 실제로 최고인민회의는 2000년과 2001년에는 단 하루만 개최되었고, 또한 대의원들의 발언 내용을 보더라도 상정되는 안건에 대한 지지, 사업성과 선전, 참여 강조, 충성다짐 등의 내용으로 일관

하고 있다.14)

또한 최고인민회의 상임위원회는 북한의 개정 헌법 제106조와 110조에 의하면 '국가의 최고 주권기관이며 정책과 그 집행을 위한 대책을 세운다'고 되어있다. 그러나 현실적으로 상임위원회는 위원장, 명예부위원장과 서기장들의 사무실과 의전 및 외사사업을 보좌하는 대외사업부서, 부속실 등 소규모의 기구만 가지고 있을 뿐이다. 김영남 상임위원장이 하는 일은 대외적으로 북한을 대표하고, 외국대표단 혹은 대사들의 접견, 외국 출장 등이며, 그가 외국인을 만나 하는 발언도 외무성이 작성해 준다.15)

다음으로 국방위원회의 정책결정 기능을 살펴보면, 1998년 헌법 개정을 계기로 김정일은 주석에 취임하지 않고 국방위원장에 남아 있으면서 국정전반을 관할하게 되었고 국방위원회는 확대 개편되었다. 이를 근거로 일부 연구자들은 "국방위원회가 북한 권력의 핵으로 등장한 것이며 따라서 김정일 체제는 국가 주석이라는 法衣 대신 국방위원장이라는 軍衣를 걸친 수정된 군국주의화"16)로서 군부집단지도체제의 군사평의회와 같이 국가정책결정의 핵심지도부가 될 가능성이 높다고 분석하기도 하였다.17) 그러나 개정된 헌법 조항을 보면 국방위원장 직책의 권한은 크게 강화된 데 비하여 국방위원회의 권한에는 큰 변화가 없다. 즉 개정헌법 제100조에는 "국방위원회는 국가 주권의 최고 군사지도기관"이라고 규정해 놓아 국방위원회의 권한을 강조하고 있으나 102조에는 "국방위원장이 일체의 무력을 지휘통솔하며 국방사업 전반을 지도한다"고 되어 있다. 그렇다면 국방위원회는 위원장 한사람의 권한을 법적으로 보장하기 위해 만들어진 장치이며, 위원장 한 사람에게만 권한이 집중되어 있는 허울 좋은 간판에 불과한 비상설 기구라고 말할 수 있을 것이다.18)

이렇게 당규약 및 헌법에 명기된 기구들의 정책결정 기능에 대하여 논의해 본 결과 당 및 정부 기구들이 가지는 당노선 및 정책결정권한은 현실정치에서 혁명적 수령관에 입각한 유일지도체제로 인해 그 의미를 상실해 왔다. 즉 노동당이 "오직 위대한 수령 김일성 동지의 주체사상, 혁명사상에 의해 지도"된다는 당규약 전문이 말해주듯이 당중앙위원회를 비롯한 각종 기구들이 수령의 지도 하에 놓이게 됨으로써 당노선 및 정책결정권한은 제도적으로나 현실정치과정에서 오직 수령에게 집중되어 있다.

다음 장에서 보다 상세히 논의되겠지만 김정일은 당과 국가의 공식 기구를 통한 정책결정보다 실무적인 핵심인물들과의 개인적 접촉을 통해 정책을 결정하는 행태를 보여왔다. 현성일은 "1980년대 이후 김정일은 실무부서 → 김정일 → 김일성의 보고체계가 확립되었으며 김정일이 거의 모든 사항을 직접 결정하고 다른 부서는 관여하지 못하였다"고 주장하였다. 이러한 경향은 정치, 경제, 군사, 외교 등 모든 분야에서 공통적인 현상으로 보여지는데 김정일 시대 정책결정과정에서 당과 정부의 기구들의 역할은 사실상 김정일을 핵심으로 하는 별도의 채널에서 결정된 정책에 대하여 지지 또는 지원하는 정도에 그치고 있다는 것이다.

2) 실제적 정책결정

북한의 정책결정과정은 기본적으로 북한정권의 권력구조가 갖고 있는 특성을 그대로 반영하고 있다. 북한정권에 있어 권력구조는 유일적 영도력을 가진 김정일을 정점으로 당과 정부 기관들이 피라밋 형태와 같은 조직체계를 형성하고 있다. 실제로 북한에서는 국가기관에 대한 수령 유일적 영도를 강조하고 있으며, 그 결과 북한의 정책기구는 형식적 헌법 규정상 국가기구와 실제적 정치권력상의 당 기구로 구분되나, 김정일의 권력 초독점화 현상이 심화된 것으로 평가되며, 이러한 권력

초독점화는 정책결정과정에서 김정일의 통치스타일이 깊이 반영될 수밖에 없을 것이다.

　김정일의 통치스타일[19]은 먼저 노동당, 인민군, 내각, 공안기구 등을 별도로 장악하고 정보를 취합하면서도 이들 사이에는 정보의 흐름이나 핵심적 사안에 대한 협의를 삼가게 한다. 그의 지시는 해당 기관에 직접 내려지며 그 자신에 의해 직접 점검된다. 그는 각 기구의 최고 직책의 소유자에게 전권을 위임하여 처리하지 않는다. 그는 차계선 또는 차차계선의 직책을 가진 간부를 직접 관리하면서 임무도 주고 보고도 받는다.[20] 김정일은 획일적이고 엄격한 위계질서를 중시 여기는 동시에 매사를 체계적이고 치밀하게 처리하는 바, 공개된 토론이나 의견교환보다는 당, 정, 군의 각 보고채널을 통해 정보를 수집한다. 따라서 정책결정을 위한 정보의 종합과 판단이 모두 최고지도자인 자신에게 집중하도록 만드는 것이다.

　따라서 이러한 김정일의 통치스타일에 의하여 북한의 정책결정구조는 집단적인 의사결정 없이 김정일 개인에게 수직적으로 보고되고 지시되는 식으로 단선화되어 있다. 이렇게 단선화된 정책결정 과정은 크게 두가지로 압축할 수 있다. 첫째는 김정일이 자신의 직접적인 판단에 기초하여 주요 노선과 정책을 결정, 상의하달식으로 집행하는 과정이며, 둘째는 당·정·군 해당분야에서 일정한 정책을 입안한 후 검토를 거쳐 김정일의 비준을 받은 후 집행하는 하의상달식 정책결정과정을 들 수 있다.[21]

　먼저 상의하달식 정책결정과정을 살펴보면, 김정일은 거의 모든 부문에 관여 정책결정을 하고 집행하고 있으며, 이렇게 김정일이 직접 판단 입안하여 하달한 정책들은 그 집행에서 절대성을 가졌다.[22] 이렇게 김정일이 직접 결정을 하여 하달한 정책은 소위 '강령적 교시'나 '지시'라고 불리어 지며, 노동당 규약 제1장 4조 1항과 1974년 2월에 발표된 당의 유일사상체계확립의 10대 원칙 제4조 '위대한 수령의 혁명 사상을 신념으로 받들고 수령의 교시를 신조화 하여야 한다'와 5조 '위대한 수령의 교시 집행에서 무조건성의 원칙을 지켜야 한다'는 것에서 알 수 있는 것처럼 절대적으로 집행되어야 하는 것이다.

하의상달식 정책결정과정에서 가장 중요한 것은 소위 '제의서'이다. '제의서'는 중앙당, 내각, 외무성, 군대, 인민보안성, 국가안전보위부 등 각 부서들의 정책안을 제의서 형식으로 올려 비준하는 방식으로 직접 사람을 상대하는 것이 아니라 제의서라는 문건을 통하여 사업하는 김정일의 정치적 지도방식을 말한다. 즉 김정일은 수령절대주의체제를 구축하면서 정치적 지도의 방식으로 각 부서들이 정책안을 제의서 형식으로 올려 비준 받는 것을 제도화하였다. 그는 새로운 문제와 원칙적인 문제는 예외 없이 제의서를 제출하여 비준받도록 엄격한 제도를 세웠다.

예를 들면 북한의 조선노동당 중앙위원회 안에는 조직지도부와 선전선동부를 위시하여 여러 개의 부서와 각 부서에는 또 여러 개의 과가 있다. 일반적으로 각 과에서 정책과 관련된 제의서 또는 정세 자료보고를 작성하여 부부장과 부장을 거쳐 비서에게 올라와 통과되면 문건을 김정일에게 올리게 된다.[23] 그러면 김정일은 이런 자료를 기초로 독자적인 판단에 의해 명령, 지시를 내릴 수도 있고 제의서에 서명할 수도 있다.[24]

북한에는 중앙당 외에도 내각과 외무성, 군대, 인민보안성, 국가안전보위부 등 직접 제의서를 올리는 단위들이 있기 때문에 김정일에게 올리는 제의서들과 보고서들의 양은 엄청나다. 그렇지만 김정일은 아무리 바쁜 일이 있어도 밑으로부터 올라오는 제의서는 다 자기가 직접 보고 결론을 내린다. 이 모든 것은 방대한 작업량이지만 김정일은 이 사업을 절대로 다른 사람에게 맡기지 않고 직접 처리한다.

따라서 이러한 북한의 실제적인 정책결정 과정의 특징을 살펴보면,

첫째, 김정일의 판단에 따라 결정하고 지시하는 독단적인 특징을 갖고 있다. 북한 정책결정과정은 김정일의 명령과 지시를 무조건성의 원칙에 따라 집행하는 지시-집행 단계로 단순화되어 있다. 따라서 당 및 국가 기구는 형식상 권한과 상관없이 지시-집행의 중간과정에서 보조적인 기능에 머물고 있으며, 이런 정책결정과정의 특징을 가능케 하는 것이 제의서라는 절차이다. 제의서를 제출하고 이에 서명하는 과정이 정책결정의 대부분을 차지한다고 볼 수 있다.

북한의 정책결정과정의 두 번째 특징은 김정일을 정점으로 하는 수직적 관계만이 존재하고 개인 및 부서간 횡적관계는 철저히 차단된 구조를 유지하고 있다는 것이다.[25] 황장엽의 증언에 의하면 군부든 아니든 북한권력내의 간부급 인사들은 어떠한 횡적 연결도 철저히 금지되고 있으며, 공식적인 자리를 제외하고 서로 만나는 것은 물론 단순히 연락하는 것도 금지되고 감시된다는 것이다. 케네스 퀴노네스(Kenneth Quinones)는 북한의 군부, 외교부, 원자력 총국 등 북한 정부내 각 부처들이 수직적으로 상부에만 보고하며, 부처간 횡적인 협조는 전무한 것으로 보고 있다.[26]

세 번째 특징은 토의를 통한 정책결정이 이루어지지 않고 있다는 것이다. 즉 당·정·군 등 각 조직은 계선을 통해 정기적으로 보고하고 있으나 토의 등을 통한 정책결정은 별로 없는 것으로 나타난다. 김일성 사망후 당중앙위원회 전원회의는 한번도 열리지 않았다. 더욱이 당정치국 회의를 소집하였다는 보도 역시 단 한번도 없다. 1998년 이후 매년 개최하고 있는 최고인민회의도 2001년과 2002년에는 단 하루만 개최하였을 뿐이다. 김정일은 오직 자신의 판단에 따라 정책을 결정 지시하는 독단적 정책결정을 선호하고 있다는 것이다. 1993년초 NPT 탈퇴 선언도 사전에 정치국 또는 비서국 회의를 비롯한 간부간 협의 없이 김정일의 직접적 지시 하에 외교부가 극비에 추진한 것이라고 한다.[27]

과거 김일성은 당 정치국이나 정치국 상무위원회 등을 활용하는 합의형 성향을 갖고 있었는데, 김정일은 정치국 회의를 소집하고 정치국 위원들의 의견을 수렴하여 정책에 반영하는 그런 통치스타일을 가지고 있지 않으며, 독단적으로 결정하여 자기의 정책이나 노선에 대해 이견을 제기하면 가차없이 처벌하였다. 예컨대 김정일은 자신에게 절대 복종하는 사람만 중용하며 회의시에도 자기가 말을 많이 하고 비서들이 자기 말에 찬성하는 쪽으로 끌어내는 데 주력한 것으로 전하고 있다. 따라서 김정일에게 건의할 수 있는 기관이 없고 오직 김정일 교시를 수행하는 기관만 있다고 할 수 있다.28) 따라서 모든 간부들은 '옳소 부대'라고 말할 수 있을 정도에 불과하다고 황장엽은 증언하고 있다.29)

마지막으로 정책 입안시 김정일의 사상과 의도에 맞는가를 철저히 검토한다는 것이다. 즉 하의상달식의 경우 정책 입안시 김정일의 사상과 의도에 맞는가를 철저히 검토하며 그 다음 단계로 당의 유일사상 체계 확립의 10대 원칙에 어긋나지 않는가를 문구 하나 하나를 검열하는 절차를 거친다. 북한사회에서 김정일은 초당규약적, 초헌법적인 위치에 있다. 김정일의 발언은 말 그대로 법이며 김정일의 발언에 어긋나게 행동한 정책작성자들은 정치적 생명은 물론 육체적 생명까지 제거되었다. 북한에서 정책작성자들의 뇌리에는 항상 이 10대 원칙이 영향을 미치고 있다.30) 따라서 김정일에게 비위를 거슬리는 내용을 보고할 경우 파직당할 우려가 있기 때문에 어느 누구도 제대로 보고하지 못하고 있는 실정이다.

4. 북한 정책결정 과정에서 군부의 역할

김정일 시대 북한의 정책결정과정에 대한 논쟁에서 선행연구들은 크게 다음 네 가지 견해로 구분될 수 있을 것이다.31) 첫째는 과두제 모델(집체적 협의론)로서 사회주의국가에서 흔히 볼 수 있듯이 북한에서도 노동당이 사회를 지배하고 있기 때문에 중요한 정책들은 당 정치국의 집체적 협의를 통해 결정되고 있다는 주장이다.32)

둘째는 좌우 갈등 모델(강온파 노선투쟁 또는 정책 대립론)로서 이 시각에 따르면 북한의 통치엘리트들은 보수강경파와 온건개방파로 나뉘어져 대립하고 있으며 최고지도자는 이들 가운데 절충주의를 취하고 있는 것으로 본다. 이 시각은 북·미 협상과 남북관계의 진전 등에서 강경 군부와 개혁·개방을 통한 경제침체 탈피를 주장하는 온건 기술관료들 사이의 긴장을 들고 있다.

셋째, 조직 동일시 모델이다. 이는 북한정치가 표면적으로는 김정일의 독재에 의해 추진되고 있는 것처럼 보이지만 실제로는 북한 지도부 구성원 또는 각 부서간 이해관계 또는 성향에 따라 다양한 내부갈등이 존재한다는 것이다. 따라서 정책은 이러한 집단간 타협의 산물이라는 것이다.33)

넷째, 전제 모델(유일체제론)이다. 이 시각에 따르면 북한은 김일성과 김정일을 중심으로 유일체제가 완벽하게 구축되어 있으며, 이에 대항하는 다른 정책 노선이나 갈등 집단은 전무하다. 따라서 권력 엘리트간에는 어떤 정책 대립도 존재하지 않는다. 오직 최고 정책결정자의 지시에 의한 정책결정 만이 존재한다는 것이다.34) 김정일의 유일지도체제와 당 규약, 유일사상 체계 확립의 10대 원칙이 북한 사회를 통치하고 있는 한 집체적 협의나 강온파의 대립이란 있을 수 없다는 주장이다.35)

이러한 북한의 정책결정과정에 대한 논쟁에서 핵심적인 주제는 북한 정치과정에서 군부가 정책결정에 있어 중요한 역할을 담당했을 것이라는 주장과 유일지도체제로 규정되는 북한 정치구조에서 군부의 영향력은 제한적일 것이라는 주장 등 상반된 시각에 대한 것이었다.

즉 북한 군부의 역할을 강조하고 있는 연구자들의 주장은 북한의 군도 해방이후 북한정권의 수립으로부터 조선노동당과 사회주의체제 그리고 김일성 정권의 유지 발전에 핵심적 역할을 수행하였다. 또한 북한 군부는 당, 정, 군의 주요 직위에 진출하여 중요한 정책결정과정에도 깊이 관여하였다. 특히 당과 국가의 최고의사결정기구에 다수의 군 인사가 참여함으로써 안보와 관련된 제반 정책결정과정에서 핵심적 영향력을 행사하고 있다고 주장하고 있다.36)

따라서 김일성 사망 이후 군부세력이 정치권력의 실세로 부상, 대내외 정책에 직간접적으로 개입하고 있다는 주장이 줄곧 대두되어 왔는데, 이를테면 최근의 남북관계 진전에 강경 군부가 제동을 갈고 있다는 분석이나, 남북 회담에서 북한측 대표들이 언급하는 군부 반발설 등이 그것이다.

반면 수령을 정점으로 하는 유일지도체제 하의 북한 정치구조에서 군부는 정책결정과정에서 독자적인 발언권을 가지고 영향력을 행사하기보다는 당과 수령이 제시한 노선과 정책을 옹호 지지하고 이를 강력히 관철하는 단순한 의사결정의 지지세력에 불과하다는 분석도 있다.37)

따라서 이러한 북한의 정책결정과정에서의 군부의 영향력과 관련한 논쟁에서 다음의 두 가지 질문이 제기된다. 첫째, 북한이 사회주의국가이고 노동당에 의해 지배되는 사회이기 때문에 동구사회주의국가들이 그러했던 것처럼 집체적 협의에 의해 중요한 정책들이 결정되는가? 둘째, 당·정·군 내부에 강경파와 온건파가 있어 정책결정과정에서 대립하고 있는가?

첫째, 북한에서 중요한 정책은 집체적 협의에 의해 결정되는가? 당과 국가의 정책결정에 있어 군부의 영향력은 군부지도자들이 정치국 및 정치국 상무위원회 등 당의 최고기구에 참여하여 당지도자의 입장에서 노선과 정책결정에 영향력을 행사하는 경우를 상정할 수 있다.

즉 군부의 권력서열이 상승함에 따라 군부 엘리트들이 당·정의 주요 직책이나 상위 보직을 점유하게 되고, 군부의 위상은 강화될 것이며, 당의 기본 정책결정과정에서 군부 참여의 기회가 늘어나고 자신들의 이해를 극대화 할 수 있는 여건이 제공되기 때문이다. 따라서 당정치국 및 중앙위원회, 국방위원회 등 최고 의사결정기구에서 군부인사들에 의한 점유 비율이 증가하고 있다는 것은 북한의 정책결정과정에서 군부의 영향력 증가와 무관하지 않을 것이다.

그러나 이러한 군부의 정책결정기구에서의 점유 비율과 정책결정시 군부의 영향력 강화를 연결하기 위해서는 북한이 주요 정책을 결정할 때 이들 정책결정기구들이 효율적으로 운영될 때 가능한 것이다. 즉 입법기관이라든가 국가기관 또는 당 기관이 일정한 기간 동안 안정성을 확보하고 있을 때만이 이 지표는 의미를 갖기 때문이다.[38] 예를 들어 노동당 정치국이나 중앙위원회가 일정기간 동안 규칙적으로 소집되고 유효한 활동을 벌일 때 제도의 안정성이 확보되며, 구성원들이 정책결정에 정기적으로 참여할 수 있을 것이다. 그러나 북한의 경우 김일성 사후 국가기관과 당 기관이 제대로 작동하지 않고 있다는 것은 앞서 논의하였다.

즉 북한의 정책결정의 제도적 구조와 현실정치과정의 운용은 큰 차이를 보이고 있다. 당규약과 헌법은 당의 국가에 대한 영도원칙과 민주주의 중앙집권제에 의한 당의 집단지도원칙 등을 규정하고 있으나 이 같은 규정은 혁명적 수령관에 입각한 수령이라는 초법적 기구에 의해 왜곡 사문화되어 당과 국가기구들은 규정된 제도적 역할과는 거리가 먼 형태로 운용되고 있다. 즉 북한에는 중요 정책의 결정과정과 관련하여 동구사회주의국가들이 실시하였던 협의체제가 북한에는 존재하지 않는다는 것이다.

둘째, 북한은 당·정·군 내부에 강경파와 온건파가 있어 상반되는 정책으로 대립하고 있는가? 지금까지 많은 연구자들에 의해 북한의 정책결정과정에서 보수적인 군과 테크노크라트를 중심으로 한 온건세력 사이에 강온 정책 대립이 존재한다고 주장되어 왔다. 그리고 이러한 주장은 북한의 외교관이나 협상기술자들이 회담에 임할 때 "우리나라에 강경파와 온건파가 있는데 그것 때문에 곤혹스럽다. 나는 온건파이다. 우리 같은 온건파에게 힘을 실어주어야 우리가 힘을 얻고 앞으로 다른 문제도 해결할 수 있다"고 이야기한다는 것에서 뒷받침되고 있다. 이런 사례는 북·미협상의 과정에도 있었고 남북정상회담 이후 각종 남북 당국간 회담에서도 있어 왔다. 그리고 이것은 다분히 가능성이 있는 것처럼 보여 회담들에서 북한은 소기의 성과를 거두기도 하였다.

그러나 북한사회의 권력구조가 일반적으로 이런 군부의 집단적 의사수렴과 관철이 통상 가능한 사회라는 전제가 있어야 한다. 즉 군부의 반발설 또는 군부 강경노선 견지라는 주장에 대해서는 적어도 다음 몇 가지 전제가 필요하다. 첫째, 군부라는 내적 이해관계의 동질성과 상호 의견수렴기능을 갖춘 집단이 존재하며, 둘째, 이 집단은 대남정책 등의 결정과정에 집단적인 영향을 미칠 수 있는 파워를 갖고 있고, 셋째, 이 집단은 남북관계를 비롯한 대외 관계개선 및 개혁·개방에 소극적이고 보수적인 이해관계 내지는 의견을 갖고 있다는 것이다.

먼저 군부라는 집단의 존재에 대해서 살펴보면, 황장엽의 증언에 의하면 군부든 아니든 북한권력내의 간부급 인사들은 어떠한 횡적 연결도 철저히 금지되고 있다고 한다. 공식적인 자리를 제외하고 서로 만나는 것은 물론 단순히 연락하는 것도 금지되고 감시된다는 것이다. 따라서 북한 군부는 독자적인 정치세력이나 파벌적 성향을 갖춘 집단적 세력을 형성하는 것이 원초적으로 봉쇄되어 있으며, 단지 개별적인 당 지도자로서 기능할 수 있을 뿐이다.

정책결정시 영향력 측면에서 북한군부가 다른 개혁적 인사들과 노선

경쟁관계 있다는 주장도 설득력이 적다고 보여진다. 군부는 인적구성이나 성향 면에서 독자적인 노선과 정책을 제기하는 능동적 성향보다는 오로지 수령의 지시에 복종하고 수령의 노선과 정책을 관철하는 집행집단의 성향을 보여왔다. 김일성은 오래 전부터 "어느 한사람의 의식상태를 알려면 그 사람의 발언을 보라"고 강조하여 왔다. 따라서 북한 주민들이 살아남기 위해 주의를 기울여 입조심을 해야 하며, 특히 고위직으로 올라갈수록 입조심은 절대적이라고 할 수 있다. 상황이 이렇기 때문에 북한의 당과 군, 행정부의 간부들은 자신의 의사를 갖는데 별 관심이 없고 설사 개인적으로 어떤 의견이 있다고 해도 이를 표현하고 관철하려 시도하는 것은 감히 상상할 수도 없는 일이다. 따라서 군부는 김정일에 충성하는 개개인으로서 종적관계만을 가지고 있으며, 군을 대표하여 집단적 이익을 추구하는 정치적 힘을 갖추고 있지 못하다. 이들이 권력서열이 높은 정치국원이라고 해서 자신의 영역을 넘어 당국제부나 외무성의 특정정책에 대해 이의를 제기하는 것은 상상하기 어렵다고 할 수 있다.

또한 '김일성주의로 온사회가 일색화'되어 있고 '당의 유일사상 체계 확립의 10대 원칙'과 김부자의 교시나 지시가 절대화되어 있는 북한에서 강경파와 온건파가 갈라져 대립한다는 것은 원칙적으로 불가능하다. 어느 누구든 김부자의 사상이나 의도와 어긋나는 사소한 발언을 하여도 정치범 수용소로 보내도록 되어 있다. 정책작성자는 누구나 다 이 10대 원칙을 항상 그리고 철저히 정책입안시 반드시 고려한다.[39] 따라서 정책결정과정에서 강경파와 온건파가 분립, 대립, 갈등, 쟁론한다는 것은 원칙적으로 불가능하다고 할 수 있다.[40] 또한 남북관계 등 중요한 정책결정에 있어 김정일에 의해 직접 결정된 정책에 대해서는 무조건 곧바로 집행에 들어가야 하기 때문에 이 과정에서 군부가 이의를 제기하거나 제동을 거는 것은 수령과 당의 노선에 대한 반대를 의미하며 정치적 숙청대상이 되기 쉬우므로 이와 같은 행태는 북한정치체제에서 사실상 상상하기 어렵다.

북한 군부가 정책결정 특히 대남·대외정책 결정이나 개혁·개방과 관련하여 강경 보수적인 입장을 견지할 것이라는 문제에 대해서도 논쟁의 여지가 있다고 할 수 있다. 즉 일반적으로 군부는 개방에 반대하고 경제보다는 군비에 더 신경을 쓰고 있으며, 보통 군부가 권력에 참여하게 되면 더욱 호전적인 대외정책을 쓰는 경향이 있을 것으로 생각한다. 또한 북한 군부의 강경발언 및 행동은 군대라는 조직체가 갖는 한 사회에서의 역할에서 볼 때 자연스러운 현상인 것이라고 볼 수도 있다.

그러나 이러한 군부에 대한 견해에 대하여 반대하는 의견도 있을 수 있다는 것이다. 첫째, 북한의 군부는 북한 내에서 가장 현대화된 집단으로 평가될 수 있는 만큼 의외로 합리적이고 평화공존적인 대외 군사안보정책 성향을 나타낼 수 있으며 대내적으로도 국가경제의 전반적인 균형발전을 선호할 수도 있다. 따라서 북한의 군부통치체제 강화가 개혁·개방과 반드시 배치되리라고 단정할 필요는 없다는 것이다. 흔히 북한 군부가 대외 개방을 반대하는 강경노선을 대표한다고 말해지지만 군이 담당하고 있는 경제적 역할의 비중에 비추어 보더라도 군 나름대로 경제의 개혁·개방의 필요성을 느끼고 있을 가능성은 충분히 있다는 것이다.[41]

또한 일반적으로 군부는 개방에 반대하고 경제보다는 군비에 더 신경을 쓰는 것으로 이해되고 있다. 그러나 다르게 볼 수도 있다. 전쟁에서 중요한 것은 군비이다. 그것은 병사의 체력, 교육정도, 군수품의 질과 양, 무기체계의 우수성, 전쟁준비 지원의 사회적 배경 등이 모두 포함되는 것이다. 군부가 사회전반의 정책결정과정에 광범위하게 참여하면 할수록 군부는 국력의 합리적 재조직에 관심을 갖게 될 것이다. 이 과정에서 군부는 경제의 개혁과 개방을 요구할 가능성이 있다.[42] 따라서 북한

군부의 정치적 성향, 혹은 정책적 성향을 예측하는데 있어서 지나치게 단정적으로 북한 군부의 호전성과 폐쇄성을 상정할 필요는 없다는 것이다.

물론 북한의 정책결정과정에서 모든 정책을 김정일이 독점적으로 입안하고 결정할 수는 없을 것이다. 즉 정책을 입안하고 결정하는 전과정을 보면 각 부서간의 의견 개진의 여지가 있어 왔고 이 과정에서 군부가 자기 목소리를 낼 수 있었을 것이다. 즉 실무적 차원에서 인민무력부 등 군부와 타 부서와의 협의채널이 가동되고 있는 것으로 보인다. 남북대화전략 작성시 외무성이나 인민무력부가 개입할 사안이 생기면 통일전선사업부 부장이나 제1부부장들이 외무성 부상, 인민무력부 부부장, 담당자를 불러 협의체를 구성하여 협의를 진행한다. 주관 부서는 역시 통일전선사업부이며 이부서가 최종판단을 하여 김정일에게 문건으로 보고하며 그의 재가를 얻어 이를 집행한다.[43] 김정일은 모든 정책 문건 결재시 부서간 합의 절차를 거쳐 문건 하단에 합의 여부를 표기하도록 지시하였다. 외무성의 경우 인민무력부와의 합의를 거쳐 문건 아래 "본 문건은 인민무력부와 합의된 것입니다"를 표기한다. 또한 현성일은 외무성이 외교정책을 입안시 해당안건이 타부서와 관련될 경우 국장, 부부장 선에서 관련 부서와 반드시 협의하여 합의에 도달한 문건에 대해서만 보고한다고 증언한 바 있다. 따라서 정책결정시 군부의 영향력은 일차적으로 실무급에서 행사되며 합의과정에서 비토권을 행사할 가능성도 있어 보인다.[44]

그러나 이러한 분야는 많은 경우 집행정책의 측면에서 이루어지는 경우일 것이며, 미·일과의 관계개선이나 핵 협상, 미사일 협상, 남북관계 등 중요한 대외정책결정에 있어 군부가 행사할 수 있는 영향력은 극히 미미할 수밖에 없다. 왜냐하면 이러한 정책결정은 김정일이 직접 외무성이나 대남부서에 직접 지시하는 형태로 결정되어 무조건성 원칙에 의해 집행되어야 하기 때문이다. 이 과정에서 군부가 이의를 제기하거나 제동을 거는 것은 수령과 당의 노선에 대한 반대를 의미하며 정치적 숙청대상이 되므로 이와 같은 행태는 북한정치체제에서 사실상 상상하기 어렵다.

마지막으로 군부 인물들이 김정일과 개인적인 관계에 의하여 정책결정에 영향을 미치는 것이다. 즉 김정일의 핵심 측근 인물에 군 간부들이 다수 포진하여 김정일을 보좌하고 있으며, 김정일은 공식조직보다 측근 중심의 막후통치를 선호하고 있는 것으로 보인다. 예를 들면 김정일은 공식적인 당, 정 의사결정 기구보다 핵심측근들로 구성된 사조직인 '20인회'를 통해 주요 정책과 통치활동을 결정하며, 이들 20인중 군부인물들로는 총정치국장 조명록, 총참모장 김영춘, 당작전부장 오극열, 보위사령관 원응희, 군수담당 비서 전병호 등이 포함되어 있다는 보도가 있었다.[45] 만약 이 보도가 사실일 경우 이들이 정책결정에 영향을 미칠 수 있을 것이라고 상정할 수 있다. 또한 김정일 현지 지도시 당·정 인물 보다 군부 인물의 수행[46]이 증가하고 있는 것도 군부 인물이 김정일의 정책결정에 영향을 미칠 수 있는 환경을 제공한다고 할 수 있을 것이다. 김정일이 자신이 결정하기 어려운 일은 최측근의 의견을 물어서 결정하는 측근정치를 선호한다는 것을 볼 때 김정일의 최측근 세력들에 군출신이 다수 포함된다는 것은 직 간접적으로 김정일의 중요한 정책결정에 영향을 미칠 수밖에 없을 것으로 생각된다. 그러나 이 경우에도 측근 인물 개개인의 의견 차원으로 보아야지 군부의 집합적 의견을 김정일에게 제의 또는 조언한다는 것은 앞에서 논의된 여러 가지 정황을 보아 불가능한 것으로 평가된다.

따라서 북한의 정책결정과정에서 군부의 역할은 제한적인 것으로 결론지을 수 있다. 이에 따라 인민군은 수령과 당의 노선과 정책을 구현하는 수단적 성격을 가지고 있으며 군부의 자율성은 극히 제한된 상태로 운용되어 왔다. 따라서 북한의 정책결정과정에서의 군부의 역할은 사실상 미약할 것이며, 일부학자들은 군부의 보수적 성향을 들어 대남 및 대외정책결정과정에서 강경한 입장을 취했을 것으로 유추하기도 하나, 북한 군부가 대남 및 대외정책결정과정에 개입할 수 있는 통로는 사실상 크지 않았다는 것을 알 수 있었다.

사실상 김정일 시대 군은 북한의 남아있는 유일한 외교의 협상 칩이다. 김정일로서는 대외정책 성공을 위한 주요전략으로서 벼랑끝 전술이나 공갈 그리고 제한된 군사적 행동 등을 적절히 이용할 수밖에 없고 따라서 군부가 외무성 또는 대남 부서와 협조 없이 독자적 행동을 한다는 것은 상상하기 어려운 일이다. 따라서 많은 경우 군부와 타부서의 마찰은 대남 부서 또는 외무성과 인민무력부가 사전 협의하여 실시한 계산된 행동일 가능성이 크며, 이런 마찰은 외교적 실리를 챙기기 위해 의도적으로 시도된 것으로 보인다. 즉 김정일시대 북한군부는 대외정책 분야에서 독자적인 목소리를 낼 수 있는 강경집단이 아니며 오로지 김정일의 대외노선과 정책을 수행하는 최후의 수단으로서만 기능하고 있다고 할 수 있다. 따라서 외부적으로 드러난 군부와 외무성 등 타부서와의 갈등설을 확대 해석하여 군부의 당 노선에 대한 반발 차원이라고 해석해서는 안될 것이다.

5. 결 론

북한의 정책은 누가 어떻게 결정하는가? 북한의 정책결정과정에 대해서는 학문 내·외적 제약에도 불구하고 많은 연구가 꾸준히 진행되어 왔다. 특히 북한 군부가 정책결정에 있어 중요한 역할을 담당했을 것이라는 주장과 유일지도체제로 규정되는 북한 정치구조에서 군부의 영향력은 제한적일 것이라는 주장 등 상반된 시각의 논쟁대상이 되어 왔다.
 그러나 정보가 극도로 통제되고 있는 북한 사회의 속성상 북한의 정책이 어떻게 수립되고 집행되는가에 대하여 정확한 연구가 미비한 것도 사실이다. 따라서 이러한 북한의 정책결정과정에 대한 정확한 이해의 부족은 대외적으로 표출된 정책에 대한 해석과 그 대응책 마련에 있어서 오류를 범하게 한다. 즉 북한의 핵확산금지조약(NPT) 탈퇴선언(1993년 3월 12일) 이후 한국을 비롯한 서방진영이 선택한 대응정책의 불일치성과 비일관성이 그 대표적 실례이다. 당시 서방진영은 북한의 외교정책 결정과정에 대한 이해가 부족하였다. 그 결과 북한 외교관이 군부의 반발에 따른 협상의 진전의 어려움을 언급하자 혹자는 이에 동조하여 개방세력인 외무성의 입지를 확대시켜주기 위한 유화정책을 강조하였다.47)
 북한의 정책결정과정을 논의함에 있어 가장 중요하게 고려해야할 요인은 김정일의 통치스타일이 북한의 정치체계에 미치는 영향이다. 즉 김정일의 통치스타일은 정권 유지를 위하여 그의 권위에 버금가는 제2인자의 존재를 철저히 부정하며, 권한의 위임이나 권력의 분할과 같은 것은 찾아보기 힘들다. 김정일 주변의 핵심 엘리트들은 의사결정에서 최소한의 권한도 가질 수 없기 때문에 자신들이 책임을 질만한 어떤 제안을 김정일에게 올리기 힘들게 되어 있다. 또한 이러한 김정일의 통치스타일은 수평적 의사소통을 부재하게 된다. 최고지도자인 김정일에게 모든 보고가 집중되며, 참모와 관료들 사이의 의사소통이 거의 이루어지지 않는다.
 따라서 본 논문에서는 정책결정구조 측면에서 군부가 정치국과 상무위원 등 당 최고의사결정기구에 다수 진출하고 권력서열 측면에서도 상층부를 점하고 있는 등 군부의 정책결정구조에의 참여가 곧 정책결정에 있어서의 영향력 행사를 의미하는 것이 아니었다. 즉 북한의 정책결정의 제도적 구조와 현실정치과정의 운용은 큰 차이를 보이고 있는데 당 규약이나 헌법상에 규정된 당의 집단지도원칙 등은 혁명적 수령관에 입각한 수령이라는 초법적 기구에 의해 사문화되어 당과 국가기구들은 규정된 제도적 역할과는 거리가 먼 형태로 운용되고 있다는 사실을 확인할 수 있었다. 따라서 북한의 정책결정의 주요 변수는 정책결정구조보다 현실정치과정에서의 운용형태, 특히 수령의 역할이 핵심적이라고 할 수 있다.

남북관계의 진전 등과 같은 북한의 개혁·개방 노선의 변화 과정에서 군부가 저항세력으로 역할을 할 것이라는 가설은 제고되어야 한다. 북한에서 대남·대외정책 등 중요한 정책의 결정은 수령의 권한이며 군부가 개입하거나 영향력을 행사할 여지는 없어 보인다. 즉 남북관계 등 대외정책과 개혁·개방 등 주요정책을 결정하는 것은 군부가 아닌 수령의 주요 변수이며 노선의 변화과정에서 군부는 단지 대내적으로 체제를 단속하는 역할이나 대외적으로 북한의 대외 협상을 유리하게 끌고 가는 지렛대 역할을 하는 것으로 평가된다. 따라서 우리의 대북 정책은 북한 군부의 강경 성향을 지나치게 의식하는 수동적 태도에서 탈피하여야 할 것이다.

※ 이 글은 "북한의 정책결정과정에서 군부의 영향," 국방부편, 『한반도군비통제』 31집 (2002). 혹은 통일연구원 편, 『통일정책연구』 11권 2호에 수록되었다.

주 註

1) ≪세계일보≫ 2002년 5월 7일자 ; ≪중앙일보≫ 2002년 5월 7일자 참조
2) 10월 13일 ≪동아일보≫에서 세종연구소 이종석 연구위원은 "금강산대가 미납금 등으로 대남협상을 주도하던 김용순 노동당 대남담당비서의 입지가 약해지고 군부의 목소리가 강화되고 있다"며 "이번 조치는 군부를 다독거리기 위한 북한 수뇌부의 결정으로 해석된다"고 말했다.
3) Alexander Mansourov, *North Korea Decision Making Processes Regarding the Nuclear Issue* (USIP, 1994.5).
4) 고영환, "북한 외교정책결정기구 및 과정에 관한 연구," 경희대학교 행정대학원 석사학위논문 (2000), 13쪽.
5) 정영태,『김정일 체제하의 군부의 역할: 지속과 변화』(서울: 민족통일연구원, 1995) ; 유광진, "북한의 개혁개방결정에 있어서 당, 정, 군의 역할,"『국방학술논총』제8집 (서울: 한국국방연구원, 1994).
6) ≪로동신문≫ 1998년 2월 8일자.
7) 최고인민회의 상임위원장 김영남의 김정일 국방위원장 추대 연설 내용, ≪로동신문≫ 1998년 9월 6일자.
8) 김영진, "군부의 정치적 역할," 김준엽·스칼라피노 공편,『북한의 오늘과 내일』(서울: 법문사, 1995), 104~105쪽.
9) 서열 21-30위의 군인물은 이용무 국방위 부위원장(차수, 22위), 김익현 당민방위부장(차수, 23위), 이하일 당군사부장(차수, 24위), 전재선 1군단장(차수, 28위), 장성우 3군단장(차수, 29위). 박기서 평방사령관(차수, 30위).
10) 김정일,『김정일선집 13』(평양: 조선로동당출판사, 1998), 222쪽.
11) 오일환, "김정일 시대 북한의 군사화 경향에 관한 연구"『국제정치논총』제41집 3호 (2001), 215쪽.
12) 서대숙,『북한 권력 엘리트 구조변화에 대한 비교 연구』(서울: 국토통일원 조사연구실, 1988), 33~35쪽.
13) 고영환, "북한 외교정책결정기구 및 과정에 관한 연구," 경희대학교 행정대학원 석사학위논문 (2000), 28쪽.
14) 고영환, 위의 글, 25쪽.
15) 고영환, 위의 글, 26쪽.
16) 강신창, "북한군의 통수·방위결정체제의 변화와 특징-포스트 김일성·김정일 시대,"『북한연구학회보』2권 2호(1998).
17) 김연철, "가부장적 권력과 군사국가의 결합,"『통일한국』1999년 10월호, 31쪽.
18) 장명순,『북한군사연구』(서울: 팔복원, 1999), 187~189쪽.

19) 김성철, "김정일의 통치 스타일과 정치체계의 운용," 통일연구원 정책보고서, 2001년, 6쪽.
20) 예를 들어, 인민무력상인 김일철은 실질적 서열은 6위로서 총정치국장인 조명록(3위)이나 총참모장인 김영춘(5위)보다 결코 높지 않다. 김정일은 오히려 조명록과 김영춘에게 나름의 임무를 주고 관리한다.
21) 고영환, "북한 외교정책결정기구 및 과정에 관한 연구," 14쪽.
22) 고영환, "북한의 정책결정에 관한 소고,"『북한조사연구』1권 1호 (1997), 65쪽.
23) 군사정책 결정과정에서는 김정일이 군사문제에 관해 판단하고 결정하는 근거가 되는 제의서를 제출하는 기관은 크게 당과 인민무력부로 나뉜다. 당에서 제의서를 제출하는 기관은 당군사부, 민방위부, 당조직지도부 13과가 있다. 당군사부는 자체적으로 분석한 자료와 인민무력부로부터의 보고자료, 노동당 대외정보조사부, 총참모부 정찰국 국제군사문제 분석과, 총정치국 대외정보과 등으로부터 대외 군사동향 자료를 받아 종합 분석해 그 결과를 당조직지도부 13과로 넘긴다. 당에서는 당조직지도부 13과가 군대 당정치사업을 중심으로 군사문제 전반을 통제하고 인민군내 군사행정문제는 총참모부 작전국이 총괄해 김정일 서기실 군사담당에게 제출한다.
24) 제의서에 서명하는 형식을 택할 경우 김정일은 3가지 방식을 선택한다. 첫째, 이름과 날짜를 기록하는 경우이다. 이는 최고사령관의 명령, 지시, 노작으로 결정되며 무조건성의 원칙에 따라 집행해야할 대상이 된다. 둘째, 이름만 서명하는 경우이다. 정책방향에 동의한다는 뜻으로 반드시 집행할 필요는 없지만 그런 방향으로 하도록 담당부서에 위임한다는 뜻이다. 셋째, 날짜만 기입하거나 밑줄을 긋는 경우가 있다. 시행해도 좋고 안해도 좋다는 의미이다.
25) 허문영,『북한 외교정책결정 구조와 과정 : 김일성시대와 김정일시대의 비교』민족통일연구원 연구보고서 97-26(1997), 104쪽.
26) Kenneth Quinones(미 국무부 정보조사국 북한담당관) 발언 KEI 및 Atlantic Council 주최 북한정세토론회, 1997.9.22.
27) 핵문제 발생후 김정일의 지시하에 강석주 제1부부장이 책임지고 외교부 참사실과 국제기구국, 조약 법규국, 제16국(미국담당국) 등 유관 부서들의 유능한 담당자들로 '핵 상무조'를 조직하였다. 그리고 보안을 위해 평양시 교외의 고방산 초대소(외교부 초대소)에서 외부와 격리된 가운데 김정일과의 직접 보고체계를 갖추고 모든 협상 전략과 전술을 수립하였다. 북미 협상이 진전되어 실무 단계에 이르자 원자력 총국과 영변의 원자력연구소 등 기술실무기관 담당자들도 여기에 참여하였다(현성일 면담, 1998.4.15). 한편 NPT 탈퇴는 '핵 상무조'의 실무담당자들도 모르게 김정일이 극비에 전격적으로 결정한 것으로 알려진다.

28) 방북 교포 증언, 1998.6.3.
29) 황장엽 증언, "조선문제," ≪조선일보≫ 1997년 4월 22일자.
30) 고영환, "북한 외교정책결정기구 및 과정에 관한 연구," 67쪽.
31) 허문영, 앞의 책, 30쪽.
32) 김구섭, "김정일이 당 중앙군사위원 및 국방위원들의 건의와 조언을 받아 정책을 결정하는 집단적 결정형태," ≪동아일보≫ 1997.1.6 ; 김학준, "앞으로 집단지도체제에 의해 통치될 가능성이 높음," ≪중앙일보≫ 1995.6.1 ; 만수로프는 김일성 생존시 정책결정이 김일성 개인에 의해 일방적으로 결정되는 것이 아니라 당중앙위원회에서의 합의를 통해 이루어지는 것으로 보았으며, 이 같이 결정된 정책들은 최고인민회의를 통해 정당화되고 언론 및 방송매체를 통해 선전 확산되는 것으로 간주하였다. 북한의 NPT 탈퇴도 당중앙위 제9기 7차 전원회의에서(1993.3.11) 토론되었고 다음날 김정일에 의해 발표된 것으로 주장한다. Alexander Mansurov, *North Korea Decision Making Processes Regarding the Nuclear Issue* (USIP, 1994.5).
33) Bruce Bueno de Mesquita & 모종린, "북한의 경제개혁과 김정일정권의 내구력 문제"「통일연구」창간호 (연세대학교 통일연구원, 1997), 49~68쪽 ; 북한 주재 경험이 있는 Malek-Abadi 전 이란 대사(1990~93)는 북한에서 정책결정이 김일성 또는 김정일 개인에 의해서만 내려지는 것이 아니며 주요 정책은 당내 소관 위원회의 협의와 승인을 거쳐 결정되는 것으로 증언한다. 『외무부자료』(1994.8.1).
34) 양성철, 『북한정치론』(서울: 박영사, 1991), 101~102쪽.
35) 고영환, "북한의 정책결정과정에 관한 소고" ; 한호석, "김정일 총비서 추대와 김정일시대의 전망," www.pond.com/~cka/
36) 김구섭, 『김정일의 군인맥 및 군사정책 결정구조 분석』(서울: 한국국방연구원, 1996), 68쪽 ; 이정수, "북한의 당군관계," 『북한연구』 제3권 3호 (서울: 대륙연구소, 1992), 41쪽.
37) 정영태, 앞의 책; 유광진, 앞의 글.
38) 양현수, "김정일 시대의 조선인민군 : 북한의 군사국가화 논의 비평," 1999년 9월 18일, 한국정치학회 추계학술회의 발표 논문, 12쪽.
39) 고영환, "북한 외교정책결정기구 및 과정에 관한 연구," 4쪽.
40) 고영환, 위의 글, 67쪽.
41) 서동만, "북한 붕괴론에 관하여," 건국대학교 한국문제연구원 편, 『북한의 개방과 통일 전망』(서울: 건국대학교 출판부, 1998), 124쪽.
42) 양현수, "김정일 시대의 조선인민군: 북한의 군사국가화 논의 비평," 1999년 9월 18일, 한국정치학회 추계학술회의 발표 논문, 17쪽.

43) 고영환, "북한 외교정책결정기구 및 과정에 관한 연구," 24쪽.
44) 외무성의 경우 해당 부서의 담당자가 보고문건 초안을 작성하여 과 협의, 국참모회의 등 부서 협의를 거쳐 완성하여 국장의 비준을 받으며 외무성 담당 부장의 결재를 받는다. 그 다음 부부장의 결심에 따라 필요하면 인민무력부, 대외경제위원회, 무역부 등 관련 기관들에 문건을 발송하거나 관련 기관 담당자 혹은 해당 간부를 외무성에 불러 협의회를 소집하는 등 방법으로 합의에 이를 때까지 충분한 협의를 진행한다. 이렇게 합의된 문건은 외무성 제1부부장, 부장의 비준을 거친 다음 당중앙위원회 국제부에 발송하여 합의를 받아 김정일에게 보고된다.
45) ≪중앙일보≫ 1997년 9월 20일.
46) 2001년도에 군 인사들해 김정일의 현지 지도시 수행한 횟수는 현철해 총정치국 부국장이 45회, 박재경 총정치국 부국장 42회, 이명수 작전국장 37회, 조명록 16회, 김영춘 13회, 김일철 12회 등으로 당 인사인 이용철(37회), 장성택(30회) 정하철(24회), 김국태(29회), 김기남(10회), 주규창(19회), 김용순(0회) 등보다 훨씬 많은 것으로 나타났다.
47) 허문영, 앞의 책, 2쪽.

<참고문헌>

1. 북한문헌

김정일, 『김정일선집 13』(평양: 조선로동당출판사, 1998).
≪로동신문≫ 1998년 2월 8일자.
≪로동신문≫ 1998년 9월 6일자.

2. 남한문헌

강신창, "북한군의 통수·방위결정체제의 변화와 특징-포스트 김일성·김정일 시대,"『북한연구학회보』2권 2호 (1998).
고영환, "북한 외교정책결정기구 및 과정에 관한 연구," 경희대학교 행정대학원 석사학위논문 (2000).
고영환, "북한의 정책결정에 관한 소고,"『북한조사연구』1권 1호 (1997).
김구섭,『김정일의 군인맥 및 군사정책 결정구조 분석』(서울: 한국국방연구원, 1996).
김구섭, "김정일이 당 중앙군사위원 및 국방위원들의 건의와 조언을 받아 정책을 결정하는 집단적 결정형태," ≪동아일보≫ 1997년 1월 6일.
김성철, "김정일의 통치 스타일과 정치체계의 운용," 통일연구원 정책보고서, 2001년.
김연철, "가부장적 권력과 군사국가의 결합"『통일한국』1999년 10월호.
김영진, "군부의 정치적 역할," 김준엽·스칼라피노 공편,『북한의 오늘과 내일』(서울: 법문사, 1995).
김학준, "앞으로 집단지도체제에 의해 통치될 가능성이 높음," ≪중앙일보≫ 1995년 6월 1일.
서대숙,『북한 권력 엘리트 구조변화에 대한 비교 연구』(서울: 국토통일원 조사연구실, 1988).
서동만, "북한 붕괴론에 관하여," 건국대학교 한국문제연구원 편,『북한의 개방과 통일 전망』(서울: 건국대학교 출판부, 1998).
양성철,『북한정치론』(서울: 박영사, 1991).
양현수, "김정일 시대의 조선인민군 : 북한의 군사국가화 논의 비평," 1999년 9월 18일, 한국정치학회 추계학술회의 발표 논문.
오일환, "김정일 시대 북한의 군사화 경향에 관한 연구"『국제정치논총』제41집 3호 (2001).
유광진, "북한의 개혁개방결정에 있어서 당, 정, 군의 역할,"『국방학술논총』제8집

(1994).
이정수, "북한의 당군관계,"『북한연구』제3권 3호 (서울: 대륙연구소, 1992).
장명순,『북한군사연구』(서울: 팔복원, 1999).
정영태,『김정일 체제하의 군부의 역할 : 지속과 변화』(서울: 민족통일연구원, 1995).
한호석, "김정일 총비서 추대와 김정일시대의 전망," www.pond.com/~cka/
허문영,『북한 외교정책결정 구조와 과정 : 김일성시대와 김정일시대의 비교』(서울: 민족통일연구원, 1997).
황장엽 증언, "조선문제," ≪조선일보≫ 1997년 4월 22일자.
「외무부자료」(1994.8.1).
Bruce Bueno de Mesquita & 모종린, "북한의 경제개혁과 김정일정권의 내구력 문제"『통일연구』창간호 (연세대학교 통일연구원, 1997).
≪세계일보≫ 2002년 5월 7일자.
≪중앙일보≫ 2002년 5월 7일자 참조.
≪중앙일보≫ 1997년 9월 20일자.

3. 외국문헌

Alexander Mansurov, *North Korea Decision Making Processes Regarding the Nuclear Issue* (USIP, 1994.5).

북한의 국방위원장 통치체제

정 영 태

1. 서 론

　김일성 사망 이후 가장 우리의 관심을 끌었던 것은 김정일의 권력 장악이 과연 순조로울 것인지 아니면 새로운 도전세력이 등장하여 북한의 승계정권에 대 변동이 일어날 것인 지의 여부였다. 그러나 시간이 흐름에 따라 김정일의 권력장악에는 이상이 없을 것이라는 분석이 주류를 이루게 되었다. 김정일이 김일성 생존시 이미 오래 전부터 철두철미하게 당의 장악부터 시작하여 북한사회 전 부문을 실질적으로 통치하는 권력구조를 스스로 구축해 왔기 때문에 권력승계에 이상이 있을 수 없다는 것이었다. 그리고 단지 남은 문제는 김일성 사후 김정일이 북한주민들로부터 김일성 권력을 대신하는 그의 권력 정통성을 어떻게 효율적으로 구축해나가느냐 하는 것이었다.
　잘 알려진 바와 같이 김일성의 권력정통성은 '항일 빨치산' 지도자로부터 시작하여 '북한을 세우고 이끌어 나온 신적' 지도자로까지 부각 선전되어온 독특한 이력을 지녔다. 그러나 김정일은 이에 비해 김일성과 같이 '신적' 지도자라기보다 '세속적'인 지도자 차원에서 단지 2인자로서의 실권을 장악해왔다는 권력 이미지만을 축적해 왔을뿐이었다. 따라서 김일성 사후 김정일에게 가장 중요한 숙제는 이러한 권력 정통성의 틈을 메울 수 있는 방안을 찾는 것이었다. 흔히 새로운 권력을 창출할 때, 이전 권력의 정통성을 부정하거나 이를 능가하는 새로운 권력창출 작업에 집착하는 것이 일반적이라 할 수 있다. 김정일 역시 김일성이 소유해 왔던 당 및 국가 최고 직책에 오르면서 그의 새로운 권력 정통성을 뒷받침해 줄 수 있는 차별적인 대내외 정책을 표방해 나갈 것으로 예상되었다. 이에 따라 김정일은 북한권력의 핵인 당 권력의 우선적인 장악을 위해서 당 총비서직에 오르게될 것이고 동시에 국가 주석에 취임하게 될 것으로 예상되었다.

그럼에도 불구하고 북한에서는 김일성 3년 상을 치를 때까지 김정일의 권력 승계를 위한 어떠한 공식추대행사도 개최됨이 없이 최고 사령관의 직분으로 군부대 현지지도를 포함한 군대와 관련한 김정일의 공식 행사에 대한 '얼굴 없는' 보도만 지속될 뿐이었다. 그러다 김정일이 당 총비서에 추대되었으나 국가 최고직위인 주석직은 헌법개정을 통해 폐지하는 조치가 단행되었다. 대신 김정일은 국방위원장직에 재추대되면서 국방위원장이 북한의 최고 권력자임을 부각시키는 권력구조 상의 변화를 모색하였던 것이다.

김정일은 당과 군대의 최고직책에 재추대됨으로써 당과 군의 최고 권력자로 스스로 자리 매김 하면서 최고인민회의 상임위원회 상임위원장인 김영남에게 국가대표권을 맡김으로써 형식상의 2원적 역할 분담 권력구조를 구축하였다. 김영남에게 주어진 국가 대표권은 실직적인 권한이 아니라 의전적 차원에서 국가를 대표하는 특성을 지니고 있을 뿐이다. 북한 당국은 이것 역시도 국가가 위임한 것이 아니라 김정일 개인이 위임한 것이라는 사실을 강조하고 있다. 반면 국방위원장직은 실질적인 국가 최고권력 직책임을 '선군정치' 구현이라는 논리 하에 당연시되고 있다. '선군정치'라 함은 군을 최우선시하며 군을 앞세워 국가의 모든 문제를 해결해 보겠다는 의지를 담고 있는 것이다. 따라서 현재 북한에서는 명목상에 있어서나 실질적인 차원에 있어서도 군의 최고 가치는 곧 국가의 최고 가치며, 군대를 대표하는 것이 바로 국가를 대표하는 체제가 유지되고 있다고 할 수 있다. 이를 일컬어 '국방위원장체제'라 해도 무방할 것이다.

그렇다면 김정일이 군사중시사상을 기반으로 한 국방위원장체제를 구축하게 된 이유는 어디에 있는가하는 의문이 제기되지 않을 수 없다. 김일성 시대에서 군사우선주의 정책 추진으로 군사력을 집중적으로 강화해온 것은 사실이다. 그러나 '선군정치'라 정의하면서 군이 중심이 된 정치체제가 공식적으로 표방된 적은 없었다. 다만 정권구축 초기에 '항일빨치산'출신의 군부가 당·정·군 핵심요직을 차지해 온 것은 사실이나 이것조차도 점차 완화되면서 군부는 군부고유의 영역에 머물도록 해왔다. 그러나 김정일이 군을 핵으로 하면서 이것을 중심으로 한 권력구조를 공개적으로 강화하고 정당화하고 있는 것이 김일성 시대의 권력구조와는 판이하다.

따라서 본 연구에서는 김정일이 구축하고 있는 국방위원장체제가 갖고 있는 권력 구조적 특성이 무엇이며 이러한 체제가 갖는 한계성이 무엇인지를 분석하는 데 초점을 두고자 한다. 이 연구목적을 위해서 북한의 국방위원장체제의 배경 분석을 먼저 시도하고 실제로 이 체제가 갖고 있는 권력 구조적 특성을 분석·평가할 것이며, 마지막으로 이 체제 하의 대내외 정책의 방향과 한계성을 차례로 분석하게 될 것이다.

2. 북한의 군중시체제의 실제

　미국의 친북 학자로 알려져 있는 한호석(미주평화통일연구소 소장)은 북한이 "제국주의의 공세에 포위되어 있다는 피포위의식에 근거" 한 정세관을 소유하고 있다고 하였다. 북한의 피포위의식의 정세관은 한국전쟁 이후 지금까지 바뀌지 않고 있다고 하면서 1990년대에 들어와 소련·동구사회주의의 붕괴, 독일의 흡수통합, 미국의 걸프전 압승, 핵 문제로 인한 전면적인 미국의 압박, 그리고 경제난과 같은 상황이 전개됨에 따라 북한이 '피포위의식'에서 벗어나지 못하고 있음을 강조해오고 있다. 당국이 대대적으로 강조하고 있는 북한의 '피포위의식'의 정세관은 정권차원을 넘어서 일반 주민들의 의식 차원에 있어서도 상당히 깊숙이 침투되어 있을 것이다. 북한의 '피포위의식'은 그대로 좌절 또는 후퇴로 귀결되기보다는 '제국주의'의 포위공세에 반격을 가하고, 그 반격을 통해 포위공세를 뚫고 나가기 위한 '전투적인 역공' 전략적 대응으로 연결되고 있다고 하는 한호석의 주장은 일면 타당하다. 북한의 '역공' 전략적 대응은 김정일의 군을 중시하는 '선군정치' 방식 채택으로 구체화되고 있다. 이것은 김정일이 군대를 권력유지의 중요한 수단으로 인식하고 있는 데서 기인하는 것으로 평가된다. 따라서 김정일은 아버지 김일성이 권력구축 및 공고화 단계에서 군대의 역할 확대를 꾀한 것과 마찬가지로 군대의 지위와 역할 확대정책을 답습하게 되었다. 김정일 역시 그의 권력 공고화 차원에서 사회의 폐쇄 및 통제를 위한 주요 수단으로 군대를 이용하지 않으면 안되게 되었다는 것이다. 권력승계 시 군부의 역할이 증대된다는 갈등이론 주장과 마찬가지로 김일성 사후 김정일은 권력을 공고화해 나가는 과정에서 군부의 지위와 역할을 강화해나가고 있는 상황이라 할 수 있다.

1) 군부의 충성유도를 위한 노력 강화

김일성 사후 보도된 김정일의 공식활동 중에서 군대와 관련된 것이 대부분을 차지했다. 1996년 한해만 보더라도 김정일의 총 공식행사 참석 43회(1996.11.24.현재) 중에서 군 관련 행사 참석이 14회, 군부대 현지지도가 17회나 된다. 북한당국도 "경애하는 장군께서는 초인간적인 의지와 정력으로 주체 83(1994)년 8월부터 올해(1999년) 5월까지 만도 무려 12만 350여리의 군 현지지도의 길을 이어 오셨다"[1]고 하면서, "탁월한 선군혁명 영도로 우리 인민군대를 혁명의 기둥 주력군으로 억세게 키워주시고 혁명적 군인정신에 기초한 군대와 인민의 사상의 일치, 투쟁기풍의 일치로 만난을 뚫고 강성대국 건설의 전환적 국면을 열어나가시는 경애하는 장군님은 희세의 걸출한 정치가이시며 위대한 거장"[2]이라고 함으로써 군사지도자로서의 '김정일의 위대성'을 강조하였다.

또한 김일성 사후 확인된 여러 차례 대규모 승진인사 중 대부분이 군 관련 인사였다. 현재 북한군의 장성규모가 1300여명(한국의 2.6배, 군대규모를 감안하더라도 2배정도)에 달할 정도로 군에 대한 비정상적 우대정책이 지속되고 있다. 동시에 김정일은 북한군부의 권력서열 상승 조치를 단행하여 호위사령관 이을설, 총정치국장 조명록, 총참모장 김영춘, 사회안전상 백학림 등은 1994년 7월 김일성 장의위원 명부에서 각각 77위, 89위, 88위, 53위에서, 1996년 7월 김일성 사망 2주기 추도회에서 각각 11위, 12위, 13위, 30위로 껑충 뛰어 올랐다. 최광 장의위원 명단에서는 이을설, 조명록, 김영춘이 한자리수인 6위, 7위, 8위로 백학림은 24위로 진입함으로써 권력의 최전면에 부상한 것으로 나타나 있다. 지난 10월 10일 노동당 창건 55돌 기념행사를 통해 밝혀진 바에 따르면 주석단 10위 권내에 국방위원은 서열 1위인 김정일을 포함해 6명이나 포진한 것으로 드러났다. 서열 3위로 자리 매김되고 있는 조명록(미국 방문)을 포함하게 될 경우 주석단 대부분이 국방위 인사로 채워진다고 할 수 있다. 이외 상장, 대장급 주요 군부인사들 역시 각종 행사 참석명단에서 비교적 상위 그룹을 구성하고 있는 것으로 알려지고 있다.

다른 한편으로 김정일은 북한 인민군에게 화려한 넥타이나 매고 미사여구를 늘어놓는 정치 신사가 아니라 '혁명의 장군, 인민의 장군인 위대하고 걸출한 장군'으로 비쳐지도록 하여 군부의 충성을 유도해 오고 있다.3) 김일성 3년 상을 치를 때까지 김정일의 권력승계를 위한 어떠한 공식추대행사를 치르지 않았지만 최고 사령관의 직분으로 군부대 현지지도를 포함한 군대관련 공식행사를 중심으로 국가 지도자로서의 행보를 보였다는 것은 앞에서 지적하는 바와 같다. 김정일에 대해서 최고 사령관에서 점차적으로 '장군님'으로 호칭하는 빈도를 높여 나갔다. 최고 사령관은 군 통수원 상의 최고직책을 의미하는 기능적 의미만을 담고 있으나 북한에서 '장군'이라는 호칭은 단순히 군대 계급적 의미에 더하여 김일성과 같은 '혁명적 정통성을 지닌 존경받는 지도자'의 의미를 내포하고 있다. 김일성 생존시에는 '장군님'이라는 호칭이 김일성 자신의 독점물이었다는 사실을 감안할 때, 김정일에 대한 '장군님' 호칭은 김일성의 군사 카리스마가 전이되는 것을 뜻한다. 이와 같이 김정일은 '장군식 정치 제일론'을 전면에 내걸고 군부의 충성을 유도해오고 있다.

김일성 생전 시에도 북한은 이미 김정일의 군사지도권에 대한 정통성을 확보하고 군의 직접적인 충성을 유도하기 위한 여러 차원의 노력을 동시에 기울여 왔다. 북한은 "항일무장투쟁의 격전장에서 탄생하시었고 조국해방전쟁의 포화속에서 성장하신 김정일 동지께서는 일찍부터 군사문제에 커다란 관심을 가지게 되시었다."4)고 밝힘으로써 김정일이 결코 군사부문과 무관한 인물이 아님을 강조했다. 또한 김정일이 군사부문에서 가장 심오하게 연구해온 것이 김일성의 "독창적인 군사사상과 전법으로 조직영도하신 항일혁명전쟁과 조국해방전쟁의 경험과 교훈"이며 "위대한 수령님의 주체적인 군사사상과 령군술을 완벽하게 체현하고"5) 있음을 강조함으로써 북한은 김정일이 김일성의 뒤를 이어 항일혁명전통을 가진 북한 인민군대를 지휘할 충분한 자격을 갖추었다는 점을 부각시켜 왔다. 이에 더하여 북한은 김정일의 군지도자상 부각을 위해서 김정일의 군지도자적 자질을 과장·선전해 왔다. 1984년 5월 발행된 『김정일 지도자』라는 단행본은 김정일의 군사 지도자적 자질과 실천력에 대해서 비교적 구체적으로 서술하고 있다. 동 단행본에 의하면 김정일은 군사의 '천재'라고 하는 나폴레옹과 그를 격파한 러시아의 쿠트조프 장군을 비롯하여 을지문덕, 이순신 장군 등 동서고금의 명장들과 그들의 전술전법들을 연구하였다고 한다. 뿐만 아니라 제1차 세계대전과 제2차 세계대전의 양식적 차이도 비교 검토해 보았으며, 그 모든 전쟁의 발생조건과 진행과정, 병사들의 정신도덕상태 그리고 매개 격전장의 지형조건과 거기서 사용된 병기들의 성능도 연구대상으로 삼았다고 전하고 있다. 그 결과 김정일은 군사의 영재, 탁월한 군사사상가, 군사전략가로서의 자질을 완성해 나갔다고 한다.6)

또한 김정일의 국방위원장추대 1주기 『경축중앙보고대회』(1994.4)에서 최광 군총참모장은 김정일을 "강철의 신념과 의지, 탁월한 전략 전술과 뛰어난 군사지략을 지닌 위대한 영장"이라고 추켜세웠으며, 이외에도 김정일의 군사적 자질을 찬양하는 방송이 이어졌다. 1994년 4월 5일 조선중앙방송을 '위대한 영장을 높이 모심 우리군대와 인민은 필승불패이다'라는 논설에서 김정일이 "현대전의 요구에 맞게 우리 혁명무장력을 군사기술적으로 튼튼히 준비시키기 위해서 심혈과 노고를 다 바쳐왔다"고 밝히고, 김정일의 "현명한 영도와 불멸의 업적을 그 누구도 따를 수 없는 비범한 군사적 예지와 무비의 담력, 탁월한 영군술이 가져온 고귀한 결실"이라고 강조하고 나섰다. 김일성조차도 김정일이 "혁명무력의 최고사령관 다운 불굴의 의지와 담력, 뛰어난 지략과 령군술을 지니고 있으며 여기에 우리 혁명무력의 강화발전과 백전백승의 담보가 있다"[7]고 언명한 바 있기도 하다. 북한에서 김일성을 비롯한 북한군 고위층 및 북한의 각계 각층의 인사들이 군지도자로서의 김정일의 자질을 찬양하도록 유도한 것은 군 경력이 거의 없는 김정일의 군지도자로서의 취약성을 보완하기 위함일것으로 생각된다. 이러한 작업의 일환으로 북한은 국방위원회 위원장 선출(1943.4.9)을 앞두고 '영장의 예지와 영군술'이란 시리즈와 '6·25' 43주년을 맞으면서 '천하의 무적 영장'이란 기획물을 각각 보도한 바 있다.[8]

그리고 북한의 핵문제와 관련하여 준전시 상태 선포와 핵확산금지조약(NPT) 탈퇴선언은 물론 정전협정기념일(7.27)을 조국해방전쟁에 승리한 '제2의 해방의 날'로 지정하여 그 때까지 전쟁준비를 완료토록 한 것 역시 김정일의 직접적인 명령에 의한 것이라 선전되어 왔다. 이는 항일무장투쟁 경력을 가지고 있으며 6.25 전쟁을 승리로 이끌었다고 선전되어온 김일성의 위기관리 능력을 김정일 역시 소유하고 있음을 간접적으로 시사하면서 김정일에 대한 군사 영웅적 이미지 창출을 꾀한 것으로 이해할 수 있다.

북한은 군지도자로서의 권위와 정통성을 확보하기 위한 방안의 하나로 김정일이 아버지 김일성과 마찬가지로 군대 실무지도활동을 강화해 온 것으로 선전해 왔다. 김정일이 특히 인민군대 정치기관에 대한 실무지도 활동을 일찍부터 펴온 사실이 일찍부터 부각·선전되어 왔다. 1960~1970년대 '비행사들을 정치군사적으로 튼튼히 준비시키자', '정치부중대장의 임무', '인민군대 당조직과 정치기관들의 역할을 높일데 대하여', '부대정치위원회 임무' 제하의 김정일의 군부대 담화는 이러한 사실을 잘 말해주고 있다. 그러나 김정일의 군사부문 실무지도 관련 선전활동을 더욱 강화한 것은 그의 권력승계 사실이 공식화된 1980년대 이후부터라고 할 수 있다. 북한의 보도 매체들은 김정일의 공개적 군사행사에 빈번히 참석하면서 현지 실무지도활동을 벌여오고 있다는 사실을 보도해 왔다. 예를 들면 조선중앙방송은 김정일 최고사령관이 평양시 광복거리에 새로 준공된 어은군인병원을 현지지도했다고 밝혔다.9) 그는 어은군인병원을 둘러보고 "병원의 설비·시설들에 커다란 만족을 표시하면서 환자치료 및 병원운영에 나서는 구체적인 과업들을 제시했다"고 전해졌다. 또한 동 방송10)에 의하면 김정일이 공군전력 강화를 위해 1993년 7월 현재까지 2백여 차례에 걸쳐 공군을 현지지도 했다고 한다.

2) 군부의 지위와 역할 확대

김일성 사후 권력을 승계하고 있는 김정일은 권력구축과 공고화의 필요성에 직면한 상황에 처대 왔다고 할 수 있다. 따라서 김정일은 아버지 김일성이 권력 구축 및 공고화 단계에서 군대의 역할 확대를 꾀한 것과 마찬가지로 군대의 지위와 역할 확대정책을 답습하지 않으면 안된 것으로 판단된다. 즉 김정일 역시 그의 권력 공고화 차원에서 사회의 폐쇄 및 통제를 위한 주요 수단으로 군대를 이용하지 않으면 안되게 되었다는 것이다. 권력승계 시 군부의 역할이 증대된다는 갈등이론의 주장과 마찬가지로 김일성 사후 김정일은 권력을 공고화해 나가는 과정에서 군부의 지위와 역할을 강화해나가고 있는 상황이라 할 수 있다.

북한은 1998년 8월 22일자 ≪로동신문≫ 정론11)을 통해 『강성대국』론을 발표했다. 북한이 주장하는 강성대국은 "주체의 사회주의 나라"이며, "사상과 군대를 틀어쥐면 주체의 강성대국건설에서 근본을 틀어쥔 것으로 된다"고 주장함으로써 강성대국 건설의 근본이 사상과 군대임을 밝혔다. 즉 그들은 "사상의 강국을 만드는 것부터 시작하여 군대를 혁명의 기둥으로 튼튼히 세우고 그 위력으로 경제건설의 눈부신 비약을 일으키는 것이 우리 장군님의 주체적인 강성대국 건설 방식이다"고 밝혀 정치·군사중시사상을 한층 더 강조해오고 있다. 이에 따라 군대의 지위 역할 확대와 관련하여 북한 당국은 다음과 같이 밝히고 있다.

"이측도 후방도 없이 제국주의 연합세력과 단독으로 맞서 붉은기를 지키느냐 지키지 못하느냐, 자주적 인민이 되느냐, 아니면 노예가 되느냐 하는 판갈이 결사전을 벌이고 있는 우리 나라의 실정에서 군대의 지위와 역할을 높이는 것은 나라의 민족의 운명, 혁명의 승패를 좌우하는 사활적인 문제로 나섭니다."12)

이상을 종합해 볼 때, 북한군대의 지위와 역할은 김일성 시대나 김정일 시대와 마찬가지로 정권공고화 과정에서는 크게 신장되고 있다는 공통된 사실을 발견하게 된다. 콜코비츠의 갈등모델에 의하면 권력승계 시기에 군부의 영향력이 증가하는 이유는 문민 정치인들이 군을 그들의 지원세력으로 확보하고자 하기 때문이다. 또한 군이 외교·안보정책 결정에 있어서 역학을 중대시킴으로써 외교·안보정책의 보수화를 유도하게 된다고 한다.13)

북한의 경우 김일성은 군부의 역할 확대를 통한 권력 공고화에 성공한 것으로 알려져 있다. 김일성이 연안파, 소련파의 반대세력의 도전으로부터 정권을 보위할 수 있었던 것은 항일 빨치산 동료들에 힘입은 바가 크다. 김일성은 빨치산 출신인 최용건, 최현, 오진우, 김창봉, 이두익, 이을설, 최민철, 정병갑 등을 핵심요직에 포진시켜 노동당 중앙위원회의 조직부와 비서국을 확고하게 장악하도록 함으로써 반대세력의 도전을 효율적이고도 신속하게 극복할 수 있게 된 것이다.

1962년 12월 노동당 중앙위원회 제 4기 5차 전원회의에서 4대 군사노선이 채택된 이후부터 국방건설 우선 정책이 시행됨으로써 북한의 군부가 영향력을 신장시킬 계기를 맞게 되었다. 1961년 9월 노동당 제4차

당대회에서 전체 중앙위원 85명 중 김일성의 항일 빨치산파가 최고 다수에 해당하는 35명이나 되었다. 조선노동당 내에 군사위원회가 신설되고 군부엘리트들이 대거 당에 기용되었다. 노동당 제4차 당대회에서 선출된 11명의 정치위원 중에서 군사관련 인물이 김일성을 포함하여 7명[14]이나 되었다. 또한 군인이 민간부문의 직위에 임명되는 경우도 빈번한 것으로 밝혀지고 있다.[15] 이와 같은 군부 엘리트의 득세는 자연히 당 정책에 상당한 영향력을 발휘한 것으로 나타나고 있다. 예를 들면, 1967년 3월 노동당 제4기 15차 전원회의에서 박금철(당조직 부위원장), 이효순(대남당당비서), 김도만(당선전선동부장), 허석선(당교육과학 부장)등 당료파가 경제건설 및 문화생활 충족 등의 정책을 우선할 것을 주장한 데 반해, 최용건(상임위원회 위원장, 인민군 차수), 김광협(민족보위상 대장), 오진우 대장 등의 군사파들은 전쟁준비 강화를 주장하였다. 결국 군사파의 승리로 당료파의 다수를 점하고 있었던 갑산파들이 대거 숙청되고 난 후 자연히 군사우선주의 당정책이 강화됨으로써 군사파의 영향력은 한층 더 강화되었다고 볼 수 있다.

그런데 김일성은 이러한 군부 영향력의 강화가 '군파벌주의'나 '군벌관료주의'로 발전되어 그의 유일적 권력체제 구축에 위협세력으로 작용하지 않도록 하기 위해서 또 다시 군부내 대숙청을 단행하였다. 인민군 당위원회 4기 4차 전원회의(1969년 1월)에서 단행된 대숙청이 그것이다. 당시 민족보위상 김창봉(대장), 총참모장 최광(대장) 등은 군사정책 우선 당정책에 힘입어 '군벌주의'를 조성하고 전쟁에서 승리하기만 하면 된다는 군사중시주의 원칙을 고집하는 대신 군대 내의 당정치·사상교육의 불필요성을 주장해 온 것으로 알려지고 있다

그 결과 김창봉, 최광을 비롯하여 최민철, 정법갑, 김정태, 허봉학(상장), 김양춘(중장), 유창권(중장: 해군사령관)등의 장령 수십명과 사단장, 참모장, 부사단장급(상좌-대좌) 군부엘리트들이 일시적 또는 영구히

제거당하는 운명을 맞게 되었다. 그리고 실제로 이들과 관련한 주요 비판내용은 당의 유일사상체계 무시 및 군내 정치기관의 기능 약화 도모 그리고 군벌관료주의 조장 등이었다. 이와 관련하여 김일성은 1969년 10월 27일 '조선인민군 대대장, 정치부대대장, 대대 사로청위원장대회'에서 한 "현정세와 인민군대앞에 나서는 몇가지 정치군사과업에 대하여"라는 제하의 '결론'에서 다음과 같이 언급하고 있다.

    "지난날 반당반혁명분자들은 당의 군사로선을 잘 집행하지 않고 군대안에서 나쁜 장난을 하였습니다. 우리는 인민군 당위원회 제4기 제4차 전원회의에서 나쁜 놈들의 반당반혁명적인 죄행을 폭로하고 그들을 우리 당대렬에서 내쫓았습니다. 그 후 인민군대에서는 반당반혁명분자들이 뿌린 사상여독을 청산하고 당의 유일사상체계를 세우기 위한 투쟁을 힘있게 벌린 결과 많은 성과를 이룩하였습니다.
    무엇보다도 부대들에서 당의 유일사상체계가 튼튼히 서가고 있으면 군벌관료주의가 적지 않게 극복되었습니다. 아직 부대들에 군벌관료주의 잔재가 좀 있지만 그것도 점차 극복될 것입니다. 지나날 인민군대안에서 유명무실하던 당위원회 사업이 강화되고 있으며 일군들 속에서 정치사업을 홀시하던 현상도 없어지고 모든 사업에서 정치사업을 앞세우는 기풍이 서가고 있습니다."16)

김일성은 이와 같은 명목으로 군대의 대숙청을 단행했음에도 불구하고 군부 엘리트들의 기존의 당정치사업 참여의 폭을 유지하였다. 제5차 당대회(1970년 11월)에서 선출된 당중앙위 정치국 정치위원 12명중에서 김일성을 포함하여 4명이 군사관련 인물들이다.

그런데 권력의 구축과 공고화 단계에 있어서 이 같은 군대의 정치적 비중의 확대와는 달리 권력유지단계(system mainteance stage)에 접어든 1970년대부터 군대의 정치적 참여 비중이 점차적으로 줄어들었다. 특히 1980년 10월 10~14일까지 개최된 조선노동당 제6차 대회에서 김정일의 권력승계가 공식화되고 난 이후부터 북한 군부의 정치적 세력이 상대적으로 약화되어 간 것으로 드러났다. 북한의 제6차 당대회에서 선출된 정치국 위원 수는 상임위원 5명[17]을 포함하여 19명[18]이며 후보위원 수는 15명[19]이다. 정치국 위원 중에서 군인이 10명이나 된다. 또한 정치국 상무위원회 위원 5인중 1인(오진우)이 군인이다. 제 1차 당대회에서부터 6차 당대회까지 조서노동당 정치국에서의 군인의 대표율은 평균 36%를 기록하였다. 또한 제1차~6차 당대회 사이 노동당 중앙위원회에서의 군인의 대표 비율 역시 평균21% 정도의 기록을 보이고 있다.

그러나 6차 당대회 이후부터 군부의 당정치국 진출 비율은 점차적으로 하락하여 1990년 5월에 개최된 제9기 1차 최고인민회의 때는 2명의 군부인물(오진우, 최광)만이 당정치국 위원으로 참가하고 있을뿐이다. 그리고 5차 당대회에서 선출된 당중앙위원회 비서 9명[20]중 4명이나 군부인물[21]이 포함되어 있었는데 반해, 6차 당대회에서 선출된 당중앙 위원회 비서국 비서 10명(총비서 김일성 포함)[22]중 군부인물은 한 명도 없다. 이와 같이 김정일 자신도 초창기에는 군부를 중시하는 지위와 역할을 단행하다가 점차적으로 권력의 안정기에 접어들게 됨에 따라 군부의 지위와 역할을 제한해 나갈 것으로 판단된다.

3) 군사력 강화 필요성 강조

북한 당국은 "우리 당의 선군정치는 또한 사회주의의 건설에서 새로운 비약을 일으켜 나가는 원동력입니다. 오늘 사호주의 강성대국 건설에서 중요한 것은 우리 경제를 추켜세우고 가까운 앞날에 우리나라를 경제강국의 지위에 올려세우는 것입니다. 이 거창한 과업은 선군정치를 통해 실현할 수 있습니다."고 하면서 "한때 사회주의 배신자들은 국방에 힘을 넣으면 주저않고 사회발전이 떨어진다고 하면서 나라의 국방력을 체계적으로 약화시켰습니다. 이것은 군대를 단순히 물질적 부의 소비자로만 보는 그릇된 관점에 기초하는 것입니다. 군대가 강해야 경제건설의 평화적 조건이 보장됩니다"[23]고 주장함으로써 군사력 건설의 우선적 필요성을 지적하고 있다. 사실상 김정일의 '장군식 정치'가 정통성을 지니기 위해서는 김정일 자신이 강력한 무장력을 강화·발전시켰다는 것이 북한 주민들에게 인식되도록 해야한다. 북한은 "조선인민군최고사령관, 조선민주주의 인민공화국국방위원회 위원장의 중책을 지니시고 우리 인민군대를 당과 혁명을 위해 한 목숨 바쳐 싸울 수 있는 충성의 전투대오로 현대적인 공격수단과 방어수단을 다 갖춘 무적의 강군으로 키우셨으며 인민군대를 핵심으로 하는 전인민적 방위체계를 튼튼히 세워놓으셨다."[24]고 대대적으로 선전하고 있다. 하지만 북한은 현재 경제난으로 인해 군사력을 총체적으로 발전시킬 여력이 부족한 것은 사실이다. 따라서 대안으로 미사일·생화학 무기와 같은 대량살상무기 개발에 집착하고 있을 가능성이 농후하다.

사실상 북한은 권력과도기에 배태될 수 있는 군대내의 불안정을 억제하기 위하여 군대통제 및 군대로부터의 정통성 확보를 위한 노력들을 더욱 강화함과 동시에 기존에 추구해 왔던 군사력 우위확보 중심의 군비증강정책을 지속시켜 나가고 있다. 특히 북한은 한결같이 경제적 자립과 정치적 독립을 군사적으로 보장하는 것이 국가안보를 위한 주체사상의 실천이라고 함으로써 군사적 방위능력은 다른 영역을 위한 필수조건이며 모든 정책결정에 있어서 우선권을 부여할 것을 주장해 왔다. 북한은 그들의 주체성은 자주국방을 통해서만 가능하다고 생각하고 있는 것으로 보인다. 북한에게 있어서 주체사상을 기반으로 한 강국으로서의 높은 명성을 세계적으로 과시하기 위해서 가장 가시적인 역량표출인 군사력을 의미하는 무장능력의 강화는 필수적인 것이다. 북한 당국은 자주국방력 강화의 필요성을 다음과 같이 서술하고 있다.

"한 국가가 스스로 방어할 힘이 없는 나라는 발언권이 없다. 만일 한

국가가 국가방위를 다른 국가에 의존한다면 그 국가들의 눈치를 살펴야 하며 자유로이 의사를 표시할 수 없게 된다. 지각있는 자는 누구나 현재 국제정치 분야에서 일어나는 사건들에서 이러한 경우를 쉽사리 발견할 수 있을 것이다."[25]

 북한은 국방자위를 구현하기 위한 구체적 지침으로서 4대 군사노선을 펴왔는데, 그 내용은 전 인민의 무장화, 전국토의 요새화, 전인민군의 간부화, 군장비의 현대화 등을 골자로 하고 있다. 북한의 국방력 강화 관련 제 조치는 일차적으로 대외적인 군사적 위협에 대한 방위수단 측면에서뿐만 아니라 전사회의 병영화를 통한 사회통제 및 국제적인 발언권의 증대를 위한 수단 측면에서도 고려되었다. 특히 북한은 강력한 국방력으로 "조선이라는 작은 나라가 세계에서 높은 권위와 존엄을 떨치고 있다"[26]는 사실을 과시하고 이를 통해서 대내 체제의 안정화를 구축해온 것이다. 북한은 그들의 증간된 군사력을 바탕으로 제3세계 국가들의 인민해방전쟁을 위한 지원, 이들 국가들에 대한 무기수출 등을 통해서 북한주민들로 하여금 타 국가들을 원조할 수 있는 능력에 대해서도 자부심을 갖도록 한 것 또한 사실이다. 결국 북한은 강병정책에 의한 "전군, 전민, 전국이 무장한 강대한 나라" 그리고 "그 어떤 군사대국도 조선의 자주권을 함부로 건드릴 수 없는"[27] 주체나라임을 강조하여 국제적 위신을 증대하고 대내적으로는 전사회의 병영화를 통한 사회통제를 정당화함으로써 정권의 공고화를 추구해 왔던 것이다.

 북한의 강병정책은 김일성 사후 김정일 정권 하에서도 여전히 필요로 한다. 김정일의 강병정책의 필요성에 대한 인식은 김일성 생전시 발표된 그의 논문에서 잘 지적된 바 있다. 즉 김정일은 "국방에서의 자위는 나라의 정치적 독립과 경제적 자립의 군사적 담보"이며 "국방에서의 자위의 원칙을 관철하여야 제국주의의 침략과 간섭을 물리치고 나라의 정치적 독립과 경제적 자립을 고수 할 수 있다"고 천명하였다. 또한 그는 "국방에서의 자위의 원칙을 관철하기 위하여서는 자체의 국방공업을 건설하여야"함을 강조하면서 국방공업의 발전에 대해서 다음과 같이 밝히고 있다.

> 민족국방공업은 자위적 무장력의 물질적 담보입니다. 특히 오늘 미제를 비롯한 제국주의자들이 무기를 미끼로 다른 나라들을 예속시키려고 악랄하게 책동하며 무기장사를 통하여 다른 나라 인민들을 략탈하고 막대한 돈벌이를 하고 있는 조건에서 신생독립국가들이 자체의 민족국방공업을 창설하는 것이 매우 중요한 의의를 가집니다. 물론 작은 나라들이 필요한 무기를 다 자체로 생산하기는 힘들지만 그렇다고 하여 모든 무기를 다 남에게만 의존할 수도 없습니다. 자체로 해결할 수 잇는 것은 어디까지나 자체로 생산보장하도록 민족국방공업을 건설하고 발전시켜야 합니다.28)

그런데 김정일의 이러한 군사력 증강 의지에도 불구하고 지속적인 경제침체로 말미암아 국방우선 정책이 심각한 딜레마에 빠져 있다고 할 수 있다. 군사력의 증강에는 군사력의 조직 관리, 운영의 효율화 외에도 자원의 투입이 전제된다. 특히 오늘날 군사력 증강에 핵심적인 비중을 차지하는 것은 경제력의 두시받침이 필요한 새로운 무기체계의 정립, 화력 및 기동력의 증가 등이다. 그러나 현실적으로 북한은 심각한 경제난에 직면하고 있기 때문에 이러한 군사력 증강에 있어서 많은 한계성을 노출하고 있는 것이 사실이다. 북한경제는 최근 약간의 회복 조짐을 보이고 있으나 1990년 이후 지속적으로 마이너스 성장을 기록해 왔다. 이제까지 북한이 체제상의 특성으로 말미암아 상대적으로 열세한 경제력 및 국가예산 속에서도 국방건설에 집중적으로 투자해온 점을 고려할 때, 군사력 증강노력을 중단 또는 축소시키게 될 것이라는 성급한 판단을 내리기는 곤란하다. 그럼에도 불구하고 북한이 처해 있는 대내외적인 환경변화에 비추어 향후 그들의 경제가 회복되더라도 발전의 한계성을 지니고 잇는 것은 분명하기 때문에 군사력 증강정책 수행에 있어서 어려움이 따를 것이라는 점에 있어서는 이론의 여지가 없다. 따라서 북한이 당면한 정책적 선택의 관건은 대외적 위협에 대비하기 위해서나 내부체제의 공고화 목적을 위해서도 상대적으로 군사투자를 어느 정도로 어떻게 해야할 것을 결정하는 것이다. 군사력 증강이나 경제성장 노력은 모두 김정일 정권안보를 위해서 필수적인 것인 바, 북한은 어느 하나를 일방적으로 희생시킬 수는 없다. 따라서 북한 경제성장의 희생을 최소화하면서 전략범위(strategy space)를 확대할 수 있는 군사력 강화 방안이 모색될 필요성이 제기된다.

3. 군사중시체제의 국가제도화: 국방위원장 체제

1) 1998년 헌법수정의 내용

북한은 서문을 신설하여 김일성을 '조선민주주의인민공화국의 창건자'이며 '사회주의 조선의 시조'라 규정하고 '공화국의 영원한 주석'으로 명문화하였으며 새로운 헌법을 '김일성 헌법'으로 명명하였다(『1998 헌법』서문). 북한은 국가의 수반이며 '조선민주주의인민공화국'을 대표해온 주석직과 주석, 부주석, 중앙인민위원회 서기장, 위원들로 구성되고 조선민주주의인민공화국 국가주권의 '최고지도기관'으로 되어온 중앙인민위원회를 폐지하였다. 반면 주석, 중앙인민위원회의 권한 대부분을 최고인민위원회로 이관, 상임위원회를 '국가대표기관'으로 만들었으며, 최고인민위원회 상임위원장은 명목상 국가수반이 되었다(『1998

헌법』제3절). 최고인민회의 상임위원회는 『1948년 헌법』상 기구로서 『1972년 사회주의 헌법』채택 시 폐지되었다. 『1972년 사회주의 헌법』 채택 이전까지는 소련식으로 당 총비서가 내각 수상을 겸하고 명목상의 국가 수반은 최고인민회의 상임위원회 위원장이 맡고 있었다. 소련에서는 최고 소비에트회의 상임위원회가 최고주권기관을 대표하며 그 상임위원장이 명목상의 국가수반으로 활동하고 있었다.[29]

『1992년 헌법』에서 신설된 '국방위원회'는 공화국 국가주권의 '최고 군사지도기관'에서 『1998년 헌법』은 '최고군사지도기관'에 더하여 '전반적 국방관리기관'임을 규정(『1998 헌법』제2절)함으로써 국방위원장의 권한과 역할을 강화한 것으로 볼 수 있다.

또한 북한은 정무원을 폐지하고 내각체제를 새로이 도입하였다. 내각은 총리, 부총리, 위원장, 상과 그 밖의 성원들로 구성된다. 내각총리는 내각사업을 조직, 지도하며 공화국의 정부를 대표한다(『1998 헌법』제4절). 이외 북한은 정부구조 조정을 통해 부총리를 2명으로 축소하고 6개 위원회, 3개 총국, 4개 부를 폐지하였으며 8개 부를 4개성으로 통폐합하였다. 폐지된 부서는 대외경제위원회, 인민봉사위원회, 국가과학기술위원회, 전자자동화공업화위원회, 자재공급위원회, 교통위원회, 원자력총국, 기상수문국, 해외동포영접총국, 광업부, 원유공업부, 자원개발부, 지방공업부 등이다. 통폐합된 부서는 국토환경보호부, 도시경영부, 금속공업부, 기계공업부, 전력공업부, 석탄공업부, 건설부, 건재공업부 등이다. 이외 북한은 채취공업성, 철도성, 육·해운성, 상업성 등 4개성을 신설하였으며, 지방행정경제위원회는 폐지되었다.

2) 국방위원장 체제의 권력구조 특성

북한은 1998년 9월 5일 만수대 의사당에서 최고인민회의 제10기 제1

차 회의를 개최, 헌법수정 및 김정일의 국방위원장 재추대, 국가기관 선거 등 3개의 의안을 채택, 처리하였다. 이를 통해서 북한은 국가주석직 및 중앙인민위원회 폐지, 내각제 도입, 최고인민회의 상임위원회 신설 등 대대적인 권력기구 개편을 실시하였고, 최고인민회의 상임위원장에 김영남과 내각총리에 홍성남을 선출하는 등 대폭적인 교체 및 승진인사를 단행하였다.

이를 들어 북한은『당보, 군보, 청년보 공동사설(99.1.1)』[30]에서 "지난해 수령, 당, 대중의 혼연일체가 굳건해지고 우리식의 정치체제가 튼튼히 다져지게 되었다"고 하면서 "김정일 동지의 사상과 정치를 빛나게 실현해 나갈 수 있는 혁명적인 국가기구체제가 정비되었다"고 강조하였다. 또한 "우리의 국가정치체제는 위대한 수령 김일성 동지께서 개척하신 주체위업을 완성해 나가기 위한 계승성 있는 정치체제이며 사회주의를 굳건히 수호해 나갈 수 잇는 강위력한 정치 체제"라고 하였다. 여기서 말하는 '우리식의 정치체제', '혁명적인 국가기구 체계', '강위력한 정치체제'가 바로 군사중시의 국가기구체제이다. 실제로 북한은 방송매체를 통해서 이러한 군사중이 국가체계를 일컬어 "무적의 군사력에 의거해서 나라의 정치적 자주권을 확고히 담보하고 경제발전과 나라의 부흥을 힘있게 추동하는 가장 우월한 우리식의 정치체계"[31]라 선전하고 있다. 그리고 군사중시 정치체계는 "나라의 모든정치, 군사, 경제적 역량을 통솔 지휘할 수 있게"[32] 국방위원회의 지위와 권능을 크게 강화시킨 국방위원장체제로 제도화 된 것으로 볼 수 있다. 다음 연구에서는 이러한 국방위원장체제의 특성을 구체적으로 살펴보려 한다.

(1) 국방위원장 중심 권력구조

1972년 북한헌법에서는 국가주석 중심의 유일지도체계를 법제화하였으나 1992년 수정된 북한헌법은 주석의 군사부문과 관련한 권한을 배제하여 국방위원회를 독립기구로 설정하였다. 92년 북한헌법은 북한의 "일체의 무력을 지휘 통솔"하는 것은 주석이 아니라 국방위원회 위원장이 되었다. 즉 동 헌법에 의하면, 국방위원회는 "조선민주주의인민공화국 국가주권의 최고군사지도기관"(헌법 제3절 제111조)이 되며, 국방위원회 위원장이 직접 북한의 "일체의 무력을 지휘 통솔"(헌법 제3절 제113조)하도록 되어있다. 실제로 국방위원회는 국가의 전반적 무력과 국방건설사업 지도, 중요 군사간부 임명 또는 해임, 군사칭호 제정 및 장령 이상의 군사칭호 제정 및 장령 이상의 군사칭호 수여 그리고 유사시 전시상태와 동원령 선포 등의 임무와 권한(헌법 제3절 제114조)을 가지고 있다.

이러한 군사적 최고 임무와 권한을 지닌 국방위원회의 위원장직은 김일성에서 출발하여 김정일에게 이양되었다. 이에 더하여 1998년 9월 5일 수정 보충된 사회주의 헌법에서는 국방위원회가 기존의 최고군사지도기관에 더하여 전반적인 국방관리기관이라는 사실을 규정함으로써 국방위원회의 권한과 역할을 강화한 상태에서 김정일이 위원장에 재추대되었다.

이상에서 북한헌법 수정내용을 살펴보면 김일성 유일지도체계에서 서서히 김정일로의 권력승계를 위한 단계적인 권력분산 노력이 있어 온 것을 알 수 있다. 즉 김일성 주석 유일지배체계에서 국방위원회 신설로 군사 관련 최고지도권을 김정일에게 우선적으로 이양할 준비를 갖추었으며, 김일성 사후에는 김정일 자신이 국방위원장에 재추대되어 이를 중심으로 북한을 실질적으로 통치하도록 해 놓았다. 이를 고려해 볼 때, 북한 권력의 핵심은 역시 '군력'이라는 사실을 쉽게 알 수 있다. 따라서 김정일은 그의 권력 공고화 초기에는 '군력' 확보를 최대화할 수 있는 권력구조를 유지할 필요성에 직면해 왔다고 볼 수 있다. 이를 위해서 김정일은 국방위원장—최고인민회의 상임위원장으로 양분되는 형식적인 역할분담 권력구조를 구축해 놓은 것으로 판단된다.

헌법상에는 구체적으로 국방위원회와 국방위원장의 지위와 권능이 크게 높아졌다는 사실을 구체적으로 규정하고 있지는 않다. 98년 수정된 헌법에서도 92년 헌법에서와 마찬가지로 국방위원회는 다음과 같이 국방관련 내용만 규정하고 있을 뿐이다.

국방위원회는 다음과 같은 임무와 권한을 가진다.(헌법 제103조)
1. 국가의 전반적 무력과 국방건설사업을 지도한다.
2. 국방부문의 중앙기관을 내오거나 없앤다.
3. 중요군사간부를 임명 또는 해임한다.
4. 군사칭호를 제정하며 장령 이상의 군사칭호를 수여한다.
5. 나라의 전시상태와 동원령을 선포한다.

그러나 북한헌법 기본내용 학습 관련 '간부용 학습제강'[33])은 국방위원회와 국방위원장의 제고된 지위와 권능을 분명히 밝히고 있다. 국가기구체계상 헌법규정순서에서 국방위원회가 종전의 네 번째 순위에서 두 번째 순위에 승격시켜 규정하고 있다. 순위에서의 이러한 변화는 국방위원회의 지위가 실제적으로 상승된 것과 관련된다. 98년 헌법에는 국방위원회가 국가주권의 최고군사지도기관이며 전반적인 국방관리기관이라고 그 지위가 규정된 것은 우선 권력의 관할범위에서 볼 때 국방위원회가 일체에 대한 지휘통솔권 뿐만아니라 군수공업을 비롯한 국방사업 전반에 조직지도권을 행사한다는 것을 의미한다. 또한 권력의 내용 면에서 볼 때 국방위원회가 국가주권과 행정권을 모두다 가진다는 것을 의미한다. 이 규정에 의하여 국방위원회가 국방부문의 상설적인 최고주권 및 행정기관으로서 실제상 북한정권의 중추적 기관으로 되었다고 설명하고 있다. 국방위원회의 이러한 법적 지위의 중요성은 국가기구체계를 국방기구를 기둥으로 하는 군중시의 기구체계를 가능하게 하였다고 한다. 북한은 이를 두고 "위대한 장군님의 군사중시, 선군령도 사상이 구현된 독창적인 우리식의 국가기구 체계"라 주장하고 있다.

또한 국방위원회 위원장의 권한과 관련하여 헌법에 "국방위원장은 일체 무력을 지휘 통솔하며 국방사업 전반을 지도한다"고 규정하고 있는 것은 국방위원회 위원장의 권한은 "나라의 정치, 군사, 경제력량의 총체를 지휘통솔하며 나라의 방위력과 전반적 국력을 발전시키는 사업을 조직령도하는 국가의 최고직책이라는 것을 의미한다"고 밝히고 있다.

이외에도 국방위원회의 실질적인 위상과 관련하여 뒷받침해 주는 근거는 많다. 김영남이 김정일을 재추대(1998년 9월 5일 최고인민회의 제10기 1차회의)하면서 국방위원장을 "나라의 정치, 군사, 경제력량의 총체를 통솔지휘하여 사회주의 조국의 국가체제와 인민의 운명을 수호하며 나라의 방위력과 전반적 국력을 강화발전시키는 사업을 조직령도하는 국가의 최고직책"34)으로 규정한 바 있다. 북한 당국은 먼저 국방문제를 "단순한 군사문제"로 보는 것이 아니라 "정치, 경제, 군사와 문화, 외교, 사회생활 등 민족의 생활영역 전반에 비끼게되는 거대한 창조사업으로 민족번영과 사회진보를 이룩하는 것을 최대의 과제로 지향하는 국사 중의 최대국사"35)로 인식하고, 이러한 "국방사업 전반을 지도"하는 국방위원장의 지위는 당연히 "그 어떤 국가수반 직에 비할 수 없는 가장 위대한 혁명의 최고 중책"36)으로 받아들이고 있다. 이렇게 볼 때 국방위원회는 '군력' 중시의 기구체계상 중추적인 상설국가 최고기구이며 이에 대한 최고지도권을 가지고 잇는 국방위원장은 실질적인 국가수반이라 할 수 있을 것이다.

반면 북한은 1972년 헌법부터 국가주석의 권력을 절대화하는 유일지배 체계들 강화하면서 최고인민회의 상임위원회를 없애고, 주로 회의와 법령관련 업무를 지도하는 상설회의를 설치하였다. 그런데 1998년 헌법에서는 국가주석제를 폐지하면서 새로 상당한 권력을 가진 상임위원회 제도를 부활시켜 '국가 대표권'을 부여하였다. 최고인민회의 상임위원회는 1948년 헌법에서와 마찬가지로 최고인민회의 휴회중의 입법권을 행사할 수 있도록 규정하고 있다. 최고인민회의 상임위원회의는 다음과 같은 임무와 권한을 가진다.

- 최고인민회의 소집
- 최고인민회의 휴회중 제기된 새로운 부문 법안과 규정안, 현행 부문법과 규정의 수정 보충안 심의 채택
- 불가피한 사정으로 최고인민회의 휴회기간에 제기되는 국가의 인민경제 발전계획, 국가예산과 그 조절안의 심의·승인
- 헌법과 현행 부문법, 규정의 해석
- 국가기관들의 법준수 집행 감독과 대책 수립
- 헌법, 최고인민회의 법령·결정·지시에 어긋나는 국가기관의 결정·명령, 최고인민회의 상임위원회 정령·결정·지시에 어긋나는 국가기관의 결정·지시의 폐지 및 지방인민회의의 그릇된 결정집행정지
- 최고인민회의 대의원선거 사업 및 지방인민회의 대의원 선거사업조직
- 내각위원회·성의 설치 및 폐지
- 최고인민회의 휴회 중 내각총리의 제의에 의한 부총리·위원장·상, 기타 내각성원들의 임명 또는 해임
- 최고인민회의 상임위원회 부문위원회 성원의 임명 또는 해임
- 중앙재판소 판사·인민 참심원의 선거 또는 소환
- 조약의 비준 또는 폐기
- 다른 나라에 주재하는 외교대표의 임명 또는 소환결정·발표
- 훈장·메달·메달칭호·외교직급의 제정과 훈장·메달·명예칭호 수여
- 대사권과 특사권의 행사
- 행정단위와 행정구역의 신설 및 변경

그리고 최고인민회의 상임위원회 위원장은 상임위원회 사업을 조직 지도하며, 국가를 대표하며 다른 나라 사신의 신임장 소환장을 접수하

도록 규정됨으로써 상임위원장의 국가대표권을 인정하고 있다. 그러나 이 대표권은 "위대한 장군님의 위임에 의한 대표권"37)이라는 사실을 밝히고 있어 상임위원장은 결국 국가의 '얼굴마담' 역할에 머물고 있다고 할 수 있다. 따라서 김정일은 형식상의 국가대표권을 최고인민위원회 상임위원회 위원장인 김영남에게 위탁하여 공개적인 대내외 국가행사권을 수행하는 데 따른 번거로움과 위험성을 최소화하고 국방위원장으로서의 체제 전부문의 실질적인 지도권을 행사하는 형식상 양분된 역할 분담 권력구조를 갖고 있다고 볼 수 있다.

(2) 중앙당으로의 권력집중 완화

북한권력의 원천이며 최고 중핵으로서 그리고 모든 국가기관과 사회단체의 지도적 핵심으로 기능해 온 것이 노동당이다. 북한의 1992년, 1998년 수정헌법 제11조에서도 "조선민주주의인민공화국은 조선로동당의 령도밑에 모든 활동을 진행한다"고 명시하고 있다. 또한 북한의 『철학사전』에도 노동당은 "정치조직 가운데서도 최고형태의 조직이며 프롤레타리아 독재체계에서 지도적 및 령도적 력량"38)으로 규정하고 있다. 그런데 북한에서는 당이 수령 개인의 당으로 운영되어 오고 잇다. 북한의 독재체계를 흔히 '수령의 유일적 영도체계' 또는 '당의 유일적 영도 체계'로 지칭해 왔다. '수령의 독재'는 '당의 독재'로 구현되고 있다. 수령이 국가사업 전반을 혼자서 장악 지도할 수는 없기 때문에 당조직을 통해서 수령이 국가와 사회의 전반사업을 장악하고 통제한다는 것이다.

당은 행정·입법·사법기관을 지도 통제하는 최고지도기관이다. 북한은 하급 당이 상급 당에 절대적으로 복종하며, 당전체가 당중앙위원회에 복종하고, 당중앙위원회는 수령에게 복종하는 철저한 중앙집권식 당조직구조를 가지고 있다. 수령은 당중앙위원회의 총비서로서 당 전체에 대한 지도·통제권을 보유하고 있다. 당중앙위원회는 각계각층의 당조직을 대표하는 사람들로 구성되어 집행기관이 아닌 순수지도 기관으로 운영되고 있다. 당중앙위원회의는 그의 결정을 집행하는 집행 부서를 가지고 있는데 정치국과 비서국이 그것이다. 정치국은 지도기관의 성격을 띤 중앙위원회 축소시관에 불과 하지만 비서국은 당사업을 전문적으로 담당하고 있는 비서들이 총망라되어 있는 당중앙위원회의 최고 집행기관으로 되고 있다. 비서국의 지도로 당중앙위원회 제 부서들은 당중앙위가 결정한 정책에 따라 전당을 움직여 나간다.

이들 집행 부서들은 당중앙위원회에 제기할 정책안들을 작성하며 당중앙위는 이 정책안들을 심의할 뿐이다. 또 당정책안을 작성하여 최고지도자에게 건의하고 비준을 받는 것도 이들 각 부서들이다. 따라서 실질적으로 당사업을 책임지고 지도해 나가는 것은 비서국 성원들이라 할 수 있다. 즉 당중앙위원회에서는 총비서와 비서들이 중앙위의 사업을 지도하며, 도당위원회에서는 도당책임비서와 비서들이 도당위원회 사업을 지도하고, 군당위원회에서는 군당책임비서와 비서들이 군당사업을 지도하게 된다.[39] 이와 같이 북한은 노동당이 국가 최고 형태의 정치조직으로 기능할 수 있도록 하기 위해서 모든 국가 기관과 사회단체의 각 부서들을 관장할 수 있는 조직들을 비서국 산하에 설치해 놓았다.

김정일은 1973년 9월 노동당 중앙위 제5기 제7차 전원회의에서 조직 및 선전선동 담당비서로 선출되고, 이듬해 2월 개최된 당중앙위 제8차 전원회의에서 정치위원으로 선출됨과 동시에 '당중앙'으로 호칭되기 시작하였다.[40] 이때부터 김정일은 당내부 사업지도서와 당조직, 부서, 직능조직 등을 통해 당사업 체계를 대폭 수정해 당조직을 꽉조였고, 이를 통해 자신이 통치기반을 강화했으며, 특히 조직지도부의 권한을 대폭 강화해 간부들에 대한 인사권을 장악하고 또 중앙과 지방에 대한 검열사업을 대폭 강화함으로써 자신이 간부사업을 직접 좌지우지할 수 있도

록 만들었다.41)

따라서 김정일은 그의 권력장악을 조직지도부를 통해서 해왔다고 해도 과언이 아닐 정도로 조직지도부를 강화하고 여기에 권력을 집중시켜 이를 직접 관장해 왔던 것이다. 이와 관련 황장엽은 "조직부가 사실상 모든 분야를 지배하고 있었다"고 하면서 다음과 같이 증언하고 있다.

"중앙당 부서들의 서열은 조직부, 선전부, 국제부 순이었고 과학교육부는 경제부들 보다 뒤였다.… 특히 조직부는 김정일의 직속부서로서 다른 부서의 사업을 간접적으로 통제·감독하는 기능을 수행하던 막강한 조직이다.…선전부도 김정일의 직속이라고 하지만 조직부보다는 신임을 덜 받았다. 각급 당조직들은 전부 조직부가 관리하고 각급 당위원회의 간부의 임명도 조직부가 관장하고 있었다.… 조직부와 선전부는 김정일에 직속되어 있어 비서나 부장이 없는 조직이었다."42)

조직지도부는 본부당, 군사부문, 행정부문, 전당부문, 등 4개 부분으로 구성되고 있다. 각 부문은 제1부부장이 맡고 있으며, 이들 조직지도부의 4명의 제1부부장은 실제로 다른 부서의 부장 보다 더 강한 권력을 향유하고 있다. 본부당은 김정일을 제외한 중앙당의 모든 간부들의 학습을 조직하고 당생활을 주관함으로써 중앙당 성원들이 당생활을 장악하고 있으며 김정일 직속조직으로 되어 있다. 조직지도부 군사부문은 인민무력과 북한군 총정치국이 관장하는 군대내 당조직선을 장악하고 있다. 그리고 매년 여단장 이상의 군사간부들의 1개월 중앙당 강습을 조직하고 있다. 조직지도부의 행정부문은 김정일에게 독자적으로 제의서를 올릴 수 있는 국가보위부, 사회안전성(인민보안성으로 개칭), 검찰소, 재판소, 국가검열성 등의 주요 권력기관들을 장악하고 있다. 조직지도부의 전당부문은 본부당과 군사분야를 제외한 나머지 분야에서 당의 조직생활을 관장하고 있다. 지방당이나 국가기구내 당조직, 사회단체내의 당조직 등은 모두 전당부문의 관리대상이다.43)

이와 같이 김일성 생존시 북한의 모든 권력이 집중된 것은 두말할 필요도 없이 김정일이 조직비서 겸 주장으로 있었던 노동당 중앙위원회 조직지도부였다고 할 수 있다. 실제로 당중앙위 조직지도부는 북한사회 전반에 대한 당의 영도와 통제를 실현하는 데서 김정일의 오른팔 역할을 수행하던 가장 핵심적인 부서였다는 사실은 앞서 지적한 바와 같다. 조직지도부의 사명으로는 전당과 온 사회에 대한 김정일의 유일사상체계 및 유일지도적 체계확립, 북한 전체 간부들과 당원들, 주민들이 당생활 장악 및 통제, 당간부 대열과 정체 당대열의 정비, 확대, 질적 향상, 당, 군 보안 등 체제수호기구의 고위층 인사권 주관 등이 지적된다. 조직지도부는 조직 비서 겸 부장인 김정일의 지도 밑에 5명의 제1부부장들과 10명 정도의 부부장들, 과장 및 부과장, 책임지도원, 부원들 등 약 3백명의 성원들로 구성되어 있다. 종합과, 당생활 지도과, 검열과, 간부과, 당원 등로고가, 신소과, 통보과, 사법, 검찰, 주권기관 담당부서 등의 주요 과로 이루어져 있다.

김정일은 조직지도부를 관장하면서 북한의 모든 권력이 이곳에 집중되도록 하여 스스로가 '당중앙'으로서 김일성 다음의 제2인자로 북한의 전권을 행사해 왔다고 할 수 있다. 그러나 김일성 사후 김정일은 더 이상 그와 같은 제2인자의 존재를 가능하게 하는 권력집중구조를 용인할 수 없게 되었다. 김정일은 아직까지 그의 권력을 승계 할 수 있는 후계자를 결정하고 있지 않는 상황에서 이전과 같이 조직지도부에 권력이 집중되어 그와 같은 제2인자의 생성이 가능한 당권력 구조를 억제하여 그를 대체할 인물이 등장하는 것을 차단할 필요성에 직면하게 되었다.

북한은 사회통제 차원에서도 김정일 권위체계에 도전할 수 있는 제2인자 또는 집단 생성 가능성을 원칙적으로 차단해온 것이 사실이다. 귀순자 현성일의 증언[44])에 따르면, 김정일은 북한 고위층이 측근과 비측근 사이뿐만 아니라 측근 상호간에도 엄격한 상호 감시와 통제체계가 확립되도록 하였다. 그의 측근들이 아무리 막강한 권력과 특권을 눌린다고 해도 그것은 어디까지나 김정일과의 운명공동체사상의 조성을 위한 것에 불과 할 뿐이며 만일 김정일의 신임이 지나치게 큰 나머지 방자해지거나 측근 인물 주위에 추종세력이 집결되어 하나의 집단이 형성되는 것을 김정일은 가장 경계한 것으로 알려지고 있다. 1970년대 중반 김정일은 한때 자기의 김일성 종합대학 동창생들을 대거 당조직지도부의 요직에 기용했던 적이 있다. 그러나 이들은 동창관계로 그룹을 형성할 수 있는 잠재적인 위험세력이 될 소지가 있어 거의 전부 지방으로 추방되었거나 좌천되었다고 한다. 북한에서는 간부만 되면 친구가 없다는 말이 있다. 그것은 고위층 간부들 사이에 동향, 동창 등 개인적 관계로 한자리에 모여 앉거나 단순히 우정을 나누거나 간단한 기념품을 주고받아도 무조건 종파주의자, 가족주의자, 지방주의자 등의 정치적 오명을 쓰고 당의 유일적 지도 체계수립에 대한 도전행위로, 당의 통일과 단결을 파괴하는 반당적 행위로 낙인찍히게 되기 때문이다. 김정일의 측근 간부에게는 사적인 가정사에 이르기까지 김정일에게 보고하고 승인 받아 처리하는 체계가 세워져 있다. 또한 노동당 중앙위원회에는 한 가족 성원이나 친척이 절대로 함께 근무할 수 없도록 규율이 세워져 있다. 김정일이 간부들에 대한 이러한 감시와 통제를 강화해 온 것은 그 자신에게 도전할 위험성을 안고 있는 제2의 개인세력 등장을 원천적으로 봉쇄하기 위한 것이었다.

  그 결과 김정일은 국가·사회전체에 대한 중앙당의 획일적 통제기능을 다소 약화시키면서 상대적으로 군대에 대한 역할과 자율성을 강화하는 방향으로 권력구조를 재편한 것으로 분석된다. 군의 역할과 자율성의 강화는 중앙당으로의 권력집중을 배제한 당·군 관계로 정착된 것으로 보인다.

4. 북한의 주요 군사 권력기관의 역할 확대 양상

1) 북한군대의 기본 지휘·통제체계

　형식상 북한군대의 기본 지휘·통제체계는 국방위원장(최고사령관) → 인민무력부 → 총참모부·총정치국·보위사령부·후방총국 → 예하부대 순으로 이루어져있다. 조직 구성상 인민무력부는 참모지휘부서, 당정치지도부서, 정보보위부서, 후방담당부서로 분류된다. 인민무력부 총참모부와 예하 대대까지의 참모부를 참모지휘부서로, 인민무력부 총정치국과 예하 대대까지의 정치부 참모지휘부서로, 인민무력부 총정치국과 예하 대대까지의 정치부 당정치지도부서로, 인민무력성 보위사령부와 예하 대대까지의 보위부를 정보보위부서로, 인민무력성 후방총국과 예하 대대까지의 후방부를 후방담당부서로 각각 규정되고 있다.

　이러한 기본 군사지휘체계 하에서는 인민무력부장이 국방위원장 다음으로 중요한 직책을 점하고 있다고 할 수 있다. 인민무력부는 1982년 4월부터 정무원에서 분리되어 중앙인민위원회 직속기관으로 운영되어 왔었다. 그러나 1992년 헌법의 수정으로 국방위원회가 중앙인민위원회와 동격으로 격상 개편됨에 따라 인민무력부는 군사업무의 집행기구로서 국방위원회 산하기관이 되었다. 1998년 사회주의 헌법에서는 정무원에서 내각으로 개편하고 부를 성으로 바꾸면서 인민무력부 역시 인민무력성으로 되었으나 최근에 다시 인민무력부로 개칭된 것으로 알려지고 있다.

　인민무력부는 북한군의 '다원화병영체제'에서 규모나 병역수로 보아

제일 큰 비중을 차지하며 그 지위와 역할에서도 주도적 위치를 담당했었다. 인민무력부의 군사행정책임자는 인민무력부장이며 그 밑에 5명 정도의 인민무력부 부부장의 군사편제를 두었다. 1994년 김일성과 인민무력부장이었던 오진우의 사망 이전가지만 하더라도 인민무력부장이 국방위원회 부위원장(위원장 김일성, 제1부위원장 김정일, 부위원장 오진우), 당중앙군사위원회 상무위원회 상무위원(당시 상무위원으로는 김일성, 김정일, 오진우), 인민무력부 총정치국장을 겸하고 있었다. 그런데 현재는 인민무력부가 총정치국장의 직무와 분리되었으며 그 지위도 현저히 낮아졌다. 인민무력부장은 총참모부도 직접 지휘하지 않고 분리되어 후방사업만을 주로 담당하고 있는 것으로 알려지고 있다.

본래 인민무력부 총참모부는 인민무력부 뿐만 아니라 북한군 전체 무력에 대한 '전시 작전권'을 행사하고 있는 핵심 최고 참모부서로서 북한군 최고사령부의 기능과 역할도 수행한다. 따라서 인민무력부 총참부 총참모장은 북한군 전체무력의 총참모장으로 되며, 역대 북한에서 주요 인물도 내정되어 왔다. 제1부총참모장은 인민무력부 총참모부 제1국인 작전국이 겸임하며 1995년 김정일이 "인민무력부 총참모부 작전국장은 나의 작전국장"이라고 할만큼 중용직책이다. 인민무력부 총참모부는 크게 총참모부 참모부서와 총참모부 직속부대로 구분된다. 총참모부 참모부서는 약 20개 이상의 '국' 단위로 형성되어 있으며 각 '국'은 부, 처, 과, 실로 세분화되어 있으며 총참모부 직속부대는 북한인민군을 상징적으로 대표하거나 최고사령부의 작전임무 수행을 직접 보좌하는 각각 다른 병종의 군부대들로 혼성 군단급 병역에 속한다.

총참모부 직속부대는 군단급 영역에 속하지만 임무수행의 성격과 부대구성의 특성으로 군단 지휘부는 별도로 두고 있지 않으며, 다만 군단급 정치부와 보위부만 가지고 있다. 따라서 총참모부 직속부대들에 대한 군사작전 및 군사행정 업무는 작전국이 직접 지휘통제하며 군사기적지도는 총참모부 각국들이 진행한다.

　이상을 종합해 볼 때, 북한군의 실질적인 지휘체계는 인민무력부, 총참모부, 총정치국, 보위사령부가 인민무력부를 상부기관으로 하는 수직적 계선조직이라기 보다 수평적으로 상호 경쟁하면서 국방위원장인 김정일에게 직보하는 독립적인 충성조직의 특성을 갖추고 있는 셈이다. 즉 김정일은 군사적으로 강제로 장악하는 선(총참모부서)과 당조직을 통해서 장악하는 선(총정치국), 그리고 비밀경찰을 통해서 장악하는 선(보위사령부)을 수평적으로 분리하여 북한군대를 지휘·통제해 오고 있다. 뿐만 아니라 군대 당조직과 정보보위조직의 지위와 역할을 더욱 강화하여 북한사회를 군사적으로 통제하는 국가체계를 만들어 나가고 있다.

2) 군대 당 및 정보 보위조직의 특성

(1) 군대내 당정치조직: 인민군 당위원회와 총정치국

　북한군은 철두철미 군대내 노동당 정치조직에 의하여 유지되고 통제되는 정치적 성격을 띤 군사집단이다. 북한은 인민군대를 노동당의 군대이며 노동당 영도를 떠나서는 결코 존재할 수 없는 당의 군대로 법제화되었다. 북한은 조선노동당 규약(1980.10.15) 제7장(조선인민군대내 당조직) 46조에서 "조선인민군은 항일무장투쟁의 영광스러운 혁명전통을 계승한 조선로동당의 무장력"이며 "조선인민군대의 각급 단위에 당조직을 구성"(47조)한다고 규정함으로써 인민군대에 대한 당의 철저한 통제를 명문화하였다. 김일성도 "인민군대는 주체사상에 의하여 지도되며 주체사상의 승리를 위하여 투쟁하는 당의 군대"[45]라고 '교시'하였다.

　70년대 이전의 군대이념이 '조국과 인민을 위하여'였다면, 70년대 이후에는 '당과 지도자(김정일) 동지를 위하여'로 바뀌었으며 그 사명과 임무도 달라져 왔다. 즉 북한인민군은 국가와 국민을 위한 군대라기 보다 당과 수령 개인의 군대로 되었다고 볼 수 잇다. 북한군대는 이러한 사명과 임무를 띤 제도적 원칙에 따라 하부 말단조직에 이르기까지 체계적인 당정치조직을 구성하고 있으며 이를 토대로 북한인민군대가 지도·통제되고 있다.

북한군의 최고 당지도기관은 '조선인민군 당위원회'로서 군대에 대한 실권을 장악하고 노동당의 영도를 실현한다. '인민군 당위원회'는 비상설기구이며 필요시 소집되며, 인민무력성, 호위사령부, 평양방어사령부, 사회안전성(인민보안성으로 개칭), 국가안전보위부의 당 및 군사책임자 등의 기본임원들로 구성된다. 당위원회의 회의를 집행하는 것은 인민 무력성 총정치국이며, 노동당 총비서가 회의 결정권을 갖는다.

북한은 인민군내 당정치조직을 두어 '인민군당위원회'의 결정지시를 집행하도록 하고 있으며, 인민무력성 총정치국과 예하 군단 및 군종사령부 정치부, 호위사령부 정치부, 평양방어사령부 정치부, 인민보안성 정치부, 국가안전보위부 정치부 등이 그것이다.

특히 인민무력성 총정치국의 경우 그 역할과 기능은 군 당조직의 최상위에 있는 집행기관으로서 당결정 심의기구인 인민군당위원회의 직접적 운영기관으로 된다. 그 동안 총정치국은 중앙당 조직지도1부 제13과(인민무력부 총정치국 지도과)로부터 직접 지휘를 받아온 것으로 알려졌다.46) 따라서 군총정치국은 직제상 인민무력부(성) 산하로 되어 있으나 실제로는 중앙당 조직지도부 산하의 군대 당정치기관이라 할 수 있다. 군 총정치국 밑에는 군종사령부, 집단군사령부, 군단, 사단, 여단, 연대, 대대 정치부가 있고, 하부 말단 전투단위인 중대에는 당세포비서(중대 정치지원)로 구성되는 중대 당세포비서 위원회가 조직되어 있다. 인민군대내 모든 정치부들에는 노동당조직과 마찬가지로 조직지도부,

선전선동, 청년사업부, 간부부, 당원 등옮, 근로단체부, 3대 혁명소조 지도부(1983년경 해체), 3방송 및 문화기재관리부 등 당조직 전문부서들이 있다. 그리고 연대급 이상 각부대 당정치책임자는 정치취원이며 대대와 중대는 정치지도원이다.

이와같이 북한은 군대내 노동당 정치조직과 당정치 군관들을 통하여 군대를 철저히 장악·통제하며 노동당의 정치적 수단과 도구로 이용하고 있다. 북한은 북한군대대내의 당정치조직을 통하여 전체 군관 및 장병들을 당정치조직 생활에 묶어둠으로써 조직적 통제를 실현하고 있다. 인민군 군관들은 모두 노동당원이며 병·하사관의 20~30% 정도만 노동당원이고 기타 군인은 '김일성 사회주의로동청년동맹'원들이다. 그리고 북한군의 모든 장령, 군관, 하사관, 병사들은 당조직에서 제정한 당조직 생활규범과 김정일 1974년 2월 8일 만들어낸 소위 '당의 유일사상체계 확립의 10대원칙'에 준하여 정치생활총화에 참가하여 사상검토를 받아야 한다. 매주 토요일에는 소속 당조직과 사로청조직의 정치생활총화에 참가하여 개개인의 주간생활정형을 자아비판하여야 한다. 매월 마지막 주에는 월생활총화모임에서, 매분기에는 1차씩 분기생활총화모임이 있다. 이외 당정치조직들에서 개인별 혹은 집체적으로 매월 주는 월 조직분공(당정치조직에서 군사임무과 별개로 주는 임무)를 집행하고 제시된 날짜에 보고하도록 되어있다.

또한 북한은 군대안의 당정치조직을 이용하여 전체 장병들에게 정신사상교육을 강화하여 사상적 통제를 실현하고 있다. 인민무력성의 총정치국과 각 상급정치부의 선전선동부들은 노동당 중앙위원회 선전선동부의 군인 사상교육 방향과 지시를 근거로 분기별, 월별, 주별로 군인사상교양계획을 작성하여 하급 당조직들에 내려보내 철저히 집행하도록 하고 있다. 이에 따라 장령·군관들은 매주 토요학습과 '지휘관 조상학'에 2회 이상 참가하여야 하며 단위 책임자들은 한달 강습소에서 1년에

1차(30일간) 집중교육을 받아야 한다. 반면 병사·하사관들은 매주 4일 간에 걸쳐 8시간 '정치상학'(정신교육)을 받고 상반기와 하반기로 나누어 학습검열을 받는다. 만일 그 집행을 게을리 하는 군인에 대해서는 당정치조직회의에서 군인대중 앞에 세워놓고 집단공격을 하는 방법으로 비판을 가하거나 엄중한 경우 '생활제대'(생활제대자는 사회적으로 매장되는 것을 의미), '노동연대'(영창)로의 추방 등 물리적 제재로 가해진다.

북한군에 대한 장악통제는 단지 이것에만 그치는 것이 아니라 김일성·김정일 우상화 과정을 통해서도 이루어져왔다. 북한군 당정치조직들은 매년 김일성의 생일인 4월 15일, 김정일의 생일인 2월 16일, 김정일의 생모 생일이 12월 24일을 맞으며 군인가족까지 동원하여 소위 '충성의 노래 모임'을 비롯한 각종 정치행사들을 개최하도록하며, 매일 아침에는 김일성·김정일의 초상화를 깨끗이 청소하고 충성을 다짐하는 '초상화 정성사업'으로 하루일과를 시작하도록 하고 있다. 북한은 이러한 제 활동을 통하여 군인들이 부정적인 외부 사조에 접하는 것을 차단하고 수령에 대한 맹목적이며 절대적인 충성심만을 심어주려 하고 있다

뿐만 아니라 북한군의 당정치조직들은 간부 임명권과 인사이동 권을 장악하고 수령에 대한 충성도에 따라 진급 및 인사이동을 진행함으로써 군을 통제하고자 한다. 군사지휘관들은 군사사업에서 제기되는 실무적 문제들을 처리할 권한만을 가지게 되나 당정치조직들은 사람을 관리하는 권한을 행사하기 때문에 실질적으로 군대권력 전체를 장악하는 것으로 볼 수 있다. 김정일은 "정치위원은 해당부대에 파견된 당의 대표입니다. 군사지휘관이 부대를 군사적으로 책임진다면 정치위원은 부대를 정치적으로, 당적으로 책임집니다. 정치위원이 군사지휘관 보다 군사칭호는 좀 낮을 수 있으나 사업을 책임지는 데서는 군사지휘관과 같습니다."[47]라고 하여 정치위원과 군사지휘관의 동등한 권한을 강조하고 있다.

그러나 실제로는 모든 부문에서 당의 우위가 인정되는 북한사회의 특성을 고려해 볼 때, 해당부대의 당의 대표인 정치위원이 권한은 군사지휘관의 그것 보다 훨씬 더 광범위하고 우위에 있는 것이 사실이다.

(2) 군 정보보위 조직: 보위사령부

인민군 보위사령부는 군대 안에 조직되어 있는 독립적인 방첩기관으로서 사령관은 김정일의 직접적인 지시에 따라 움직이게 되어 있다. 외와 관련하여 황장엽 씨는 "보위사령부라는 것이 있습니다. 원래는 비밀경찰이었으나 지금은 드러내놓고 군의 중대에까지 보위지도원이라는 것이 배치되어 있어요. 그것이 모두 독립해서 김정일에게 직속되어 있습니다."고 증언한 바 있다. 이들 보위부의 기능은 다음과 같다.

① 군대안의 반당, 반혁명, 반국가 분자들은 색출 검거
② 능동적이고 독자적인 방첩임무를 수행
③ 김정일의 군부대 방문시 정호임무를 담당
④ 군대안의 주민등록사업 담당
⑤ 국경, 해안에 대한 경계근무 담당
⑥ 일반 범죄자 색출 처리[48]

각 군 단위의 예하 군단 및 병종사령부, 사단, 여단, 연대에는 각급 부대 보위부로 편성되어 있으며 대대와 중대는 보위지도원으로 구성되어 있다. 하부 말단의 소대, 분대에는 0번으로 불리는 2명의 정보원들이 있어서 이들은 주위에서 일어난 모든 자료를 수집하여 보위 군관들에게 일일 보고하도록 되어 있다. 북한 인민군내 보위군관 교육 및 양성은 인민무력부 보위사령부 인민군보위대학 제885군부대에서 이루어지며 호위사령부, 평양방어사령부도 보위사령부에 위탁교육을 의뢰하여 교육을 받도록 해놓았다. 북한은 이처럼 인민군 안의 세밀한 정보보위기

구체계를 통하여 장령에서 신입병사에 이르기까지 미행, 도청, 감시, 동향분석을 진행하며 사소한 문제도 미리 비밀리에 탐지하고 있다.

그런데 보위부는 일종의 비밀경찰조직으로서 정치일군, 당일군을 제외한 군대 행정기관 일군들에 대한 감시활동을 하는 역할을 한다. 정치일군, 당일군들에 대한 비밀활동은 원칙적으로 금지되어 있다. 따라서 군사행정기관에는 보위부 또는 담당 보위지도원들이 배치되어 있으나 정치기관에는 보위부나 보위지도원이 없는 것이 특징이다. 반면 당적 통제에 있어서는 보위부도 예외가 아니다. 보위사령부 내에 당위원회를 두고 있어 이를 통해 보위부에 대한 당적 통제가 이루어진다. 보위사령부의 당위원회는 총참모부 내의 정치기관의 지시를 받는다. 보위부의 당조직은 보위부장의 지시를 받는 것이 아니라 총참모부 정치부의 지시와 통제를 받게 되어 있다.[49]

3) 총정치국과 보위 사령부의 역할 확대

(1) 총정치국의 역할 확대

군 총정치국은 노동당 중앙위원회 조직지도부의 지도를 받는 인민무력부 내 노동당 조직의 정치기구로서 인민무력부에 대하여 당적 영도를 실현하며 예하 부대들을 조직·사상적으로 지도·통제하는 군대의 당권력 정치기구이다. 앞서 지적한 바와 같이 총정치국은 인민군대내의 하부말단 전투단위인 중대에 이르기까지 방대한 당지도기관과 정연한 당정치조직을 가지고 군인들을 조직 및 사상적을 군대를 지도·통제하는 기능과 역할을 한다. 뿐만 아니라 군사작전, 군사행정, 군사기술, 간부임명 및 인사이동 등 거의 모든 문제에 대한 결정권을 가지고 군대집단 자체를 통치하고 있다고 해도 과언이 아니다.

총정치국은 연대급 이상 군부대들에 정치위원을 파견하여 이들이 노동당의 '전권위원'으로 부대의 모든 문제를 통일적으로 지도·통제한다. 따라서 총정치국은 비록 인민무력부의 조직 구조상 총참모부, 보위사령부, 후방총국과 수평관계에 있지만 그가 차지하는 지위와 역할로부터 그 누구도 간섭할 수 없는 상위에 있으며, 이를 통하여 군대의 통수권을 장악하고 있는 '제2노동당'으로 치부되어 왔다. 그러나 현재 김정일의 군사중시 국가 체계상 총정치국의 역할은 '제2노동당'이 아니라 '제1노동당'으로 지칭될 수 있을 정도로 제고된 것으로 판단된다.

　김일성 생존시 북한정치체계에서 권력의 3대지주로 당·정·군을 꼽는다. 그런데 북한의 당·정·군은 수령 1인의 영도에 따라왔으며 당·정·군의 최고권력이 1인에게 집중되어온 독특한 독재체계를 유지해왔다. 북한의 정치체제는 수령 1인이 노동당에 의한 1당 독재를 추구하는 체제이기 때문에 북한에서의 당·정·군의 관계는 당을 우위로 하는 획일적 유일지배체제이다. 당우위의 획일적 지배체제는 김일성 사후 김정일 정권 하에서도 그대로 유지되고 있다고 할 수 있다. 그런데 김일성 시대의 당·군 관계와 김정일 시대의 당·군 관계에 있어서 약간의 차이를 노정하고 있다.

　김정일 시대에 들어와서는 군중시 체제를 대대적으로 앞세우면서 인민군의 위상과 역할이 크게 강화된 것으로 나타났다. 이를 들어 일부 분석가들은 당우위의 당·군 관계에서 군우위의 당·군 관계로 변화되었다고 주장하고 있다. 그러나 군대조직에서 군대 당조직 우위의 당·군 관계는 여전히 유지되고 있다. 오히려 김정일 시대 들어와서 군대 당조직의 사상교육활동을 더욱 강조하여 군 당조직 기능의 중요성이 부각되고 있다. 권력서열 측면에서 현재 군총정치국 국장인 조명록이 중앙당 비서들 보다 김정일 다음으로 권력실세로 부각되고 있는 것도 군대 당조직의 중요성을 반영하고 있다.

　반면 군대조직에 대한 중앙당의 획일적 통제 측면에 있어서는 기존의 당우위의 당·군 관계에 변화가 감지되고 있는 것은 사실이다. 즉 현재 군대 당조직의 최고기관인 총정치국은 획일적으로 중앙당의 통제를 받는 것이 아니라 국방위원회 위원장의 직접적인 통제를 받는 것으로 알려지고 있다. 군사권력이 중앙당으로 집중될 경우 중앙당의 막강한 권력을 전제할 만한 대안세력이 없다. 북한에서 군대를 정치적으로 지도·통제해온 것은 군대의 군총정치국을 포함한 군대 당조직이었다. 군총정치국은 당중앙위 조직지도부에 절대적으로 복종하도록 되어 있어서 조직지도부 부장이었던 김정일이 당조직을 통해서 군대를 정치적으로 직접 지도·통제할 수 있었다. 그러나 김정일 자신의 유일체제를 구축해야 하는 현 상황에서 당중앙위 조직지도부에로의 이러한 권력집중은 또 다른 제2의 권력자의 생성을 가능하게 될 것이다. 따라서 우선적인 조치로 김정일은 '선군정치'를 내세워 군대권력을 중앙당의 직접인 통제로부터 분리시켜 군대권력을 직접 통제하는 방안을 선택한 것으로 보인다. 다시 말하면 군대권력과 당중앙의 권력을 수평적으로 위치시켜 상호 보완할 수 있는 권력구조를 구축하였다고 볼 수 있을 것이다.

실제로 북한 인민군은 당중앙위원회 산하 기구, 특히 조직지도부의 직접적인 지도와 통제를 받기보다는 국방위원장으로서 김정일이 군을 직접적으로 지도·통제하고 있는 것으로 나타나고 있다. 이에 반해 군사정책을 비롯한 정책결정에 있어서도 중앙당 정치국이나 비서국의 역할이 활발하게 기능하고 있다고 볼 수 있는 근거도 찾아보기 어렵다. 당중앙위원회 전원회의와 전원회의사이에 당중앙위원회 명의로 당의 모든 사업을 조직, 지도하는 권한을 가진 정치국과 정치국상무위원회는 이미 오래 전부터 제 기능을 하고 있지 않다. 정치국 상무위원회는 기존 구성원들의 사망으로 결원이 되어도 이를 채우지 않은 결과 현재는 김정일 1인 위원회라 할 정도로 유명무실해졌다. 정치국도 김일성 사망 전에는 형식적으로라도 빈번하게 개최되었으나 김정일 시대에 들어와서는 거의 소집되고 있지 않은 것으로 알려지고 있다. 특히 정치국 위원, 비서, 관계기관 간부들이 모여서 하는 협의회도 김일성 사망 전에는 빈번하게 개최되었으나 지금은 개최 횟수가 현저히 감소하였다고 한다.

당중앙군사위원회의 역할과 기능 역시도 98년 헌법 개정으로 크게 격상된 국방위원회에 흡수되어 버렸을 가능성이 있다.[50] 그나마도 제대로 기능하고 있는 것으로 알려지고 있는 비서국 산하의 조직지도부, 간부부, 군사부 등이 제도적 메카니즘을 통해 인민군내 정치조직을 장악하고 있다고 보기도 어렵다. 인민군대 정치조직은 군 전반의 정치사업을 관장하고 있지만 이 역시 과거처럼 중앙당의 결정이나 지침을 직접적으로 이행한다기보다는 국방위원장인 김정일의 명령과 지시를 직접 이행하는 조직으로서 기능하고 있을 가능성이 크다. 이는 김정일이 당 총비서로서가 아니라 국방위원회 위원장으로서 군을 직접 지도 통제하기 시작하면서부터 중앙당 조직지도부서의 역할이 점차 축소되고 있는 현상을 시사한다.

오히려 정치군관의 위상과 역할이 군대 밖 사회로까지 확대되는 경향을 보이고 있다. 과거 김일성은 당간부를 정치군관으로 등용하는 사례가 많았는데, 김정일은 당간부를 정치군관으로 등용하는 일은 갈수록 적어지고 정치군관을 군대 내에서 광범위하게 등용하는 일이 잦아지고 있다. 실제 김정일이 인민군최고사령관에 취임하여 군권을 장악한 이후인 1992년 반항공사령부 정치위원이었던 원응희를 보위사령관으로 임명하였을 뿐만 아니라 군단 보위부장 80% 정도를 정치군관 출신으로 임명하였던 것으로 알려지고 있다.[51]

군대의 사회적 역할 또한 확대된 것으로 보인다. 1997년 4월경부터는 협동농장, 철도, 각 공장기업소가 군부대에 위탁 경영되는 현상이 이를 잘 말해주고 있다. 인근지역 중대 이상의 부대가 공장기업소를 1개씩 맡아 운영과 관련된 모든 일을 담당하고 있다. 중좌나 상좌급 군관들은 협동농장관리위원회에 상주하면서 농장관리에 관여한다. 각 작업반에는 대위급 군관 1명이 배속되어 농장원 개개인의 출퇴근 확인, 파종, 김메기, 퇴비 등 농장내의 모든 작업에 대하여 간섭하고 관장하고 있다. 철도 운영의 경우, 각 지역마다 5～10명의 군인(소좌나 중좌급 군관 1～2명, 그 외 하전사)들이 주둔하면서, 매표, 승하차 질서, 화물적재 등 철도업무에 대해 직접 관여하고 있다.52)

이렇게 볼 때 김정일은 국방위원회와 총정치국을 포함한 '국방기구'를 중앙당 기구에 비해서 더욱 중시하는 경향을 보이고 있는 점을 배제할 수 없다. 김정일은 '국방기구' 중에서 군대의 당기구의 역할에 대해서 상대적으로 높이 평가하고 있다. 김정일은 "당조직들이 맥을 추지 못하고 당사업이 잘 되지 않다 보니 사회주의 건설에서 적지 않은 혼란이 조성되고" 있으면 "지금 사회의 당일꾼들이 군대정치 일꾼 보다 못하다"고 질타하면서 "군대의 당사업방식"을 따라 배울 것을 독려한 바 있다.53) 이는 김정일이 '중앙당 책임일꾼'들에게 '군대안의 당을 배우라'는 메시지로서 군대식의 당사업 혹은 대중운동을 고무시키려 한 것이다. 동시에 김정일은 군대의 정치·사회적 역할을 한층 더 확대하고 있기도 하다.

(2) 보위 사령부의 지위 제고와 역할 확대

북한군은 당적 통제외에도 정보보위조직에 의하여 통제되고 있다. 북한군 정보보위조직인 인민군 보위부들은 일종의 군대 비밀경찰로서 기능과 역할을 수행하면서 북한군을 이중으로 단속·통제해오고 있다. 북한군 보위기관들로서는 인민무력부 보위사령부, 호위사령부 보위국, 평양방어사령부 보위부가 지적된다. 인민무력부 보위사령부는 1980년대 말까지 "인민무력부 보위국"으로 존재해 오다가 1992년 보위사령부로 승격하였다.

인민무력부 보위국이 보위사령부로 개편되기 이전에는 각 군부대 (군단 및 군종사령부 보위부, 사단, 여단, 연대, 대대 보위부 포함) 보위부들이 해당 부대에 소속되어 있었으며, 해당부대 당위원회의 당적 지도와 통제를 받아 왔다. 반면 보위사령부로 개편되고 난 후에는 소속 군부대에 관계없이 오직 보위사령부 실무행정부서들과 보위사령부 당위원회의 당적 지도를 직접 받으면 모든 문제들을 보위 사령관을 경유하여 김정일에 보고하는 일선 '직보체계'를 수립한 것으로 알려져 있다. 현재 보위 사령부는 정보보위실무부서, 사령부 당위원회, 사령부 후방부로 구성되어 있다. 이와 같이 보위부의 기구체계와 편제만 승격된 것이 아니라 사업대상이 넓어지고 기능과 역할도 강화되었다. 보위사령부는 군대 내의 정치감찰과 경제감찰을 민간인에게까지 확대하였으며 수사대상의 직위와 직급에 관계없이 독자적으로 수사하고 처리할 수 있는 권한도 행사하고 있는 것으로 전해지고 있다.

5. 결 론

북한사회에 있어서 권력의 완전한 장악을 위해서는 우선적으로 군사적 최고 지도자로서의 정통성을 확보하는 것이 급선무인 것이다. 이것은 김일성이 생전 시 김정일에게 군사권을 우선적으로 이양한 사실에서도 잘 드러나고 있다. 김정일이 '선군정치'를 내세워 '군이 북한사회 전반을 선도' 해나가는 독특한 국방위원장체제를 구축해 놓고 있는 것은 북한의 권력승계 과정상 어쩌면 지극히 당연한 수순인 것으로 이해된다. 김정일은 국방위원장 체제를 통해서 권력 공고화를 위한 여러 가지 목적을 달성하고자 하는 것으로 판단된다.

첫째, 김정일의 군사권력에 대한 정통성 결핍을 효율적으로 보완할 수 있게 하였다. 김정일은 그의 군사권력에 대한 이 같은 결핍성을 보완하기 위해서 냉전체제 붕괴 후 조성된 안보적 변동 상황을 '전투 국면'으로 조성하고 국방위원장으로서 전권을 장악, 자신이 이 '전투'를 '승리적'으로 이끌어 나가는 군사지도자 상을 만들어 나가고 있다. 그 동안 북한은 미국과의 핵 협상 및 미사일 협상을 '대 미제국주의 전투'로 규정하고 여기에서 '김정일 최고사령관 동지'의 지휘로 승리하고 있다고 대대적으로 선전하고 있는 것은 이러한 상황을 잘 반영하고 있다.

둘째, 당·정·군에 대한 직할통치를 가능케 함으로써 안정적인 유일지배체제를 구축할 수 있게 되었다. 김일성 생존 시 북한은 중앙당으로의 권력집중을 통해서 당의 독재체제를 유지해 왔다. 중앙당 비서국 조직지도부가 북한사회이 모든 조직을 당적으로 획일적 통제를 가함으로써 중앙집권적인 당의 통제가 가능하게 되었다. 이러한 당적통제 체제는 '당중앙'으로 일컬어져 왔던 김정일을 권력 2인자로 존재할 수 있도록 하였다. 국방위원장체제 하에서는 당의 우위체제는 여전히 유지되고 있다. 하지만 김정일이 사회 각급 조직내의 당조직을 직할 통치함으로써 중앙당(조직지도부)으로의 권력집중을 완화할 수 있게 되어 그와 같은 '제 2의 권력자' 출현으로 김정일 유일지배체제를 위협할 수 없게 되었다. 즉 김정일은 당총비서로서 중앙당을, 국방위원장으로서 군대의 당조직(총정치국 조명록)과 군사참모조직(총참모장 김영춘)을 각각 분리 통치하는 방법으로 당과 군대를 안정적으로 분리 통치해오고 있다.

셋째, '선군정치' 명목으로 군 사찰기관(부위사령부)를 최대한 활용하여 경제난과 식량난으로 인하여 심화된 사회일탈 현상을 효율적으로 단속할 수 있는 기반을 구축하였다. 북한사회의 통제는 당의 통제가 우선되는 가운데 사회사찰기관에 의한 통제가 부가되어 2중으로 이루어져 왔다. 그러나 경제난으로 인한 사회일탈 상황이 심화됨에 따라 일선 당 조직과 민간사찰기관의 통제만으로 안정적인 사회적 통제가 어렵게 되었다. 이러한 상황에서 '선군정치'에 기반을 둔 국방위원장체제는 군의 직접적인 사회적 통제를 가능하게 한 것이다. 군보위사령부가 바로 이러한 민간사찰기관을 대신 또는 보완하는 차원에서 사회통제를 위해서 적극 활용되고 있는 셈이다.

그런데 북한이 군을 중시하는 체제 즉 국방위원장 체제를 지속시켜 나가기 위해서는 끊임없이 군사적 긴장태세를 유지해나가야 한다는 점을 고려할 때, 상당한 기간 동안 그들의 대내외 정책이 공세적 특성을 띠게 될 것으로 예상된다. 대내적으로는 '혁명적 군인정신', '붉은기 사상'을 강조하면서 사상교육 및 통제를 심화시켜 나갈 것으로 보인다. 이를 위해서 경제난이 다소 완화되어 감에 따라 이제까지 느슨하게 유지되었던 일선 당조직의 활동을 정상화시켜 나가기 위한 실질적 조치들이 뒤따르게 될 것이다. 대외적으로는 여전히 '미제국주의'에 대한 적개심을 부추기면서 미사일 협상 등 군사적 협상을 매개로 '대미 협상전투' 상황을 지속시켜 나갈 것이 예상된다. 반면 대남 관계는 이러한 '대미 협상전투'를 보완하는 차원에서 대남 관계를 조절해 나갈 것이다.

※ 이 글은 『북한의 국방위원장 통치체제의 특성과 전망』 (서울: 통일연구원, 2000)에 수록된 것을 요약정리 하였다.

주註

1) ≪조선중앙방송≫ 1999년 7월 22일.
2) ≪조선중앙방송≫ 1999년 2월 5일.
3) ≪평양방송≫ 1999년 5월 13일.
4) 卓珍 외 2인『김정일지도자』2부 (평양: 평양출판사, 194), 283쪽.
5) 卓珍 외 2인, 『김정일지도자』2부, 280~84쪽.
6) 卓珍 외 2인, 『김정일지도자』21부, 282~84쪽.
7) ≪로동신문≫ 1994년 2월 6일.
8) ≪內外通信≫ 週刊版, 제855호 (1993.7.8).
9) ≪조선중앙방송≫ 1992년 6월 14일.
10) ≪조선중앙방송≫ 1993년 7월 19일.
11) ≪로동신문≫ 1998년 8월 22일자.
12) ≪조선중앙방송≫ 1999년 2월 5일.
13) Kolkowicz, Roman, *The Soviet Military and the Communist Party* (Princeton, NJ : Princeton University Press, 1967), p. 32.
14) 김일성(최고사령관), 최용건(차수), 김일(민족보위성 副相), 박금철(군사위원회 위원), 김창만, 김광협(대장), 남일(대장) 등임.
15) Suck-Ho Lee, *Party-Military Relations in North Korea* (Seoul: Research Center for Peace and Unification of Korea, 1989), p. 283.
16) 조선로동당출판사 편, 『김일성 저작집 24』(평양: 조선로동당 출판사, 1983), 259쪽.
17) 김일성, 김일, 오진우, 김정일, 리종옥.
18) 김일성, 김일, 오진우, 김정일, 리종옥, 박성철, 최현, 림춘추, 서철, 오백룡, 김중린, 김영남, 전문섭, 김환, 연형묵, 오극렬, 계응태, 강선산, 백학림.
19) 허담, 윤기복, 최광, 조세웅, 최재우, 공진태, 정준기, 김철만, 정경희, 최영림, 서윤석, 리근모, 현무광, 김강환, 리선실.
20) 최용건, 김일, 김영주, 오진우, 김동ㄱㅍ, 김중린, 한익수, 현무광, 양협섭.
21) 최용건, 김일, 오진우, 한익수.
22) 김일성(총비서), 비서: 김정일, 김중린, 김영남, 김환, 연형묵, 윤기복, 홍시학, 황장엽,, 박수동.
23) ≪조선중앙방송≫ 1999년 7월 13일.
24) ≪조선중앙방송≫ 1999년 9월 28일.
25) 위의 방송책자, 325쪽.
26) ≪민주조선≫ 1993년 5월 8일.

27) 위의 신문.
28) 김정일, "주체사상에 대하여" (김일성 동지 탄생 70돐 기념 전국주체사상 토론회에 보낸 논문, 1982.3.31),『김정일 저작선』(서울: 경남대학교극동문제연구소, 1991), 99~101쪽.
29) 황장엽,『나는 역사의 진리를 보았다』(서울: 한울, 1999), 170쪽.
30) ≪당보, 군보, 청년보≫ 공동사설, ≪조선중앙방송≫ · ≪평방≫ 1999년 1월 1일.
31) ≪조선중앙방송≫ 1999년 7월 13일.
32) ≪조선중앙방송≫ 1999년 7월 13일.
33)『조선민주주의인민공화국 사회주의헌법의 기본내용에 대하여 (간부용 학습제강)』(평양: 조선로동당출판사, 주체 87, 1998), 22~24쪽.
34) ≪조선중앙통신≫ 1998년 9월 5일 ; ≪로동신문≫ 1998년 9월 6일.
35) ≪조선중앙방송≫ 1998년 11월 15일.
36) ≪조선중앙방송≫ 1998년 11월 15일.
37)『조선민주주의인민공화국 사회주의 헌법의 기본내용에 대하여 (간부용 학습제강)』(평양: 조선로동당출판사, 주체 87, 1998), 24쪽.
38) 사회과학출판사 편,『철학사전』(평양: 조선로동당출판사, 1985), 146쪽.
39) 황장엽,『북한의 진실과 허위』(서울: 통일정책연구소, 1998), 86~89쪽.
40) 김성철 외,『북한이해의 길잡이』(서울: 박영사, 1999) 76쪽.
41) 1974년 10월의 당 제5기 9차전원회의에 직접 참석하였던 신경완의 증언, 정창현,『곁에서 본 김정일』(서울: 토지, 1999) 143쪽에서 재인용.
42) 황장엽,『북한의 진실과 허위』, 190~191쪽.
43) 이종석·백학순 공저,『김정일시대의 당과 국가기구』(서울: 세종연구소, 2000), 25~26쪽.
44) 현성일, "북한사회에 대한 노동당의 통제체계,"『북한조사연구』제1권 1호 (1997), 40~41쪽 참조.
45) 조선로동당출판사 편,『김일성 저작선집 9』(평양: 조선로동당출판사, 1987). 71쪽.
46) 귀순자 김정민씨의 증언.
47) 조선로동당 출판사 편,『김정일선집 2』(평양: 조선로동당출판사, 1993), 463쪽.
48) 최주활, "북한인민군 보위사령부의 체계 및 활동,"『북한조사연구』제1권 1호 (1997), 47~48쪽.
49) 최주황, 위의 글, 57쪽.
50) 이종석·백학순, 앞의 책, 21~22쪽.
51) 김창근, "북한 당·정·군 권위관계의 변화: 1990년대를 중심으로,"『통일정

책연구』제9권 1호(2000), 179~183쪽.
52) 박형중,『90년대 북한체제의 위기와 변화』(서울: 민족통일연구원, 1997), 33~34쪽.
53) "1996년 12월 김일성종합대학 창립 50돌 기념 김정일의 연설문," ≪월간조선≫ 1997년 4월호, 306~317쪽.

<참고문헌>

1. 북한문헌

김정일, "인민대중 중심의 우리식 사회주의는 필승불패이다." ≪로동신문≫ 1991년 5월 27일.
김정일, "주체사상에 대하여," 김일성 동지 탄생 70돐 기념 전국주체 사상 토론회에 보낸 논문(1982.3.31), 『김정일 저작선』 (서울: 경남대학교극동문제연구소, 1991).
사회과학원 력사연구소 편, 『조선전사』 제32권 (평양: 과학백과사전출판사, 1982).
사회과학출판사 편, 『철학사전』 (평양: 조선로동당출판사, 1985).
조선로동당출판사 편, 『김일성 저작선집 24』 (평양: 조선로동당출판사, 1983).
조선로동당출판사 편, 『김일성 저작선집 7』 (평양: 조선로동당출판사, 1979).
조선로동당출판사 편, 『김일성 저작선집 9』 (평양: 조선로동당출판사, 1987).
조선로동당출판사 편, 『김정일 선집 2』 (평양: 조선로동당출판사, 1993).
조선로동당출판사 편, 『조선민주주의인민공화국 사회주의 헌법의 기본 내용에 대하여』(간부용 학습제강) (평양: 조선로동당출판사, 주체 87, 1998).
卓珍 외 2인, 『김정일지도자』 제2부 (평양: 평양출판사, 1994).
『근로자』
≪조국통일≫
≪조선중앙방송≫
≪통일일보≫
≪평양방송≫

2. 남한문헌

강명도, 『평양은 망명을 꿈꾼다』 (서울: 중앙일보사, 1995).
김성철 외, 『북한이해의 길잡이』 (서울: 박영사, 1999).
김창근, "북한 당·정·군 권위관계의 변화: 1990년대를 중심으로," 『통일정책연구』 제9권 1호 (2000).
박형중, 『90년대 북한체제의 위기와 변화』 (서울: 민족통일연구원, 1997).
서대숙, 『현대 북한의 지도자』 (서울: 을유문화사, 2000).
안찬일, 『북한인민군의 조직관리방식과 실전능력 평가연구』, 통일원신진학자 학술용역보고서(1991).
이기원, 『북한이 군사력증강과 경제발전의 병진정책 분석』 (서울: 국토통일원조사연구실, 1977).
이종석·백학순 공저, 『김정일시대의 당과 국가기구』(서울: 세종연구소, 2000).
정창현, 『곁에서 본 김정일』(서울: 토지, 1999).
좋은 벗들 엮음, 『북한이야기』(서울: 정토출판, 2000).
최주활, "북한인민군 보위사령부의 체계 및 활동," 『북한조사연구』 제1권 1호 (1997).
한스마레츠키 지음·정경섭 옮김, 『병영국가 북한』(서울: 동아일보사, 1991).
한호석, "최근 북 조선의 정세관과 정세 대응에 관한 담론 분석-1997년 상반기 ≪로동신문≫ 분석을 중심으로-"(http://www.onekorea.org/research/t18.html).
현성일, "북한사회에 대한 노동당의 통제체계," 『북한조사연구』 제1권 1호(1997).
황장엽, 『나는 역사의 진리를 보았다』(서울: 한울, 1999).
황장엽, 『북한의 진실과 허위』(서울: 통일정책연구소, 1998).
귀순자 김정민씨의 증언.
귀순자 강명도씨의 증언.
귀순자 최주활씨의 증언.
귀순자 현승일씨의 증언.
≪내외통신≫
≪세계일보≫
≪월간조선≫
≪조선일보≫

3. 외국문헌

Kolkowicz, Roman, *The Soviet Military and the Communist Party* (Princeton, NJ: Princeton University Press, 1967).

Suck-Ho Lee, *Party Military Relations in North Korea* (Seoul: Research Center for Peace and Unification of Korea, 1989).

북한군 총정치국

이 대 근

1. 서 론

　인민군에 대한 조선노동당의 가장 효과적인 통제장치는 인민군내에 조직되어 있는 노동당의 정치조직인 총정치국이다. 총정치국은 인민군의 최고 정책결정 기구인 인민군당위원회의 집행부[1]이다. 형식상 인민군의 최고 정책결정 기구는 인민군당위원회이지만 비상설 협의기구이기 때문에 회의가 열리지 않는 기간에는 인민군당위원회의 집행부인 총정치국이 그 사업을 총괄하게 되어 있다. 따라서 총정치국은 인민군내 당조직으로서 최고의 조직일 뿐 아니라, 인민군 전체로서도 최고 조직이라고 할 수 있다. 중앙당 차원에서의 총정치국 위치는 당 규약 52항[2]에 따라 중앙당의 한 조직, 구체적으로는 조직지도부의 한 개과에 해당한다.
　총정치국의 조직[3]은 인민무력부에서 중대 까지 군지휘체계의 위계

구조와 일대 일로 대응하도록 전 군대에 조직되어 있다. 인민군의 최상층 조직에서 최하부 조직까지, 고위 간부에서 하전사 까지 군인이 있는 곳이면 당의 지도와 통제가 뒤따르게 되어 있는 것이다. 인민군을 '당의 군대'로 유지시켜주는 주요한 요인은 바로 이 총정치국의 철저한 통제이다.

 총정치국의 인민군통제 내용은 정치 사상 통제, 군간부의 일상 생활 감시, 인사권을 통한 통제, 군사행정에 대한 통제등 매우 광범위하다. 정치 사상 통제는 당의 군대라는 인민군의 성격 규정이 말해주듯 인민군 통제의 핵심이다. 군간부의 일상 생활 감시, 인사권은 군관을 장악할 수 있는 주요 자원이라고 할 수 있다. 그러나 총정치국으로 대표되는 당정치 조직이 사상, 인사문제에 한 해서 인민군을 통제하지는 않는다. 당정치조직은 당의 노선과 정책 대로 집행되는지 지도하고 통제할 수 있는 권한이 있기 때문에 이를 근거로 군사행정에도 광범위하게 영향력을 행사한다.

2. 총정치국의 구조와 기능

1) 인민군 당정치사업 및 총정치국 조직 체계

 일반적으로 군대내 당조직은 당정치사업을 담당하는 것으로 인식되어 있지만, 엄밀한 의미에서 당사업과 정치사업은 구분된다. 청 샤오스(Cheng Hsiao-Shih)는 이를 분명히 구분하고 있다.[4] 그에 따르면 당사업은 당기관이 군대내 당지도력과 당정책의 집행, 당에 대한 군대의 충성심 유지를 위해 당원들을 대상으로 하는 활동을 말한다. 정치사업은 정치기관이 담당하며 군사와 관련한 인적 요소를 다루고 군사적 효율성을 제고하기 위한 활동을 한다. 정치사업은 당원, 비당원 구분 없이 모든 군인을 대상으로 하고 있으며 교육, 인간관계, 군인 복지, 정치전투가 사업내용에 포함된다. 그러나 청 샤오스도 인정했듯이 실질적으로는 쉽게 구별하기 어렵다. 당사업과 정치사업은 이론적으로 구분할 수 있지만, 실제 사업 내용, 기구, 담당자가 겹치기 때문이다.5) 현실적으로 각급 부대의 정치부는 당사업과 정치사업을 구분하지 않고 함께 하고 있다.6)

형식상 인민군대 당기구를 당조직과 정치조직으로 나누면 다음과 같다. 당조직은 군단 당위원회-사단 당위원회-연대 당위원회-대대 초급당위원회-중대 세포위원회 체계로 되어 있다. 정치조직으로는 인민군 정점에 총정치국이 있으며 군단에서 연대까지 정치부가 있다. 각급 부대의 정치 책임자는 정치위원(대대 및 중대는 정치지도원)이다.

<그림 1> 조선인민군 군지휘, 당조직, 정치조직 관계

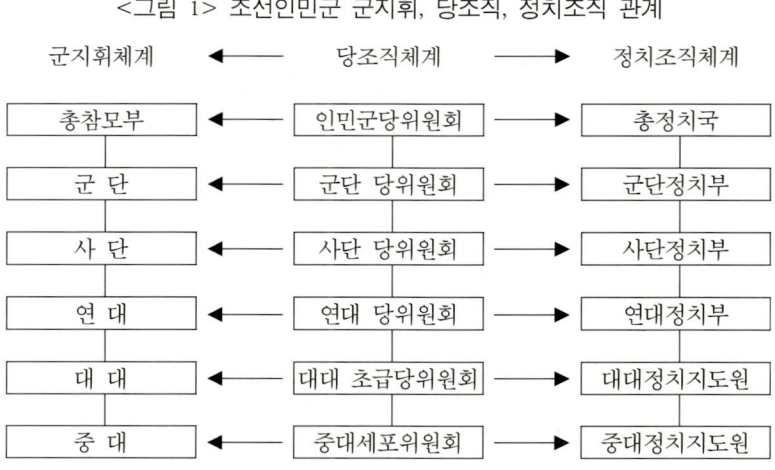

출처: 김정민 전 대좌, 최주활 전 상좌, 이영훈 전 소좌(가명), 심신복 전 대위 증언.

인민군의 군지휘체계, 당조직체계, 정치조직체계의 관계를 정리하면 <그림 1>과 같다.

각급 부대의 당위원회는 해당 부대에서 최고 기관이다.[7] 인민군 전체에서는 도당위원회와 같은 기능을 하는[8] 인민군 당위원회가 최고 기관이다.[9] 김일성은 "사단에는 사단 당위원회가 최고 조직이요, 군단에서는 군단 당위원회가 최고조직입니다. 사단장의 사단이나, 군단장의 군단이란 있을 수 없습니다. 군사문제나 정치문제를 불문하고 모든 문제는 당위원회를 통해서 결정해야 합니다"라고 밝혔다. 그러므로 "당위원회는 군사는 물론 정치, 간부, 후방, 문화, 안전등 군내 모든 사업을 토의하며 일단 결정되면 군사문제는 군사지휘관의 명령으로 하달하고 정치문제는 정치지휘관의 명령으로 하달하며 후방사업은 후방일꾼의 명령으로 하달하는 체계"로 되어 있다.[10] 지휘관은 당사업이라는 관점에서 보면 군대내 여러 가지 사업중의 전문화된 한 분야, 즉 군사행정을 담당하는 책임자일 뿐이다.

인민군대 각급 부대에는 <그림 2>와 같이 당위원회외에 당집행위원회, 당비서처가 있다. 당위원회와 당위원회 사이에 수시로 제기되는 당정책은 집행위원회에서 다룬다. 정치적 성격을 띠거나 당사업과 관련된 주요문제는 당위원회에서 다루고 집행위원회는 주로 훈련, 전투준비, 후방사업, 기타 부대 긴급과제등 해당 부대의 실무적인 군사행정 문제를 주로 다룬다. 집행위원회는 군사행정 사업을 군사행정일꾼과 정치일꾼의 연합회의 형식으로 결정하는 기구라고 할 수 있다. 대대까지 조직되어 있으며 중대에는 없다.

각 급 부대의 비서처는 인사, 표창, 칭호(계급)수여등 인사관련 사안을 주로 처리하며 부대에서 제기되는 긴급과제도 처리한다. 사단까지만 설치되어 있으며 연대 이하는 없다.[11]

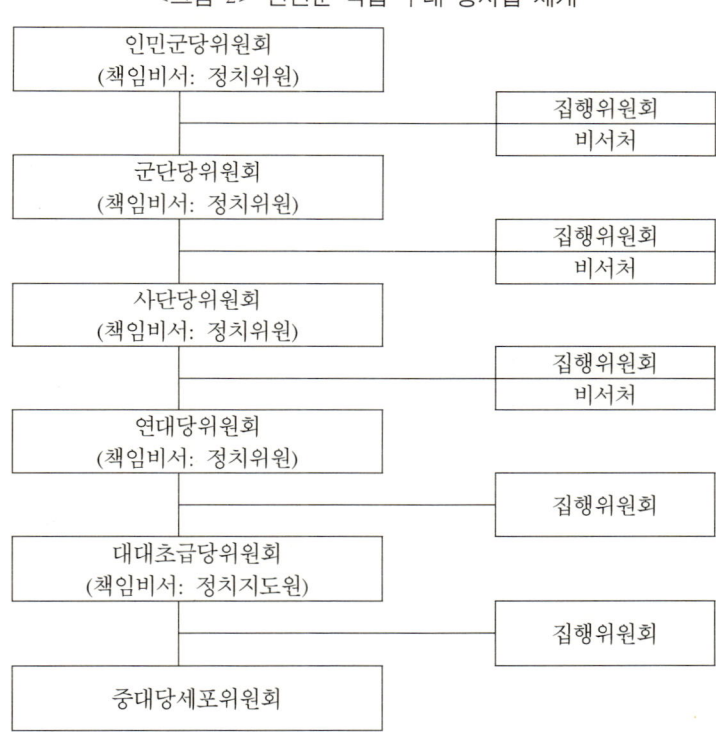

<그림 2> 인민군 각급 부대 당사업 체계

출처: 김정민 전대좌, 이영훈 전소좌, 최주활 전상좌, 심신복 전대위 증언.

총정치국 내부는 조직국과 선전국으로 구성되어 있다.12) 독립 부서로 간부국이 있다. 총정치국의 내부구조는 <그림 3>과 같다. 조직국은 북한의 모든 당조직 체계가 그렇듯이 총정치국에서도 최고 핵심부서로 인민군에 대한 당정치 사업 전반을 책임지고 있는 총정치국 총괄부서로서의 성격을 갖고 있다. 조직국은 각급 부대에 위계적으로 조직되어 있는 조직부를 직접 지도, 통제한다. 조직국 책임자는 부총국장외에 조직국장, 조직부국장이 있다. 조직1부, 조직2부, 조직3부, 조직4부로 구성되어 있다.

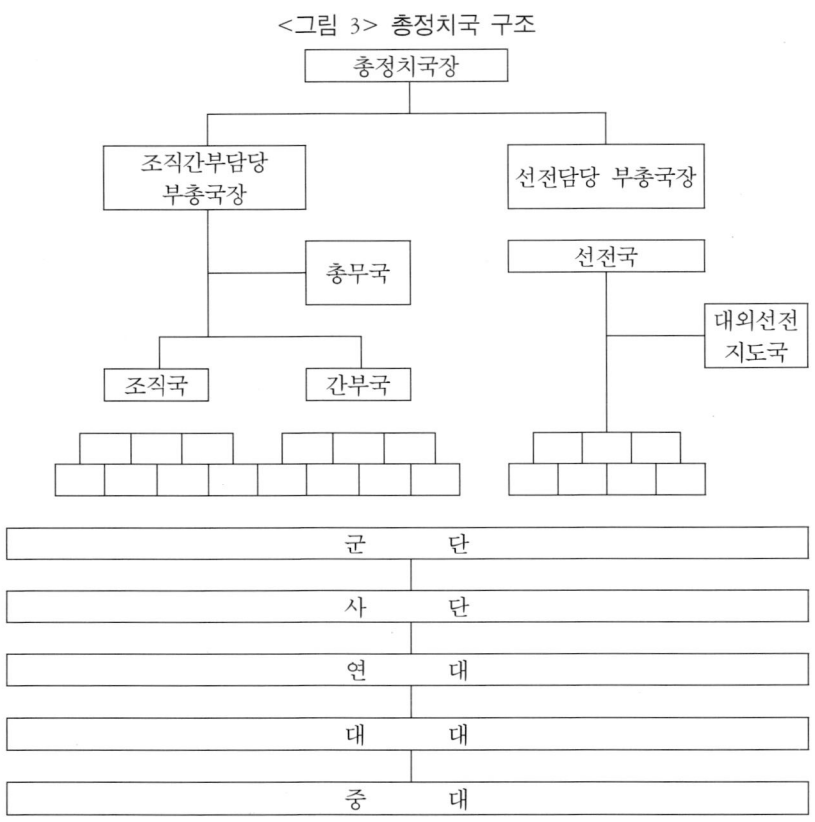

출처: 김정민 전 대좌, 최주활 전 상좌, 이영훈 전 소좌(가명), 심신복 전 대위 증언.

조직 부총국장 직속 부서로는 총무국이 있다. 신분증 발급, 정치일꾼 출장증명서 발급등 조직국 내부 행정사항을 맡는 총무부, 김일성 김정일의 군사 부문 교시를 편찬하고 역사기록을 담당하는 교시편찬실, 당원 입당, 당원 개인 신상 문건 관리, 당증발급업무를 맡는 당원등록부가 있다. 조직국의 기능만 살펴 보아도 군대내 당원 뿐 아니라 비당원까지 모든 군대 구성원을 조직국의 사업대상으로 삼아 지도하고 있다는 것을 알 수 있다.

선전국은 정치 사상적 준비를 최우선시하고 정치사상적 우월성을 강조하는 인민군대의 특성상 매우 중요시되고 있다. 특히 선전선동사업은 당의 유일사상 교양, 즉 당과 수령에 대한 충실성과 수령의 군사사상, 군사노선 및 정책, 군사부문에 대한 당의 방침으로 군인을 교양하는 것이다.13) 따라서 훈련 시간을 줄여서라도 정치 사상 교육 시간은 보장하게 되어 있을 만큼 군인에 대한 사상 교육은 절대시되고 있다.14) 조선인민군 선동원 대회를 정기적으로 개최, 정치 사상 교양을 강조하고 있다.15)

군대는 집단적 생활을 통해 당의 사상을 가장 잘 체득하고 사상의지를 단련할 수 있는 공산주의 학교,16) '사상의 최강자'17)로 선전되고 있다. 따라서 이 문제를 맡는 선전국은 조직국 다음의 핵심적 역할을 하고 있다. 선전국은 선전정책 지도 1부, 선전선동 2부, 선전 3부로 구성되어 있다.

간부국은 1993년 총정치국 산하에서 인민무력부 간부국으로 독립18)했으나 실질적으로 현철해 조직담당 부총국장의 통제 아래 있다. 총정치국의 주요 업무의 하나가 간부 인사사업이기 때문에 간부국이 실질적으로 총정치국으로부터 독립하는 것이 불가능하다. 간부부가 조직부의 지도 없이 사업을 한다는 것은 당위에 올라서 있다는 의미하는 것으로 있을 수 없는 일이다.19) 간부국은 조직 담당 부총국장의 지도를 받으며20) 조직국과 긴밀한 협력체제를 구축하고 있다. 실제 군단, 사단 등의 간부부는 형식상 독립되어 있지만 독자적 사업을 못하고 조직부의 사인을 받아서 사업을 하고 있다.

간부국은 군간부의 승진, 전보, 철직등 인사행정을 전담한다. 그러나 간부인사 평가에서 가장 중요한 것이 당생활 평가이기 때문에 간부의 당생활을 지도 및 장악하고 있는 조직국과 협의하에 사업을 진행한다.21) 간부국은 하급 부대로 내려 갈수록 인사결정권이 없으며 단지 조직부를 실무적으로 지원하는데 그치고 있다. 간부국은 군사간부 정책지도부, 군사간부 1부, 군사간부 2부, 군사정치간부부, 간부양성지도부로 구성되어 있다.

2) 각급 부대의 정치부

정치부는 군단, 사단, 연대에 조직되어 있으며 해당부대의 당정치 사업을 총괄하는 전문부서이다. 정치부는 당원을 대상으로 하는 각종 당회의와 당생활 관련 사항을 지도할 뿐 아니라 일반 군인을 대상으로 한 정치사업도 책임지고 있다. 말하자면 일상적인 '당적 통제'를 행하는 부서이다.

각급 부대의 정치부는 정치위원을 정점으로 정치부장과 그 산하 부서인 조직부, 선전부, 청년사업부등 3개 부서로 구성되어 있다. <그림 4> 참조. 정치위원은 부대장의 제1대리인이자 당위원회 책임비서로서 정치사업은 물론 군사, 정치, 후방사업등 부대 전반의 문제를 부대장과 함께 책임진다. 부대장은 해당 부대의 군사부문 책임자라는 제한된 권한을 갖고 있는 반면 정치위원은 부대의 당적, 정치적 책임자로서 포괄적인 권한과 임무를 수행한다.[22]

조직부는 정치부의 가장 핵심부서로 심장에 비유되며[23] 사실상 다른 부서의 상급기관의 역할을 하고 있다. 조직부의 가장 중요한 업무는 '당조직 생활 지도,' 즉 당조직을 관리 운영하고 당원들의 당활동을 지도하는 일이다. 지휘관들과 정치군간은 모두 당원으로 당조직에 망라되어 있다. 따라서 당원에 대해 조직생활을 지도한다는 것은 군대내 군관의 모든 활동을 다 통제한다는 것을 의미한다. 당조직생활 지도에서도 가장 중요한 것은 '당회의', '당원의 학습', '당원의 군사임무 수행 정형(상황)'을 지도하고 통제하는 것이다. 각종 당회의 안건설정 및 당위원회

운영계획작성등 당회의 준비와 운영을 모두 책임진다. 조직부는 또 "당원들이 당회의와 학습회의에 참가하며 혁명임무를 수행하는 과정에서 나타난 모든 현상들을 종합하여 회의에서나 또는 개별적으로 총화도 하여 주고 새로운 분공을 주어야"한다. 말하자면 조직부의 사업은 사람과의 사업, 즉 '간부들과의 사업', '당원들과의 사업,' '군중과의 사업'으로 군대의 모든 구성원이 조직부의 사업 대상이다.24) 일반 하전사의 훈련도 조직부의 사업 대상에 들어간다. 김일성은 군대내 당원이 해야 할 과제의 하나로 다음과 같이 제시했다.

<그림 4> 인민군 각급 부대 정치사업 체계

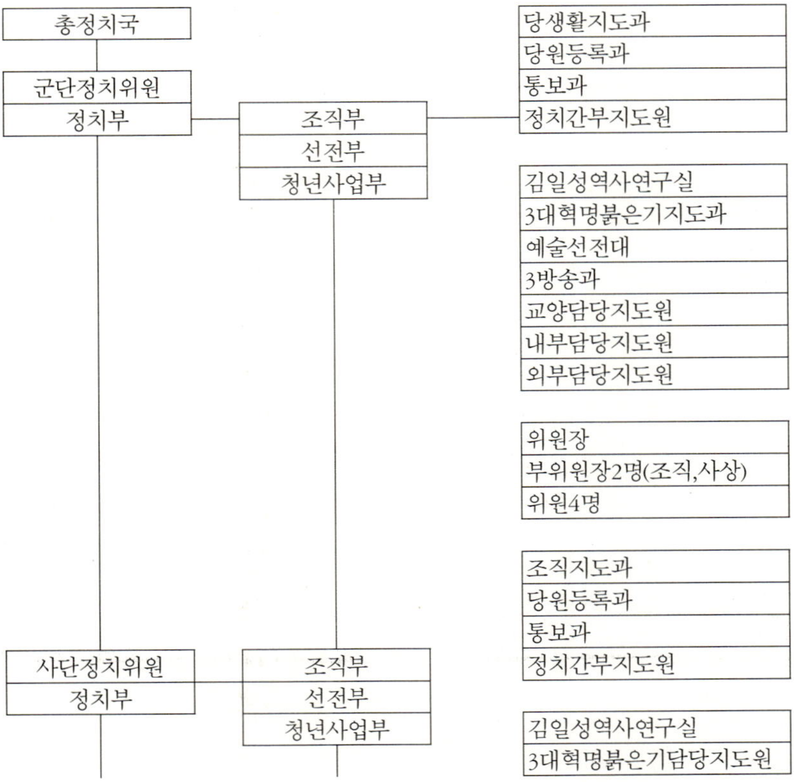

총정치국		당생활지도과
		당원등록과
군단정치위원		통보과
정치부	조직부	정치간부지도원
	선전부	
	청년사업부	김일성역사연구실
		3대혁명붉은기지도과
		예술선전대
		3방송과
		교양담당지도원
		내부담당지도원
		외부담당지도원
		위원장
		부위원장2명(조직,사상)
		위원4명
		조직지도과
		당원등록과
		통보과
사단정치위원	조직부	정치간부지도원
정치부	선전부	
	청년사업부	김일성역사연구실
		3대혁명붉은기담당지도원

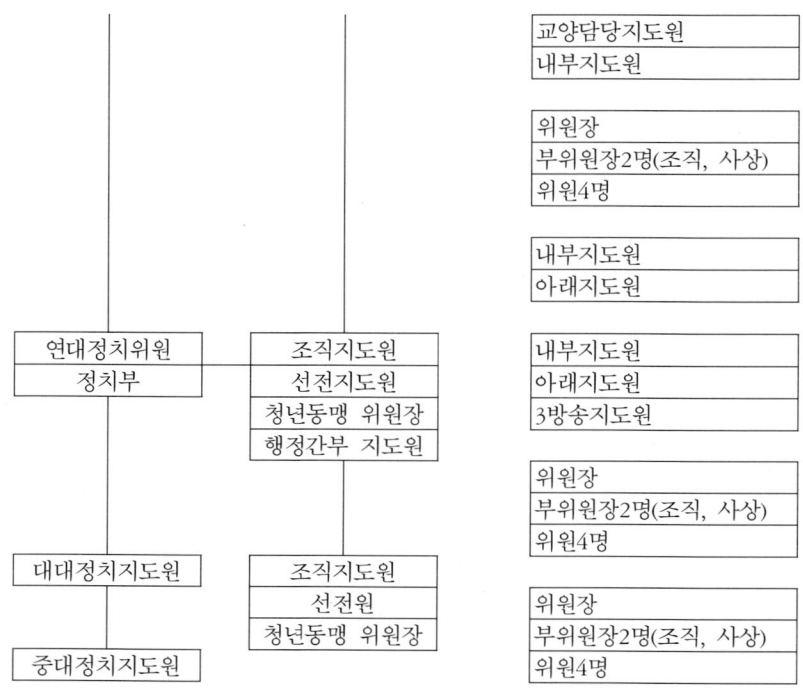

"당적 분공은 당원들의 능력에 맞게 주어야 하며 모든 당원들에게 다 주어야 합니다. … 아무개 동무가 전투훈련이 약한데 누구는 그 동무를 잘 맡아서 훈련을 잘하고 사격도 잘하게 하라, 아무개 동무는 규률을 자주 위반하는데 누구는 그 동무가 규률을 위반하지 않도록 도와주라, … 이렇게 모든 당원들에게 능력에 맞게 분공을 빠짐없이 주어야 합니다."[25]

따라서 "조직부가 당조직생활에 대한 지도를 잘하면 부대의 전반사업을 다 틀어쥘 수 있"게 되어 있다.[26] 조직부는 각급 당 및 참모조직으로부터 군대안의 사항을 모두 보고받기 때문에 지휘관 보다 부대 사정에 더 정통하다. 사단장이 연대 지도를 할 때 조직부가 지휘관에게 해당 연대의 결함, 시정사항을 사전에 귀띔해 주는 것이 사단장에게 많은 도

움이 된다고 한다. 사단장은 조직부 만큼 산하 부대의 문제점을 파악하지 못하고 있기 때문이다.27)

조직부는 당생활지도과(사단의 경우 조직지도과), 당원등록과, 통보과, 정치간부지도원으로 구성되어 있다. 당생활지도과는 조직부의 기본 부서로 당생활 전반을 직접 지도 통제하는 조직부의 핵심 부서이다. 정치부 다른 과의 업무도 파악, 종합해야 하기 때문에 다른 과에 대한 영향력도 행사한다. 당원등록과는 입당 심의 대상자 선정등 입당과 관련한 실무사업을 한다. 당원등록과는 사실상 하전사의 입당 결정권을 쥐고 있어 뇌물을 많이 받고 언제나 남들에게 대접을 받는 대상이다. 정치부의 같은 군관도 부탁할 일이 있기 때문에 등록과 지도원과의 마찰은 될수록 피하려 한다. 정치부 지도원이 선호하는 부서이기도 하다.28) 통보과는 간부의 공사생활에서 나타나는 문제점을 상급 부대로 직보하는 일을 맡는다. 정치간부 지도원은 연대, 대대, 중대등 하급 부대의 정치 및 보위일꾼을 담당한다.29)

선전부는 군인을 당 및 김일성 김정일 사상으로 무장, 당과 수령에 절대 충성하도록 정치, 사상 교육, 선전사업을 맡는다. 조직부는 병을 진단하는 의사, 선전부는 약제사에 비유되듯이30) 조직부의 사업을 사상적으로 뒷받침하는 역할을 하고 있다. 산하에 김일성 역사연구실, 3대혁명 붉은기 지도과, 예술선전대, 3방송과와 교양담당 지도원, 내부담당 지도원, 외부담당 지도원이 있다. 김일성 역사연구실은 김일성 혁명역사 자료실 운영을 담당하며 혁명역사나 정치학습, 군사학습 등을 맡는등 정치학습을 주로 담당한다. 책임자는 부부장으로 다른 과보다 직위가 높다. 내부지도원은 군단의 경우 7~8명으로 군단 본부와 직속 부대를 맡으며 사단에는 1명이 있다. 선전부 업무 전반을 총괄하는 기능을 한다. 총정치국으로부터 나오는 지시를 받아 해당 부대의 집행계획을 세우고 산하 부대에 지침을 시달하며 그 결과를 수집, 선전부장에게 보고

한다. 외부담당 지도원은 군단의 경우 보통 4개 여단을 2명 한 조로 맡으며 주로 산하 부대에서 활동한다.

청년사업부는 비당원 하전사로 구성된 김일성사회주의 청년동맹을 담당한다. 각급 부대 청년사업부장이 동맹위원장을 맡고 있다. 소대의 경우 초급당단체 위원장이 동맹위원장을 겸임하며 조직 및 사상을 담당하는 별도의 부위원장이 있다. 청년동맹원은 비당원이지만 청년동맹의 활동은 당활동에 준해서 하므로 실제 당활동과 차이가 없다.

연대 정치부는 부장이 따로 없으며 정치위원이 겸임하는 형식을 취한다. 조직지도원, 선전지도원, 청년동맹위원장, 행정간부 지도원으로 구성되어 있다.31) 대대는 정치지도원, 선전원, 사로청위원장등 3명으로 구성되어 있으며 정치지도원이 조직부의 기능을 한다. 중대는 정치지도원 1명이 있다.

정치부 직속 부서로 당기밀문건을 담당하는 총무과가 있다. 어떤 비밀 사업, 비밀회의라도 총무과장이나 총무과지도원이 참가, 기록으로 남기게 되어 있다.

3) 정치군관: 신분, 지위, 기능

인터뷰에 응한 군관출신 탈북자는 정치군관이 당과 군대 가운데 어디에 속하는지, 양자택일의 답을 요구받고 엇갈린 반응을 보였다.32) 이는 정치군관 신분이 이중적이라는 것을 말해 준다.

우선 정치군관은 군인이라는 신분적 범주를 넘어 서지 않는다. 정치군관은 군대내부 조직과 규율, 질서의 한 구성 부분으로 군대 안에서만 활동하도록 되어 있다. 정치군관이 정치사상사업이라는 군대내 한 병과를 맡고 있다고 볼 수 있다. 그러나 무엇보다도 정치군관이 인민군내에서 선발되고 양성되고 있다는 점에서 군인이라는 신분을 벗어나지 않고 있다는 것을 알 수 있다. 정치군관은 김일성 정치대학과 1980년대 이후 설치된 '군단 강습소'33)등 인민군 자체의 정치군관 양성기관을 통해 배출되고 있다.34)

그러나 한 때 민간 당료가 정치군관에 충원됨으로써 정치군관이 군인으로서의 귀속의식이 약했던 적이 있다. 1969년 정치위원제 도입 이후 한동안 당간부들이 정치위원으로 옮겨가는 사례가 있었다.35) 당비서인 김국태 김기남 계응태가 3달 정도 군단 정치위원으로 파견되었고36) 1972년에는 함경북도 도당책임비서 리동춘이 2군단 정치위원에 임명된 적이 있다. 1975년에는 당군사부의 한 책임지도원이 총정치국 부국장으로 임명됐다.37) 리봉원은 1974년 황해남도 도당책임비서가 됐으나 1980년 10월 중장계급을 받고 당 조직지도부 군사담당 부부장을 맡았다가 1986년 인민무력부 총정치국 조직 부총국장으로 옮겼다.38) 김병률 중앙재판소장은 1969년부터 평안북도당 책임비서로 20여년 동안 활동하다 1992년쯤 상장으로서 호위사령부 정치위원이 되었으며, 1995년 10월에는 대장승진까지 했다. 1985년 사망한 당 조직지도부 부부장 리화영도 1970년대 중반 중장계급을 달고 군단 정치위원으로 근무한 바 있다.39) 군당책임비서가 해당지역 부대의 정치위원으로 임용되는 경우도 흔했다.40)

이같은 당간부에서 군 정치위원 전직은 정치군관이 부족했던 1970년대에 주로 나타났던 현상이다. 그러나 이후 당간부가 정치군관으로 옮기는 인사교류는 크게 줄었다. 1990년대는 정치군관 충원 방법의 1%정도로 떨어 졌다.41) 다만 군단정치위원의 경우 당간부중에서 충원되는 경우가 간혹 있는 것으로 전해지고 있다. 군단정치위원으로 있다가 중앙당 부부장으로 전보되기도 하고 사회안전부 정치국장으로 있다가 군단정치위원으로 옮기기도 했다.42) 그러나 이런 전직은 예외적이다. 일반적으로 정치군관은 군대내에서 선발돼 교육받고 성장하며 군복을 벗음으로써 군대를 떠나게 되어 있다. 정치군관은 병영을 떠나서는 존재할 수 없고 존재이유도 없는 것이다.

　반면 정치군관은 군인의 신분이면서 동시에 당정치사업을 하는 당조직의 일원이기도 하다. 군관출신 탈북자는 정치군관 출신이건 지휘관 출신이건 정치군관이 당을 위해 일하며 당에 최우선적인 충성심을 보이고 있다는 점에 대해서는 의견이 일치했다. 이들의 교육과정 부터 일반 군관과 다르다. 지휘관을 양성하는 일반 군사대학은 정치 사상 교육과 군사교육의 비율이 3대 7인 것에 비해 정치군관 양성기관인 김일성 정치대학은 5대 5의 비율로 정치교육에 중점을 두고 있다.43) 군단 강습소의 경우 정치교육은 60～70%, 군사교육은 30～40%이다. 그나마 군사교육은 형식적이며 성적 판정 때 중요시되지 않은 반면 정치교육은 철저하게 평가했다.44)

　이들은 정치군관에 임용되면 당원으로서 당과 수령의 지시를 절대 준수하며 오직 당과 수령의 노선과 정책, 명령을 군대안에 실현하는 것을 자신의 역할로 인식하고 있다.45) 제도적으로도 정치군관의 지위와 임무는 일반 군관과 뚜렷이 구별되어 있다. 정치군관은 중앙당이 각급 부대에 직접 파견한 당의 대표라는 공식적 지위를 갖고 있다. 단 군사지휘관은 부대를 군사적으로 책임지는 것에 비해 정치위원은 부대를 정치적, 당적으로 책임지게 되어 있다.46) 1987년경 군대내 차별을 둔다는 이유로 폐지됐지만 일반 군관의 신분증에 총참모부 마크가 새겨져 있는데 반해 정치군관 신분증에는 당마크가 새겨져 있었다. 형식주의에 철저한 북한적 상황에서 당의 신분증과 참모부 신분증의 차이는 표현 그대로 신분의 차이를 공식화한 것으로 군대내 당일꾼은 일반군인과 다르다는 인식이 오랫동안 지배하고 있었다는 것을 말해준다. 이 제도가 군대내 반발로 폐지됐다는 사실에서도 단순한 표식 차이를 넘었던 문제라는 것을 알 수 있다.47)

또 정치군관과 일반군관은 일단 신분이 정해지고 나면 이후 양측간 교류도 거의 없는 별개의 영역으로 남아 있다. 소대장으로 있다가 일정한 교육과정을 수료하고 나서 중대 정치지도원이 되는 경우가 드물게 있으나 정치군관이 일반 군관으로 전직하는 사례는 거의 없다.[48] 다만 예외적으로 군 최고지도부에서 지휘관출신들이 총정치국 간부로 임명되는 경우가 있다. 일반 군관출신의 오진우, 조명록이 총정치국장이 된 것이 대표적이다.

이같이 정치군관은 군인의 범주를 벗어나지 않으면서 당에 우선 소속감을 느끼는 이중적 정체성을 특징으로 하고 있다. 이런 이중적 정체성은 당과 군이라는 제도를 상호 연결하고 당과 군을 별도의 제도로 분리하기 어렵게 하는 기능을 하고 있다. 펄뮤터와 레어그란드는 정치군관을 '이중 역할 엘리트'(dual-role elite)라고 규정하고 당이 체제통합자, 중재자로서의 구조적 지위를 유지할 수 있는 것도 이중 역할 엘리트의 존재 때문이라고 강조했다.[49] 당에 일차적 충성을 보이고 갈등이 이념적인 것이든 관료주의적인 것이든 당과 군 제도간의 문제로 발전시키지 않고 당내 갈등으로 흡수하는 역할을 하는 이중역할 엘리트 개념은 북한에도 그대로 적용될 수 있다. 정치군관은 당과 군의 일체성을 가능케 하는 제도이며 당내에서는 군인으로, 군대에서는 당일꾼으로 활동함으로써 군대의 정치화를 촉진하는 일반 사회주의 체제의 정치장교와 같은 기능을 하고 있다.

당간부이자 군간부인 정치군관은 인민군의 가장 주요한 과제인 정치사상적 준비[50]를 담당하고 있으며 군간부 인사권을 행사하고[51] 군대를 지배하는 당위원회의 운영자라는 점에서 부대내의 권력자이기도 하다. 원칙적으로 군대의 당위원회는 집체적 지도기관이지만 정치군관이 일상적으로 당정치사업을 관장한다는 점에서 당위원회는 곧 정치군관으로 등치되며 이는 부대내 권력관계를 규정한다.

또 정치군관은 제도적으로 지휘관 보다 승진을 유리하게 하지는 않고 있지만 같은 계급의 군지휘관에 비해 평균적으로 나이가 4~5살 정도 적은 편이어서 사실상 빠른 승진을 하고 있다.[52] 정치군관은 선발단계에서 출신성분이 좋고 도덕적으로나 능력이 뛰어난 인물을 선발하며 정치군관 스스로도 부대내 엘리트라는 자부심을 갖고 있다.[53] 중대장과 중대정치지도원을 비교하면 중대정치지도원이 더 유능하고 인물이 낫다는 점은 일반 군관도 인정한다.[54] 지휘관출신은 제대해도 사회에서 적당한 일을 찾기가 쉽지 않지만 정치군관은 대대 정치지도원의 경우 군당지도원이라는 '유급 당일꾼'으로 사회에서도 대우를 받을 수 있다.[55]

1995~1999년 까지 김정일 현지지도 동행자를 분석하면 인민군에서 김정일을 가장 가까이서 보좌하는 군지도자의 성격을 알 수 있다. 현철해 총정치국 조직담당 부총국장, 박재경 총정치국 선전담당 부총국장, 조명록 총정치국장 3인의 동행회수가 361회로 나머지 군지휘관 전체 동행횟수 346회 보다 많다. 30회 이상 동행자는 현철해, 박재경, 조명록, 김영춘, 김하규, 장성택, 리용철, 박송봉, 리명수, 김일철등 10명이다. 이중 정치군관은 현철해 박재경 조명록 3명, 당간부는 당 조직지도부 제1부부장 장성택(행정담당) 리용철(군간부 담당) 당 군수공업부 제1부부장인 박송봉이며 일반 군지휘관은 김영춘 총참모장, 김하규 포병사령관, 리명수 총참모부 작전국장, 김일철 인민무력부장 4명이다. 군지휘관 보다 정치군관 및 당조직지도부가 많다.[56] 김정일의 인민군에 대한 관심이 군대를 통제하는 정치군관에 집중되어 있음을 보여 주고 있다.

이같이 정치군관에 대한 권력집중은 정치군관과 일반 지휘관간의 갈등이란 부작용으로 나타나고 있다. 정치군관과 일반지휘관의 갈등은 1969년 정치위원제가 도입된 이후 끊이지 않았다. 두 세력간의 갈등은 1987년 오극렬 총참모장의 정치조직 축소사건과 1994년 총정치국 부총국장 리봉원 사건이 대표적이다.57) 북한은 이런 점을 의식, 지휘관이나 정치위원간의 권위 다툼을 없애기 위해 사무실 크기도 한 치의 오차 없이 같도록 신경을 쓰고 있다.58) 이같이 정치군관과 지휘관의 갈등은 전투력 및 군지휘체계의 효율성을 약화시키는 문제로 지적되고 있으며 당 지도부도 이를 잘 알고 있다. 그러나 무엇보다 당적 통제를 최우선시하기 때문에 이를 개선하려고 하지 않는다.

  물론 김일성, 김정일은 갈등 해소를 위한 노력을 기울여 왔으며 기회가 있을 때 마다 군대의 특성상 지휘관을 앞세울 것을 강조해 왔다.59) 김정일은 1991년 최고사령관이 된 이후 정치일꾼의 세도를 뿌리 뽑기 위한 회의를 따로 소집하고 군지휘관의 위상을 높이기 위해 군단장은 군단 정치위원 보다 2등급 높은 군사칭호를 주고 군지휘관과 정치군관이 함께 참가하는 군정간부회의를 소집하기도 했다.60) 김일성, 김정일은 1960~1970년대 군지휘관에 대한 통제강화를 위해 당조직의 우월적 지위를 강조했지만, 정치군관의 우위가 확고해진 뒤에는 '군정 배합' 즉, 정치군관과 지휘관의 상호 협력의 중요성을 자주 지적했다. 김일성은 지휘관은 아버지이며 정치위원은 어머니, 혹은 지휘관은 형님, 정치위원은 맏누이로 비유하며61) 상호 보완적 역할을 강조하기도 했다. 그리고 정치위원의 잘못이 명백하고 상급 부대로 보고되는등 정식으로 문제될 때는 일반 지휘관의 사기를 고려해 정치위원을 징계하는 경우가 있다. 그러나 이는 군사조직을 유지하기 위한 최소한의 조치에 불과하다.

  한마디로 정치군관은 정치적으로 우월한 대우를 받고 있는 군대내 새로운 지배계층이라고 할 수 있다.

3. 총정치국의 군통제 유형

1) 정치 사상적 통제

총정치국의 가장 중요한 임무는 군에 대한 정치사상적 통제이다. 인민군을 당과 수령의 군대로 유지시켜주는 가장 중요한 요소가 정치사상적 통제이기 때문이다. 따라서 군고위간부이든, 하전사이든 정치 사상적 감시 및 교육으로부터 누구도 자유롭지 못하다.

정기적인 사상교육으로는 중대 이하 군관 및 하전사를 대상으로 매주 월, 화, 목, 토요일 2시간씩 주 총 8시간에 걸쳐서 하는 '정치학습'이 있다. 이 중 토요일은 일명 '정치일'로 불리울 정도로 군관 및 하전사 대상으로 정치 사상교육에 대부분의 시간을 보낸다. 대대급 이상의 참모부 군관의 경우 토요일을 30분간의 주 당생활총화로 시작한다. 이어 초급당 단위로 선전부 주재하에 정치학습을 한다. 정치학습은 최근 김정일 노작, 문건이나 당정책과 관련한 내용으로 구성된다. 오후는 참모부 주관으로 상급 부대 명령 및 지시를 전달하고 선전부가 사단(여단)본부 전체 인원을 대상으로 김정일의 '교시' '말씀'을 시달한다. 김정일의 군사관련 교시내용을 중심으로 시달하며 그 내용을 노트에 받아 적어야 한다. 토요일 일과는 선전부가 최근 정세분석을 중심으로 강연회를 갖는 것으로 끝난다. 중대 이하 군관, 하전사의 경우도 토요일 일정이 거의 같으나 오후 청년동맹원의 날, 군중문화행사를 갖는 것이 다르다. <표 1> 참조.

매일 아침에는 소대 혹은 중대 단위로 로동신문, 조선인민군 신문, 노동청년 등의 신문을 소대장이나 부소대장, 선전원등이 낭독하는 '독보회'를 30분간 갖는다. 이 '독보회'가 끝나야 하루 일과를 시작할 수 있다. 대대 본부의 경우 대대장, 참모장, 부대대장, 정치지도원, 청년동맹위원장, 후방부대대장, 책임 보위지도원, 보위지도원등이 참석한다. 이 독보회를 통해 모든 병사는 김정일의 위대성에 대해 30분 이상 혼자 발표할 수 있는 능력이 갖춰질 것이 요구되고 있다.[62]

군간부를 대상으로 하는 엄격한 사상 통제 방법은 '당강습'이다. 전 군관을 일정 직급을 한 단위로 해서 사상검토를 한다. 연대장 이상 군단장까지 일선부대 지휘관 및 정치책임자, 인민무력부 국장 및 국당비서는 당 조직지도부에서, 무력부 각국의 부부장부터 부국장까지는 총정치국 당강습소에서 강습을 한다. 그 이하는 별도의 장소에서 월별로 일정을 정해 진행한다. 보통 15일에서 1개월간 계속된다.

이 강습의 목적은 군간부들이 변하는 현실에 맞게 실무능력을 갖추고 사상적 해이 없이 계속 수령과 최고사령관에 대한 충성심을 갖도록 재무장하는 것이다. 이 강습은 전반부 강연과 후반부 사상투쟁으로 나뉘어 진행된다. 이중 사상투쟁은 군간부 사상 단련 방법의 하나로 매우 가혹하다. '사람을 달구는 사업'으로 불리며 용광로에 한 번 들어갔다 나오는 심경이 될 정도라고 한다.[63] 일단 강습이 개최면 참석자의 신상 자료가 총정치국에 취합된다. 그 내용에 따라 집중비판 대상, 혹은 보고만 하고 끝내는 대상이 가려진다. 회의에서는 이같이 미리 정해진 절차에 따라 격렬한 상호비판과 토론을 한다. 결함이 있는데도 불구하고 자기 비판 없이 변명을 할 경우 강습기간에 철직을 당할 수 있다. 군간부의 지난 1년간의 실적과 능력을 평가하고 교정하는 일종의 '간부사업'이 진행되는 것이다.

<표 1> 토요일 정치학습 일정표

대대급 이상 참모부 군관

시 간	학습내용	주 관
08:00	(출근)	-
08:30-09:00	주간 당생활총화	
09:00-12:00	정치학습(최근 노작,문건, 당정책학습)	선전부
12:00-14:00	(식사)	-
14:00-14:30	명령침투(주간 상급명령지시 및 전달)	참모부
14:30-16:30	김일성, 김정일 교시 및 말씀 침투 (사단본부 전체 인원 노트 받아적기)	선전부
16:30-17:30	군사학습(훈련계획에 따른 군사지식교육)	
17:30-18:00	강연회(최근 정세분석 및 교양교육)	선전부

중대이하 군관 및 하전사

시 간	학습내용	주 관
08:30-09:00	주간 당 생활 총화	-
09:00-11:00	정치학습	선전부
11:00-12:00	김일성, 김정일 교시 및 말씀 침투	선전부
12:00-14:00	(식 사)	-
14:00-16:00	청년동맹원의날 운영	-
16:00-17:30	군중 문화	-
17:30-18:00	강연회	선전부

출처: 정일호 전 대위 증언.

또 군대내 모든 당원들은 '정규화 생활 참가수첩'이라는 것을 지급받는다. 토요일마다 진행하는 주 당생활총화, 토요학습, 수요 강연, 금요노동참가 여부 및 그에 대한 평가가 기록된다. 기록은 당세포가 맡으며[64] 그 내용에 따라 사상검토도 받아야 한다.

이런 정기적인 사상 교양외에도 내외의 정세변화 및 정책 전환에 따라 내용과 시간을 탄력적으로 운영하고 있다. 정치부가 참모부에 정치학습 시간을 요구하면 군사훈련을 못하는 한이 있어도 시간을 보장해 주도록 되어 있기 때문에 필요하면 얼마든지 늘어 날 수 있게 되어 있다. 실제 사상학습 및 총화의 비중이 늘어 났다는 증언도 있다.[65]

김정일 시대 사상 통제 특징의 하나는 대규모 대회를 통한 방법이다. 인민군내 각 부문별로 대회를 개최해 당과 수령에 대한 충성을 다짐하는 형식이다.

대표적인 대회는 중대장 대회, 중대정치지도원 대회이다. 이 대회는 1967년 3월 '조선인민군 정치일군 대회' 개최 이래 2000년까지 10여 차례 열렸다. 1991년 11월 12~13일 '중대장 대회', 1991년 12월 25~26일 '인민군 중대 정치지도원 대회', 1995년 3월 15~16일 '인민군 중대장 중대정치지도원 대회', 1999년 2월 '중대장 대회', 2000년 2월 26~27일 '중대 정치지도원 대회'가 각각 열렸다. 이중 1991년 이후 열린 것이 5차례이며 김일성 사후 열린 것은 3차례로 1990년대에 대회가 집중됐다. 이 대회는 기본 전투 단위인 중대에 대한 사상 통제를 강화하고 김정일에 충성을 맹세하게 함으로써 지속적인 군의 충성심을 확보하기 위한 것이다.66)

당과 수령에 대한 군대의 충성심 유지를 위한 노력은 2000년 2월의 '중대 정치지도원 대회'에서도 잘 나타났다. 대회는 참석자들에게 김일성이 1991년 12월 25일의 중대정치지도원 대회 때 '최고사령관의 사상과 령도'를 충성으로 받들어 나갈 것을 촉구하는 내용의 연설을 녹음으로 들려 주었다. 이어 당중앙 군사위원회는 축하문에서 "중대 정치지도원들이 경애하는 최고사령관 동지의 선군정치를 높이 받들고 당과 혁명 앞에 지닌 자기의 영예로운 임무를 책임적으로 수행"했다고 평가하며 당의 사상중시 노선을 틀어쥐고 중대를 수령결사 옹위 정신이 차 넘치는 충성의 전투대오로 만들고 당의 신임과 기대에 보답할 것을 촉구했다. 총정치국 부총국장 현철해도 보고에서 "정치지도원들은 당원과 군인들을 당의 참된 충신, 효자로 준비시키는 것"이 "당정치사업의 총적 목표"라고 강조했으며67) 참석자들은 토론에서 당의 영도 따라 인민군대의 전투력을 강화하고 사회주의 군사 강국의 위용을 떨치는데 적극

이바지함으로써 당의 신임과 기대에 충성으로 보답하겠다고 다짐했다.68)

군대내 정치 사상교양, 선전사업을 담당하는 선동원의 역할을 제고하기 위한 조선인민군 선동원 대회도 제8차 대회(1983년 4월 18일) 이후 열리지 않다가 12년만인 1995년 1월 26일 다시 개최됐다.69)

인민군 일반 하전사를 대상으로 하는 대회로는 '조선인민군 청년일군 대회'가 있다. 1979년 10월 26일 김정일을 후계자로 공식화한 제 8차 당대회를 앞두고 제1차 대회가 열렸으며 동유럽 사회주의가 위기로 치닫던 1989년 12월 23일 2차 대회가 열렸다. 북한 체제 안팎의 중대 사안이 있을 때 군의 정치적 통제를 강화하기 위해 열리는 대회임을 알 수 있다.70) 3차 대회는 1996년 11월 18일 열렸으며 1998년 8월 28일에는 '조선인민군 청년일군 열성자 대회'가 개최됐다.71) 1차 대회와 2차 대회의 간격이 10년인 것에 비해 3차 대회는 7년만에, 열성자 대회는 2년만에 다시 열어 하전사 대상의 정치 사상 교양을 강화하고 있음을 알 수 있다.

1982년 11월 처음 열린 뒤 개최되지 않던 조선인민군 포병 대회도 10년만인 1992년 10월 다시 개최되고 1979년 10월 특무장 강습 이래 중단됐던 조선인민군 사관장(전 특무장)대회도 12년만인 1991년 10월 재개최되는 등 군대에 대한 직급별, 계급별, 병종별 교육이 대폭 늘어났다. 1990~1993년 사이 정치 사상 통제를 위해 열린 대규모 대회는 7회에 달한다.72)

총정치국 부총국장 현철해는 이같은 일련의 대회가 무엇을 의미하는지 다음과 같이 밝혔다.

"경애하는 최고사령관 동지께서는 사관장 대회와 중대장 대회, 중대 정치지도원 대회를 련이어 소집하시여 전군에 당의 령도체계를 철저히 세우고 중대의 정치 사상적 위력을 강화하는데서 획기적 전환의 계기를 마련해 주시였으며 정연한 중대 지도체계를 세워 주시었다."73)

2) 군간부의 일상 생활 감시

당정치 조직의 일상적 업무 가운데 군간부의 생활 감시는 매우 중요한 부분이다. 당정치조직의 철저한 감시망은 군간부가 당의 통제를 벗어나는 것을 거의 불가능한 상태로 만든다. 지휘관의 일상생활을 감시하는 당조직으로는 조직부와 통보과가 있으며 보안기관으로는 보위사령부가 있다.

조직부는 지휘관의 발언과 행적을 모두 기록, 추적한다. 이를 위해 정치군관은 지휘관의 마음속까지 읽는 능력을 갖출 것을 요구하고 있다.74) 김일성은 "정치사업을 잘 하면 사람들의 마음속까지 들여다 볼 수 있지만 정치사업을 하지 않고 허공에 떠 있으면 사람들을 알 수 없습니다"라고 지적한 바 있다. 김일성은 조직부의 첫째 임무도 '지휘관들을 철저히 요해하는 것'이라고 강조했다.75) 군단장의 하루 일과와 발언내용등 동향 일체는 조직부를 통해 매일 총정치국으로 보고된다.

총정치국은 이 동향의 경중을 가려 필요한 경우 김정일에게 보고한다. 사단(여단)장의 동향은 특별한 경우에 한해 총정치국에 보고되며 보통 군단 정치부가 일일 동향을 점검한다.76) 연대장의 동향은 사단 정치부가 감시한다. 그러나 정치적으로 민감한 문제일 경우 연대장 이하의 지휘관이라도 총정치국까지 보고된다.

지휘관은 해당 부대를 벗어 날 경우 반드시 사전에 조직부장에게 통보하도록 되어 있다.77) 만일 지휘관이 보고없이 이동할 경우 조직지도원이 지휘관에게 바로 문제제기를 할 수 있다.78)

통보과는 부대내 간부의 군무생활 및 사생활에서 나타난 우점, 결함 등 자료를 수집, 상부에 보고한다. 일선 부대에서 총정치국 통보과를 거

쳐 당 조직지도부 통보과와 김정일에게까지 연결되어 있는 비상 통보망
이다. 각급 부대의 통보지도원은 해당부대의 부대장이나 정치지도원에
게도 활동사항을 보고할 의무가 없다. 그 만큼 철저히 직보체계로 되어
있다. 총정치국 통보과도 인민무력부장이나 총정치국장에게 보고하지
않고 당중앙 조직지도부 통보과에 직접 보고하는 선을 통해 김정일에게
통보되도록 하고 있다. 군단, 사단에는 통보과가, 연대에는 통보지도원
이 있다.[79]

보위사령부는 당조직은 아니지만 당의 지도를 받으며 군관의 일상생
활을 감시한다. 당초 정치 보위국으로 총참모부의 한 부서였으나 1997
년 보위사령부로 총참모부에서 독립됐다. 김정일시대 보안기관의 독립
은 체제 정통성 약화에 따른 군통제 강화의 일환이라고 볼 수 있다. 예
심부 수사부 미행부 사건종합부등 11개 정도의 부서가 있다. 군단에는
보위부와 보위 중대, 사단에는 보위부와 보위 소대, 연대에는 보위부장
등 3명, 대대에는 보위지도원 1명이 있다. 민정경찰은 중대까지, 정찰국
은 소대까지 보위지도원이 있다.[80]

기본 임무는 군대내에 잠입하고 있는 간첩과 북한정책에 불만을 품
은 불순분자, 사상적 동요자를 색출하는 것이지만 살인 절도 무단 탈영
성폭행등 일반 범죄도 다룬다. 보위사령부는 이런 목적을 위해 군간부
의 일상활동을 항상 감시하고 있다. 김정일을 제외한 모든 간부에 대해
서 편지검열, 전화도청을 하며[81] 비밀정보원을 두고 간부의 사생활을
조사하기도 한다.[82] 장령급만 50며명을 숙청하고 수십명의 군관을 처형
했던 1992년 프룬제 군사아카데미 사건이 보위사령부의 역할을 잘 드러
낸 사례이다. 김정일은 이 공로를 인정, 1993년 인민군 보위일꾼 대회를
열어 격려하고 이 사건을 담당했던 보위일꾼들의 군사칭호를 한 등급씩
승진시켰다. 이 대회 이후 보위국은 다시 군숙청을 전개, 600명 이상의
장령 군관들을 제대시켰다.[83]

3) 군간부 인사 통제

당정치조직이 군간부에 대해 절대적 영향력을 행사할 수 있는 자원은 바로 인사권이다. 인사권을 당정치조직이 행사하는 한 군간부에서 하전사까지 당의 통제를 벗어나기 어렵다.

군대내에서 인사를 결정하는 기관은 공식적으로 해당 부대 당위원회 비서처이다. 주요 지휘관 및 참모, 정치군관은 중앙당 비서처가 직접 결정을 하며 그외의 지휘관 및 참모, 정치군관은 인민군 각급 단위의 당비서처가 결정을 한다. <표 2> 참조.

각급 당비서처가 결정하기 전까지는 각급 부대의 조직부가 사실상 인사내용을 확정하며 비서처 회의는 이를 추인하는 형식적 절차를 밟는게 관례로 되어 있다. 조직부는 간부부로부터 인사안에 관한 자료를 받으면 인사대상자의 당생활 평가 및 신원상의 문제점을 점검한 뒤 승인여부를 결정한다. 승인이 이루어지면 당비서처 회의에 제출한다. 대부분의 인사안은 사전 협의한 사안이므로 비서처 회의에서는 별다른 논란없이 원안대로 만장일치 통과되는게 상례이다. 그러나 비서처 회의에서 사전에 발견하지 못한 결점이 지적되면 부결시키는 경우가 간혹 있다. 일단 비서처가 인사안을 결정하면 이 내용을 당 조직지도부 4과로 올려 결재를 받는다. 대부분 그대로 인사결정이 나지만 간혹 기각하는 경우도 있다.

<표 2> 군간부 인사 결정기관

결정기관	인사대상
당중앙위원회 비서처	△군단: 군단장/정치위원/부군단장/참모장/작전부장/ 정치부장 △사단(여단): 사단장(여단장)/정치위원/정치부장/참모장/부사단장/보위부장 △연대: 연대장/정치위원

인민군당위원회 비서처	△군단: 참모 △사단(여단): 과장 △연대: 부연대장/참모장/상급참모/정치부장 △대대: 정치지도원
군단당위원회 비서처	△군단: 과장급참모 △연대: 참모 △중대: 정치지도원
사단당위원회 비서처	당원입당심의

출처: 김정민 전 대좌, 이영훈 전 소좌(가명), 심신복 전 대위 증언.

　인사처리에 있어서 인민무력부 간부국의 권한은 제한적이다. 간부국이 총정치국으로 독립하고 군단, 사단에 간부부가 별도로 있지만 인사평가의 중요한 자료인 당원 개개인에 대한 당생활 및 신상자료를 확보하지 못하고 있다. 인사업무에 필수적인 당생활평가 자료를 축적하고 각급 당조직을 통해 당원 개개인의 활동사항을 파악하고 있는 부서는 조직부 뿐이다. 따라서 간부부의 업무는 인사행정의 차원에서 조직부를 지원하는 성격이 강하다. 특히 연대의 경우 간부지도원은 조직부장의 통제하에 인사행정업무를 보고 있다. 간부지도원의 업무내용은 인사 기초자료작성등 조직부 인사사업에 국한되어 있다. 그러나 연대 조직부장도 인사문제를 단독으로 결정하지는 못하며 사단 간부부에 통보해야 한다. 그러면 사단 간부부는 사단 조직부에 통보하는 절차를 밟는다.
　인사평가의 핵심자료는 조직부가 관리하는 '당생활평정서'이다. 당생활 평정서는 해당 부대의 책임비서가 작성한다. 대외사업국의 경우 국장 보다 낮은 직급의 당원인 세포비서가 국장을 포함 모든 당원의 각종 당생활을 기록한다. 따라서 국장이라도 세포비서에게 잘 보이도록 노력할 수 밖에 없다. 당비를 낼 때도 국장이 갖고 가 직접 세포비서에게 낸다. 세포비서는 매일 오후 당비서를 찾아가 그날 그날 세포당원들에게 나타난 우점과 결함에 대해 구체적으로 보고토록 의무화하고 있다. 모든 당원들도 매일 세포비서에게 좋은 일 나쁜 일을 가리지 않고 털어

놓아야 한다. 중대원은 중대세포비서(중대정치지도원이 겸임)가, 대대 군관은 대대 정치지도원이, 연대 군관은 연대 정치위원이 당생활평정서를 작성한다.

세포비서는 이런 개인 신상에 대한 정보를 바탕으로 당원 평가서를 작성해서 초급당 비서에게 올린다.[84] 초급당 비서는 나름의 자료를 바탕으로 이를 재작성해 사단 조직지도과에 제출한다. 사단 조직지도과는 역시 이를 가필 수정한 뒤 군단 조직부 당생활지도과에 보고한다. 장령의 경우 6개월에 1번, 장령이하 간부는 1년에 1번 '당생활평정서'를 제출해야 하며 하급 군관은 인사 사업이 있을 때에 한 해 평정서를 제출한다. 또 새로운 군사칭호를 받거나 직무가 바뀌거나 승진 때도 당생활평가서가 '간부 이력문건'에 첨부된다. 이 자료에는 각자의 성격, 사업능력, 우점, 결함이 구체적으로 기록돼 있어 이를 토대로 인사권자들이 인사를 결정한다.

'당생활 평정서'는 이름, 생년월일, 소속, 직무, 군사칭호, 입당 연월일등 기초사항에 관해서만 양식이 정해져 있다. 평가에 관한 부분은 작성자가 우점, 결점, 대책 등 일정한 서술 방식에 따라 작성하도록 되어 있다. 우점은 간단 명료하게 하되 결점은 구체적이고 상세하게, 대책은 정확하게 기술하는 것을 원칙으로 하고 있다. 우점과 결점에서 평가하는 항목은 다음과 같다.

우선 일반적인 군대 생활에 대한 평가를 위해 다음과 같은 6개 항목이 있다. (1)위대한 수령을 모시는 자세 (2)김일성 김정일의 사상으로 무장한 정도 (3)자기 사업 능력 (4)사업작풍과 방법 (5)경제 및 도덕 생활 (가정 관리 및 남녀관계) (6)건강.

당생활에 대한 평가는 5가지 항목으로 (1)당 조직생활 및 당조직관점상의 문제, 즉 당을 어머니 당으로 생각하고 김정일동지와 운명을 같이할 자세가 되어 있는가 (2)세포총회등 각종 회의에 적극 참가해서 창의적 의견을 발표하는가. (3)일상적 당생활 즉 주당생활총화, 학습, 강연 참가 정도는 어떤가 (4)당조직이 위임한 사업을 원만히 수행하는가 (5)당비를 성실 납부하는가등 이다. 결론에 해당하는 대책은 네가지로 분류한다. (1)승격시킬 대상 (2)그 자리에 고착시킬 대상 (3)동급으로 조동(이동)시킬 대상 (4)당장 처리할 대상.

  하전사가 입대하는 가장 큰 이유는 사회에서는 까다로운 입당을 수월하게 하기 위한 것이다. 그러므로 하전사 역시 당조직에 절대 복종하지 않을 수 없다. 하전사의 인사는 총참모부 '대렬과'가 담당하고 있지만 당조직이 당원 선발권을 보유하고 있으므로 당의 영향력은 하전사라고 예외가 아니다. 군인의 입당은 정치위원, 정치부장, 조직부장, 선전부장, 보위부장으로 구성된 '사단 입당심의 위원회'가 결정한다.

  입당 절차는 당세포비서가 입당 제의서를 조직부 당원등록과에 제출하는 것으로 시작된다. 당원등록과는 제의서가 당규약 대로 기록됐는지를 확인하고 이를 조직지도과로 넘긴다. 조직 지도원은 입당 심의 대상자가 있는 부대로 내려가 제의서 내용과 일치되는지 확인한 뒤 입당 대상자로 내정하고 서류를 등록과로 다시 넘긴다. 등록과는 입당심의 대상자 소속 당세포비서에게 통보하고 세포비서는 입당심의를 위한 세포총회를 연다. 총회에서 입당 심의 대상으로 결정되면 그 내용을 등록과에 보고하고 등록과는 조직부에 통보한다. 조직부는 입당 심의 대상자 전원을 불러 개별 심의를 한 뒤 사단 입당심의위로 넘긴다. 심의위는 개별 면접을 통해 최종 결정을 내린다. 통과되면 사단 당위원회에서 후보당원증을 배부하고 세포비서가 1~2년간 별도 관리하며 교육을 시킨다.[85]

4) 군사행정 통제

　당정치조직은 당사업 및 정치사업만 관할하지 않는다. 당정치조직은 일반 군사행정이 당의 노선과 정책에 충실한지를 감시하고 교정하는 기능을 보유하고 있다. 즉 당 노선과 정책의 집행여부를 감시하기 위해 각급 부대의 정치 조직은 군단에서 부대의 기본 단위인 중대까지 크고 작은 모든 현안에 개입해 지도, 통제할 수 있다. 조직부의 임무중 하나를 예로 들면 군사행정이 당과 김정일의 정책 및 방침과 일치하도록 뒷받침하고 교정하는 것이다. 순수한 군사행정 사항이라 해도 그 것이 당의 지시나 방침과 어긋난다고 판단될 경우 언제나 중지시키고 시정토록 할 수 있는 권한이 있다. 정치조직은 이런 권한을 근거로 군사 사항 전반을 통제한다.

　조직부에는 모든 부대 단위에 있는 당세포, 초급당을 통해 군사, 후방, 훈련, 인사등 부대내 모든 현안이 수집되고 종합된다. 참모부도 참모부내 초급 당조직이 있으므로 이 조직을 통해 조직부로 정기적으로 보고된다. 이같이 조직부는 부대의 모든 문제를 완전히 파악하고 그에 따라 직, 간접적으로 간여하고 통제하게 되어 있다.

　각급 부대의 군사훈련도 마찬가지이다. 참모부가 훈련계획안을 마련하면 조직부를 통해 정치위원의 서명을 받거나 합의를 해야 한다. 사안에 따라 당집행위원회나 비서처 회의등 당의 집체적 지도를 거치도록 하고 있다. 당집행위원회나 비서처 회의는 조직부가 준비하므로 당회의가 열린다는 것은 조직부가 사전 결정한 대로 진행된다는 것을 의미한다. 훈련과 관련한 회의에서 내용이 변경되는 경우는 드물고 실제로는 훈련을 잘하자는 결의대회의 형식에 가까운 경우가 많다.

　공군사령부 근위 제1사단 91연대 중위였던 유인덕은 연대의 작전 훈련실행과정을 다음과 같이 증언했다. 우선 연대 참모부가 훈련 계획안을 마련, 조직부의 재가를 거쳐 사단 참모부에 보고한다. 사단 참모부는 각 연대 참모부가 작성한 부대별 훈련계획안을 보고 받아 이를 바탕으로 사단 차원의 작전 훈련계획안을 수립하며 이를 사단 조직부에 통보한다. 조직부는 나름의 정치 사상사업안을 추가한다. 정치부도 훈련이 시작되면 훈련에 맞게 속보, 소보, 벽보를 제작하고 선동구호를 준비하는등 정치부 고유의 사업을 해야 하기 때문이다. 조직부가 훈련계획안을 승인해 참모부로 보내면 참모부는 공군사령부 참모부로 보내고 공군사령부참모부는 공군사령부 정치국에 보고, 승인을 받은 뒤 인민무력부 총참모부 작전국으로 올린다. 작전국이 최종 재가를 하면 역순으로 내려와 연대가 작전을 실행하게 된다. 이같이 군사행정에 관한 사항이라도 당조직의 간여없이는 지휘관이나 참모장이 단독으로 하는 일은 거의 없다.

※ 이 글은 "북한군 총정치국과 통제기제," 『왜 북한군부는 쿠데타를 하지않나』 (한울, 2003)에 수록된 것을 요약정리 하였다.

주註

1) 당규약 제8장 51항은 "조선인민군 총정치국과 그 소속 정치기관은 해당 당위원회의 집행기구로서 당정치사업을 조직하고 수행한다"라고 되어 있다.
2) 당규약 제8장 51항은 "조선인민군 총정치국과 그 소속 정치기관은 해당 당위원회의 집행기구로서 당정치사업을 조직하고 수행한다"라고 명시되어 있다.
3) 총정치국의 권한과 임무는 '조선인민군 당 정치사업 규정'에 상세히 명문화되어 있다. 군관출신 탈북자들은 이 규정을 잘 숙지하고 있으나 아직 남한에까지 공개되지는 않았다.
4) Cheng Hsiao-Shih, *Party-Military Relations in the PRC and Taiwan: Paradox of Control* (Boulder, San Francisco & Oxford: Wsstview Press, 1990), pp. 38-45.
5) 북한의 경우 사단 정치위원은 정치부 책임자로서 정치일꾼이지만 역시 사단 당위원회 책임비서를 겸하고 있는 당일꾼이기도 하다.
6) '당정치 사업'이란 용어가 시사하듯이 실제 북한에서도 일반적으로 당사업과 정치사업을 통합적으로 사용한다.
7) 당위원회 활동은 이영훈 전 소좌(가명), 심신복 전대위, 서경환 전 대위의 증언을 토대로 했다.
8) 조선노동당 규약 제7장 47 참조.
9) 인민군내 당조직 운영 및 당활동의 구체적인 내용은 '인민군당위원회 사업 규범집 지시서'에 규정되어 있다. 김정민 전 대좌, 심신복 전 대위 증언.
10) 김일성, "인민군대내에서 정치사업을 강화할데 대하여"(1960.9.8), 『김일성저작집 14』 (평양: 조선로동당 출판사, 1981), 345~382쪽.
11) 5명 정도로 구성되어 있다. 사단 비서처의 경우 사단장, 정치위원, 보위부장, 참모장, 정치부장이다.
12) 총정치국 내부조직은 김정민 전 대좌, 이영훈 전 소좌(가명, 1998년 탈북)의 증언을 토대로 재구성했다.
13) 김정일, "인민군대안의 선전선동사업을 강화할데 대하여"(1979.2.14), 『주체혁명위업의 완성을 위하여 4』 (평양: 조선로동당출판사, 1987), 146~147쪽.
14) 심신복 전 대좌 증언.
15) 조선인민군 선동원 대회는 1995년 4월 제9차 대회까지 열렸다.
16) 김일성, "인민군대는 공산주의 학교이다"(1960.8.25), 『김일성 저작집 14』 (평양: 조선로동당출판사, 1981), 265~302쪽.
17) ≪로동신문≫ 1998년 3월 9일자.
18) 1993년 김정일 지시에 의해 총정치국 조직부 1과와 2과, 간부부를 총정치국에서 분리해 간부국을 신설했다. 현성일, "북한의 인사제도 연구," 통일정책연구

소, 『북한조사연구』 제2권 1호(1998), 30쪽.
19) 심신복 전 대위 증언.
20) 김정민 전 대좌 증언.
21) 정일호 전대위는 신임 군관의 직무임명, 제대명령도 간부국이 아닌 정치위원의 이름으로 행한다고 밝혔다. 정일호 전 대위 자필 기록.
22) 정치위원의 임무에 대해서는 김정일, "부대정치위원의 임무"(1972.10.17), 『김정일 선집 2』(평양: 조선로동당 출판사, 1993), 461~466쪽.
23) 김일성, "인민군대의 당 조직사업을 개선할데 대하여" (1969.11.7), 『김일성 저작집 24』(평양: 조선로동당 출판사, 1983), 316쪽.
24) 위의 글, 306~308쪽.
25) 위의 글, 310쪽.
26) 위의 글, 314~315쪽.
27) 심신복 전대위 증언.
28) 최주활 전 상좌 증언.
29) 김성민 전 대위(620훈련소 예술선전대, 1995년 10월 탈북)는 당생활지도과는 조직부의 핵심 조직이었으나 보위국이 보위사령부로, 간부국이 조직국에서 독립했을 때 함께 독립했다고 다른 증언을 했다.
30) 김일성, 앞의 글(1969.11.7), 316쪽.
31) 조직지도원중 내부와 외부 담당 지도원이 있다. 내부지도원은 연대 본부를 맡는 선임지도원이며 외부지도원은 대대등 산하 부대를 담당한다. 선전지도원 역시 내부, 외부 지도원과 3방송 지도원이 있다.
32) 김정민 전 대좌, 이영훈 전 소좌(가명), 서경환 전 대위는 정치군관이 군인이라기 보다 당의 인물에 속한다고 대답한 반면 정일호 전 대위, 유송일 전 대위, 심신복 전 대위, 최주활 전 상좌, 최중현 전 대위는 정치군관이 당사업을 하지만 신분은 군인이므로 군인으로 보아야 한다고 답변했다.
33) 1980년대 초 군단별로 1년 과정의 강습소를 설치, 이 곳을 거치면 정치군관으로 임명했 다. 군사대학을 나오지 않고 군관이 됐다고 해서 이들을 일명 '깃발군관'이라고 불렀다. 최중현 전 대위 증언.
34) 이영훈 전 소좌(가명) 증언.
35) 심신복 전 대위 증언.
36) 정창현, 『곁에서 본 김정일』(서울: 토지, 1999), 231쪽.
37) 이영훈 전 소좌(가명) 증언.
38) 이항구, 『김정일과 그의 참모들』(서울: 신태양사, 1995), 211쪽.
39) ≪연합뉴스≫ 2002년 4월 30일.
40) 김성철, 『북한 간부정책의 지속과 변화』(서울: 민족통일연구원, 1997), 68~

69쪽.
41) 이영훈 전 소좌 증언. 이는 소련과 비교할 때 매우 낮은 수준이다. 소련의 경우 1948~1975년 28년간 정치군관에서 지휘관으로 전직율이 평균 22.5%, 지휘관에서 정치군관으로 전직율이 20.8%였다. Timothy J. Colton, Commissars, *Commanders and Civilian Authority* (Cambridge: Havrad University, 1979), pp. 182-183.
42) 이영훈 전 소좌(가명) 증언.
43) 이영훈 전 소좌(가명) 증언.
44) 최중현 전 대위 증언.
45) 정치군관 출신인 이영훈 전 소좌(가명), 심신복 전 대위 증언.
46) 김정일, 앞의 글(1972.10.17), 463쪽.
47) 최주활 전 상좌 증언.
48) 심신복 전 대위, 정일호 전 대위 증언.
49) Amos Perlmutter and William M. LeoGreande, "The Party in Uniform: Toward a Theory of Civil-Military Systems," *American Political Science Review*, Vol. 76(December 1982), p. 779.
50) 김일성은 중대정치지도원의 임무를 포괄적으로는 "항일의 혁명전통을 계승하여 중대를 혁명화하는 것"이라고 규정하고 이를 위해 우선적으로 '정치사상 교양사업'을 강화해야 한다고 강조했다. 김일성, "인민군대 중대정치지도원의 임무에 대하여"(1991.12.25), 『김일성 저작집 41』(평양: 조선로동당 출판사, 1994), 265~266쪽.
51) 서경환 전 대위는 "군대내 정치일꾼이 인사권을 쥐고 있기 때문에 지휘관은 위로 올라 갈 수록 정치군관의 영향력을 더 많이 받는다"고 증언했다.
52) 안영길 전 대위 증언.
53) 이영훈 전 소좌(가명), 심신복 전 대위 증언.
54) 정일호 전 대위 증언.
55) 심신복 전 대위는 정치군관은 당사업을 해본 경험 때문에 사회에서 활용하기가 쉽다고 설명했다.
56) 1995~1999 김정일 현지지도 동행자 및 동행횟수를 보면 다음과 같다. 정치군관은 현철해(132), 박재경(126), 조명록(103)등 3명 361회이다. 지휘관은 김영춘(91), 김하규(78), 리명수(38), 김일철(30), 전재선(16), 김명국(14), 오금철(12), 리을설(11), 김윤심(8), 박기서(7), 정호균(4), 정창렬(4), 장성우(4), 김정각(3), 김익현(2), 오룡방(2), 리병욱(2), 김룡연(2), 심상대(2), 김격식(2), 김대식(2), 김현용(1), 전기련(1), 강동윤(1), 리종산(1), 김성규(1), 주상성(1), 전진수(1), 리태철(1), 백상호(1), 김양점(1), 려춘석(1), 장성길(1)등 33명 346회이다. 당조직지도

부에서는 제1부부장 장성택(59), 리용철(51), 최춘황(16), 림상종(1), 김동훈(1), 문성술(1) 등 6명 129회이다. 이밖에 군수·교통에서는 박송봉(38), 리용무(18), 김철만(1)등 3명 57회이며 사회안전부에서는 백학림 (4), 군보위사령부에서는 원웅희(8)가 있다. 이 기간 전체적으로는 47명이 905회 동행했다. 통일부 각 연도별 '김정일 공개 활동 현황'을 종합.

57) 최주활, 앞의 글(1996.7), 178～179쪽.
58) 정일호 전 대위, 최중현 전 대위 증언.
59) 김정일, 앞의 글(1972.10.17), 465쪽.
60) 최주활, 앞의 책, 앞의 글(1996.7), 179쪽.
61) 김일성, 앞의 글(1991.12.25), 263쪽.
62) 곽경일 전 중사 증언, 평화문제연구소, 『통일한국』, 1997년 3월호, 28쪽.
63) 심신복 전 대위 증언.
64) 이 수첩은 해당 부대 선전부가 일괄 보관하고 있다. 만일 당원이 출장을 가는 경우는 선전부로부터 수첩을 받아 출장지의 당세포비서에게 제출해야 한다. 출장지의 세포비서는 이 수첩을 받아 그 곳에서의 당생활을 기록한다. 심신복 전 대위 증언.
65) 이광일 전 사회안전성 소속 중사(1999년 6월 귀순) 증언.
66) 통일부, 『주간북한동향』 476호(2000.2.26～3.3), 4～5쪽.
67) ≪로동신문≫ 2000년 2월 27일자.
68) ≪로동신문≫ 2000년 2월 28일자.
69) 통일부, 『월간 북한동향』 1995년 1월, 54쪽.
70) 통일부, 『주간 북한동향』 제306호(1996.11.16～11.22), 6～7쪽.
71) 『조선중앙년감』 1997년판, 1999년판. 조선중앙통신사.
72) 『조선중앙년감』 각 연도.
73) ≪로동신문≫ 2000년 2월 27일자.
74) 심신복 전 대위증언.
75) 김일성, 앞의 글(1969.11.7), 316～318쪽.
76) 사단장이나 인민무력부 국장이상 모든 장령들은 그날의 행동일력과 다음날 행동계획을 매일 오전 11시까지 총참모부 작전국 보고 계통을 통해서도 보고하도록 되어 있다.
77) 지휘관이 직접 조직부장에게 통보하는 게 보통이며 경우에 따라 참모부 당비서를 시켜 간접 통보하기도 한다.
78) 심신복 전 대위는 "만일 사단장이 보고를 않고 다른 곳에 갔다가 적발되면 조직지도원이 '당을 떠난 사단장은 있을 수 없다. 그런데 당에 보고도 하지 않고 움직이면 어떻게 하나. 미국 CIA에 갔다왔는지도 모르는 일인데 그럴 수 있느

냐'라고 다그치게 되면 사단장이라도 벌벌 떤다"고 증언했다.
79) 최주활, "조선인민군 (5) – 인민군의 감시 통제 실상," 『월간 WIN』 1996년 11월호, 188쪽.
80) 이영훈 전 소좌(가명), 김정민 전 대좌 증언, 최주활 전 상좌 증언.
81) 최주활 전 상좌는 3인자 였던 오진우도 감시의 대상이었으며 작전국장도 도청을 조심할 정도였다고 한다. 최주활, 앞의 글(1996.11), 190쪽.
82) 최주활 전 상좌는 자신의 하전사 시절 비밀정보원 활동 경험으로 미루어 비밀정보원이 4~5명당 1명씩으로 추산했다. 최주활 전 상좌 증언.
83) 최주활, 앞의 글(1996.11), 192~193쪽.
84) 당 세포가 1차적으로 당원을 평가한다는 점에서 최일선 감시자라 할 수 있다. 최주활, 앞의 글(1996.11), 188쪽.
85) 심신복 전대위 증언.

<참고문헌>

1. 북한문헌

김일성, "인민군대 중대정치지도원의 임무에 대하여"(1991.12.25), 『김일성 저작집 41』 (평양: 조선로동당 출판사, 1994).
김일성, "인민군대내에서 정치사업을 강화할데 대하여"(1960.9.8), 『김일성저작집 14』 (평양: 조선로동당 출판사, 1981).
김일성, "인민군대는 공산주의 학교이다"(1960.8.25), 『김일성 저작집 14』 (평양: 조선로동당출판사, 1981).
김일성, "인민군대의 당 조직사업을 개선할데 대하여"(1969.11.7), 『김일성 저작집 24』 (평양: 조선로동당 출판사, 1983).
김정일, "부대정치위원의 임부"(1972.10.17), 『김정일 선집 2』 (평양: 조선로동당출판사, 1993).
김정일, "인민군대안의 선전선동사업을 강화할데 대하여"(1979.2.14), 『주체혁명위업의 완성을 위하여 4』 (평양: 조선로동당출판사, 1987).
조선중앙통신사, 『조선중앙 년감』 각 년도.
≪로동신문≫ 1998년 3월 9일자.
≪로동신문≫ 2000년 2월 27일자.
≪로동신문≫ 2000년 2월 28일자.

2. 남한문헌

김성철, 『북한 간부정책의 지속과 변화』 (서울: 민족통일연구원, 1997).
이항구, 『김정일과 그의 참모들』 (서울: 신태양사, 1995).
정창현, 『곁에서 본 김정일』 (서울: 토지, 1999).
최주활, "조선인민군 (5) - 인민군의 감시 통제 실상," 『월간 WIN』 1996년 11월호.
통일부, 『월간 북한동향』 1995.1.
통일부, 『주간 북한동향』 476호 (2000.2.26~3.3).
통일부, 『주간 북한동향』 제306호 (1996.11.16~11.22).
평화문제연구소, 『통일한국』, 1997년 3월호.
현성일, "북한의 인사제도 연구," 통일정책연구소, 『북한조사연구』 제2권 1호 (1998).
≪연합뉴스≫ 2002년 4월 30일.

3. 외국문헌

Amos Perlmutter and William M. LeoGreande, "The Party in Uniform: Toward a Theory of Civil-Military Systems," *American Political Science Review*, Vol. 76 (December 1982).

Cheng Hsiao-Shih, *Party-Military Relations in the PRC and Taiwan: Paradox of Control* (Boulder, San Francisco & Oxford: Westview Press, 1990).

Timothy J. Colton, *Commissars, Commanders and Civilian Authority* (Cambridge: Havrad University, 1979).

북한군 최고사령관의 군사지휘체계

고 재 홍

1. 문제제기

　북한 김일성의 사망 이후 김정일은 북한군 최고사령관의 직함으로서 비공개 '전투동원태세' 명령이나 노동적위대 및 붉은청년근위대 입대대상자를 새로 입대시킬데 대한 명령('94.11.2), 청류다리 1단계와 금릉 2동굴 공사를 기간내 완공할데 대한 명령('94.11.9) 등을 하달하였다. 이렇듯 김일성 사망이라는 비상시기에 김정일은 최고사령관의 이름으로 북한 통치를 시작하였고 이는 북한군 최고사령관이 비상시에 매우 중요한 책임과 권한을 가지고 있음을 의미하는 것이였다. 이후에도 김정일은 공개 혹은 비공개로 최고사령관의 비상사태 관련 작전명령 뿐만 아니라 "인민군대가 책임지고 농사를 지울데에 대한 명령"('97.4), 북한군 하계·동계 군사훈련 실시 명령, 북한군 원수급 및 장령급 승진 단독 명령, 군민관계 훼손 금지 명령 등 최고사령관 명령을 수시로 발동함으로써 북한이 당중앙위가 아니라 마치 북한군 최고사령관에 의해 통치되는 듯한 인상을 주었다.

그럼에도 불구하고 북한군 최고사령관이 언제, 어떻게 등장했는지, 그 권한과 지휘체계가 어떠한 것인지에 대해 공개화된 명문 규정을 찾아 볼 수 없을 뿐만 아니라 알려진 것도 거의 없는 실정이다. 다만 북한군 최고사령관은 한국전쟁이 본격화되는 1950년 7월 4일 신설되어 1972년 북한 헌법 93조에 "전반적 무력의 최고사령관"이 명기되었고 2004년 4월 7일 당중앙군사위원회 김정일 위원장 명의의 지시 문건인 "전시사업세칙"에서는 "전시상태 선포와 해제 명령권"이 명백히 최고사령관에 귀속되어 있음이 밝혀졌을 뿐이다. 그리고 이는 북한군 최고사령관에 대한 제반 규정이 단지 공개되지 않고 비밀스럽게 감추어져 있다는 것을 의미하는 것이었다.

다행히도 북한군 최고사령관과 관련, 약 180여 회에 달하는 김정일 최고사령관의 명령과 한국전쟁 시기 약 1000여 회에 달하는 김일성 최고사령관의 명령 사례가 존재한다. 특히 한국전쟁 초기 김일성이 최고사령관에 임명된 이후 당중앙위 정치위원회와 군사위원회에 의해 수행되어 온 북한군의 전쟁 지휘체계는 김일성 최고사령관 중심으로 전환되었다. 전시 김일성 최고사령관은 대내·외적으로 북한을 실질적으로 대표하는 최고 통치자로서 군사작전과 관련해서 북한내 일체 무력에 대해 '단일지도' 형식의 초법적인 지휘통솔권을 행사하였다. 따라서 전시 북한군의 군사 지휘체계는 '최고사령관 중심의 단일 지휘체계'를 의미한다고 할 수 있다. 이런 의미에서 오늘날 베일에 싸인 북한군의 비상시·평시 군사 지휘체계도 역시 북한군의 전시 최고사령관의 군사 지휘체계를 규명함으로써 시작될 수 있을 것으로 본다.[1]

특히 북한군의 비상시·평시 군사 지휘체계를 연구하기 위한 방법론과 관련, 현재의 상태에서 북한의 공간물을 비롯한 문헌 조사와 단편적인 정보 보고, 탈북자들의 증언을 통한 짜맞추기 식 연구방법 이외에 별다른 연구 방법이 정형화되기 어렵다고 여겨진다. 설사 북한군에 대한 연구 모형이나 방법론이 있다고 하더라도 그 모형이나 방법론을 지탱해 줄 경험적 증거나 사실을 제대로 수집할 수 없다는 한계를 가지고 있다. 따라서 본 고에서는 북한군사 연구의 한계를 인지하는 가운데 역사적 관점에서 한국전쟁 시기 북한군의 지휘체계를 정리하고 이를 바탕으로 김정일 최고사령관 및 국방위원장에 의한 비상시·평시 군사 지휘체계를 규명해 보고자 한다.

이를 위해 우선 전시에 창설된 북한군 최고사령부 최고사령관의 등장과 배경, 의미를 살펴보고 다음으로 북한의 비상시기를 전시·준전시·김정일 유고시 등 3가지 상황으로 분류한 다음 전시의 북한군 지휘체계를 중심으로 준전시 및 김정일 유고시 북한군의 군사 지휘체계를 규명해 보고자 한다. 그리고 이 3가지 비상시기를 제외한 시기를 평시로 구분하여 그 지휘체계를 살펴보고자 한다.

2. 북한군 최고사령부 최고사령관의 신설과 의미

1) 북한군 최고사령부 최고사령관의 신설

북한군의 남침 이후 미국의 참전이 확실시되자 북한은 때늦게 1950년 7월 1일 모든 역량을 총동원하는 '전시동원령'을 선포, 전쟁이 본격화되기에 이른다. 이에 소련 군사고문단 및 북한 지도부는 전쟁 승리에 대한 낙관적 인식을 접고, 전쟁의 장기화에 대비해 북한군의 전쟁 지휘 체계를 대폭 개편할 필요성을 느꼈던 것으로 보인다.

1950년 7월 4일 북한 최고인민회의 상임위원회는 전시상태에 대처하기 위해 "전반적 무력을 통일적으로 장악 지휘하는 기구로서 조선인민군 최고사령부"를 조직할데 대한 '정령'2)을 선포하여 '조선인민군 최고사령부' 창설의 법적 조치를 취하게 된다.3) 그리고 같은 날 북한군 '최고사령관'도 최고인민회의 상임위원회 '정령'을 통해 당시 김일성 내각 수상을 최고사령관에 임명4)함으로써 북한군 최고사령부 최고사령관이라는 조직과 직책이 처음으로 공식화되었다.

북한군 전쟁 지휘체계의 중요한 변화라 할 수 있는 최고사령부 창설이나 최고사령관의 임명과 관련해서는 우선 소련의 영향력이 작용했던 것으로 보인다. 1950년 7월 3일 슈티코프 주북 소련대사와 바실리에프 소련군사고문단장은 김일성에게 북한군 최고사령관에 취임할 것, 전선사령부를 창설하고 2개 집단군(군단) 지휘부를 편성 할 것, 최용건 민족보위상은 후방에 남아 후방 동원과 조직을 담당할 것 등 북한군 전쟁 지휘체계의 개편에 대해 조언하였고 이는 그대로 받아들여졌다는 것이다.5)

더욱이 북한군 최고사령부와 최고사령관이 최고인민회의 상임위의 '정령'을 통해 창설되고 임명된 듯 보이나 이는 형식적인 것에 불과한 것이였으며 실제적으로는 당중앙위 정치위원회에서 이미 내부적으로 결정된 사안이였다. 당시 당중앙위 정치위원회는 북한의 당·정·군에 대한 주요 정책 결정의 원천이였으며 모든 국가 기관의 주요 간부들의 비준 임면권을 가지고 있는 최고 권력으로서 북한군 최고사령관을 비롯, 최고사령부 부사령관, 전선사령관, 총정치국장, 총참모장 등 주요 군사·정치간부들을 임명하였다.6) 당시 당중앙위 위원장, 당중앙위원회 정치위원회 위원, 군사위원회 위원장인 김일성은 북한군 최고사령관에 임명됨으로써 후일 "나라의 전반적 무장력과 군사 활동을 유일적으로 지휘통솔하여 전쟁 전행정에서 주도권"을 장악하게 되었고 평가받았다.7)

이와 같이 남침 이전에는 북한군 최고사령관은 결코 존재하지 않았던 명백히 전시 산물중의 하나로서 전시에 북한군 최고사령관이 신설된 배경에는 북한군 창설 시기부터 그 소재와 형태가 명확치 못했던 북한군에 대한 지휘통솔권과 관련이 있는 것으로 보인다. 북한군의 지휘통솔권과 관련해서는 1948년 북한 헌법 55조 11항에 단지 "조선인민군 편성에 관한 지도, 조선인민군 고급 장관의 임면" 권한을 내각에 부여한 것이 명문화의 전부였다. 따라서 6·25 남침을 전후한 시기 북한군 지휘통솔권은 명문상 어느 특정 개인에게 귀속되어 있는 것이 아니라 '집단지도' 형태로 당중앙위 정치위원회라는 회의체가 장악하고 있었던 것으로 보인다.8) 그렇다면 북한지도부가 북한군 최고사령관을 신설한 이유는 전쟁의 확전에 대비하여 기존 북한군의 지휘체계를 대폭 개편할 필요성이 제기된데 따른 조치로 해석할 수 있다. 첫째, 긴박하게 움직이는 전시 상황에 맞게 당중앙위의 '집체적 지도'로 부터 일정 정도 벗어나 신속한 판단과 결정을 내릴 수 있는 '단일 지도' 형식의 최고사령관의 창설이 요구된데 따른 것이라 할 수 있으며 둘째, 남침 이후 10여 일 동안 군사작전 및 군수지원간 구분 없이 통일적으로 전쟁을 수행한 '군사위원회'9)의 부담을 완화시키기 위해 일체 무력에 대해 최고 지휘권을 부여하는 조직을 새로 만들어 역할 분담을 시킬 필요성이 있었다고 할 수 있다. 다시 말해 전쟁승리를 위해 "전반적 무력을 통일적으로 장악지휘"하는 전시 비상기구로서 최고사령관 개인에게 초법적인 지휘통솔권을 부여하여 유일적으로 행사토록 했다는 데 북한군 최고사령관 창설의 이유가 있다고 하겠다.

2) 북한군 최고사령부 최고사령관의 의미

(1) 북한군 최고사령부[10]

1950년 7월 4일 북한 최고인민회의 상임위원회의 '정령'을 통해 창설된 북한군 최고사령부는 북한군 위계 조직상 각급 부대에 조직된 사령부 중 최정점에 위치한 사령부로서 의미를 가진다. 예컨대 대대의 경우, 대대 사령부는 대대 예하 일체 무력과 기능 부서들의 최고사령부이며 사단 사령부의 경우, 사단 예하 연대－대대－중대－소대에 이르는 일체 무력과 사단 본부 예하 연대－대대－중대 본부내 모든 기능 부서들의 최고사령부라고 할 수 있다.

그러나 북한군 최고사령부가 여타 북한군내 각급 사령부와 근본적으로 차이를 갖는 것은 6·25 남침 이전에는 결코 존재하지 않았던, 그래서 6·25 남침 이후 전쟁 승리라는 목적을 위해 한시적으로 창설된 '전시 특수기관'이라는 점에 있다. 이를 증명하듯이 한국전쟁 시기 정규군인 '인민군' 뿐만 아니라 내무성 소속 경비대와 철도경비대, 내무서원, 당원, 민청원 등 일체 무력이 최고사령부 산하로 편제되고 기존 군 조직상 군사지휘관의 명령을 보좌·집행하는 군사 부서들도 모두 최고사령부로 흡수되어 재편성되었다. 다시 말해 전쟁 승리를 위해 북한의 모든 인적·물적 자원이 하나의 거대한 최고사령부를 중심으로 통합된다고 할 수 있다. 이러한 전시 최고사령부는 정전 이후 총참모부로 흡수되었다가[11] 1975년 10월에 재창설되어 상설 기구화되었다고 한다.[12]

최고사령부와 관련 의미있는 것은 현실적으로 최고사령부를 실제적으로 움직이는 것은 최고사령부 산하 일체 무력을 지휘통솔하는 권한을 가진 최고사령관이라는 사실이다. 북한 군의 작동은 형식적이나마 당처럼 '집단지도' 형식의 '결정'에 의한 것이 아니라 군사지휘관 개인의 '명령'이라는 '단일지도' 형식에 의해 작동되기 때문에[13] 최고사령부나 인민무력부 등은 당 조직과는 달리 자체의 결정 권한이나 명령 권한을 가지고 있지 않다. 단지 해당 부서의 군사지휘관의 명령집행이나 전황 등에 대한 '보도'만을 발표할 수 있을 뿐이였다. 엄밀한 의미에서 군대를 지휘통솔하는 명령 권한은 북한군 최고사령관과 각급 부대 군사지휘관이 가지고 있는 권한으로 최고사령부나 어떤 부서에 귀속된 권한이 아닌 것이다. 이런 의미에서 북한군 각급 부대 사령관과 사령부는 현실적으로 동일한 의미를 갖는다고 할 수 있다.

그렇다면 북한군 최고사령부는 "최고사령관이 직무를 보는 곳"으로[14] 최고사령부 산하 일체 무력과 조직에 대해 지휘통솔권을 행사하는 '최고사령관의 명령 집행기구'라고 정의할 수 있을 것이다.

(2) 북한군 최고사령관

북한군 최고사령관의 지위 및 권한과 관련 명문화된 규정이 아직 밝혀지지 않고 있다. 다만 지난 2004년 4월 7일 당중앙군사위원회 김정일 위원장 명의의 '절대비밀' 지시 문건인 "전시사업세칙"에서 북한의 '전시상태 선포와 해제 명령권'이 명백히 최고사령관에 귀속되어 있음이 밝혀졌다.[15] 이는 최고사령부나 최고사령관에 대한 명문 규정이 존재하지 않는 것이 아니라 단지 감추어져 있었다는 것을 의미한다고 하겠다.

우선 북한군 최고사령관은 "군을 지휘통솔하는" 군사지휘관의 개념과 밀접히 관련되어 있다. 예컨대 북한군 '사단'의 경우 사단장이, '연대'의 경우, 연대장이 그리고 '대대'의 경우 대대장이 해당 부대의 최고 군사지휘관이라고 할 수 있으며, 군사 지휘체계에서는 북한군 사단장이 예하 연대장들의 최고 군사지휘관이며 연대장은 예하 대대장들의 최고 군사지휘관이라고 할 수 있다. 따라서 북한군 최고사령관은 북한군 군사지휘관들 중 최고 수위의 군사지휘관을 의미한다. 다만 북한군 최고사령관이 기존의 북한군 군사지휘관들과 차이를 갖는 것은 평시에는 존재하지 않았던 '전시의 특수 직책'이라는 점에 있다. 그런 차이에서 전시 북한군 최고사령관은 해당 부대별 군사지휘관들과는 달리 북한의 정규군 뿐만아니라 준군사 조직인 내무성 소속 '경비대'와 철도경비대, 내무서원, 당원, 인민유격대, 민청원 등 북한내 모든 무력기관 및 무력 전체의 최고사령관으로서 일체 무력에 대해 지휘통솔권을 행사하였다.

이와 같은 최고사령관의 의미는 1950년 7월 4일 최고인민회의 상임위 '정령'과 1972년 헌법 93조에서 "전반적 무력의 최고사령관"이라는 개념으로 공식화되었다. 북한에서 '전반적 무력'의 범위는 정규 무력과 민간 무력 전체를 포함하는 것이였다.16) 따라서 최고사령관은 단순히 북한 '인민군'에 한정된 의미의 군사지휘관이 아니라 북한내 일체 무력에 대한 최고 군사지휘관이라는 것을 의미한다.

그러나 최고사령관의 의미와 관련해 보다 중요한 것은 "전반적 무력의 최고사령관"이라고 해서 전·평시 구분없이 "전반적 무력에 대한 지휘통솔" 권한을 행사할 수 있다는 것을 의미하는 것은 아니다. 김일성은 부대 지휘와 관련해 평시의 경우 해당 부대 당위원회의 집체적 지도에 의해 통솔되나 전시의 경우에는 불가피하게 당위원회가 아닌 군사지휘관의 개인적 판단에 따른 단독 '명령'에 의해 군대가 통솔된다고 강조한 바 있었다.17) 이와 같이 북한군 부대 지휘와 관련한 군사지휘관의 군사적 권한18)이 전·평시에 따라 구분된다는 것은 군사지휘관으로서 최고사령관의 의미도 전·평시로 구분된다는 것을 시사한다. 단적인 예로 한국전쟁 후 1960년에 출간된 『조선말사전』에 정의된 최고사령관는 "한나라의 전체 무력을 총지휘하고 통솔하는 직무 혹은 그 직위에 있는 자"였다. 그러나 1972년 최고사령관이 상설화된 이후 출간된 『조선말대사전』에서는 과거의 정의 이외에 새로운 정의가 추가되었다. 그것은 최고사령관이 "조선인민군을 총책임지고 령도하시는 분"이라는 것이다.19)

이는 최고사령관 직책이 1970년대 이래 상설 기능화되면서 전·평시에 따라 2가지 의미로 구분되었다고 할 수 있다. 따라서 북한군 최고사령관은 북한군 최고 수위의 군사지휘관으로서 전시의 경우 "한나라의 전체 무력을 총지휘하고 통솔하는 자"이며, 평시 "조선인민군을 총책임지고 령도하는 자"로 정의할 수 있다.

3. 북한의 비상시·평시 구분

북한군 최고사령관의 의미가 전·평시로 구분된다면 최고사령관의 권한 행사나 지휘체계도 시기별로 달라질 수 있다고 가정해 볼 수 있다. 그런 의미에서 비상시 최고사령관의 지휘체계를 파악하기 위해 북한의 비상시와 평시를 구분할 필요가 있을 것이다.

북한에서 비상시로 규정될 수 있는 상황은 다음 2가지 경우를 상정할 수 있다. 하나는 한국전쟁과 같은 전시를 포함해 비상시를 규정하는 최고사령관의 비상사태 관련 작전명령이 발동되는 시기이며 또 다른 하나는 비상사태를 규정하는 최고사령관 자신이 유고된 경우의 시기라고 할 수 있다.

그리고 역으로 평시란 상기의 2가지 비상시기를 제외한 시기라고 할 수 있을 것이다. 다만 북한의 평시와 관련, 엄밀히 말해 '교전의 일시적 중지'를 의미하는 현 정전협정 하에서 대내·외적 위기가 없는 '평시' 상태를 가정하는 것은 무리가 있을 수 있다고 본다. 특히 전시 비상기구인 최고사령관이 상설 기능하고 있는 북한은 오히려 항시 '준전시' 상태에 놓여 있다는 것이 보다 정확할 것이다. 그러나 본 고에서는 편의상 비상시에 해당하는 '교전 상태' 및 '이에 준하는 위기상황'과 구분되는 의미에서 '평시' 상태를 사용하고자 한다.

우선 북한에서 비상시기는 전시를 포함해 국가 안보에 위협이 되는 사안이 발생될 시 그 위협의 정도에 따라 최고사령관이 비상사태 관련 작전명령을 발동함으로써 성립된다. 이 경우 최고사령관 명령은 공개 혹은 비공개 방식으로 발표되며 공개시는 주로 ≪로동신문≫이나 ≪조선인민군≫신문을 통해 행해지고 비공개적으로는 지난 1994년 7월 김일성 사망 이후와 1997년 4월 경 내부적으로 행해진 것으로 볼 수 있다.

북한의 비상시기는 다음 5단계로 구분된다.[20] 1단계: 전시상태 명령, 2단계 준전시상태 명령, 3단계: 전투동원태세 명령, 4단계: 전투동원준비태세 명령, 5단계: 전투경계태세 명령이다. 특히 3단계 이상부터는 당·정·군 모든 기관의 업무가 최고사령관 중심의 비상 지원체제로 전환하는 가운데 모든 무력부서의 외출, 휴가 등이 전면 금지되고 전연군단, 후방부대 및 인민경비 부대들도 내무반을 지상에서 갱도로 이동하여 즉각 완전한 전투 준비 태세에 돌입한다. 특히 준전시 상태 명령시에는 대응 군사훈련 등이 실시된다.

이렇게 북한에서 비상시기에 대한 체계적 구분이 정비된 것은 지난 1980년대 이후부터로 추정된다. 그 이전인 1964년 베트남 통킹만 사태의 경우나 한국의 6.3사태 그리고 1976년 8.18 판문점 도끼만행사건의 경우 비상사태 선포 주체나 명령 형태상 뚜렷한 구분없이 단지 북한군에 한정해 '전투준비강화령'이나 '전투태세령' 등이 하달되곤 하였다.[21] 그러다 1983년 버마 아웅산 폭탄테러 사건시 내려진 최고사령관의 '준전시 상태' 명령 이후 체계화된 것으로 추정된다.

이러한 북한군 최고사령관의 비상사태 관련 명령은 단순히 당의 결정을 집행한 것이라기 보다는 최고사령관의 독자적 판단에 따른 것으로 그 기간이 한정되어 있다는 특징을 갖고 있다. 그리고 일단 최고사령관의 명령이 발동되면 최고사령관은 북한내 "일체 무력에 대한 지휘통솔권"을 행사하고 북한의 당, 국가기관, 무력기관, 사회단체의 업무는 최고사령관을 지원하는 비상 체제로 전환하게 된다.

한편 예외적인 비상시기로서 김정일이 유고되는 상황이 존재할 수 있다. 이 경우는 비상사태를 규정하는 최고사령관 뿐아니라 당 총비서, 국방위원장 등 '단일지도' 형태의 통치권력이 상실되는 비상시기에 해당될 것이다.

그러나 상기의 예외적 경우를 제외하고 오늘날 북한의 비상시기라는 것은 국가안보에 위협이 되는 사안 발생시 위협의 정도에 따라 일정 기간 최고사령관이 선포하고 최고사령관의 비상시 권한을 행사하는 '최고사령관 통치' 시기라고 할 수 있을 것이다. 이를 보다 구체적으로 살펴보면 ① 1950년 6월 25일부터 1953년 8월 13일 전시 상태의 해제를 선언하기까지의 시기[22] ② 이후 한반도의 군사적 위기나 한미의 팀스피릿(T/S) 군사훈련에 대한 북한군 최고사령관의 비상사태 관련 작전명령이 하달된 시기로 구분된다. 예컨대 8.18 판문점 도끼살인사건이나 한미의 T/S 군사훈련에 대응해 최고사령관의 전투동원태세 명령이 발동된 시기, 1993년 3월 8일부터 3월 24일까지 준전시 상태 선포시기, 1994년 7월 8일 김일성 사망 이후 시기 그리고 1997년 3~4월을 전후한 비상사태 관련 작전명령 발동 시기라고 할 수 있다.

그렇다면 북한의 평시는 최고사령관의 비상사태 관련 작전명령 발동 시기와 최고사령관 유고를 제외한 시기로서 ① 1953년 8월 13일 북한 최고인민회의의 전시상태 해제 선포로부터 1972년 최고사령관이 상설기구화되는 시기까지 ② 1972년 이후 오늘에 이르기까지 최고사령관 명령으로 규정된 비상상태 선포 시기를 제외한 시기로 분류 할 수 있을 것이다. 더 가깝게 김일성 사망후인 1994년 7월 이후의 시기로 한정해 볼 경우, 북한 평시란 다름 아닌 "일체 무력을 지휘통솔" 하도록 헌법 (102조)에 규정된 "국방위원장의 통치 시기"라 할 수 있을 것이다.

4. 북한군의 비상시 군사 지휘체계

1) 비상시(I) : 전시

　비상시(I)은 한국전쟁 초기 최고사령관 중심의 북한군 지휘체계를 의미한다. 한국전쟁 당시 북한은 전쟁수행의 효율성을 위해서 당중앙위 정치위원회(대외·대민 분야 및 전쟁전략)·최고사령부(작전 및 지휘 분야)·군사위원회(군민관계 및 군수지원 분야) 3자간에 각기 역할을 분담하는 전쟁지도체계를 형성했다고 할 수 있다. 다만 엄밀하게 말한다면 전쟁승리를 위해 "일체 무력의 지휘통솔" 권한을 행사하는 최고사령관의 군사작전 및 지휘 역할을 당과 군사위원회가 지원하는 '최고사령관 중심의 지휘 체계'라고 말할 수 있다.[23]

　1950년 7월 4일 북한군 최고사령부가 창설된 그 날 최고사령부 예하에 '전선사령부'와 '군집단지휘부' 조직이 신설되었다.[24] 이렇게 북한군 최고사령부가 직접 전선을 장악하지 않고 최고사령부 예하에 '전선사령부'를 구성한 것은 전쟁의 확대로 '전선과 후방'이 자연스럽게 분리 확대되어 각 전선(전선, 내선, 후방)의 군사 활동에 대한 최고사령부의 지휘·통제 부담을 완화시킬 필요성에 따른 조치라고 할 수 있다.

　이로써 기존 민족보위성을 중심으로 한 평시 북한군의 조직 및 지휘체계[25]는 전시 최고사령부 체제로의 변화가 불가피하게 되었으며 그 변화의 핵심은 북한내 일체 무력에 대해 지휘통솔권을 갖는 '최고사령관 중심의 지휘체계'로의 개편이 요구되었다고 할 수 있다.

　우선 기존 민족보위성 총참모장 강건이 최고사령부 전선사령부 참모장으로 이동하면서 민족보위성 총참모부 소속의 주요 작전참모 기구와 총참모부 예하 전투부대들도 최고사령부 최고사령관 산하의 전선사령부 참모부로 흡수되었으며[26] 그 외 민족보위성은 후방 총국을 비롯, 총참모부 군의국 등 군수지원 부서들과 소수의 예비 전투 부대들과 함께 그대로 후방에 남아 후방 동원과 지원 역할을 담당하였다. 1950년 9월 16일에는 서해안(지구)방어사령부가 창설됨으로써[27] 되고 사령관에 민족보위상이 임명됨으로써 평시 북한군을 명목상 지휘했던 민족보위상은 전시 최고사령부 부사령관으로서 후방 동원과 서해안방어 역할까지 담당하게 되었다고 할 수 있다.

따라서 북한군 전시 최고사령부 체제는 전선을 담당하는 전선사령부와 후방의 동원과 지원을 담당하는 민족보위성 그리고 모든 군사관련 부서들이 최고사령부로 흡수되고 북한군 정규 및 준군사부대인 내무성 산하 경비부대, 내무서원 그리고 당원, 민청원 등 일체 무력이 최고사령관의 지휘권으로 일원화된 형태였다고 할 수 있다. 그렇다면 전시 '최고사령관 중심의 지휘체계'란 전쟁 승리를 위해 당과 군사위원회가 최고사령관의 단일 지휘권을 보장·지원하는 체제로 변화되었다는 것을 의미한다. 우선 전시 '군사위원회'는 내각의 각 군수 관련 부서와 민족보위성의 지원 부서 등을 통솔하여 최고사령관의 단일 지휘권 행사에 대한 군수지원 보장을 담당하는 역할을 수행하였으며[28] 당중앙위는 전쟁 승리를 위하여 최고사령관과 군사위원회의 '군사작전' 능력과 '군수지원' 능력을 극대화시킬 수 있도록 전시 민간 사업인 교육, 보건, 건축, 예술 등의 분야를 전담하였다.[29]

1950년 12월 3일 중·조연합사령부가 정식으로 구성되기 이전까지 북한군 최고사령부의 조직[30]과 최고사령관의 지휘체계를 그림화하면 <그림 1>과 같다.[31]

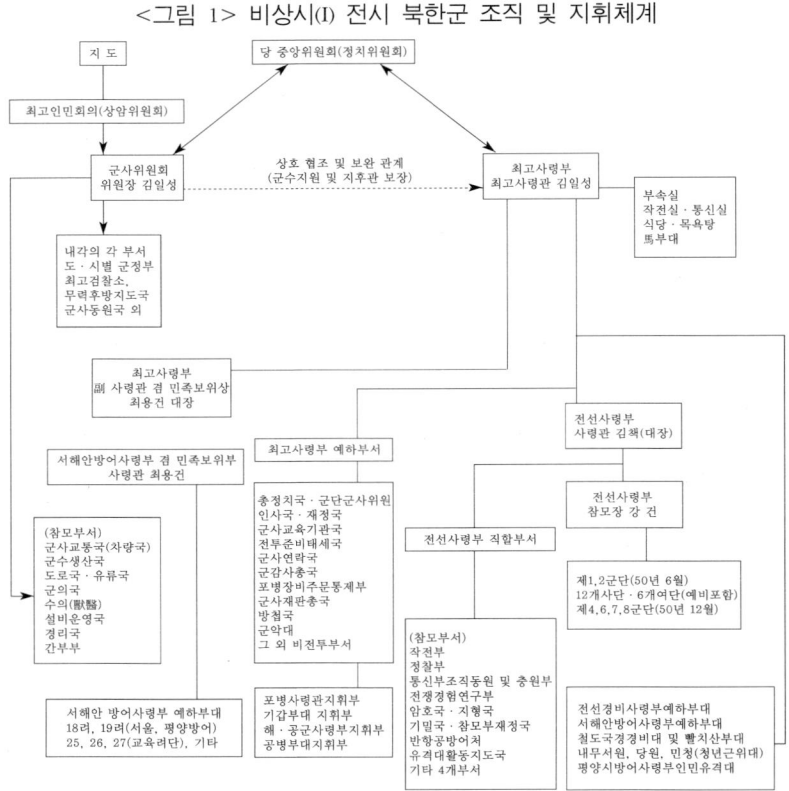

<그림 1> 비상시(I) 전시 북한군 조직 및 지휘체계

2) 비상시(II) : 준전시 및 전투동원태세 시기

비상시(II) 북한 군사 체제의 전반적인 모습은 군수지원을 담당하는 국방위원회와 군사작전을 담당하는 최고사령관과의 역할 분담 체제로서 북한군의 지휘체계는 엄밀히 말한다면 당과 국방위원회가 비상시 "일체 무력을 지휘통솔"하는 최고사령관의 군사작전 및 지휘 역할을 지원·보장하는 '최고사령관 중심의 지휘체계'로 전환한다고 할 수 있다. 우선 "전시상태의 선포와 해제" 권한을 가진 최고사령관은 일반적으로 5단계로 구분되어 있는 비상사태 관련 작전명령을 발동함으로써 북한의 비상시기를 규정한다. 일단 최고사령관의 비상사태 관련 '전투동원태세' 명령 이상이 하달되면 북한의 당, 국가기관, 무력기관, 사회단체의 업무는 최고사령관을 중심으로 하는 비상 지원체제로 전환하고 북한 정규군을 포함해 일체 무력이 최고사령관의 지휘체계에 들어온다. 실례로 김정일 최고사령관이 1993년 3월 8일 전국, 전민, 전국에 '준전시 상태'를 선포하자,32) 당중앙위 뿐만아니라 정무원 총리 강성산은 동년 3월 12일 최고사령관의 명령에 대한 전폭적 지지와 지원을 다짐하는 담화를 발표하여 최고사령관의 명령을 뒷받침하였다.33)

특히 한국전쟁 시기 당중앙위·(공화국) 군사위원회·최고사령관의 전쟁지도체계를 근거로 해서 볼 때,34) 비상시의 경우 인민무력부35) 산하로 편제되어 있는 북한군 총정치국, 총참모부 예하 부서, 후방총국 예하부서, 보위사령부, 군사재판국, 군사검찰국 모두는 최고사령부를 중심으로 하는 비상체제로 일원화되어 질 것으로 보인다. 그리고 내용적으로 최고사령부와 국방위원회가 군사작전과 군수지원을 담당으로 분리되는 역할 분담이 이루어질 것으로 예상해 볼 수 있다. 예컨대, 전시에 대비하여 각 전선 별(동부·중부·서부 및 후방·동서해안) 사령부가 구성될 것이며 총 48개국과 독립 부서로 편제된 총참모부 부서36) 중 총참모부 직속의 작전국, 전투훈련국, 정찰국, 포병사령부, 통신국, 전자전국, 땅크국 등 군사작전 부서는 최고사령부 관할 하에 그리고 제2경제위원회와 인민무력부, 인민무력부 직속의 군수 지원 부서들인 종합계획국, 군수계획국, 대렬보충국, 군사건설국, 병기국, 장비국 등은 국방위원회가 관할하는 식이 될 것으로 보인다. 그리고 일체 무력인 병력과 군사기재는 최고사령관의 관할하에 들어 온다. 이러한 이유로 비상시 최고사령관의 군사작전 지휘체계는 인민무력부를 거치지 않고 바로 총참모장 혹은 각 군종·병종 군단과 사단이 직속되어 있는 작전국장으로 이

어진다.37)

　따라서 비상시 북한군 지휘체계는 국방위원장이 최고사령관을 지원하는 '최고사령관 중심의 지휘체계'라고 할 수 있다. 그리고 최고사령관 중심의 지휘체계의 핵심은 평시 국방위원장의 권한이였던 북한내 일체 무력에 대한 지휘통솔 권한이 최고사령관에게 귀속된다는 점에 있다. 그래서 최고사령관은 비상시 국가 보위를 위해 '단일지도' 형식의 '명령'을 통해 자신의 의지를 실현하는 초법적・초당적인 독재권을 행사할 수 있다.38) 설사 국방위원장이나 당중앙군사위원회조차도 헌법 105조나 당규약 5조 7항에 의해 그 권한 행사가 제약을 받는 반면에 최고사령관의 경우는 그 권한 행사와 관련 공개된 제한 규정이 보이지 않는다. 다만 최고사령관이 당중앙위에서 선출된 당 기구의 하나라는 점에서39) 당내 비밀 내부 규정에 의해 제한받을 가능성이 있으나 현재로서는 확인되지 않고 있다.

　따라서 최고사령관의 권한 제한은 오직 최고사령관 자신의 독자적 판단에 따른 것으로 보인다. 더구나 최고사령관 명령은 북한군에 있어서 당의 명령보다도 우선한다. 일례로 1970년대 초 김정일은 북한군 고위 간부에게 김일성이 사용하던 승용차를 선물한 적이 있었다. 그 과정에서 김정일은 "그 차를 정 못타겠다면 저도 할 수 없이 강권을 행사할 수 밖에 없습니다. 그 차를 리용하라는 것은 당의 명령입니다. 그 명령을 받아들이지 못하겠다면 수령님께 보고드려 최고사령관 명령으로 내려먹이겠습니다"40) 라고 말했다. 이는 최고사령관의 명령이 북한 군에게 있어 당의 명령보다도 거절할 수 없는 절대적이라는 것을 시사해 주고 있는 것이다. 그런 이유로 북한에서 비상시 최고사령관의 명령 사례를 통해 본 최고사령관의 지휘 권한은 상상할 수 조차 없는 절대적인 것이라 아니 할 수 있다.

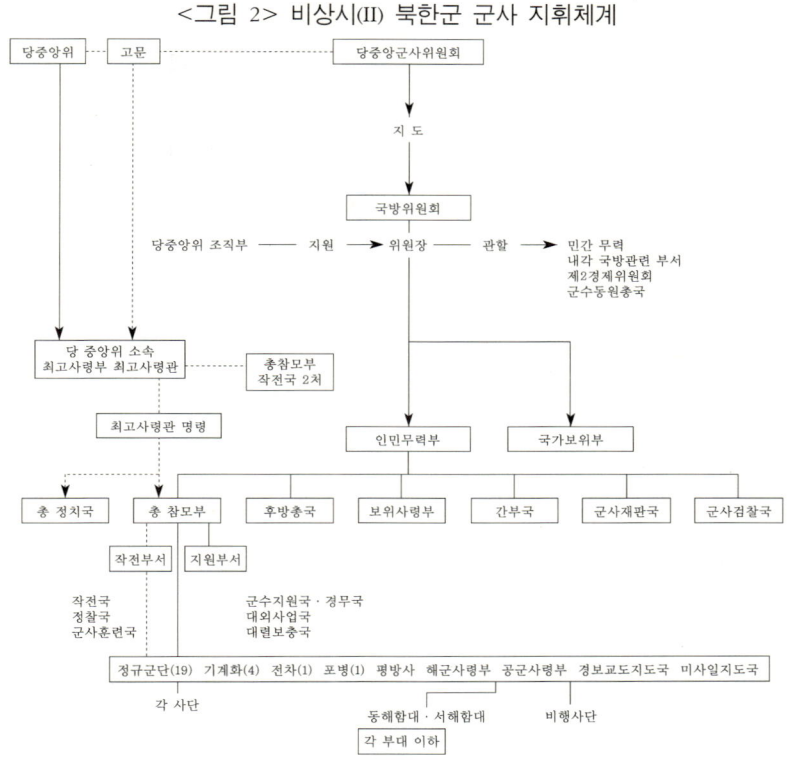

<그림 2> 비상시(II) 북한군 군사 지휘체계

비상시기 최고사령관은 평시 국방위원장의 권한과 현재 헌법에 규정된 국방위원회의 권한 대부분을 행사할 수 있는 것으로 보인다.41) 우선, 중요 군사 기관 신설과 폐지와 같은 평시 국방위원회의 권한은 비상시에 최고사령관이 행사하고 중요 군사간부의 임면과 군사칭호 수여에 대해서도 최고사령관은 부사단장급 이상의 군사간부를 직접 임명할 수 있으며 군사칭호도 원수급까지 단독으로 수여할 수 있다. 그 외 나라의 전시상태를 선포·해제하고 대외적으로 국가를 대표한다. 특히 비상시에 국방위원장의 권한인 국방 경제건설과 관련한 '일체 무력'의 지휘통솔 사안에 대해서도 최고사령관의 명령이 가능하다. 그와 관련 지난 김

일성 사망이후 김정일 최고사령관은 "청류다리 1단계와 금릉동굴 2단계 공사의 기간내 완공할데 대한 명령"(051호)을 하달한 바 있었다. 이 명령을 제외하고 오늘에 이르기까지 북한군이 투입된 경제건설 사업, 금강산발전소 건설이나 토지정리 사업 등은 빠짐없이 국방위원장의 명령으로 발동되고 있다. 이는 비상시기에 최고사령관은 어떤 사안에 상관없이 최고사령관 명령을 발동할 수 있다는 것을 의미하는 것이다. <그림 2>참조.

3) 비상시(III) : 최고사령관 유고 시기

비상시의 경우에 고려해야 할 예외 상황은 비상시를 규정하는 최고사령관이 유고될 경우라 할 수 있다. 최고사령관으로서 김정일의 유고는 향후 100만 북한군을 누가 어떻게 통제할 것인가의 문제와 관련해 중요한 의미를 갖는다고 할 수 있다.

현재 최고사령관인 김정일이 유고될 경우 김정일이 가지고 있는 당총비서, 당중앙위 정치국 상무위원회 위원, 당 중앙군사위 위원장, 국방위원장도 함께 궐석이 되기 때문에 이 경우 역시 국가적 비상시기에 해당될 것으로 판단된다. 그리고 이것은 김일성 사망 이후 김정일이 선호해왔던 '단일지도' 형식의 통치가 소멸된다는 것을 의미한다. 그래서 당총비서, 최고사령관, 국방위원장의 권한인 북한내 일체 무력에 대한 지휘통솔권은 최고사령부 부사령관 격인[42] 인민무력부장이나 국방위원회 제1부위원장인 조명록이 대행하여 행사하기 보다는 당규약 제27조에 규정된 대로 당중앙군사위원회가 '집단지도' 형식으로 행사하게 할 것으로 예상된다. 사실상 당중앙군사위원회는 김정일 시대 당기구 중 당비서국과 함께 거의 유일하게 작동해 온 것이라고 할 수 있다. 지난 전국 요새화 구축과 관련한 당중앙군사위원회의 명령(96.7), 수차례 북한

군 원수급 군사칭호 수여 명령들은 차지하고 최근 공개된 당중앙군사위원회의 명령(00015호) "무기, 탄약들에 대한 장악과 통제사업을 더욱 개선강화할데 대하여(04.3.10)"와 당중앙군사위원회 지시문(002호) "전시사업세칙을 내옴에 대하여(04.4.7)"의 발행 번호인 00015호와 002호를 볼 때 최근들어 최소 2개월에 한번 정도 정기회의 또는 임시회의를 개최하여 북한의 주요 국방 관련 문제를 결정해 왔다고 추정할 수 있다.

따라서 비상사태를 선포할 최고사령관이 유고된 상태에서 북한의 비상사태는 당중앙군사위원회가 개최되어 비상사태 관련 '결정'을 내릴 것으로 보인다. 그 다음 헌법 103조 5항에 규정된 대로 국방위원회가 비상사태 선포와 관련한 결정 권한을 통해 이를 집행하게 될 것으로 보인다.[43]

김정일의 유고로 일단 북한이 비상사태에 돌입할 경우, 지난 10여 년 동안 개최되지 않았던 당중앙위나 당중앙위 정치국을 개최하여 그 동안 김정일 만이 향유했던 '단일지도' 형식의 통치 권력인 당 총비서나 당중앙위 정치국 상무위 위원, 당 중앙군사위 위원장, 최고사령관을 새로 선거한다거나 최고인민회의를 개최하여 국방위원장을 새로 선출한다는 것이 매우 어려울 것으로 예상된다. 따라서 북한에서 안정적으로 당중앙위가 개최되고 당 총비서가 새로이 선출될 수 있기까지의 과도기간에 당 내부적으로 '집단지도' 형식의 당중앙군사위원회가 정책결정의 중심이 되고 실무적으로 당비서국 전문 부서들의 지원을 받아 북한을 비상통치해 나갈 것으로 보인다. 그리고 국방위원회가 이를 집행하는 기관이 될 것이다.

대외적으로는 헌법상 국방위원장 유고시 대비 차원에서 존재하는 국방위원회 제1부위원장인 조명록이 국방위원장직을 대행하게 될 것이다. 다만, 국방위원장을 대행하더라도 조명록이 기존 국방위원장의 "일체 무력의 지휘통솔" 권한을 행사할 것으로 보기 어렵다. 왜냐하면 헌법상 규정되어 있는 김정일 국방위원장의 "일체 무력의 지휘통솔" 권한은 엄밀히 말한다면 당중앙군사위원회 위원장의 지도나 위임으로 행사되는 것이기 때문이다. 따라서 조명록은 단지 국방위원장을 대리하면서 집단지도 형식으로 국방위원회를 주도해 나갈 것으로 보인다. 그러나 조명록의 건강을 고려한다면 일정 기간 북한군은 국방위원회보다는 당중앙군사위원회가 북한군의 통제를 주도해 나가게 될 것이다.

그래서 최고사령관 유고시 일정기간 북한군은 김정일-북한군이라는 단일지도에서 벗어나 당중앙군사위원회와 국방위원회의 집체적 지도하에 놓이게 될 것이다. 다만 이 과정에서 김일성 사후 약 10여 년 동안 최고사령관이라는 '단일지도' 형식의 통치에 익숙해진 북한군이 다시 당의 집체적 지도에 조화롭게 적응할지는 미지수라고 하겠다. 이 경우 국방위원회 위원들이 상당수 당중앙군사위원회 위원을 겸하기 때문에 국방위원회와 당중앙군사위원회와의 갈등가능성보다는 전통적으로 당중앙위 통치시스템을 주장하는 비군인 중심의 당중앙위 관료들과 군부 중심의 당중앙군사위원회간의 알력 가능성이 보다 크게 부각될 가능성을 배제할 수 없다고 생각한다.

5. 북한군의 평시 군사 지휘체계

평시 북한의 군사체제는 김정일 국방위원장의 명령과 결정 그리고 최고사령관의 명령을 비교해 볼 때, 최고사령관이 지휘·작전 역할을, 국방위원장이 국방건설·군수 지원 역할을 담당하는 '비상시 대비' 역할 분담 체제라고 할 수 있을 것이다. 보다 엄밀히 말한다면 비상시 대비 "일체 무력을 지휘통솔"하는 국방위원장의 국방건설과 군수지원 역할을 최고사령관이 지원하는 '국방위원장 중심의 지휘체계'라고 할 수 있다.

　국방위원장은 현행 헌법 112조에 규정된대로 "일체 무력을 지휘통솔"하도록 규정되어 있다. 그리고 이는 국방위원장의 '평시' 권한이라고 할 수 있다.44) 동시에 헌법 제11조에는 국방위원장도 최고인민회의에서 선거되는 국가기구로서 "조선노동당의 영도 밑에 모든 활동을 진행"하게 되어 있다. 그래서 국방위원회는 당중앙군사위원회와 당 규약 제25조 규정에 의거, 당중앙군사위원회의 집행기관이 되며 당중앙군사위원회의 지도 혹은 위임 하에서 활동한다고 할 수 있다. 실례로 지난 1996년 7월 당중앙군사위원회가 '전국 요새화' 작업과 관련한 결정을 하달한 바 있으며 이후 국방위원회는 1999년 1월과 4월 후방의 주민대피호 건설 등 요새화 건설 촉구에 대한 국방위원회 명령을 하달하였다.45) 또한 2004년 4월 7일 당중앙군사위원회 명의의 비밀 지시문건인 "전시사업세칙"에서는 "전시상태때 정치, 군사, 경제, 외교 등 나라의 모든 사업은 국방위원회에 집중시킨다"고 명시46)함으로써 이를 확인하였다.

　따라서 국방위원장은 평시 당중앙군사위원회의 지도와 위임하에 인민무력부를 산하에 두고 북한 정규군 뿐만아니라 인민보안성의 인민경비대, 그리고 당소속의 민간무력인 로농적위대나 붉은 청년근위대 등에 대해 지휘통솔권을 행사한다고 할 수 있다. 예컨대 북한에서 대규모 북한군 부대 이동이 있을 경우, 인민무력부장의 권한으로는 할 수가 없다. 당중앙군사위원회와 국방위원장, 최고사령관만이 할 수 있다.47) 더욱이 평시의 경우, 북한군 이외에 인민경비대나 노농적위대 등 민간 무력과 관련된 사항은 당중앙군사위원회와 국방위원장만이 행할 수 있다. 단, 이 경우 국방위원장의 "일체 무력에 대한 지휘통솔"권은 엄밀한 의미에서 보면 국가 기관으로서 당중앙군사위원회의 지도나 권한 위임에 의한 국방위원장의 권한 행사라고 볼 수 있다.

　지금까지 언론에 공개된 국방위원장의 명령 사례를 보면 1995년 11

월 금강산발전소 1단계 공사를 1996년 초까지 완공할 데 대한 명령, 1998년 7월 강원도 토지정리사업 명령, 1998년 10월 인민무력부를 인민무력성으로 개칭 명령과 2000년 환원 명령, 1999년 1월 주민대피호 건설 등 후방의 요새화 건설 관련 명령, 2002년 3월 군복무 미실시자 군사복무 명령과 7월의 평양시 보수사업 명령 등이 있다. 이들 국방위원장의 일체 무력에 대한 지휘통솔권 행사의 특징은 북한 정규군이나 민간 무력에 대한 작전·지휘에 중점을 두기 보다는 주로 경제·군사·사회 분야의 국방 건설 동원에 활용되고 있다는 것을 알 수 있다.

반면 최고사령관은 당중앙위에서 선출된 당기구로서 최고인민회의에서 선거되는 국가기구로서 국방위원장이나 국방위원회와는 근본적으로 성격이 다른 상호 분리된 기구라고 할 수 있다. 그래서 그 권한 행사와 절차도 다를 수 밖에 없다. 이것을 극명하게 보여주는 것이 국방위원장과 최고사령관의 북한군 인사권 행사 사례에서 찾아 볼 수 있다.[48] 국방위원회는 헌법에 군사 간부의 임면 권한을 명시하고 있다. 그러나 북한의 모든 국가 기관의 주요 간부의 임면권은 사실상 당의 비준을 얻어야 하는 당의 고유 권한이라고 할 수 있다. 따라서 국방위원회의 군사 간부 임면의 경우 어디까지나 당의 비준을 얻어야 하는 것이었다. 그런 이유로 국방위원회는 원수급 군사칭호 수여 결정시 항상 당과 공동결정 형식으로 발표되었다.

그러나 최고사령관은 항상 북한군의 장령급 승진 인사를 단독 명령으로 단행해 왔다. 이 최고사령관 명령이 당의 비준을 얻은 것인지, 아닌지는 현재 확실하지 않다. 다만 한국전쟁기 최고사령관은 유일하게 당의 위임에 의하여 직접 부사단장급 이상(총좌급)의 군사 간부를 임명할 수 있는 권한을 갖고 있었다.[49] 필자의 개인적 견해로는 이것이 오늘날 평시에도 장령급 군사 간부를 직접 임면할 수 있는 최고사령관 권한으로 유효하다고 본다. 그리고 이것이 비상시 당으로 부터 일정정도 벗어나 단독으로 명령을 내릴 수 있는 특수 기관으로서 최고사령관을 신설한 이유라고 생각한다.

김일성은 당과 최고사령관과의 관계에 대해 최고사령관을 이양한 다음날 자신은 당중앙군사위원회 위원장으로 남아 김정일 최고사령관의 고문 역할을 담당할 것이라고 언급한 바 있었다.50) 다시 말해 최고사령관은 당중앙군사위원회의 지도를 받아야 하는 국방위원회와는 달리 단지 조언을 구함으로써 최종적으로 최고사령관 자신이 판단하는 위치에 있다고 가정할 수 있다. 실제로 최고사령관의 비상사태 관련 작전 명령 하달시 전후 사정을 살펴보면 이는 당중앙위원회의 결정을 집행한 것이 아니라 최고사령관의 독자적인 판단에 의한 것으로 판단된다.

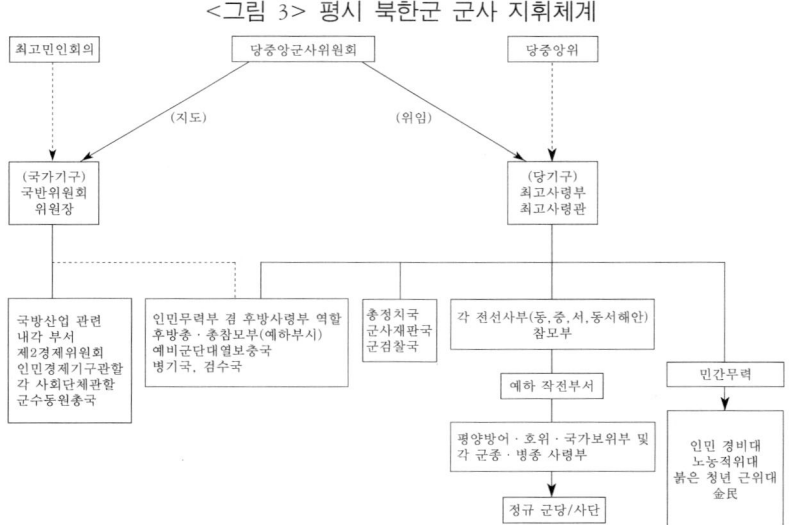

<그림 3> 평시 북한군 군사 지휘체계

6. 결 론

 한국전쟁 시기 북한은 당중앙위 정치위원회가 대외·대민 분야 및 전쟁전략을, 최고사령관이 군사작전 및 지휘 분야를, 군사위원회가 군민관계 및 군수지원 분야를 담당하는 3자간 역할 분담의 전쟁지도체계를 형성했었다. 다만 엄밀히 말해 전쟁 승리를 위하여 최고사령관의 작전 및 지휘 역할을, 당과 군사위원회가 지원·보장하는 '최고사령관 중심의 지휘체계'라고 할 수 있다. 이러한 전시 북한군 최고사령관 지휘체계는 오늘날 김정일 최고사령관의 지휘체계를 규명할 수 있는 훌륭한 자료를 제공하고 있다.
 전시에 태어난 북한군 최고사령관은 시간을 거치면서 평시에도 전시를 대비해 존속할 필요성을 이유로 그 역할이 보다 확대되었다. 그런 이유로 북한군 최고사령관은 전시의 경우에는 "한나라의 전체 무력을 총지휘하고 통솔"하며 평시에는 "조선인민군을 총책임지고 령도"하는 전·평시 2가지 의미를 갖게 되었다.
 '전시대비 기구' 성격의 최고사령관의 역할이 보다 중요하게 되는 시기는 오늘날 북한에서 전시를 포함, 비상사태가 발생하는 시기라 할 수 있다. 북한의 비상시기는 최고사령관이 스스로 위기라고 판단하여 비상사태 관련 작전명령을 발동하는 경우와 최고사령관이 유고될 경우라고 가정할 수 있을 것이다. 그리고 그 역인 평시는 상기의 두가지 경우를 제외한 시기라고 할 수 있다.
 우선 평시 북한군의 지휘체계는 북한군 최고사령관이 작전 및 지휘 역할을, 국방위원장이 국방건설 및 군수 지원 역할을 담당하는 '비상시 대비' 역할 분담 체제라고 할 수 있다. 보다 엄밀히 말한다면 비상시 대비 "일체 무력을 지휘통솔"하는 국방위원장의 국방 건설과 군수 지원 역할을 최고사령관이 지원하는 '국방위원장 중심의 지휘체계'라고 할 수 있다. 이러한 역할관계의 비중은 비상시에 뒤바뀌어 진다.

비상시의 경우에는 당과 국방위원회가 "일체 무력을 지휘통솔"하는 최고사령관의 군사작전 및 지휘 역할을 지원하는 '최고사령관 중심의 지휘체계'로 전환한다고 할 수 있다. 예컨대 최고사령관의 비상사태 관련 작전명령이 선포되면 북한의 모든 기관과 업무는 최고사령관 지원체제로 전환되며 북한의 일체 무력에 대한 지휘통솔권이 국방위원장에서 최고사령관에게로 귀속된다. 그래서 비상시 최고사령관은 일체 무력에 대해 '단일지도' 형식의 초당적·초법적 지휘권을 행사하게 된다.

특히 평시 인민무력부 산하에 편제되어 있던 총참모부의 군사 부서들 중 작전 및 지휘와 관련된 작전국, 전투훈련국, 정찰국, 통신국, 땅크국 등은 최고사령관 관할하에, 인민무력부 직속 부서와 후방총국, 군사동원국, 총참모부의 군수계획국, 대렬보충국, 장비국 등은 군수지원을 책임지는 국방위원장이 각각 관할할 것으로 예상된다. 이런 이유로 비상시 최고사령관은 인민무력부를 거치지 않고 바로 총참모장 혹은 각 군종·병종 군단과 사단이 직속되어 있는 작전국장에게 곧바로 명령을 발동할 수 있다.

한편 최고사령관인 김정일이 유고되는 비상시기에는 당중앙군사위원회가 정책 결정의 중심이 되고 국방위원회가 집행하는 형태로 북한군을 잠정 통치할 것으로 예상된다.

이러한 북한군의 비상시·평시 군사 지휘체계 연구는 김일성 사망 이후 북한군 군사지휘관의 지위 및 역할 증대와 관련해 많은 시사점을 제공해 주고 있다. 예컨대, 1980년대 부터 존재했지만 1996년 들어 대대적으로 추진된 '오중흡 7연대칭호 쟁취운동'의 부대 판정에 정치위원들의 입김이 현저히 약화되었으며 리수복, 김광철, 길영조, 안정애, 리수길 등 '영웅 따라배우기'의 영웅들은 정치일꾼이 아니라 군사 영웅들이며, 1121고지 전투 미화 등은 북한 군대에서 과거 병사들의 휴가조차 보낼 권한이 없었던 군사지휘관들의 명예를 높이는 결과를 가져왔다. 이러한 '운동'의 성격은 확실히 과거 북한 군대내 정치군관들이 주도했던 모범중대 쟁취운동, 붉은기중대 쟁취운동, 금성친위 칭호 쟁취운동들과는 확연히 구분되는 것이었다.

분명히 지난 10년 동안 김정일 최고사령관 통치체제가 효율적으로 기능해 왔다는 사실은 필연적으로 북한군 군사지휘관의 지위와 역할이 증대해 왔으며 또한 높이도록 요구하고 있다는 점일 것이다. 이것은 향후 국제적으로 김정일 정권에 대한 위협이 현실화되거나 혹은 김정일 정권이 내부적으로 심각한 위협에 직면할 경우 북한군 군사지휘관들은 김정일 최고사령관을 끝까지 보위하는 최후의 보루로 남을 수 밖에 없음을 의미한다 하겠다.

※ 이 글은 "북한군의 비상시・평시 군사지휘체계,"
『통일정책연구』14권 2호 (2005)에 수록되었다.

주 註

1) 북한군의 비상시·평시 지휘체계와 관련한 단편적 자료들은 대략 ① 북한의 『김일성 전집』, 『조선중앙년감』등 공식 문헌속에 등장하는 최고사령관·국방위원장의 군 관련 공식 발표 ② 한국전쟁 시기 북한지역 노획문서와 최근 공개된 한국전쟁기 소련군사고문단의 북한군 관련 보고서 ③ 북한 보도매체나 한국 언론을 통해 공개된 최고사령관과 국방위원장 관련 보도 ④ 북한의 선군정치와 관련한 북한 학자들의 책자, 탈북자의 증언, 당중앙군사위원회가 비준한 '전시사업세칙' 문건 등에 분산되어 있다.
2) '政令'은 1948년 북한헌법상 최고인민회의 휴회중 최고주권기관인 최고인민회의 상임위원회가 발령하는 법문건의 한 형식으로 북한의 전 지역에서 의무적으로 시행된다. 특히 '정령'은 오직 최고인민회의 또는 최고인민회의상임위원회에 의해서만 폐지 또는 변경할 수 있도록 되어 있다. 사회과학원 편, 『정치용어사전』 (평양: 사회과학출판사, 1970), 455쪽.
3) "조선인민군 최고사령부 창설," ≪로동신문≫ 2003년 7월 5일 ; www.kcna.co.jp/index-x.html (2005.1).
4) "정령" 萩原 遼 편, 『북조선의 극비문서』 하권 (동경: 夏の 書房, 1996), 5쪽.
5) 에프게니 바자노프, 나탈리아 바자노바, 김광린 역, 『소련의 자료로 본 한국전쟁의 전말』 (서울: 열림, 1998), 79~81쪽.
6) "간부배치 및 이동에 대한 규정-노동당 중앙본부(1949)" 국사편찬위원회 편, 『북한관계사료집-조선노동당자료 1』 1권, (서울: 국사편찬위원회, 1982), 555~560쪽 ; 실제로 1952년 7월 6일 조선노동당중앙위 정치위원회는 북한군 전선사령관에 김광협을 임명하고 전선사령관이었던 김웅을 민족보위성 부상으로 중조연합사령부 부사령관으로 최용건 북한군 부사령관 겸 민족보위상으로 대신하는 결정을 내렸다. 이종석, "한국전쟁 중 중·조연합사령부의 성립과 그 영향" 국방부 군사편찬연구소 편, 『軍史』 44호 (2001.12) 61쪽.
7) "조선인민군 최고사령부 창설," ≪로동신문≫ 2003년 7월 5일.
8) 김일성, "당면한 군사정치적 과업에 대하여-당중앙위원회 정치위원회에서 한 결론(1950.7.23)," 『김일성전집 12』 (평양: 조선로동당출판사, 1995), 156~160쪽.
9) "(공화국) 군사위원회"는 1950년 6월 26일 최고인민회의 상임위원회 '정령'을 통해 김일성을 위원장으로 신설된 '국가 및 군사 최고기관'으로서 국내의 일체 주권을 집중시키고 "전선과 후방의 모든 사업을 통일적으로 장악지도"하며 산하에 내각의 성을 비롯, 기타 중앙기관들과 각 도·시 지방군정부들이 소속된 통일적인 최고전쟁수행기구라고 할 수 있다. 사회과학원 력사연구소 편, 『조선

전사』 25권 (평양: 과학백과사전출판사, 1981), 98~99쪽.
10) 북한군 최고사령부는 전·평시에 존재하나 평시의 경우 독립된 부처로 존재하지 않고 총참모부 작전국 제2처가 최고사령관의 명령을 집행하는 실무를 담당함으로써 일명 '최고사령부처'로 불린다. 그러나 전시의 경우에는 최고사령관을 비롯, 총정치국장, 총참모장, 인민무력부장, 해군사령관, 공군사령관, 작전국장, 통신국장(정찰국장) 등 11명으로 구성되어 최고사령관의 전쟁지휘권을 보좌한다.
11) 최광석 편,『북한용어대백과』(서울: 국민방첩연구소편, 1975) 656쪽.
12) "부록-북한군사일지" 이민룡,『김정일체제의 북한군대 해부』(서울: 황금알, 2004), 333쪽.
13) 북한에서 '결정'이라 함은 대내외적으로 제기되는 중요한 문제에 대해 회의체를 통해 토의 결정되어 발표되는 법문건을 의미하며 '명령'이라 함은 매 시기 개별적으로 제기되는 중요한 문제들을 긴급히 해결하기 위해 회의를 거치지 않고 명령권자의 명의로 결정·공포하는 법문건을 의미한다. 사회과학원 편,『정치용어사전』137쪽.
14) 과학원 언어문학연구소 편,『조선말사전』(평양: 과학원출판사, 1960) 하권, 3497쪽.
15) "전시사업세칙,"≪경향신문≫ 2005년 1월 5일.
16) 오늘날 북한의 '전반적 무력'의 범위는 북한 '인민군' 뿐아니라 인민보안성 소속의 인민경비대, 국방위원회 직속의 국가보위부, 당중앙위 소속의 호위사령부, 평양지구방어사령부, 당비서국 민방위부 소속의 로농적위대, 당비서국 군사부 소속의 붉은 청년근위대를 통틀어 일컫는다. 정보사령부 편,『북한편람 II』(서울: 정보사령부, 2000), 600~619쪽.
17) 김일성, "사회주의 경제건설의 높은 단계의 요구에 맞게 수송사업을 빨리 발전시킬데 대하여-당중앙위 5기 18차 전원회의에서 한 결론(1979.6.15),"『김일성저작집 34』(평양: 조선로동당출판사, 1987), 235쪽.
18) 북한군 군사지휘관은 창군 초기 '군사단일제'에 의해 형식적으로는 해당 부대의 모든 사업에 대한 총책임자이였으나 실제로는 부대지휘와 군사작전과 관련된 한정된 권한 만을 갖고 있었으며 부대 규율, 정치사상 상태, 비상사고에 대해서는 전적으로 해당 부대 정치부(副)지휘관의 몫이였다. 특히 한국전쟁 시기 군사지휘관의 권한은 정치군관과의 관계에서 부침이 심하였다. 졸고, "6·25전쟁기 북한군 총정치국의 위상과 역할연구," 국방부 군사편찬연구소편,『군사』 53호 (2004.12), 143~180쪽.
19) 사회과학원 언어연구소 편,『조선말대사전』(평양: 사회과학원출판사, 1992), 648쪽.

20) 정보사령부 편, 『북한편람 II』, 605쪽.
21) "북한 연표," www.nk.chosun.com (2005.8).
22) 1950년 6월 27일 선포된 북한의 전시상태는 1953년 8월 13일 "전시상태에 관한 '정령'의 효력 상실"을 최고인민회의 '정령'으로 채택함으로써 공식 해제되었다.
23) 졸고, "한국전쟁 초기 북한군의 전쟁지도체계 연구" 경남대북한대학원 편, 『현대북한연구』 8권 2호 (2005), 7~38쪽 참조.
24) "조선인민군 최고사령부 창설" ≪로동신문≫ 2003년 7월 5일.
25) 남침이전 즉 평시 북한군 민족보위성의 군사 지휘체계는 당중앙위 정치위원회 → 내각 위임 → 민족보위상 최용건 → 총참모장 강건 → 각 군종·병종 사령관 → 예하 련합부대(사단/여단)장 → 부대(연대)장 → 구분대(대대)장 → 중대장으로 이어졌다.
26) 북한년감발행위원회 편, 『북한총람, 45-68』, 524쪽.
27) 서해안(지구)방어사령부는 북한군의 주력이 남하에 함에 따라 측후방의 해안선이 신장되자 이에 미군의 측후방에 대한 상륙작전 가능성에 대비하기 위해 창설되었다. 사회과학원 력사연구소 편, 『조선전사』 26권, 24~26쪽.
28) 가령, 북한군 따발총과 탄약을 생산했던 "평창리 기계공장"은 군사위원회 관할이였다.
29) 전시 당중앙위 정치위원회의 대민 사업 관련 결정문들은 사회과학원 력사연구소 편, 『조선전사』 제26권, 제27권, 제28권을 참조.
30) 최고사령부 지휘소는 보통 최고사령관의 집무실과 회의실을 비롯하여 작전실, 통신실, 사격장, 식당, 목욕탕, 馬부대 등을 구비하고 있었다. 과학, 백과사전출판사 편, 『백과전서』 제1권 (평양: 과학, 백과사전출판사, 1982), 294~295쪽.
31) 다음 참고 자료들을 종합하여 작성하였다. 국방부 군사편찬연구소 편역, 『소련군사고문단장 라주바예프의 6·25 전쟁 보고서』 2권, 210~223쪽과 3권, 208~216쪽; 『김일성전집』, 12~16권 참조; 북한년감간행위원회 편, 『북한총람 45~68』, 525~545쪽; 육본 정보참모부 편, 『북괴 6·25남침분석』, 352~356쪽.
32) "조선인민군 최고사령관 명령 1993년 3월 8일 제0034호, 전국, 전민, 전군에 준전시상태를 선포함에 대하여," 『조선중앙년감 1994』, 50쪽.
33) ≪연합뉴스≫ 1993년 3월 13일.
34) 졸고, "한국전쟁 초기 북한군의 전쟁지도체계 연구," 7~38쪽.
35) 인민무력부는 전신인 민족보위성 시절에도 전체 무력을 관장하는 권한을 갖고 있지 않았으며 오늘날에도 종합계획국, 군수계획국 재정국, 대외기술총국, 대외사업국, 군사행정, 군사외교, 군사사법 등을 담당하는 부서라고 할 수 있다.

특히 내각 산하에 보내는 공문서 등에는 인민무력부 명칭을 사용하지만 군 내부적으로 총참모부 명칭을 사용한다.
36) 최주활, "조선인민군 총참모부 조직체계와 작전국의 임무와 역할," 통일정책연구소편, 『북한조사연구』, 6권 1호, (서울: 통일정책연구소, 2002), 30~68쪽.
37) 민간 무력인 로농적위대의 경우도 비상시 로농적위대의 지휘자는 최고사령관이 되며 로농적위대를 담당하고 있는 당 민방위부장인 차수 김익현이 로농적위대 참모장이 되어 최고사령관이 바로 참모장에 명령을 하달하는 체제가 된다. 정유진, "북한의 전평시 동원체계 연구," 통일정책연구소 편, 『북한조사연구』, 2권 1호(1998), 35~62쪽.
38) 황장엽은 "당과 국가 기관이라도 최고사령관의 명령이라면 무조건 복종해야 한다"고 주장하였다. 황장엽, 『어둠의 편이 된 햇볕은 어둠을 밝힐 수 없다』 (서울: 월간조선사, 2001), 88~89쪽.
39) 공식적으로 당총비서를 비롯하여 최고사령관, 총정치국장 등은 당회의에서 선출되는 당기구이며 국가주석이나 국방위원장, 내각 총리 등은 최고인민회의에서 선거되는 국가기구라고 할 수 있다. 북한군 최고사령관과 관련, 1950년 7월 4일 최고인민회의 상임위원회에서 임명된 이래 형식상 국가기구였다고 할 수 있으나 1991년 12월 24일 당중앙위 제6기 19차 전원회의에서 김정일이 최고사령관에 추대되었으므로 실질적인 당기구로서의 성격을 공식화했다고 할 수 있다.
40) 계명성, "제68화 노투사의 흐느낌,"『위대한 혁명가 이야기 100편』(평양: 평양출판사, 2004) ; www.uriminzokkiri.com (2004.9) 이외에도 김일성은 1982년 11월 북한군에도 부족한 차량운전수들을 국가산업기관에 돌리기 위해 군인운전수에 대한 강제제대 명령을 하달한 사례가 있었는데 이때 김일성은 최고사령관의 명령이기 때문에 북한군이 어쩔수 없이 수용했음을 인정하기도 하였다.
41) 전·평시 최고사령관과 국방위원장의 권한에 대한 자세한 설명은 졸고, "김정일 최고사령관의 권한과 역할에 관한 연구,"『정책연구』, 8권 3호 (2005 가을호), 237~286쪽.
42) 한국전쟁시 최고사령부 부사령관은 민족보위상(현 인민무력부장)이 겸직하였다. 현재는 인민무력부장이 '최고사령관 제1대리인"의 명칭을 사용한 것으로 보아 비상시의 경우에만 인민무력부장이 최고사령부 부사령관이 되는 것으로 추정된다. "오진우 북한 인민무력부장 명의 편지(1986.6.9),"통일원 편, 『한반도 평화체제문제 관련 주요 문건집』(서울: 통일원, 1996.6.), 104쪽.
43) 지난 1990년대 많은 고위 탈북자들은 최고사령관 유고시 '집단지도' 형식의 과두지배체제로서 당 중앙군사위가 주축이 되어 당중앙위 정치국과 국방위원회, 국가보위부 등이 연합정권을 형성해 잠정적 최고 비상기구로서 작동하

'단일지도' 형식으로 당조직부 제1부부장인 장성택이 당조직부장직을 대리하면서 권력을 장악해 나갈 것으로 전망하였다.

44) 지난 1991년 12월 24일부터 1992년 4월 9일 북한 헌법이 개정되는 3개월 남짓 동안 북한에는 주석과 최고사령관이라는 일체 무력에 대한 지휘통솔권자가 복수로 존재하는 기현상이 발생했다. 그러나 이는 북한의 일체 무력의 지휘통솔권 행사의 주체가 비상시와 평시에 따라 구분된다는 것으로 해석할 수 있다.
45) "김일성방송대학강의," 『평양방송』 2002년 3월 17일 ; www.aindf.dyndns.org (2004.9).
46) ≪경향신문≫ 2005년 1월 5일.
47) 1972년 이전 헌법에서 일체 무력에 대한 지휘통솔권한자가 공개적으로 규정되지 않았을 시기에 김일성은 대규모 부대이동은 당중앙군사위원회와 최고사령관 만이 할 수 있다고 못 박았다. 김일성, "현정세와 인민군대앞에 나서는 몇가지 정치군사과업에 대하여," 『김일성저작집 24』 (평양: 조선로동당출판사, 1983), 284쪽.
48) "장성급 승진인사" www.nk.chosun.com/glossory/ (2005.8).
49) 김일성, "군사위원회 10차회의 결론(1950.7.17)," 『김일성전집 12』, 149쪽.
50) 김일성, "인민군대 중대정치지도원들의 임무에 대하여(1991.12.25)," 『김일성저작집』 43권, 261쪽.

<참고문헌>

1. 북한문헌

계명성, "제68화 노투사의 흐느낌,"『위대한 혁명가 이야기 100편』(평양: 평양출판사, 2004). 인터넷자료 : www.uriminzokgili.com.
과학, 백과사전출판사 편,『백과전서』1~6권 (평양: 과학, 백과사전출판사, 1982).
과학원 언어문학연구소 편,『조선말사전』상·하 권 (평양: 과학원출판사, 1960).
김남진 외,『향도의 태양 김정일 장군』(평양: 평양출판사, 1995).
김인옥,『김정일장군의 선군정치이론』(평양: 평양출판사, 2003).
김일성,『김일성저작집』각 권 (평양: 조선로동당출판사, 1980).
김일성,『김일성전집』12~16권 (평양: 조선노동당출판사, 1995).
김철우,『김정일장군의 선군정치: 군사선행, 군을 주력군으로 하는 정치』(평양: 평양출판사, 2000).
력사연구소 편,『위대한 수령 김일성 동지 혁명 활동 약력』(평양: 조선노동당출판사, 2000).
미상,『김정일장군 일화집』(평양: 평양출판사, 2003), 인터넷자료: www.uriminzokkiri.com
백과사전출판사 편,『조선대백과사전』1~30권 (평양: 백과사전출판사, 2001).
사회과학원 력사연구소 편,『조선전사』25, 26, 27, 28권 (평양: 과학백과사전출판사, 1981).
사회과학원 언어연구소 편,『조선말대사전』(평양: 사회과학원출판사, 1992).
사회과학원 편,『정치용어사전』(평양: 사회과학출판사, 1970).
조선중앙통신사 편,『조선중앙년감』각 년호 (평양: 조선중앙통신사, 1952~2004).
통일여명 편집국 편,『선군혁명영도 관련 로동신문 사설모음집』, 2001. 인터넷자료: www.aindf.dyndns.org.
통일여명 편집국 편,『조선인민군』1, 2, 3권. 1998~2003. 인터넷자료: www.aindf.dyndns.org.
≪로동신문≫ 2003년 7월 5일자. 인터넷자료: www.kcna.co.jp/index-x.html (2005.1).

2. 남한문헌

국방부 군사편찬연구소 편,『6·25전쟁 북한군 병사수첩』(서울: 군사편찬연구소, 2001).
국방부 군사편찬연구소 편,『6·25전쟁 북한군 전투명령』(서울: 군사편찬연구소, 2001).

국방부 군사편찬연구소 편역,『소련군사고문단장 라주바예프의 6·25 전쟁 보고서』 1, 2, 3권 (서울: 군사편찬연구소, 2001).
국사편찬위원회 편,『북한관계사료집』 1-41권 (서울: 국사편찬위원회, 1982~2003).
국토통일원 편,『북한자료 마이크로필름 목록』 (서울: 국토통일원, 1987).
고재홍, "6·25 전쟁기 북한군 총정치국의 위상과 역할연구," 국방부 군사편찬연구소 편,『군사』 53호(2004).
고재홍, "한국전쟁 초기 북한군의 전쟁지도체계 연구," 경남대북한대학원 편,『현대북한연구』 8권 2호(2005).
고재홍, "김정일 최고사령관의 권한과 역할에 관한 연구,"『정책연구』, 8권 3호 (2005 가을호),
김광수, "한국전쟁초기 북한군의 지휘구조와 후방부대 편성: 개전부터 UN군의 38선 돌파직전까지,"『육사논문집』, 59집 1권(2003).
박명림,『한국 1950: 전쟁과 평화』 (서울: 나남, 2002).
북한년감발행위원회 편,『북한총람, 45~68』 (서울: 공산권문제연구소, 1968).
서용선 외,『점령정책·노무운용·동원』 (서울: 국방군사연구소, 1995).
세종연구소, "부록−북한법령 연표," 세종연구소 편,『북한법 체계와 특색』 (서울: 세종연구소, 1994).
손광주,『김정일리포트』 (서울: 바다출판사, 2003).
신재호, "북괴군 집중분석 조선인민군," 인터넷 자료 : www.war.defence.co.kr/nk00.htm 2003.10.
에프게니 바자노프, 나탈리아 바자노바 저·김광린 역,『소련의 자료로 본 한국전쟁의 전말』 (서울: 열림, 1998).
유영구, "북한의 정치−군사관계의 변천과 군내의 정치조직 운영에 관한 연구," 전략문제연구소 편,『전략연구』, 11권 (1997).
육본 정보참모부 편,『북괴 6·25 남침 분석』 (서울: 육본정보참모부, 1970).
이민룡,『김정일 체제의 북한군대 해부』 (서울: 황금알, 2004).
이재훈,『소련 군사정책, 1917~1991』 (서울: 국방군사연구소, 1997).
이종석, "한국전쟁 중 중·조연합사령부의 성립과 그 영향,"『군사』 44호 (2001).
이증규, "북한통치체제의 본질적 특성: 김정일의 체제운영기법(statecraft)을 중심으로," 통일정책연구소편,『북한조사연구』, 6권 1호 (2002).
장준익,『북한인민군대사』 (서울: 한국발전연구원, 1991).
정보사령부 편,『북한편람』 I·II (서울: 정보사령부, 2000).
주영복,『내가 겪은 조선전쟁』 1 (서울: 고려원, 1990).
최광석 편,『북한용어대백과』 (서울: 국민방첩연구소, 1975).
통일원 편,『한반도 평화체제문제 관련 주요 문건집』 (서울: 통일원, 1996).

합동참모본부 편,『합동연합작전 군사용어사전』(서울: 합동참모본부, 2003).
황장엽,『나는 역사의 진리를 보았다』(서울: 한울, 1998).
황장엽,『어둠의 편이된 햇볕은 햇볕이 아니다』(서울: 월간조선사, 1997).
≪경향신문≫ 2005년 1월 5일자.

3. 외국문헌

萩原 遼 편,『북조선의 극비문서』상・중・하권 (동경: 夏の書房, 1996).

북한 군사전략의 역동적 실체와 김정일체제의 군사동향

이 민 룡

1. 서 론

북한의 군사정책은 한국전쟁 이후부터 현재까지 일관된 기조와 전략을 유지해오고 있다는 평가가 지배적이다. 이러한 견해의 타당성에 대하여 근본적인 의문을 제기해야 할 시점에 이르렀다고 본다. 그 이유는 크게 두 가지이다. 첫째는 북한의 군사정책에 대한 분석방식의 한계점이다. 북한에서 발표하는 몇 가지의 공식적인 문건에 기초하여 분석하는 방식으로는 변화의 양태를 제대로 파악하기 어렵다는 점이다. 근래에 와서 남북한 군사접촉이 진행되면서 제한되지만 군부 지도층 혹은 실무진의 인식에 대한 관찰자료들이 확보되기 시작하였고, 북한군대의 간부급들이 귀순하는 사례도 증가하고 있어서 군대 내부를 엿볼 수 있게 되었다. 이러한 동태적 자료들을 통하여 군사전략의 변화양상을 추론하는 작업이 가능해졌다고 본다.

둘째는 북한의 안보와 군사전략에 대하여 재검토가 될 수 있는 정치적 여건이 조성되었다는 점이다. 김정일체제가 공식적으로 출범되면서 통치방식에서 변화가 감지되고 있으며, 이 수준에서의 변화는 군사정책에도 적지 않은 변화를 초래할 가능성이 높아졌다는 것이다. 그러한 변화를 단정할 수는 없지만 변화의 가능성을 가정한 상태에서 북한의 군사정책이나 전략의 내용을 점검하는 작업은 반드시 필요하다고 생각된다.

이 글에서는 북한 군사전략의 실체와 변화의 움직임을 파악하는 것을 목적으로 설정한다. 구체적으로 두 가지의 사항에 중점을 두도록 한다. 첫째는 군사전략의 실체적 내용을 파악하는 것이다. 이를 위해서는 군사전략의 개념을 군사력의 역할과 임무에 근거하여 풀이하고 그러한 내용들이 김정일체제에서 어떻게 변화하거나 변화될 수 있는지를 분석한다.

둘째로는 김정일체제에서의 군사동향을 분석하는 것이다. 명문화된 군사전략의 내용은 엄밀한 의미에서 보면 실제에서의 행동계획이라고 볼 수 없다. 군사전략의 실체적 내용은 대외적으로 공개되지 않는다. 더구나 북한의 군사전략이라고 파악된 내용 자체도 전문가에 의한 추론된 내용일 뿐, 실체 그 자체라고 보기 어렵다. 그러므로 매우 제한되지만 대내외적 군사행태에 대한 움직임은 군사전략의 기조와 내용을 추론할 수 있는 동태적인 자료가 된다. 이렇게 볼 때 북한의 군사동향 분석내용은 문헌적으로 파악된 군사전략의 내용을 검증하기 위해서도 반드시 필요하다고 본다.

2. 군사전략의 기조와 변화양상

1) 군사전략의 개념과 군사력

군사전략은 군사력을 어떻게 사용할 것인가에 대한 군사차원에서의 최상의 계획이다. 이러한 개념은 통상적으로 서구 국가들에서 보편화되어 있다. 즉 국가수준과 군사수준이 명확히 구분되어 있는 나라에서 통념화 된 것이다. 국가수준에서는 군사력 사용과 관련된 상위의 지침이 되는 안보정책이나 국방정책을 결정하고, 군대에서는 그러한 지침을 바탕으로 군사전략을 설계하게 된다.1) 사회주의 국가에서도 외형적으로는 이러한 구도를 유지한다. 즉 당이 곧 국가수준이 되고 군대는 당의 지침을 받아 군사전략을 설정한다는 구도이다. 북한에서도 노동당에 설치되어 있는 중앙군사위원회가 바로 국가수준에서의 안보-국방정책 지침을 결정하는 곳이라고 할 수 있다. 그런데 문제는 노동당의 군사위원회 역시 모두 군대 지도자들로 구성되어 있을 뿐 아니라 김정일이 군권을 장악하면서부터는 국방위원회가 노동당이나 내각으로부터 독립된 기구로 승격되어 결국 군사적 차원에서 안보-국방정책도 모두 결정되는 것으로 보인다. 더구나 북한의 국가체제는 군사주의가 최상의 덕목으로 반영되는 병영국가이므로 군사전략 개념에 따라 국가정책이 설정되고 추진되는 모습을 보여준다.

군사력 사용과 관련하여 먼저 생각해 보아야 할 문제는 군사력의 유용성에 관한 질문이다. 역사적으로 군사력의 역할과 임무에 대한 논쟁은 언제나 있었다. 군사력에 절대적으로 의지하는 안보론자는 군사력을 국가 힘의 한 가운데 축으로 보면서 이것이야 말로 수단이자 목적이라고 설파한다. 외부로부터의 군사적 침입에 대한 방어에서는 군사력이

안보의 사활적 요소라는데 이견이 있을 수 없다. 전쟁을 다른 수단에 의한 외교의 연장이라는 입장에서 보면 군사력은 절대적인 가치를 가질 수 있다. 즉 평화를 유지하는 최선의 방책은 전쟁을 준비하는 것이라는 금언은 오늘의 현실에서도 좌시될 수 없는 것이다.

군사력은 전쟁을 수행하는 역할과 함께 평시에 전쟁을 억제하고 영향력을 투사하는 역할도 수행한다. 평시 대외정책의 수단으로서 정치, 외교적 역할을 수행하는 것이다. 군사력은 여러 외교수단 중의 하나로서가 아니라 이를 포괄하는 와일드 카드와 같은 성격을 지닌다. 특히 평시 군사력은 강압외교 (coercive diplomacy)의 수단으로서 중요한 역할을 수행한다. 효과적인 군사행동은 상대국에게 치명적인 손상을 가하는 것보다는 자국의 힘을 사용할 수 있다는 분명한 의지를 전달하는 것이 목적이다. 강압외교는 이러한 효과적인 군사행동을 통해서 바람직스럽지 못한 행동을 억제하고, 시작한 행동을 중지시키며, 이미 성취한 것을 원상태로 복귀시키는 협상의 수단이다.[2]

억제는 평시의 군사력이 수행하는 또 다른 임무이다. 강압외교가 군사적 위협을 통하여 상대국의 사고와 행동에 영향을 미쳐 무엇을 하도록 하는 것인데 비해 억제는 위협의 사용으로 상대의 의도에 영향력을 행사하여 무엇을 하지 못하게 하는 것이다. 강압이 적극적, 동태적이며 강압국이 주도권을 쥐고있는데 비해 억제는 소극적, 정태적이며 상대국이 주도권을 쥐고 있다.

군사력은 단순한 군사안보의 임무 수준을 능가하는 임무영역을 가지고 있다. 한 나라의 군사력은 국가 내외적인 조건에서 임무와 기능을 보유한다. 이렇게 보면 군사력의 임무와 역할은 크게 정치-군사적 차원, 사회적 차원, 경제적 차원 등으로 구분된다.

① 정치-군사적 차원: 군사안보를 달성하기 위한 것으로서 군의 본연의, 고유의 임무영역에 해당한다. 여기에는 전쟁상황을 가정한 것이

핵심적인 부분을 차지하며 부차적으로 국가의 정치외교력을 뒷받침하기 위한 임무가 포함된다. 현대적인 맥락에서는 전면전쟁 상황보다는 국가의 정치외교력을 뒷받침하기 위한 임무가 부각된다고 볼 수 있다.

② 사회적 차원: 군대는 모사회의 일부 집단이다. 사회적 영역에서의 군대는 본연의 임무 이외의 또 다른 임무를 수행하도록 요청받게 된다. 이 부분은 정치적으로 매우 민감한 사안이 될 수 있다. 정치발전이 뒤쳐진 나라에서는 곧 잘 군의 정치개입을 불러 올 수 있는 소지를 안겨주는 것이다. 그럼에도 불구하고 군의 사회적 역할은 배제되지 않고 있으며, 국가발전 과정에서 모종의 역할을 수행하도록 요청받는다.

③ 경제적 차원: 군대와 경제영역은 상호 보완적인 관계를 맺는다. 군대는 안보를 달성하고 이런 토대 위에서 경제는 발전을 이루게 된다. 큰 나라의 경우에는 국가의 경제이익을 직접적으로 보호하거나 군대가 해외의 시장을 개척, 확보하는데 중요한 역할을 수행하기도 한다. 일반적으로 나라의 경제발전이 이루어질수록, 또는 대외 교역력이 커질수록 군사력으로 경제이익을 보호해야 할 필요성이 커진다.

<표 1> 군사력의 임무와 역할

구 분	임 무	비 고
정치-군사적 차원	전쟁억제	침략행위를 분쇄하는 강력한 방어능력 확보
	전쟁승리	억제가 실패하는 경우 전쟁수행, 승리 담보
	무력시위	외교적 힘을 뒷받침하는 수단
	국위의 상징	강제력 보유를 통한 국가 위상의 향상
	국제안보	평화유지 활동, 재난구호 활동에 동참
사회적 차원	국가체제 보위	자유민주주의 체제의 보호 장치
	국민의 생존권 보호	자연재난, 해외의 인적 물적 자산 보호
	사회체제 유지	마약, 국제범죄, 불법 이민 등 차단
	환경보전	환경파괴의 위험에 대한 대응전력
경제적 차원	경제여건 보장	전쟁위험 제거, 안정적 경제활동 보장
	전략자원 수급	해상수송로의 안전 확보
	과학기술 개발	방위산업 기술의 사회적 전이 효과

이상의 내용에서 알 수 있는 것은 군사력의 임무와 역할이 전시나 평시를 막론하고 매우 포괄적이라는 것이다. 그런데 문제는 이러한 포괄적 역할이 어느 나라에서나 그대로 통용되지 않는다는 점이다. 예컨대 정치-군사적 차원의 임무 중에서도 국제안보에 참여할 것인가, 무력시위를 할 것인가 혹은 할 수 있는 능력을 보유할 것인가 등의 문제들에서 모든 나라들은 심각한 고민을 하게된다. 더구나 사회적 차원과 경제적 차원에서는 그러한 고민들이 더 심각해진다. 예컨대 환경보존이나 마약거래, 국제범죄, 불법 이민 등에 대처하는 문제들에서 군대가 그러한 임무를 수행할 것인가의 여부는 커다란 정치-사회적 쟁점이 된다.
　그런데 북한에서는 위에서 일반화 해 본 포괄적인 임무와 역할을 망라하여 그 이상의 역할도 수행하고 있다. 실제로 북한 군대는 치안유지와 산업분야에서도 상당한 임무와 역할을 수행하고 있다. 더구나 군수산업 분야는 외화벌이를 주도하는 역할도 수행한다. 정치적으로는 체제를 수호하는 세력일 뿐 아니라 체제의 주도세력이라고도 볼 수 있는 것이다.

2) 군사전략 결정요인

　어느 나라를 막론하고 군사전략의 내용을 공개하지는 않는다. 군사력을 어떤 방식으로 사용할 것인가에 대해서는 비밀에 부치는 것이 통례이다. 다만 실제로 전쟁을 원하지 않는 경우 통치권 차원에서나 군대에서 간간이 군사전략 내용을 흘리는 경우가 있다. 상대방의 섣부른 선제공격을 예방하거나 억제하기 위해서 전쟁이 일어나면 반드시 패배를 안겨주기 위해 우리는 이러이러한 전략으로 대응할 것이라고 밝히는 것이다. 실제로 한국은 한반도에서 어떠한 전쟁도 억제해야 한다는 생각으로 북한에 대하여 강력한 의지를 전달하고 있다. 한 가지 특이한 현상은 북한 역시 최근에 미국을 상대로 이러한 방식을 취하고 있다는 점이다. 미국이 선제공격하면 패배를 안겨주고 말겠다는 식의 선언을 자주 하고 있다. 그렇지만 이러한 경우에도 군사전략의 요체나 상세한 내용을 공표하지는 않는다. 이러한 상황에서 북한의 군사전략을 파악하는 방법은 여러 가지의 여건과 행태, 선언, 무기체계, 군사력 배치 등을 통해서 추론하는 것이다. 그러한 요인들을 다음과 같이 정리해 볼 수 있을 것이다.

① 김일성의 사상이나 사고에서 연유하는 내용이다. 현재의 북한군대는 김일성이 만들어 낸 작품이고 김정일은 그것을 답습하고 있다. 김일성은 젊은 시절 중국지역에서 빨찌산 투쟁을 벌였다고 자랑한다. 이 시절 그는 '보천보 전투' 등을 통해서 매복 기습에 의한 게릴라 전투의 유효성을 확인하였다고 볼 수 있다. 또한 1941년경에는 소련군 장교가 되어 정규군의 전술교리를 체득할 수 있었다고 한다면 그가 배운 것은 당시의 소련군 전술인 기계화 군대에 의한 전선돌파 작전이었을 것이다.

② 한국전쟁에서 얻은 교훈이다. 낙동강까지 진격할 수 있었던 장점과 유엔군 개입으로 패퇴할 수 밖에 없었던 정황에서 한반도 여건에 부합되는 전략전술 교리를 계발해야 한다는 교훈을 얻었을 것이다. 예비대가 부족하였으므로 전인민 무장화를 서둘렀고, 항공전력의 열세를 확인하였으므로 강력한 방공체제를 구축하고 대공무기나 항공전력 강화에 매진하였던 것이다. 한반도 지형이 산악이 대부분이므로 산악전투와 야간전투에 미숙하였다는 점, 그리고 병참선이 길어져 군수품 공급에 차질이 빚어졌다는 점을 시인하였고, 실제로 한국전쟁 이후에는 이러한 취약점을 보완하는데 주력하였다.

③ 미국의 군사전략이다. 이는 한국전쟁에서 얻은 교훈의 일부에 해당하며, 한국전쟁 이후 미국이 세계적으로 개입하는 전쟁에서 교훈을 도출하고 있다는 가정이다. 한 마디로 미국의 한반도 개입을 최대한 배

제하는 것으로 압축된다. 미국이 개입하는 한 전쟁에서 이길 수 없다는 것을 확인하고 있다고 본다. 따라서 북한은 한국전쟁 이후 일관되게 주한미군 철수를 외쳐왔고, 지금도 그것을 실현하는데 매달리고 있다. 최근에 북한이 '철천지 원수'로 여겨 온 미국을 상대로 담판을 지어야 한다는 입장을 취하고 있는데, 이 역시 궁극적으로는 주한미군의 철수에 집중된 것이다. 주한미군이 철수하지 않더라고 북한입장에서는 전쟁시에 미국의 증원군이 한국에 파견되지 못하게 하거나 증원군 도착 이전에 상황을 종료시키면 된다. 이 경우 결국 미국의 대북한 군사행동의 의지문제가 변수가 되는 것이다. 반대로 이러한 북한의 사고는 한국의 억제에 유리한 측면을 제공하였다. 즉 미군이 주둔하는 한 북한의 전쟁시도는 억제될 것이라고 인지한 한국은 주한미군의 감축이나 철수를 저지하는데 총력을 기울여 왔던 것이다. 한국이 그동안 주한미군의 존재를 중요하게 여겨온 것은 전시에 미국의 증원군이 파견되도록 소위 '인계철선' 역할을 수행하다는 측면 때문이었다.

④ 한반도 통일전략이다. 한반도 통일을 어떤 방식으로 추진할 것인가에 따라 군사전략은 직접적인 영향을 받는다. 북한은 한국지역을 자국의 영토로 인지하고 있다. 한국정부는 미국의 괴뢰정부라고 보고 있으며, 한국지역을 사회주의로 변화시키는 것을 통일의 목표로 삼는다. 무력으로 적화통일 하겠다는 의지를 아무리 숨기더라도 북한 지도층의 행동양식과 정책추진 과정에서 그것이 노출된다. 예컨대 북한은 오랫동안 한국의 유엔 가입을 반대하여 왔다. 1991년 한국이 단독가입을 서두르고 유엔에서 통과될 가능성이 높아지자 북한은 마지못해 결국 유엔에 가입하였다. 북한은 한국을 하나의 국가로 인정하지 않으려 하였고, 특히 한반도 안보문제 논의에서 한국을 최대한 배제하려고 행동해 왔다. 또한 한국의 군비통제 제안에 소극적으로 임해왔고, 한국의 안보체제를 약화시키기 위해 국가보안법을 폐지하라는 등 적대적 경쟁 마인드에서

탈피하지 못하고 있다. 이처럼 북한이 통일을 최우선의 목표로 설정하는 한, 그리고 한국을 국가로 인정하지 않고 안보문제의 협상 파트너로 상대하지 않는 한 북한의 무력적화 의지는 약화되지 않고 있다고 해석할 수 밖에 없다.

⑤ 공산주의 전쟁원리이다. 북한이 아무리 주체사상에 의해 이끌어진다고 해도 군사력 사용과 관련된 문제에서 전적으로 독창적일 수는 없다. 예컨대 군대의 복장이나 군사제도, 무기체계 등에서 북한은 구소련이나 중국과 교감을 지속할 수 밖에 없다. 김일성이 통치하던 초창기와는 달리 현재의 북한지도층은 자주적인 색채로 군대를 이끌어가려 한다. 그러나 군사기술이나 무기체계 측면에서 북한이 독자적인 노선을 가는데는 한계가 있다. 예컨대 김정일이 근래에 중국이나 러시아를 방문하는 경우에도 방위산업 시설을 눈여겨 돌아보거나 러시아로부터 전투기를 계속 도입하는 것이 좋은 예이다. 2002년 8월 김정일은 러시아 극동지역을 열차로 방문하였는데 둘째날인 8월 21일 군수산업 도시인 콤소몰스크 나 아무르를 방문하고 이곳에서 수호이 27전투기 공장과 아무르스키 조선소에서 건조중인 디젤 잠수함을 시찰하였다. 이 시찰에서 김정일은 러시아로부터 무기도입을 시도하였으나 러시아측의 소극적 입장 때문에 뜻을 이루지 못하였다고 한다.3)

이 이외에도 북한은 그동안 중국과 러시아로부터 새로운 무기나 장비를 지속적으로 도입하여 왔다. 중국과 러시아에 대한 이러한 의존성이 앞으로 지속된다면 공산주의 전쟁원리보다는 '우호적 강대국의 영향'으로 바뀌어져야 할 것이다. 러시아는 공산주의를 포기하였고, 중국역시 공산주의를 약화시키는 방향으로 발전하고 있기 때문이다. 그러나 이들 국가의 군사제도나 무기체계가 공산주의 시절에 구축된 것이므로 상당 기간 그러한 색채는 지속될 수 밖에 없다.

⑥ 한반도의 지리적 여건이다. 한반도에서의 전쟁은 방어작전보다는

공세작전을 수행하는 쪽이 유리하다고 볼 수 있다. 종심이 짧은 편이므로 일단 밀리기 시작하면 협소한 지역에서 심리적으로 패배의식에 젖을 가능성이 높아 역공세를 취하기에 불리하다. 3면이 바다라는 점 역시 방어에는 불리하다. 이 점은 한국이 더 그렇다. 북한지역은 지상작전에서 밀리는 경우 중국영토로 넘어가거나 중국의 지원을 기대할 수 있으나 한국은 그렇지 못하다. 이러한 측면은 북한으로 하여금 군사전략적으로 공세작전을 선택할 조건이 된다. 또한 한국이 서울을 중심으로 과도하게 밀집되어 있다는 취약점 역시 북한의 군사전략 수립에서 하나의 고려사항이 된다. 서울을 조기에 점령하면 한국은 급속도로 약화될 것이라는 점이다.

⑦ 정권차원의 원리이다. 독재체제를 정당화하기 위해서는 일종의 대외적 호전성이 필요하다. 국내적으로 정치적 경쟁자를 물리치고 주민들을 군사적으로 동원하기 위해서는 군사주의적 마인드를 주입해야 하고 그러한 논리는 결국 군사전략에서도 공세주의를 설계하게 만든다. 북한이 경제사회적으로 피폐한 위기국면에서도 주민들을 상대로 그것을 합리화하는 것은 외세를 물리친다거나 통일을 이루기 위한 고난이라거나 한국을 영토적으로 병합하면 모든 문제들이 해결된다는 식의 논리들이다. 북한이 현재 견지하고 있는 막대한 군사력이 단지 외세의 침입을 방어하기 위한 목적이라고 한다면 주민들은 여기에 동조하기 어렵다.

3) 군사전략의 요체

북한의 전쟁수행 개념을 동태적으로 풀이하면 정면에서 주공방향을 선택하여 전격전 방식으로 단시간내에 돌파하고, 이와 동시에 후방침투를 감행하여 한반도 전체를 동시 전장화하고 속전속결로 한국지역을 수

중에 넣는다는 것이다. 군사전략적으로 이러한 형태는 전형적인 공세전략에 해당한다. 공세전략 의지를 가장 잘 표출해주는 것이 바로 군사력의 배치이다. 지상군 전력의 70% 정도가 평양과 원산을 연결하는 평원선 이남의 전방지역에 배치되어 있다. 기동성을 갖춘 대규모 기계화 보병 및 전차부대들이 주요 공격축선상에 배치되어 있는 것이다.4)

둘째, 강력한 비정규전 전략을 확보하고 있다는 사실이다. 특수전 임무를 지닌 병력은 10만 정도로 추산되고 있으며, 이들의 훈련 정도는 세계 최강 수준이라고 평가된다. 이들의 후방침투를 가능하게 하는 장비는 해군에서 보유하고 있는 130여척의 공기부양 고속상륙정과 공군에서 보유하고 있는 AN-2기 500여대이다. 이들 장비는 그렇게 현대식은 아니지만 한반도 작전에 부응하도록 맞추어진 것이다. 여기에다 땅굴을 통해 특수전 병력이 한국지역에 침투할 것으로 예상되므로 비정규전을 수행할 수 있는 북한의 전력은 가공할 만한 수준에 이른다.5)

셋째, 특히 지상군의 기동력이 강력하다는 점이다. 지상군 편성에서는 기동성을 높이기 위해 사단보다는 규모가 적은 여단을 전투력의 중심 단위로 조정해 왔으며, 이들 부대는 기계화 부대의 강력한 돌파력과 병행하여 전투시에 기동성 측면에서 강화된 것으로 분석되고 있다. 기동성을 높이는 이유는 한반도의 산악지역 전투에 부응하고 단기결전을 실현하려는 의도에서 비롯된 것으로 보인다.

넷째, 전략무기에 대한 강한 집착이다. 핵무기, 화생무기, 미사일 등 전략무기 분야에서 북한은 이미 상당 수준의 전력을 확보하고 있다. 전략무기의 확보를 공세작전용이라고 단순화하기는 어렵다. 방어를 위한 수단으로도 활용되기 때문이다. 그러나 이들 전략무기는 공세작전을 담보하는 수단으로 활용될 여지는 매우 크다. 북한이 보유하고 있는 미사일은 한반도 전역을 사정거리에 두고 있고, 주변 강대국들도 공격할 수 있는 수단이다. 이들 미사일 능력과 핵무기, 화생무기들은 전쟁시 결정적 작전을 가능케하는 수단이 된다. 즉 전세가 단기결전으로 종결되지 않을 경우 마지막 수단으로 한반도를 초토화하는 무기로 사용될 수 있다. 구체적으로 북한의 군사전략 요체는 다음 3가지로 파악된다.

① 선제기습: 정규군에 의한 대대적인 군사행동에서부터 비정규군의 우회적인 침투행동을 포함하여 북한군대는 기습적으로 공세행동을 감행할 것으로 보인다. 전략적으로 선제기습은 적극적인 공세행동의 일환으로서 전장의 주도권을 확보하게 해준다. 공세행동을 지속할 수 있다면 주도권을 계속적으로 유지할 수 있다는 것을 의미한다. 여기에는 조건이 따른다. 적대국의 보복작전 능력을 전면적으로 파괴해야 한다는 것이다. 근래에 미국은 이라크나 아프가니스탄 등 중소국을 상대로하여 초전에 적대국의 지휘시설과 주력군을 일방적으로 타격하여 무력화시킴으로써 공세행동을 지속할 수 있었다. 북한이 미국처럼 공세행동을 지속할 것인지의 여부는 불투명하다. 그것이 가능하려면 초전의 선제기습 공격에서 한국의 주전력과 지휘시설을 무력화해야 한다. 북한이 오늘의 미국군대와 같은 정보-기술군 전력을 확보하지는 못하고 있으므로 전장의 주도권을 계속 확보하면서 공세행동을 지속하기에 한계가 있다고 본다.

일반적으로 기습행동은 방어에 비해 유리한 측면이 있다. 상대국이 예상하지 못한 시간과 장소, 수단, 방법으로 타격을 가함으로써 방어하는 쪽을 혼란에 빠뜨리고 심리적으로 마비시켜 승기를 잡게 해주는 것이다. 따라서 방어하는 쪽보다 적은 병력으로도 공세행동을 취할 수 있을 뿐 아니라 주도권을 가지고 군사행동을 취할 수 있다는 장점이 있다. 경험적으로 기습전쟁에 의한 공격자와 방어자간의 피해를 병력손실로 따질 경우 공격자가 최대 다섯배까지 유리하다는 연구결과도 있다고 한다.6) 그러나 선제기습으로 상대방의 주력군을 무력화시키지 못하는 경우 강력한 보복작전에 밀릴 수 있다. 특히 오늘날에는 기습도 중요하지만 공세행동을 지속할 수 있는 능력이 더 중요하다. 또한 선제기습 행동은 국제법규상 전범국가로 낙인찍히게 된다는 문제도 있다. 어떤 경우에도 누가 먼저 군사행동을 취하였느냐가 법원리에서는 중요한 잣대가 된다는 것이다. 그런데 남북한처럼 같은 민족간의 전쟁에서는 이러한 법원리가 적용되기 어렵고, 또 오늘날 미국의 세계전략에서 보듯 선제공격 행동이 국제사회에서 비난을 받을 가능성은 점차 희박해지고 있다. 그 보다는 군사행동을 불러오게 된 배경과 원인이 더 중요해진다. 북한이 선제기습 행동을 취하게 되는 이유와 근거를 찾아보면 다음과 같다.

첫째, 공세전략을 선택하고 있으므로 선제기습은 당연한 것이다. 한국의 군사전략이 억제를 우선으로 하고, 전쟁이 일어난다면 공세적 방어행동으로 나올 것이라는 점을 알고 있다면 북한은 선제기습으로 얻을 수 있는 최대한의 효과를 거두려 할 것이다.

기습공격의 효과가 극대화 할 수 있는 지리적 여건이라는 것이다. 영토적으로 서로 연결되어있을 뿐 아니라 서부전선은 서울까지의 거리가 불과 40Km에 지나지 않아 기습공격을 취하기에 적합하다. 전투기로는 서울이 불과 6분여 거리에 있어서 한국측의 조기경보와 방어작전을 방해하는 조건에 있다. 더구나 서울은 최대의 밀집지역으로서 기습공격의 좋은 목표가 된다는 점도 추가된다.

둘째, 국력면에서 열세한 조건을 만회하기 위한 전략적 계산이다. 경제력이나 인구측면에서 북한은 한국에 비해 열세하다. 이러한 조건에서 장기전을 생각하는 것보다는 일시에 한국을 마비상태로 몰아넣어 무력화하는 것이 더 유리하다고 판단할 것이다.

셋째, 군사력 배치에서 전방지역에 과도하게 밀집해 있다는 점, 기동력을 강화하는 부대구조와 기계화부대가 강력하다는 점에서 선제기습을 의도하고 있음이 드러난다. 무엇 보다도 한국에 비해 월등하게 우세한 포병화력은 기습을 노리고 있다는 증거이다. 2003년 리처드 마이어 미국 합참의장은 2003년 7월 24일 미국 상원 군사위원회 청문회에 출석하여 만약 한반도에 전쟁이 발발하면 '대량살육'과 같은 수많은 사상자가 발생할 것이라고 증언하면서 그 이유로 100만명이 넘는 북한군의 약 70%가 평양 남쪽에 포진되어 있고, 포화기들이 비무장지대에 전진배치되어 있기 때문이라고 밝혔다. 이것은 북한군대의 배치와 강력한 화력이 선제기습 공격에 맞추어져 있으며, 초전의 그러한 기습공격에 한국이 취약하다는 사실을 말해준다. 이러한 점을 잘 알고 있기 때문에 북한측 협상대표들이 심심치않게 서울을 불바다로 만들겠다는 엄포를 놓고 있는 것이다. 사실 이 부분이 한국으로서는 아킬레스건이라고 할 수 있다.

넷째, 무기체계나 장비 측면에서 수적 우위를 유지하려는 저의이다. 남북한 재래식 군사력 비교표를 보면 거의 모든 분야에서 북한은 수적으로 한국에 비해 우세하다. 질적으로는 한국에 비해 뒤지지만 이러한 구식 전력을 과도하게 확보하고 있는 것은 선제공격에서 유효하게 사용할 수 있기 때문이다.

② 속전속결: 북한군대는 기동과 속도를 유난히 강조한다. 전쟁을 신속하게 종결시키겠다는 의도에서 나오는 표현이다. 북한은 이를 위해 기계화·기동화·경량화된 전력을 확보해 왔으며, 육해공군 전력에서 속전속결에 필요한 공격형 무기체계의 획득과 유지에 주력하여 왔다. 베트남식의 장기전에도 유리한 측면이 있겠지만 우선은 단기전으로 전쟁을 치러야 하겠다는 사고와 행동은 다음과 같은 이유에서 더 강력하게 표출되는 것으로 분석된다.

첫째, 미국의 증원군이 도착하기 이전에 전쟁을 종결하는 것이 유리하다는 생각이다. 주한미군 약 3만7천명으로는 전쟁에서의 승리를 거두기 어렵다고 보고 한미연합군은 미국 본토에서 증원군을 파견할 계획을 가지고 있다. 문제는 지리적으로 먼 거리에 있어서 적어도 한달 이상이 소요되는 취약점이 있다는 점이다. 이러한 취약점을 인지한다면 북한은 한 달이내에 결정적인 승기를 잡는 것이 필요하다. 미국의 증원군이 도착하기 이전에 적어도 서울을 점령한다면 새로운 양상이 전개될 수 있다고 판단할 것이다.

둘째, 단기간에 전쟁을 종결짓지 못한다면 국제사회의 비난여론과 군사적 제재에 봉착할 가능성이 있다는 것이다. 유엔의 제재조치가 예상되고 미국의 개입의지는 더 높아질 것이다. 더구나 북한에 비교적 우호적인 중국이나 러시아의 지원도 기대하기 어려워진다.

셋째, 장기전으로 가는 경우 국력면에서 열세한 북한의 전쟁수행 능력은 현저히 약화될 것이라는 점이다. 물론 과거의 북베트남처럼 지구전으로 승리를 거둘 수 있다고 판단할 여지도 있다. 과거에는 이러한 사고가 합당할 수도 있으나 지금은 미국의 우세한 정보 - 기술군 전력에 의해 북한의 지휘체제와 통치권이 파멸에 이를 수 있는 위험이 있다. 이것을 인지하든 그렇지 않든 북한은 장기전을 취할 수 있는 여건에 있지 못하다. 더구나 근래에는 경제가 파탄상태에 이르고 있다.

넷째, 전쟁물자의 부족이다. 경제가 파탄상태에 이르렀다고 해서 군수물자가 부족하다고 판단할 수는 없다. 북한은 경제난에도 불구하고 군수물자의 비축에 최우선의 목표를 부여할 수 있는 체제를 가지고 있다. 그렇다고 하더라도 전쟁물자를 비축하는 데에는 한계가 있다. 김일성은 한 때 '100일전쟁, 10일 전투, 3일 점령' 등의 극한적인 표현을 써가며 전쟁준비를 다그쳤었다. 합리적으로 판단할 때 적어도 3개월 분량의 군수물자를 비축하였을 것으로 추정한다면 그 이상의 장기전을 전개하는 것은 불리할 것이다.

북한의 속전속결 전쟁개념은 한국으로 귀순한 장교들에 의해서도 밝혀진 바 있다. 1996년 5월 23일 북한공군의 파일럿이었던 이철수대위는

MIG-19기를 몰고 덕적도 방향으로 귀순하였으며, 그의 증언에 의하면 북한은 24시간만에 서울을 점령하고 7일만에 부산까지를 석권하는 7일 전쟁 계획을 세웠다는 것이다. 1983년에 귀순한 신중철대위의 증언 역시 북한의 5~7일 전쟁계획을 폭로한 바 있어 북한측의 전쟁수행 방식이 속전속결에 있음을 증명하고 있다.7) 김정일체제에서도 이와같은 개념이 그대로 유지될 것인가의 여부는 불투명하다. 하지만 속전속결로 전쟁을 수행해야 하는 북한의 내부적 여건이 크게 변하지 않은 이상 이러한 전쟁개념은 지속될 것으로 보인다. 즉 현재와 같은 총체적 위기상황은 북한으로 하여금 속전속결식 전쟁수행 개념에 더 매달리는 조건이 된다. 지구전 혹은 제한전 개념으로 전쟁을 수행할만큼의 군수물자 공급이 더 어려워졌기 때문이다.

③ 정규전과 비정규전의 배합: 배합전략이란 대규모의 정규전과 유격전이나 특수전 등 비정규전을 배합하여 전후방이 따로없이 남한지역 전체를 동시전장화 하겠다는 의미이다. 이러한 사고는 전형적으로 국가간에 벌어지는 전쟁에서는 적용되기 어려운 구태의연한 것이다. 무엇보다도 너무 소모적이면서도 치열한 전쟁양상이 되어 영토점령 이외의 정치-외교적 목적을 구현하기 위한 수단으로서의 전쟁에서는 적용되기 어려운 발상이다. 미래 전쟁수행 개념으로 각광을 받는 최근 미국의 전쟁수행 방식은 북한이 생각하는 방향과는 정반대이다. 미국은 소모적인 피해를 지양하고 상대국의 핵심 전력을 정밀하게 타격하여 전쟁수행의지를 약화시키는 방향으로 전쟁을 수행하고 있다. 북한이 이처럼 총력전 개념의 전략형태를 취하는 데에는 다음과 같은 이유와 근거가 있을 것이다.

첫째, 김일성의 전쟁관에서 나오는 독특한 사고방식이다. 항일유격전에서의 성과를 유난히 강조하면서 정규전에다 유격전 개념을 적절히 혼합하는 것이 한반도 전쟁수행 개념에서 타당하다고 판단한다는 것이다.

원래 공산주의식 전쟁개념에서는 이처럼 게릴라전법을 강조하는 경향이 있었다. 이러한 방식은 공산주의식 전쟁개념이 정치적으로 극단적인 목표인 영토점령이나 체제전복에 집중되어 있기 때문이다. 북한의 전쟁목표가 한국의 해방에 있으므로 영토를 직접 점령해야 하며, 이를 위해서는 영토 전체에서 전쟁을 동시에 수행해야 한다고 믿는 것이다.

둘째, 막대한 비정규전 전력을 확보하고 있다는 사실이다. 특수전을 수행할 강력한 전력이 있고 이들 전력을 투입할 수단을 강구해 왔다는 점도 확인된다. 땅굴을 굴착하고 있다는 사실은 이미 밝혀졌고, 해군과 공군에서 이들 전력을 투입할 장비를 갖추고 있다. 이들 전력이 얼마나 잘 훈련되어 있는가는 북한의 도발사태에서 확연히 나타난다. 1968년 청와대 기습사건이나 1998년 잠수함 침투사건에서 특수부대의 정신력과 훈련 정도는 가공할 수준에 있음이 확인되었다.

셋째, 한국의 취약점을 최대한 활용하려는 사고이다. 한국은 개방사회의 특성을 가지고 있으며, 도처에 산업시설이 배치되어 있다. 한국도 이들 시설을 방호할 준비를 갖추고 있다고 판단되지만 북한 특수부대의 공격을 저지하기에는 역부족이다. 특히 전쟁이 발발하면 한국사회는 일시에 마비될 여건에 있으며, 이러한 취약점을 활용하여 특수전을 감행한다면 전쟁에서의 주도권을 확보하는 것이 가능하다고 판단한다.

4) 군사전략의 변화 전망

북한의 군사전략 개념은 김일성이 생존하던 당시에 확고하게 설정되었으며, 아직도 그대로 유지되고 있는 것으로 추정된다. 하지만 1998년부터 공식 출범한 김정일체제에서 군사전략을 변화시켜야 할만한 새로운 변수들도 이미 부각되었다고 판단된다. 이러한 변수들을 현재의 북한체제에서 얼마나 인지하고 있으며, 또 그러한 변수들에 따라 새로운 전략개념을 구상하고 있는지는 알 수 없다. 새로운 변수들을 제시해 보면 다음과 같다.

① 북한의 국력이 심각할 정도로 약화되고 있다는 사실이다. 강력한 군사력을 가지게 되면 경제력도 향상된다는 북한식 사고는 이제 기로에 처해있다. 현재의 위기를 타개하려면 군사 우선주의 사고를 탈피하는 것이 필요하다. 그러나 북한체제는 군사력이 강하기 때문에 현재의 위기상황을 그런대로 극복하고 있다고 인식한다.

② 미국의 대북한 강압정책이 고조되고 있다. 아프가니스탄과 이라크에서 정권을 전복시키고 통치자들을 몰아낸 미국의 군사행동이 북한에도 적용될 수 있다는 위기상황이 조성되고 있다.[8] 현재로서는 미국의 대북한 군사행동 가능성을 억제하는데 주력할 필요가 있으며, 실제로도 북한체제는 체제보장을 미국에게 요구하고 있는 실정이다.

③ 정보-기술군 전력의 위력이 확인되고 있다. 북한으로서는 미국의 정밀타격에 의한 공격에 대응해야 할 필요가 있다. 한국이 이 방면에서 군사기술 혁신을 추진하는 것도 새로운 변수이다. 북한으로서도 이 방면에서 새로운 투자가 필요하고, 대응작전 개념도 설정해야 하는 과제가 부각된다.

④ 중국과 러시아로부터의 군사지원을 기대하기 어려워지고 있다. 러시아는 이미 국가체제의 성격이 변화되었으며, 중국으로부터의 군사지원은 기대할 수 있으나 과거처럼 무상지원의 가능성은 희박해진다. 더구나 북한의 전면전쟁 시도에 대한 중국의 지원 가능성도 불투명해지는 상황이다.

⑤ 북한이 개발하고 있는 전략무기의 실효성 문제이다. 핵무기, 미사일, 화생무기 등 대량살상무기는 국제적으로 폐기 혹은 개발 제한에 묶여있다. 이들 전략무기를 어느 수준과 범위에서 보유할 수 있을지의 여부에 따라 군사전략 개념도 변화게 된다.

3. 김정일체제의 군사동향

 김일성 사망 이후 약 4년간의 유훈통치 기간이 종료되고 1998년 9월 사회주의 헌법을 개정하면서 김정일체제가 본격 출범하였다고 본다면 이 때부터 북한의 군사정책과 군대가 변화를 모색하는 시기라고 가정할 수 있다. 북한체제의 특성상 큰 변화를 예감하기는 어렵다. 구조적으로 김정일체제가 김일성체제의 연장선상에 있다는 점과 김정일의 통치권이 공고히 구축되기 위해서는 군대의 협력이 절실히 필요하다는 점을 감안하면 김정일이 군대에 대한 개혁과 변화를 요구하기는 어려운 여건이다. 따라서 여기서 말하는 변화는 단지 특징 또는 특성화라는 의미로 수용해야 할 것이다. 내부에서 어떤 변화를 모색하는지를 분석할 수 있는 자료는 거의없다. 그러므로 여기서는 다만 주요 언론에서 보도된 자료를 바탕으로 함축된 의미를 추정하는 방식으로 접근하고자 한다.
 김정일체제에서 군사분야의 획기적인 변화를 기대할 수 있는 측면이 전혀 없는 것은 아니다. 우선 군대의 수뇌부가 고령이어서 세대 교체를 시행해야 한다는 요구가 있다. 김일성의 빨찌산 동료들이 지금은 도태되는 과정에 있지만 김정일의 연령을 고려할 때 70대의 혁명2세대 역시 역시 부담스러운 세력이다. 또 하나의 요구는 군사력을 지탱하기 위한 막대한 군사비의 압력이다. 경제위기 상황에서도 군사분야에 많은 재원을 지출해야 하는 상황은 통치권에 대한 부담으로 작용한다. 김정일체제에서는 어떤 방식으로든 경제분야를 회생시키는 것이 국가적으로 최우선의 과제가 되는 것이다. 그렇다면 군사력 유지 방법에서 모종의 변화를 탐색해야 할 것이다. 이러한 관점을 견지하면서 다음의 보도내용을 중심으로 변화의 움직임을 파악해 보기로 한다.

1) 무기도입 및 수출활동

① 1998년도에 카자흐스탄으로부터 MIG-21 전투기 40 여대와 러시아로부터 MI-8 헬기 여러 대를 도입하였다. 이 전투기들은 양강도 지역 기지에 작전 배치함으로써 동북부지역의 국지방공력을 강화하였다.(『국방백서』 2000년판)

② 견착식 대공 미사일인 SAM16A 300기를 이라크에 수출하는 등 무기수출이 지속적으로 추진되고 있으며, 김정남은 이 대금을 수거하기 위해 2001년 5월 1일 일본에 불법으로 입국하려 하였다.(『신동아』 2001년 6월호)

③ 북한이 최근 예멘에 미사일을 추가로 수출하였다. 워싱턴 타임즈는 미국 정보당국 관리의 말을 인용해 2주 전 북한의 남포항에서 미사일을 실은 배가 예멘으로 향했으며 이는 수주간 정보당국의 감시대상이었다고 전했다. 북한은 미사일과 함께 스커드미사일 연료 산화물로 쓰이는 화학물질인 질산이 든 용기도 선적했다고 신문은 덧붙였다. 북한은 올 초에도 예멘에 미사일을 수출했다. 이에 대해 미국은 8월 제재조치의 일환으로 북한의 국영기업인 창광신용과 미국 정부와의 거래 및 미국과의 무역면허 취득을 금지한 바 있다.(≪워싱턴 타임즈≫ 2002년 12월 2일자)

④ 북한이 최근 5년간 극심한 경제난에도 불구하고 해외에서 전투기와 대공레이더, 잠수함 부품 등 4억달러 규모의 무기를 도입한 것으로 드러났다. 북한은 또 이란을 비롯한 중동지역 등에 1억1천만달러 이상의 스커드 미사일과 미사일관련 부품을 수출했다. 국방부가 23일 공개한 북한의 해외무기 도입 및 수출 현황에 따르면 2002년 중국, 러시아, 독일, 슬로바키아, 오스트리아로부터 전투기, 전차엔진, 선박부품, 장갑차 타이어, 통신장비 등 6천만달러 상당의 무기를 수입했다. 2001년에

는 중국과 러시아산 미그전투기 부품, 장갑차, 헬기, 탄약 등 1억2천만 달러 어치를, 2000년에는 일본, 독일, 러시아, 중국, 벨로루시 등에서 항공기 부품, 대공레이더, 함정엔진, 자동항법장치, 전차엔진, 군용 지프 등 1억달러 어치를 들여왔다. 지난 99년과 98년에는 중고 미그21 전투기, 전차엔진, 잠수함 부품, 헬기, 대공포, 탄약 등 1억2천만달러 어치를 구매했다. 한편 북한은 지난해 예멘과 이라크, 시리아, 이란 등에 6천여만달러 상당의 스커드 미사일과 미사일 부품을, 99년과 2001년에는 예멘과 파키스탄, 시리아 등에 각각 3천여만달러와 2천여만달러 어치의 미사일관련 부품을 수출했다.(≪연합뉴스≫ 2003년 10월 23일자)

⑤ 북한이 400기의 스커드 미사일을 중동지역에 수출했으며 특히 지난해 무기판매가 급증했다고 미국의 국제뉴스 전문사이트인 월드트리뷴닷컴이 2003년 10월 27일 보도하였다. 한국 국방부는 국회에 제출한 보고서에서 지난 1985년 이후 북한이 400기의 스커드 미사일과 관련부품을 중동국가에 수출했으며 주요 수출대상국은 이란과 이라크, 시리아, 예멘 등이라고 밝혔다. 이 보고서는 북한의 최대 자금원이 바로 미사일 수출을 통해 확보한 외화라고 설명했다. 보고서는 북한이 이같은 미사일 수출을 통해 확보한 자금이 얼마인지 구체적으로 밝히지 않았다. 국방부 보고서는 그러나 지난 2002년 북한이 예멘과 이라크, 시리아, 이란 등에 6천만달러 상당의 스커드 미사일과 미사일 부품을 수출했으며 99년과 2001년에는 예멘과 파키스탄, 시리아 등에 각각 3천여만달러와 2천여만달러어치의 미사일 관련 부품을 수출했다고 밝혔다. 전문가들은 지난해 북한의 미사일수출 규모가 급증한 것은 12월에 15기의 스커드 B 및 스커드 C 미사일을 수출한 데 따른 것으로 분석했다. 전문가들은 북한과 이란 사이에 미사일 부문 협력이 증진되고 있는 점을 지적하면서 올해 북한의 미사일 수출 규모가 지난해 수준과 같거나 능가할 것으로 예상된다고 밝혔다.(≪연합뉴스≫ 2003년 10월 28일자)

⑥ 미국 CIA와 주한미군사령부는 북한이 지난 1998년 금강산 관광사업의 대가로 받은 현금 4억달러를 군사용으로 전용한 것으로 믿고 있다고 미국 의회조사국 (CRS)이 밝혔다. CRS는 의회에 제출한 한미관계에 관한 보고서를 통해 북한이 현대측으로부터 금강산 관광사업 대금으로 받은 4억달러 이상을 군사용으로 사용한 것으로 믿고 있다면서 현대측이 비밀리에 제공한 것을 포함하면 사업 대금은 8억달러에 근접한다고 밝혔다.(미국 의회조사국이 2002년 3월 5일 의회에 제출한 보고서에서)

⑦ 북한은 2001년 중동지역 등에 5억8000만달러 어치의 탄도미사일을 수출한 것으로 드러났다.(주한미군의 안보정세 브리핑, 2003년 5월 10일)

김정일체제에 들어서면서 북한의 무기수출입 활동은 지속되고 있음이 드러난다. 이러한 동향은 김일성이 통치하던 시기부터 시작되었으므로 김정일체제의 특성으로만 보기는 어렵다. 문제는 국가전체가 총체적 난국에 처한 상황에서도 무기 수출 뿐만 아니라 수입활동도 지속되고 있다는 사실이다. 1998년 카자흐스탄으로부터 도입된 MIG-21기는 40여년전에 개발된 전투기이지만 성능이 비교적 우수한 기종으로 알려지고 있다. 이 전투기는 한국공군이 보유하고 있는 F-5E와 대략 성능이 비슷하거나 우수하고 F-4D 펜텀기에 버금간다고 한다. 북한은 이 기종을 이미 190여대 보유하고 있는데, 40대를 더 들여옴으로써 항공전력 강화에 관심을 두고 있음이 드러난다. 북한 전투기의 수적 규모는 한국보다 여전히 300여대 많지만 신형전투기에서는 한국의 150여대에 비해 적은 60여대를 보유하고 있다. 북한의 신형 전투기에 해당하는 기종은 MIG-29와 MIG-23으로서 한국의 F-16과 성능이 비슷하다.

2003년 한국 국방부가 발표한 자료에 의하면 최근 5년간, 그러니까 대략 1998년부터 2002년까지의 기간에 북한이 무기도입에 지출한 자금이 대략 4억달러에 이른다고 하였다.9) 이 금액의 대부분은 MIG-21전투기의 도입에 지출되었다고 판단된다. 문제는 북한당국이 어디서 그러한 자금을 확보하였느냐의 여부인데, 우선 무기수출로 벌어들인 자금을 투입하였다고 판단된다. 한국 국방부의 같은 자료를 보면 근래 5년간 무기수출로 벌어들인 금액은 대략 1억 1천만달러라고 하므로 이 자료가 사실이라면 무기수입에 지출된 금액에 턱없이 부족하다. 그렇다면 미국 의회조사국이 2002년에 밝힌 것처럼 북한이 한국과 금강산 관광사업을 추진하면서 벌어들인 총 8억달러의 현금 중 일부가 여기에 지출되었을 것이라는 추정은 매우 설득력이 있다. 이 기관에서 판단한 것은 총 4억달러가 군사적으로 전용되었다고 하므로 무기도입에 지출된 것으로 추정할 수 있다. 그런데 주한미군사령부에서 2003년 5월에 발표한 자료에는 북한이 2001년 한 해에 탄도미사일 관련 제품을 수출하여 벌어들인 금액이 5억 8천만 달러에 이른다고 하여 한국측이 추정한 금액보다 훨씬 많다. 만일 이것이 사실이라면 실제로 북한의 무기도입 수준은 파악된 것보다 훨씬 많을 것으로 추정할 수도 있다.

이러한 북한의 동향을 보면 무기수출로 외화를 벌어들이는 주목적이 군사력 강화에 있다는 사실이 밝혀진다. 이것은 김정일체제가 강조하는 '강성대국 건설'이라는 국가전략 기조가 허황된 것이 아니라는 사실을 증명한다. 한국과의 재래식 군비증강에서도 결코 뒤지지 않겠다는 의도로 풀이되는 것이다. 더구나 북한은 전략무기 분야에서 이미 한국과 비교하여 비대칭적 우위를 확보하고 있다. 이러한 상황에서 굳이 비용이 많이 들어가는 전투기 도입에 관심을 집중하는 것은 상식적으로 납득이 가지 않는 대목이다. 경제력 전반이 점점 낙후되어 가는 상황에서 합리적인 판단을 한다면 한국과의 군비통제를 추진하면서 위기를 타개하고 경제사회적 국력의 강화에 나서는 것이 옳다. 그런데 김정일체제는 그 정반대로 움직이고 있는 것으로 보아 김일성 통치시대보다 더 군사주의적인 색채가 짙게 나타난다.

　북한의 이러한 전략적 사고는 결국 구소련과 같은 국가적 붕괴의 길로 이르게 될 것이 분명하다. 민간경제와 군수산업의 심각한 불균형 상태는 내부적 균열을 가져올 뿐 아니라 북한의 군수산업 자체가 국제사회의 강한 견제를 불러오고 있으므로 군수산업 분야의 계속적인 성과는 보장되기 어렵다. 북한이 무기를 수출하는 지역은 주로 중동지역으로서 미국과 적대적인 나라들이 대부분이다. 따라서 미국의 대북한 강압정책을 불러오고 있는 것이다. 미국과의 적대관계는 그렇다 치더라도 중국과의 우호관계가 점차 더 손상된다는 것이 북한으로서는 심각한 문제이다. 중국 역시 북한이 전략무기 분야에서 강대국이 되는 것을 원하지 않는다. 지리적으로 인접한 북한이 핵무기를 보유하고 탄도미사일을 개발하는 것 자체가 중국으로서는 직접적인 위협이 된다. 당연히 중국정부로서는 북한에 대하여 견제를 가해야 할 입장인 것이다. 결국 북한의 대외적 고립은 더 심화된다는 얘기가 된다.

2) 군사대비태세

　① 1998년 말부터는 서부 및 동부지역에서 사거리 50Km 이상의 장사정포를 증강 배치하고 중국 국경지역에 미사일 발사기지를 건설하고 있다. 아울러 상어급 소형 잠수함 및 AN-2기 등을 추가 생산하여 배치하고 있으며 대포동 미사일의 2차 시험발사를 준비하고 있다.(『국방백서』1999년호)
　② 북한군은 지속되는 경제난에도 불구하고 대포동 미사일 개발노력과 함께 장사정포(170mm 자주포, 240mm 방사포)를 전방지역에 증강 배치하는 등 대량살상무기와 재래식 전력의 증강을 추진하고 있다. ― 최근 이라크와 코소보사태 교훈을 도출하여 지속적으로 전투준비태세

를 보완하고 있는 것으로 추정된다. 전후방지역에 미사일 갱도진지 공사를 계속하고 있으며, 전방 및 해안지역에 대한 장애물 보강과 전투시설물을 추가로 설치하였다.(『국방백서』 2000년호)

③ 2000년 여름 북한의 군사훈련은 지난 10년이래 최대규모로 실시되었다. 최근 미국방부의 의회보고서에는 북한의 무력적화야욕이 포기되었다는 징후가 없다고 한다. 군사력 70%인 병력 70만, 8000문의 포, 전차 2000대가 비무장지내에서 160Km이내에 배치되어 있다. 최소한의 준비로 대규모 공격이 가능하다.(≪조선일보≫ 2000년 10월 11일자)

④ 전쟁 개시 7일만에 서울 고립을 목표로 장거리포 집중 배치, 시간당 50만발 포격 가능, 병력의 70%를 휴전선 부근에 남진 배치, 땅굴 20여 개 추정, 탄도 미사일 및 화·생 무기 등 군사위협은 커지고 있다. (주한미군이 미국 합동참모부에 보고한 "2000년 북한군 동향 보고서", 『월간조선』 2001년 5월호)

⑤ 경제위기에도 불구하고 북한 군대의 훈련이 다시 정상화되거나 증가, 비무장지대 쪽으로 군사력이 증강 배치되는 등 북한의 군사위협은 실질적으로 증대할 뿐 아니라 더 근접하고 치명적이 되고있다. 지난해 남북정상회담 직후 이루어진 북한 지상군 여름훈련은 사상 가장 광범위한 (the most extensive) 것이었으며, 이에 앞서 실시된 1999년 말~2000년 초의 동계훈련은 지난 10년 간 훈련 중 가장 야심 찬(ambitious) 것이었다.(토마스 슈워츠 한·미 연합사령관의 미국 상원 출석 증언, 2001년 3월 27일)

북한 군사력 증강실태 파악 자료
- 1970년대: 병력 50만명, 戰車 1500대, 야포와 방사포 3000문, 미사일 없음.
- 1980년대: 병력 75만명, 戰車 2200대, 야포와 방사포 5000문, 미

사일 생산시작.
- 1990년대: 병력 100만명, 戰車 3500대, 야포와 방사포 1만1000문, 미사일 400기.
- 1999~2000년: 병력 110만명, 戰車 4000대, 야포와 방사포 1만 3000문, 미사일 600기.
- 1980년: 총병력 71만, 평양－원산선 이남에 40% 배치, 평양 이북 만포 이남 지역에 30% 배치, 만포 이북 지역에 30% 배치.
- 2001년: 총병력 110만, 평양－원산선 이남에 70% 배치, 평양 이북 만포 이남 지역에 25%배치, 만포 이북에 5% 배치.(2001년 3월 주한미군사령부의 발표자료)

⑥ 비무장지대 50km 북방의 100만 대군과 서울을 겨냥한 1만기 이상의 화기 등 한반도에는 현저한 재래전 위협이 존재하고 있으며, 이는 확실히 믿을만한 위협이다. (신임 주한미군사령관 리언 라포트 장군, 2002년 4월 26일 상원군사위원회 인사청문회에서)

⑦ 110만명에 달하는 북한군 중 3분의 2가 최근 휴전선 쪽으로 전진 배치되었다. 2002년 12월 27일 북한군이 경기관총(Type-73)으로 알려진 자동화기를 비무장지대 안으로 이동, 배치했다고 유엔군사령부 군사정전위원회에서 발표하였다. 이러한 무기 이동은 지난 13일에서 20일 사이에 진행됐으며, 경의선 철로와 도로 연결공사를 하는 노동자들의 보호를 위해 배치된 한국군에 의해 포착됐다.(미국의 CNN 방송 2002년 12월 28일자 보도내용)

⑧ 북한의 군사적 위협은 대단히 확실한 위협이다. 북한은 120만 병력의 70%를 남북 비무장지대(DMZ) 일대를 따라 공격전에 대비해 전진 배치하고 있다. 북한군은 1만 문이상의 포 화기를 보유하고 있을 뿐 아니라 1만2천개 이상의 지하시설과 한반도와 인근 나라들을 가격할 수

있는 800개 이상의 미사일을 갖고 있다. 북한은 재래군사력에 관한 한 대단히 확실한 위협이다.(리언 라포트 주한미군사령관, 2003년 7월 27일 미국 ABC 방송과의 회견에서)

⑨ 북한 내각의 로두철 부총리는 24일 지난해에 이어 올해에도 당초 책정했던 국방비에 비해 0.5% 포인트 초과 집행했다고 밝혔다. 로 부총리는 이날 조선중앙통신 기자와의 회견을 통해 올해 미국의 '핵 위협과 압박'에 강경 대응한 것은 국방공업의 발전 때문이라면서 "공화국 정부는 혁명의 근본 이익으로부터 출발하여 아직은 모든것이 부족하고 어렵지만 지난해에 이어 올해에도 국방비를 0.5% 늘려 국방공업을 적극 발전시키는데 이바지하도록 하였다"고 말했다. 로 부총리의 이같은 발언은 북한 당국이 지난 3월 열린 최고인민회의 제10기 6차 회의에서 올해 국가예산 지출총액 가운데 15.4%를 국방비(군사비)로 책정했다는 점에서 결산결과 당초보다 0.5% 포인트 증가한 15.9%가 집행됐음을 의미한다. 북한은 지난 99년 이후 매년 국가 예산의 14.5% 안팎을 군사비로 배정해 왔으나 실제로는 0.1~0.2% 포인트 낮게 집행해 왔다. 그러다 지난해부터 당초 계획에 비해 0.5% 포인트 초과 집행하기 시작했다. 즉 북한은 지난해 국가예산 지출총액의 14.4%를 국방비로 책정했으나 집행액은 14.9%로 늘었다. 북한이 지난해에 이어 올해에도 또다시 국방비를 0.5% 포인트 늘려 집행한 것은 선군先軍정치를 강화하는 것과 관련이 있는 것으로 분석된다.(≪연합뉴스≫ 2003년 12월 24일자)

북한의 군사대비태세는 1998~1999년 기간에는 내부의 경제위기 상황으로 주목할 만한 동향이 나타나지 않았다. 단지 탄도미사일 개발과 핵무기 등 전략무기의 강화에 주력하였다고 본다. 그런데 2000년에 접어들면서 그동안 침체상태에 있었던 훈련이 정상적으로 재개되면서 그 규모가 획기적인 수준이었다고 미국측은 판단하고 있다. 특히 2001년 한미연합사령관이 미국 의회에 보고한 내용은 다소 충격적이다. 2000년의 북한군 동향과 훈련상태를 검토한 사령관은 남북한 정상회담 이후에도 북한군대는 야심찬 훈련을 시행하였을 뿐 아니라 전방지역에 군사력을 증강 배치함으로써 북한군의 위협이 더 심각해졌다는 것이다. 이와 유사한 내용이 미국의 언론이나 군쪽에서 잇달아 발표되었다. 특히 2001년에 주한미군이 제시한 연대별 북한군의 군사력 증강내용을 보면 그동안 얼마나 북한군대가 규모면에서 증가되어 왔는지를 보여준다. 특히 평양-원산이남에 북한의 군사력이 주목할 만한 정도로 전진 배치되어 왔음을 알 수 있다.

최근의 군사동향과 관련하여 김정일이 직접 전시에 대비한 준비태세를 강조하는 사례도 발견된다. 김정일은 "오늘 우리는 격전 전야의 긴박한 정세가 조성된 환경에서 농촌지원 전투에 떨쳐나섰다. 최근 미제는 우리에 대한 핵선제 타격과 군사적 선택권을 공공연히 떠벌이면서 정세를 전쟁 접경의 초긴장 상태로 몰아가고 있다. 싸움은 항상 예고없이 일어난다. 지금 이 시각도 적들은 우리가 조금이라도 해이된 기색을 보이면 순간에 모든 것을 뒤집어 엎고 우리를 집어 삼키려고 꾀하고 있다"라고 말하고 "군인들이 농촌지원 전투에 동원되었다고 하여 전투적 긴장성을 늦추고 생활한다면 어떻게 되겠는가. 싸움은 군인들이 농촌지원 전투에 동원된 기간에 일어날 수도 있다. 군인들은 언제든지 동원될 수 있게 전투적으로 긴장하게 일하면서 생활해야 한다."라고 말하면서 지금의 상황을 전쟁이 언제든 터질 수 있는 극도의 긴장상태라고 인식하고 전투준비태세를 갖추는데 소홀함이 없어야 한다는 것을 강조하고 있다.10) 이 자료에 근거하면 현재 북한의 군사대비태세는 과거에 비해 더 강화되었다고 볼 수 있다.

미국측의 자료에 의하면 김정일체제가 본격 가동되면서 북한 군대의 움직임이 과거의 침체상태에서 벗어나는 것은 물론 보다 더 적극성을 보이는 것으로 해석된다. 미국정부가 북한을 '악의 축' 국가로 규정함에 따라 북한을 더 위협적인 나라로 인식할 여건이 조성되었다는 것을 감안한다면 적어도 북한군대는 경제위기로 침체상태에 있던 국면에서 벗어나 훈련이나 군사력 정비측면에서 정상적으로 가동되고 있다고 판단된다. 특히 북한의 재정지출에서 군사분야에 대한 지출이 실제보다 더 증액된 규모로 집행되었다는 자료를 보면 이러한 사실이 입증된다.

김정일체제가 시작되면서 북한의 군사위협이 실질적으로 증대하였는지의 여부와 관련하여 한국과 미국간에 이견이 발생할 수 있는 여건이 조성된 것은 사실이다. 이것은 주로 정치외교적인 맥락에서 제기되는 것이다. 즉 한국의 김대중정부에서는 북한에 대한 포용정책을 국가전략 기조로 설정하여 대북한 유화정책을 추진한 반면 미국정부는 2001년 부시행정부가 들어서면서 대북한 강압정책으로 선회하여 한미간 마찰이 발생할 여건이 조성된 것이다. 예컨대 군사적으로는 북한의 군사력 관련 동향에서 큰 변화가 감지되지 않는다고 하더라도 정치적으로 북한을 어떻게 인식하느냐에 따라 군사동향이 서로 다르게 해석될 수 있다는 것이다.

군사적 정보판단에서도 한국과 미국은 구조적으로 다른 여건에 놓여 있다. 한국이 전통적인 방법으로 주로 인적정보에 의존하여 북한의 군사동향을 관찰한다면 미국은 첨단 장비를 활용하여 정보를 수집하고 분석한다. 객관적으로는 미국측의 정보가 정확도가 높다고 판단되지만 북한의 군사시설이 주로 지하에 은폐되어 있고 군사적 기만행동이 능숙하다는 점을 고려한다면 한국측의 정보가 신뢰도가 높을 수도 있다. 예컨대 한국에 머물고 있는 전 노동당 비서였던 황장엽씨를 포함한 많은 귀순자로부터 얻는 정보는 한국이 독점하고 있는 상황이다. 이는 미국이 접근할 수 없는 정보를 한국이 보유하고 있는 좋은 예이다.

엄밀한 의미에서 볼 때 외부의 환경을 있는 그대로의 상태로 100% 정확하게 파악할 수 있는 나라는 없다고 보아야 한다. 개념적으로 그러한 환경을 '객관적 환경'이라고 한다면 실제로 모든 나라들이 인지하고 있는 환경은 '주관적 환경'이다. 첨단장비를 갖추고 있는 미국이라고 하더라도 적대국에서 일어나고 있는 상황을 있는 그대로 생생하게 파악할 수는 없다. 너무 많은 정보는 해석상의 혼선을 야기하기도 하고, 또 정보분석하는 사람들의 능력에도 차이가 발생할 수 있다. 정보를 분석하거나 주어진 정보로 정책을 결정하는 사람들의 주관적 가치도 있는 그대로의 상황을 파악하는데 변수가 된다. 어떤 나라를 생리적으로 싫어하는 지도자는 사소한 상대국의 사소한 언행이나 동향에 대해서도 부정적으로 해석하게 된다. 예컨대 2003년 미국이 이라크를 군사적으로 공격하였을 때 부시대통령은 이라크가 화생무기를 개발하고 있다는 정보에 기초하였는데, 나중에 밝혀진 것은 그것이 정보수준이 아니라 첩보수준의 자료였다. 이라크에서 화생무기의 흔적을 발견하는데 실패하였던 것이다. 부시행정부 역시 정보가 잘못되었다는 것을 시인하게 되었다. 이처럼 객관적인 환경 그 자체는 개념적으로만 실재하는 것이다. 극단적인 경우 지도자들은 때에 따라서 정보를 왜곡하는 경우도 있다. 주어진 목적에 부합되도록 정보를 조작하거나 첩보수준의 자료를 정보로 인식하기도 하는 것이다. 보다 더 중요한 것은 상대국에 대한 인식이라는 점이다.

   2001년 한국과 미국사이에는 북한의 군사대비태세를 놓고 서로 이견이 나타나고 있다는 사실이 언론에 보도되었다. 이러한 문제가 쟁점이 되자 2001년 7월 8일 한국의 김동신 국방장관은 KBS-1 TV 대담프로에 출연하여 한국과 미국 두 나라는 북한의 군사위협에 대하여 정보를 공유하고 있으므로 북한의 군사위협 평가에 차이가 있을 수 없다고 밝혔다. 다만, 한국은 남북관계의 주요 전환점이 되었던 1999년 6월의 '연평해전'과 2000년 6월 남북 정상회담 전후의 북한 군사동향을 비교, 평가한데 비해 미국측은 최근 2~3년간의 동향을 전체적으로 종합, 분석하였다는 형식상의 차이가 있었을 뿐이라고 해명하였다. 이러한 해명에 앞서 동년 6월 21일 한국 국방장관이 미국을 방문하여 한국과 미국이 북한 군대의 훈련에 대한 평가를 다음의 기준에 따라 시행한다는 사항을 합의하였다. ① 훈련부대 단위; 그동안 한국은 북한 군대의 훈련에서 최상급 부대를 평가한데 비해 미국은 대대를 기준으로 삼았으나 이제부터는 대대를 기준으로 하되 전차부대와 기계화부대는 중대까지 고려한다. ② 훈련 일수; 그 동안 한국은 이를 고려하지 않았으나 앞으로는 미국이 해 온 방식대로 평가항목에 추가하기로 하였다. 한미 양국은 북한군이 대규모 훈련을 마친 뒤에는 양국 군관계자들이 참여하는 평가회의를 거쳐 위협의 정도를 조율하기로 하였다.

한국과 미국이 북한의 군사위협에 대하여 이처럼 서로 이견이 나타날 수 있는 여건이 조성된 것은 두가지 측면에서 의미가 있다. 하나는 공동의 적에 대한 위협인식에서의 균열은 동맹의 약화를 가져오는 조건이 된다는 것이다. 한미동맹은 비대칭적으로 결성된 한계점을 가지고 있다. 미국이 동맹체결을 원치 않았던데 비해 한국이 이를 사활적으로 요청하여 형성되었으며, 근본적으로 초강대국과 약소국 동맹으로 시작되었다. 이러한 한계점 때문에 한국은 상호방위조약문에 규정된 내용을 보다 더 강화하는 방향에서 수정되어야 한다고 요구하여 왔고, 미국은 이를 들어주지 않았다.[11] 미국은 상호방위조약의 개정보다는 실제로 한미동맹이 강화되도록 주한미군을 전방지역에 투입하고 한미연합사령부를 창설하는 조치를 취해왔다. 그러므로 북한의 군사위협이 심각하고 여기에 공동 대처해야 한다는 생각에서는 이견이 없었으나 근래에 와서는 한국과 미국의 대북한 정책기조가 다소 상이하게 전개되는데 따라 위협인식에서도 차이가 발생하게 되었다. 이러한 조건은 한미동맹의 결속력이 균열되는 상황을 가져오게 된다.

다른 하나는 이제까지 유지되어 온 대북한 정책에 대한 두 나라의 입장이 완전 전도되는 현상이 나타나고 있다는 점이다. 지금까지 한국은 북한의 군사위협에 대하여 적극 대응해야 한다는 것을 정책기조로 삼고 미국에 대하여 이러한 입장을 전달하고 지지를 호소하여 왔다. 이러한 한국의 태도에 대하여 미국정부는 한국의 군사력 강화가 한반도의 세력균형을 깨뜨려서는 안된다는 입장에 더 치중하면서 한국정부의 과격한 대응을 완화하는 방향으로 움직여 왔다. 이러한 입장이 극명하게 잘 나타났던 것이 북한의 군사도발이 있었던 경우였다. 예컨대 1976년 판문점에서 북한군이 도끼로 미군장교를 살해한 사건에서만 하더라도 한국정부는 북한에 대한 보복을 주장하였으나 미국은 그것이 필요하다고 보면서도 위기상황의 억제에 더 중점을 두면서 대응하였던 것이다. 그런데 문제는 2000년을 전후하여 이러한 두 나라의 입장이 서로 바뀌게 된 것이다. 한국은 북한에 대한 어떠한 군사적 공격이나 강압정책에도 반대하는 입장으로 선회하고 미국은 대북한 강압정책 방향으로 대립의 각을 세우게 되었다. 이러한 정책적인 전도상황은 앞으로 북한 군사위협에 대한 평가작업에서 두 나라의 해석이 서로 다르게 나타날 수 있는 조건을 넓혀준다고 하겠다.

3) 위기도발

김정일체제가 등장한 이후 한국에 대한 군사적 도발이 어떤 양상으로 진행되고 있는가의 여부는 북한의 대외적 호전성의 정도를 판단하는 중요한 자료가 된다. 우선 지금까지의 양상을 보면 남북한이 첨예한 대립상태에 있을 때 북한의 대남 도발도 대체로 격화되었다는 사실을 알 수 있다. 2000년 6월에 남북한 정상회담이 개최되면서 한반도에는 평화무드가 조성되었고, 자연히 북한의 대남도발도 줄어들지 않겠는가 하는 기대감도 팽배하였던 것이 사실이다. 실제로 북한은 군사분계선 일대에서 확성기를 통한 비방 방송활동을 중지하고 선전 입간판을 철거하였으며, 로동신문이나 중앙방송 등에서 한국에 대한 비방을 중지하는 등 일부 화해무드를 조성하기도 하였다. 그런데 문제는 미국에 대한 비난은 오히려 강화하였다는 것이다. 미국이 제네바 합의 이행문제를 재검토하겠다고 하자 '용납할 수 없는 미제의 호전적 망동'이라고 비난하고, 한반도 주변 미군이 증강되는 것을 '극악한 평화의 교란자'로, 미사일 방어체제의 추진에 대해서는 '집요한 패권주의적 야망' 등 비난의 강도가 더 높아졌다. 이렇게 되면 북한은 한국사회에 대하여 민족주의적 감정을 야기시켜 결국 미국을 타도하기 위한 민족공조에 호소하는 전략적 이득을 확보하는 것이어서 한국측에 딜렘마를 안겨주는 결과가 되었다.

다음 표에서 보는 것처럼 2000년 남북정상회담 이후에도 북한군의 도발적 행위는 멈추지 않고 있다. 휴전선 일대에서 일어나는 총격사건은 북한측의 오발 사고일 수도 있어서 그렇게 큰 의미를 부여할 사건은 아니다. 그런데 문제는 불과 5년 사이에 한반도 전쟁위기로 비화될 수 있는 큰 도발사건이 3회나 발생하였다는 사실이다. 1998년 동해안에서의 북한 잠수정 침투사건, 1999년에 발생하였던 '연평해전' 사건, 그리고 2002년에 발생하였던 서해교전 사건이 그것이다. 우선 1998년 북한 잠수정이 동해안에 표류되면서 발생한 사건은 1996년에 이어 두 번째로 발생하였다는 점에서 북한이 그동안 한국의 영해에 자유롭게 침투하고 있다는 사실이 명백하게 드러나게 되었다. 1996년의 사건은 우연히 표류하여 발생하였다고 북한측이 주장하였다고 하더라도 1998년에 똑같은 사건이 발생하면서 북한측의 침투행위가 명백해진 것이다. 이 사건이 한국에게 던져준 충격은 실로 큰 것이다. 어떻게 한국영해에 잠수함이 자유롭게 침투할 수 있는가 하는 질문은 한국의 대북한 억제정책이 실효를 거두기 얼마나 어려운가를 실증적으로 드러내주었다. 이 사건으로 한국은 해군전력의 강화가 시급하다는 점을 절실히 인지하게 되었고, 북한의 군사적 모험주의가 중단된 것이 아니라는 사실도 세삼 인지하게 되었다.

<표 3> 1998년 이후 북한의 군사도발 일지

일 자	내 용
1998. 2. 2	JSA(공동경비구역) 북한군 1명 2회 MDL(군사분계선) 월경
1998. 3.12	북한군 12명 MDL 40-50m 월경 침범(아군 경고방송 2회, 경고사격 20여발)
1998. 6.11	북한군 GP(경계초소)서 아군 GP 방향 자동소총 4발 발사
1998. 6.22	속초 동방 11.5마일 해상서 북한 유고급 잠수정 1척 (사체 9구 발견)
1998. 7.12	동해시 해안서 무장간첩 사체 1구, 침투용 수중추진기 1대 발견
1998.12.18	여수시 앞바다 침투 북한 반잠수정 1척 격침
1999. 6. 7	서해 NLL 북한 경비정 침범
1999. 6.15	연평해전 발발
2001. 9.19	강원 철원군 DMZ에서 북한군 MDL 월경 (아군측 경고사격)
2001.11.27	파주군 장파리 DMZ에서 아군 초소에 기관총 2-3발 발사
2002. 6.29	북한 경비정 NLL 침범, 서해교전 발생
2003. 2.20	북한 MIG-19 전투기 서해 북방한계선 침범
2003. 3. 2	북한 MIG-29 및 MIG-23 전투기 미군 RC-135 정찰기 위협비행
2003. 7.10	북한군 경비정 1척 북방한계선 침범 (아군 해군함정 출동 후 퇴각)
2003. 7.17	북한군 경기 연천 DMZ에서 14.5mm 기관총 4발 발사 (아군 경고사격)
2003. 8.26	북한군 경비정 1척 서해 북방한계선 침범 (아군 초계함 경고사격 후 퇴각)
2003.10.30	북한군 경비정 1척 서해 북방한계선 침범 (아군 초계함 경고사격 후 퇴각)
2003.11.24	북한군 경비정 1척 서해 북방한계선 침범 (아군 고속정 경고사격 후 퇴각)

1999년의 연평해전은 남북한 해군이 충돌한 첫 번째의 교전이었다. 이 교전으로 북한해군은 치명적인 피해를 입게 되었고, 해군전력의 질적인 상대적 열세를 드러내 보였다. 3년이 지난 2002년 6월 이번에는 북한해군이 한국의 고속정을 선제공격하여 침몰시키는 사건이 발생하였다. 이 사건으로 남북한 관계는 급속히 냉각되었으나 한국측의 대북

한 포용정책에 대한 강력한 의지로 더 이상의 관계 악화로 연결되지는 않았다. 그렇지만 남북한 관계가 호전되어 남북교류가 활성화되는 시점에서 북한해군의 고의적인 도발은 상식적으로 납득이 되지 않는 것이었으며, 더구나 1999년 연평해전에서 피해를 입었던 것에 대한 보복작전이라는 의구심이 들면서 북한의 군사적 호전성을 엿보게 하는 부분이 되었다.

2003년에 들어서면서 또 하나 특징적인 도발은 북한해군의 경비정들이 서해상의 북방한계선을 고의로 침범하는 사건이 늘고 있다는 점이다. 이는 NLL의 무실화를 기도하려는 의지가 드러나는 대목이다. 북한측의 NLL 무실화 책동은 이번 만이 아니다. 2001년 6월 북한측의 상선들이 고의적으로 NLL을 거쳐 북상하는 사건을 통해서 전략적으로 NLL을 무실화하려는 책동을 벌이기도 하였다. 2003년에 들어 북한의 선박이 NLL을 월선한 사건이 20여차례나 발생하였다. 즉 북한해군의 경비정이 월선하는 것 이외에 어선, 목선 및 철선, 예인선 등 북한 선박들이 NLL을 월선하는 행위가 증가하고 있는 것이다. 북한 선박들이 월선하는 것은 고의적인 것이 아니라 조업 중에 욕심이 지나쳐 NLL을 넘는 경우도 있다고 보이므로 그렇게 심각하게 인식할 필요가 없을 수도 있다. 문제는 이런 행위들로 인해 북한 해군 함정이 월선하는 경우가 늘게 되고 이렇게 되면 결국 남북한 해군의 충돌로 이어질 수도 있기 때문에 위기관리 차원에서 해결되어야 할 과제가 된다. 문제는 북한측이 이러한 행위를 통해 NLL을 무실화하려는 전략적 의도를 관철하려 한다면 남북한 군사적 충돌 가능성이 더 높아진다는 것이다.

북한의 대남도발 의지와 강도는 김정일체제에 들어서도 변화가 없다고 판단된다. 지금까지 한반도에서 전쟁위험을 안겨줄 만한 강도높은 위기사건만을 중심으로 북한 군대의 의도를 파악해 본다면 그러한 사실이 더 명확해진다. 북한의 주요 위기도발 양상은 남북한 관계가 첨예한 대립을 이루거나 화해국면에 들었을 때를 가리지 않고 지속되고 있음이 드러난다. 한국전쟁 이후 한반도가 정전상태로 유지되는 동안 남북한의 제한적 군사충돌은 계속되었다. 정전체제의 위반사례만을 기준으로 삼는다면 한국도 정찰 활동이나 작전활동상 위반하지 않았다고 볼 수 없지만 북한체제에 의한 위반사례는 거의 상습화된 형태로 지속되었다. 남북한 양국은 상대국의 위반사례를 열거하면서 서로를 비난해 왔고 그 책임을 상대방에게 전가하는 행태를 보여왔다. 하지만 전쟁으로까지 확대될 위험성을 내포한 위기사건의 도발은 전적으로 북한에의해 주도되어 왔다. 여기서 위기사건으로 분류한 기준은 위협의 강도가 비교적 높은 도발사건이 북한측에 의해 돌발적으로 발생하여 한국의 군사행동을 야기할 만한 정도의 상황으로 제한하였다. 다음 표에서 보듯이, 북한은 1950년대 후반기에 접어들면서부터 대남도발을 격화시켰으며, 남북한 대화가 일시 전개되었던 1970년대 초반이나 탈냉전이 시작되는 1990년대에도 일관되게 도발행위를 지속시켜 왔고, 남북정상회담 이후에는 영해침범이라는 새로운 형태의 도발을 시도하고 있다. 이제까지의 북한의 도발행태를 보면 다음과 같은 특징이 부각된다.

<표 4> 북한의 주요 위기도발 사례

연 대	발생일	유 형	내 용
1950년대	1958. 2.16	여객기 피납	·6명의 무장괴한 32명이 탑승한 대한항공기 DC-3기 피납
1960년대	1967. 1.19	해군함정 피격	·한국 해군함정 북한 쾌속정에의해 공해상에서 피격침몰
	1968. 1.21	청와대 기습	·31명의 북한 무장공비 청와대 기습기도
	1968. 1.23	푸에블로호 납치	·미국 정찰함 북한 쾌속정에 의해 나포
	1968.11.13	무장공비 침투	·울진, 삼척지역에 120명의 무장공비 침투
	1969.12.11	여객기 피납	·대한항공기 1대 북한 간첩에 의해 납치

1970년대	1970. 6.22 국립묘지 폭파기도	· 3명의 북한 공작원 국립묘지 폭탄장치 기도
	1974. 8.15 대통령 저격기도	· 북한 공작원 대통령 저격시도, 영부인 사망
	1974.11.15 제1땅굴 발견	· 서부전선 비무장지대 고랑포 부근에서 남침용 땅굴 발견
	1976. 8.18 판문점 도끼만행	· 비무장지대내에서 북한측 군인 2명의 미군장교 살해, 5명의 미군과 4명의 한국군 부상
1980년대	1983.10. 9 랭군 국립묘지 폭파	· 3명의 북한 공작원 폭탄 설치, 한국측 고위관리 17명과 4명의 미얀마인 사망
	1987.11.29 대한 항공기 폭파	· 2명의 북한 공작원 대한항공기 공중폭파
1990년대	1994. 6.13 핵위기	· 북한의 IAEA 탈퇴, 한반도 위기 고조
	1996. 9.17 잠수함 침투	· 동해 강릉 앞바다 잠수함 침투 표류
	1998. 6.22 잠수함 침투	· 북한 잠수함 한국 어선 그물에 나포
	1999. 6.15 연평해전	· 북한 경비정 NLL 침투, 상호 해상 교전
2000년대	2001. 6. 2 북한상선 영해침범	· 북한 상선 제주해협 무단 통과
	2001. 6.29 서해교전	· 북한 경비정 기습 사격으로 상호 교전

시기적으로 변모하는 도발형태; 북한의 도발 유형은 군사적 습격, 무장간첩 침투, 요인암살, 잠수함 침투, 땅굴 굴착, 국제테러 등 다양한 형태로 분류된다. 이러한 도발형태는 1960년대의 무장 게릴라 침투, 1970년대의 소규모 무장간첩 침투, 1980년대의 국제 테러, 1990년대 이후의 한반도 내부에서의 군사적 침투 및 도발 등으로 변화하는 모습을 보여주고 있다. 이는 북한의 대남전략이 불변하고 있으며, 새로운 도발형태를 지속적으로 강구해 왔다는 것을 의미한다.

① 정치-군사적 목적; 위기사건의 목표를 분석하면 군사적 목적에 의한 도발이 가장 많다. 그러나 정치 지도자의 암살을 기도하고, 민간 항공기를 폭파하는 등 무고한 시민을 대상으로한 테러행위까지 목표로

삼아 한국사회의 정치 사회적 혼란을 조성하려는 의도가 표출된다.

　② 화전양면전략; 북한의 위기도발은 남북대화와는 무관하게 자행되었다. 한국의 포용정책이 시행되던 1999년에는 서해상에서 한국 영해를 침범하고 남북정상회담 이후인 2001년에도 북한 상선에 의해 영해를 침범하거나 서해교전을 야기였다. 이러한 특성은 북한의 대남정책이 이중성을 띄고 있다는 것을 의미하며, 대화는 필요에 의해서 추진되지만 도발행위는 일관적으로 시행되고 있다는 것을 증명한다.

　③ 도발행위 은폐; 한반도 위기사건이 발생하였을 때마다 북한측은 자신의 의도를 숨기고 한국에 의한 조작행위로 비난하는 행태를 보여왔다. 심지어는 잠수함 침투와 같이 명백한 도발행위에서도 북한은 자국의 잠수함이 표류하였다고 강변하였다. 도발행위를 은폐하기 어려운 사건들에서는 오히려 그러한 위기가 한반도의 군사적 긴장구조 때문이라고 주장하고 미군철수, 평화체제 구축 등 정치 선전의 기회로 활용하려 하였다.

4. 결 론

　북한의 군사전략 기조와 실체는 변화의 압력에 직면하고 있는 것으로 보인다. 군사전략의 기조적 내용이 그대로 유지되고 있다고 가정하더라도 실제에서의 적용성과 실효성은 크게 낮아졌다는 사실이 확인된다. 그렇다면 김정일체제에서는 지금까지 유지되어 오던 기조의 내용을 수정하는 것이 불가피하다고 해석된다. 이러한 관점에서 핵무기와 미사일 등 전략무기의 개발에 집착하는 사실에 주목해야 한다. 이는 한국을 군사적으로 제압하면서도 동북아 지역 및 국제수준에서 정치적 입지를 강화하겠다는 의도로 풀이된다. 그렇다면 정치적 힘의 근거를 군사력에 두겠다는 의사표명이므로 김일성체제에서보다 군사전략의 범위를 더 광역화하고 있다고 볼 수 있다. 이같은 입장은 구소련처럼 북한체제의 붕괴를 야기하거나 아니면 김정일이 의도하는대로 미국과의 협상을 통해 한반도에서의 주도권을 장악하는 것으로 귀결될 것이다. 즉 군사력을 정권과 체제의 운명으로 동일시하는 것으로 풀이된다.

김정일체제에서의 군사동향을 파악한 결과 군사력 증강 움직임은 여전히 지속되고 있음이 확인되고 있다. 경제적으로 파탄상태에 있으면서도 군사무기 및 장비의 도입과 수출은 지속되고 있는 것이다. 이러한 측면은 북한체제가 특이하면서도 비정상적인 상태에서 유지되고 있다는 것을 증명한다. 특히 주목되는 부분은 전쟁수행과 관련된 대비태세에 관한 평가이다. 한국과 미국은 북한군대에 대한 위협인식에서 편차를 드러내고 있다. 미국은 과거보다 더 위협이 커지고 있다고 보는데 비해서 한국은 위협은 실재하지만 크게 우려할 만한 수준은 아니라고 보는 경향이 있다. 인식에서의 편차가 드러나기는 하지만 북한의 군사위협은 여전한 실체로 자리한다는 데는 이견이 없다. 이러한 사실은 한국에 대한 위기도발 사례에서도 그대로 드러난다. 남북한 교류협력이 진행되는 와중에도 군사적 차원에서는 필요한 시기와 장소에서 공세적 행동을 지속하고 있기 때문이다.

요컨대 김정일체제에서의 군사전략은 그 내용과 범위에서 과거에 비해 더 포괄적인 성격으로 변화하고 있으며, 군사력의 정치적 효용성에 더 큰 무게를 두고 있는 것으로 해석된다. 이러한 경향은 국가 통치의 기조적 개념인 '강성대국'과 '선군정치'의 슬로건이 정치적 선언에 그치지 않고 실제의 실천노선으로 작동하고 있음을 증명하는 것이다.

※ 이 글은 "북한군사전략의 역동적 실체와 김정일체제의 군사동향"
『김정일체제의 북한군대 해부』(황금알, 2004)에
수록된 것을 요약정리 하였다.

주(註)

1) 이 부분에 대해서는 다음의 연구에서 상세히 설명되고 있다. 이민룡,『한반도 안보전략론』(서울: 봉명, 2001), 9~18쪽.
2) Gordon A. Crag and Alexander L. George, *Force and Statecraft: Diplomatic Problems of Our Time* (New York & Oxford: Oxford University Press, 1983), p. 189.
3) 김정일위원장은 푸틴에게 다섯 가지 요구 사안을 내놓았다고 한다. 여기에는 러시아 극동 함대의 잠수함 기지가 있는 볼쇼이 카멘항에 정박중인 퇴역 항공모함(민스크급, 5만t)을 달라는 주문이 포함된다. 핵추진시설 등 핵심 시설은 떼내고 껍데기라도 제공하라는 요구였다. 또다른 요구사안은 디젤 잠수함 4척, 수호이 27 전투기 1개 편대(4대), SS미사일(500km미만) 공동생산(극동지역의 생산공장에 북한 기술자를 파견하여 기술을 제휴하고 공동 생산), 러시아제 전투헬기 제공 등이었다. 이 제안들은 푸틴에 의해 거절된 것으로 알려졌다. 이러한 내용은『신동아』2002년 10월호에 게재되었다.
4) 남북한의 군사력 균형을 포괄적으로 점검한 내용에 대해서는 다음의 자료를 참조하였다. 권태영 외,『동북아 전략균형』한국전략문제연구소(2001), 262~284쪽.
5) 북한의 특수전 전력에 대해서는 다음 연구를 참조하였다. *Newsweek*, January 20, 2003. Joseph, S. Bermudez, *The Armed Forces of North Korea* (New York: I.B. Tauris Publishers, 2001), p. 79.
6) 장명순,『북한 군사연구』(서울: 팔복원, 1999), 320쪽.
7) 북한연구소,『북한총람』(서울: 북한연구소, 2003), 892쪽.
8) 미국의 이라크 전쟁에 대해서 북한 지도부는 미국이 이라크 군대 지휘관들을 사전에 매수한 것이 패배의 원인이라고 분석하였다고 한다. 이러한 내용은 일본의 ≪아사히 신문≫ 2004년 2월 18일자에서 보도되었다.
9) 권태영 외,『동북아 전략균형』, 한국전략문제연구소(2004), 260~261쪽.
10) 이 자료는 2003년 모내기철에 즈음하여 총정치국에서 발간된 정치교육용 학습자료로서 2003년 11월 1일 일본의 아사히 신문이 보도한 내용을『월간조선』2004년 1월호에서 게재한 것이다.
11) 이민룡, "한미동맹의 이론과 현실," 우암평화연구원 편,『정치적 현실주의의 역사와 이론』(서울: 화평사, 2003), 400~410쪽.

<참고문헌>

1. 남한문헌

『월간조선』 2001년 5월호.
『신동아』 2002년 10월호 ; 2001년 6월호.
국방부, 『국방백서』 1999년판, 2000년판.
권태영 외, 『동북아 전략균형』, 한국전략문제연구소, 2001년판.
권태영 외, 『동북아 전략균형』, 한국전략문제연구소, 2004년판.
북한연구소, 『북한총람』 (서울: 북한연구소, 2003).
이민룡, 『한반도 안보전략론』 (서울: 봉명, 2001).
이민룡, "한미동맹의 이론과 현실," 우암평화연구원 편, 『정치적 현실주의의 역사와 이론』 (서울: 화평사, 2003).
장명순, 『북한 군사연구』 (서울: 팔복원, 1999).
≪연합뉴스≫ 2003년 10월 23일자 ; 10월 28일자 ; 12월 24일자.
≪조선일보≫ 2000년 10월 11일자.

2. 외국문헌

Gordon A. Crag and Alexander L. George, *Force and Statecraft: Diplomatic Problems of Our Time* (New York & Oxford: Oxford University Press, 1983).
Joseph, S. Bermudez, *The Armed Forces of North Korea* (New York: I.B. Tauris Publishers, 2001).
Newsweek, January 20, 2003.
Washington Times, December 2, 2002.

김정일 체제하 북한의 군민관계

김 병 조

1. 서 론

　　북한은 2005년을 선군정치가 10년 되는 해라고 규정하였다. 1994년 7월 김일성이 사망했음을 상기한다면, 선군정치란 김정일이 김일성과 자신을 차별화하기 위해 내놓은 북한 통치방식이라 할 수 있다. 김정일은 선군정치를 내세워 북한주민의 의식 속 깊이 각인된 '북한체제=김일성'이라는 인식이나 잠재적으로 김일성과 김정일을 비교하는 북한주민의 습성을 희석시키는 대신, '북한체제=선군정치=김정일'을 등치시키고자 하고 있다.
　　북한은 선군정치를 '군사선행의 원칙에서 혁명과 건설에서 나서는 모든 문제를 해결하고 군대를 혁명의 기둥으로 내세워 사회주의위업 전반을 밀고나가는 영도방식'[1]이라고 정의하고 있다. 그리고 선군정치이념에 따라 군을 혁명의 주력군으로 보고 노동자계급과 농민을 또 다른 혁명역량으로 간주하는 논리를 편다.

그러나 김일성 통치시기를 포함해서 본래 사회주의 정치에서 혁명의 주력군은 당의 영도를 받는 노동자 계급과 농민이다. 따라서 선군정치를 전통적인 사회주의 통치방식에 연계시키기 위해서는 새로운 사회적 행동양식이 필요하게 된다. 북한에서 노동자, 농민 즉 민民 중심의 혁명노선을 군軍 중심의 혁명노선으로 자연스럽게 치환시키기 위한 사회적 행동양식이 군과 민의 일치, 즉 '군민일치'이며, 그러한 행동양식을 강화하기 위한 동원수단이 '군민일치운동'이다.

물론 북한은 김일성 정권수립이후 간헐적이나마 계속적으로 군민일치를 제창해 왔다. 그러나 김정일이 1991년 12월 최고사령관으로 취임한 후 "군사 중시, 군민일치미풍 고양"을 지시(1992년 1월)하면서 군민일치가 북한체제의 사회통합 및 체제유지를 위한 동원 양식으로 자리 잡게 되었다. 이렇게 보면 북한이 제창하는 군민일치운동의 성패가 선군정치 성패의 기초가 되며 나아가 북한체제의 장래를 가름해 볼 수 있는 부분적인 징표가 될 수 있을 것이다. 이에 이 글에서는 북한 군민일치운동의 발생, 군민일치운동의 전개, 그리고 군민일치운동의 특성 및 한계를 살펴본 다음, 이를 기초로 해서 선군정치 하의 북한 군민관계에 대한 전망을 시도해 보고자 한다.

2. 군민일치운동의 발생

북한에서는 김일성이 항일무장투쟁 중 전체 빨치산대원들에게 하달했다는 '전체 조선 인민혁명군 부대들에 군중규율을 철저히 지킬 데에 대한 지시문'에서 군민일치운동의 비롯되었다고 주장한다. 그리고 김일성이 1958년 2월 324군부대 장병에게 "당시 빨치산은 '고기가 물을 떠나서 살 수 없는 것처럼 유격대가 인민을 떠나서 살 수 없다'는 구호 밑에 항상 인민을 사랑하고 존경하면서 조국의 해방을 맞기 위해 헌신적으로 전투하였다"고 연설한 이래, 북한에서는 모든 군인들이 항일유격대 군민일치의 전통적 미풍을 계승할 것을 수시로 강조하고 있다.

그러나 이상과 같은 군민일치 개념은 김일성이 창안한 것이 아니라 중국 농민전쟁의 역사적 교훈을 고려한 중국공산당의 군사사상에서 비롯된 것이다.2) 중국혁명당시 모택동은 중국 인민해방군과 농민을 '물고기와 물'의 관계로 비유하였으며, 그것이 중국 공산화 혁명 성공의 기본적 요인이 되었고, 김일성이 이 점을 받아들였다. 하지만 중국 공산당과 비교했을 때, 김일성이 군민일치개념을 보다 확장하여 체제결속 및 유지를 위한 개념으로 확대하였다고 할 수 있다. 김일성이 1963년 정치연대장이상 간부에게 한 연설에서 "인민군대의 역할은 언제나 주민들과 긴밀한 연계를 가지며 주민들을 잘 살도록 적극적으로 도와주어야 하며 계급적으로 각성시켜야 한다"고 지시하는데, 여기서 군과 민의 관계를 단순하게 물질을 지원하는 관계로만 파악하는 것이 아니라 군을 군중노선의 보조 수단으로 활용하겠다는 의도를 포함시켰다.

그러나 김일성 통치 시대에는 군민일치운동이 "군민일치의 전통적 미풍을 더욱 높이 발휘하자", "군민일치의 전통적 기풍이 높이 발양되고 있는 것은 우리의 크나큰 긍지"와 같은 구호로 존재할 뿐, 하나의 동원 운동으로 확대 재생산되지는 않았다. 그러다가 김정일이 1991년 최고사령관에 취임하면서 군 위상 제고, 군 영향력 증대와 더불어 군민일치운동을 체계화하여 정권유지수단으로 활용하게 된다.

김정일은 1992년 3월 중앙인민위원회 정령으로 "군민일치 모범군(시, 구역)칭호"를 제정하는 한편,3) 1992년 4월 헌법을 개정하면서 '국가는 군대 안에서 군사 규율과 군중 규율을 강화하며 관병일치, 군민일치의 고상한 전통적 미풍을 높이 발양하도록 한다(1992년 북한 헌법 제 61조)'고 명시하여 군민일치의 개념을 국가운영의 기본 방향으로 격상시켰다.4) 이후 북한의 각종 언론들은 군민일치운동을 대대적으로 선전하기 시작하는데, 그 대표적인 예를 제시하면 다음과 같다.

"군민일치 미풍은 군대를 적극 지지, 원호함으로써 장병들의 전투적 사기를 천백배로 높여주고 그 어떤 침략자도 타승할 수 있는 사상 정신적 무기이다."(《조선중앙방송》 1992년 12월 3일)

"군민일치의 미풍, 그것은 위대한 영도자께 충성을 다하려는 군민 충효일심이 피운 대화원이다."(《조선중앙방송》 1992년 12월 23일)

"군대와 인민의 사상의 일치를 뜻하는 군민일치는 위대한 영도를 받드는 일심을 근본 핵, 자양분으로 할 때, 전사회적 기풍, 국풍으로 될 수 있다."(《조선중앙방송》 1992년 12월 23일)

3. 군민일치운동의 전개

군민일치운동이 처음에는 건설현장에 동원된 군인들의 사기를 진작시키기 위해 인접마을이나 관련되는 행정구역의 노동자 및 농민이 병영생활에 필요한 각종 소품, 위문품 및 부식을 지원해 주는 것을 주목적으로 시작하였다. 그러나 군민일치운동이 공식화되면서 <군민일치 모범군(시, 구역)쟁취운동>으로 다시 <우리초소-우리학교(농장, 공장, 지역)운동>, <원군사업> 등으로 확산된다.

<군민일치 모범군(시, 구역)칭호 쟁취운동>은 1992년 3월 정령으로 '군민일치 모범군(시, 지역)칭호'를 제정한 이후 전개되는데, 사실상 지역별 군부대 지원경쟁을 벌리는 것이다. 군민일치 모범군 칭호를 얻기

위한 구체적인 방안을 살펴보면 다음과 같다.

각 지역 당위원회는 "군민일치 모범군 쟁취운동을 힘 있게 벌여 김정일 장군님의 전사들인 인민군 군인들을 원호하기 위한 사업을 힘 있게 벌여야 한다"는 구호아래 지역 내의 공장, 기업소, 협동농장 등 각 단위들을 군 지원 사업에 대거 동원할 것을 촉구하며, '지도소조'를 신설하여 궐기모임을 개최한다. 그리고 시·군 당위원회에 지역 군민일치 추진실태 감독권을 부여하여 공장, 기업소, 협동농장 등 각 단위별 군지원 사업의 이행정도를 매달 점검토록 한다.

이에 1992년 6월 개성시 장풍군을 시초로 1998년 9월 현재 30개 군(시, 지역)이 군민일치 모범군(시, 지역) 칭호를 수여받은 것으로 조사된다.5) <표 1>을 보면 1992년 시작된 군민일치 모범군 칭호 쟁취운동이 1993년 가장 활발하게 추진되었음을 알 수 있다.6) 구체적으로 1992년과 1993년 초까지 북한에서 군민일치운동이 매우 활발하게 이루어졌음을 이해하는 데는 다음 방송 내용이 참고가 될 것이다.

"양강도 대홍단군에서는 1992년 한 해 동안 320여회의 군부대 방문, 20여개의 축기 및 60여종의 족자공급 등 활발한 군 위문활동을 벌여온데 이어 올해 들어서도 군인들과의 좌담회 27회, 상봉모임 13회, 퇴역군인들의 전투경험담 소개모임 22회, 예술선전선동 35회를 실시했고, 강원도 세포군의 경우 지난해 4월 군민일치운동이 시작된 이래 '군민일치 모범군 영예 등록장'제도를 활성화하여 1년 동안 위문편지 58,980통, 군부대 위문 1,830여회, 상봉모임 1,087회, 예술소품 공연 1,230회 등을 진행해왔다"(《조선중앙방송》 1993년 4월 21일).

<표 1> 군민일치 모범군 수여 현황(1998년 9월 현재)

일 시	대 상	누적빈도
1992. 6	개성시 장풍군	1
1992. 9	강원 고성군	2
1993. 3	함남 이원군, 함북 연산군	4

1993. 7	평양시 만경대구역, 평남 개천, 평북 태천, 자강도 성간, 황남 배천, 함북 회령, 양강도 갑산, 남포 강서구역	12
1993. 8	평양시 선교구역	13
1993.10	평양시 대동강구역, 강원 철원군	15
1993.12	자강 장강군, 황남 통원, 황북 토산, 남포 외우도구역	19
1994. 4	함북 선봉군	20
1995.10	평양시 평천구역, 중화군	22
1995.11	함흥시 성천강지역	23
1995.12	평양시 강동군	24
1996. 4	평북 구장군	25
1996. 9	황남 과일군, 평북 곽산군, 함북 명천군	28
1997. 3	함북 화대군	29
1998. 1	황해남도 해주시	30

자료: 『내외통신』 종합판(1998.9)에서 정리.

1994년의 경우는 군민일치모범군이 수여되지 않았는데, 이는 김일성 사망이라는 변수가 북한에 작용한 것으로 보인다. 그리고 군민일치모범군(시, 지역) 수여는 1995년말 부터 다시 시작하여 간헐적으로 이어지고 있다.

또한 북한은 1992년 군민일치 모범군 칭호 외에 군민일치를 상징하는 각종 시설물을 건립하기 시작하였다. 각지에서 건설되는 각종 시설물이 '군민다리' 등 '군민…'으로 명명되고 있는 것이다.[7] 그 중 대표적인 것이 황해북도 은파군의 '군민다리', 함경북도 화대군의 '군민일치굴포',[8] 함경남도 길주군의 '군민포전' 등이다.

한편 1995년 들어서는 군민일치운동이 <우리초소－우리학교(농장, 지역)운동>으로 세분화되고, '원호사업'내지 원군사업'이라는 형식으로 그 형태가 다소 변형된다. <우리초소－우리학교(농장, 지역)운동>은 각급 학교(농장, 지역)와 군부대가 자매결연하고 각 단위에서 해당 군부대에 위문편지, 위문품을 보내면, 각 군부대에서도 해당 학교에 동식물의 박제표본을 비롯한 각장 교구·교재 등을 제작 전달하는 형식으로 서로 필요한 물품을 제공하는 것이다. 그 과정에서 군부대를 지원할 경우 활동내용을 입증하는 원호증서를 발급하여 조직별, 단위별 충성경쟁을 유도하고 있다. 대표적인 예로, "평양 락낙 제1고등중학교의 경우 90년대 들어서만도 모두 680여개의 원호 증서를 받았으며, 김정일로부터 감사와 가르침을 30여 차례나 받았다"고 선전하는 것을 들 수 있다[9].

또한 <우리공장-우리초소>, <우리농장-우리초소 운동>을 벌이는 가운데 1995년 9월에는 '인민군대 원호대장'을 만들었으며, 1998년 4월에는 각 가정에 '원군일지'를 작성할 것을 독려하고, 1998년 8월에는 '원군사업' 모범사례를 소개하면서, 이들 단위에 김정일의 감사를 전달하고 있다.[10] 이 때 북한이 원군사업 모범사례로 제시한 내용을 살펴보면 장철구평양상업대학의 교원 연구사들이 600여 가지의 주·부식물 만드는 법과 80여 가지 식생활 상식을 기록한 『조선음식』을 출판하여 군부대에 보내 준 것과 요덕군 당위원회 비서가 가정에서 키운 50마리의 돼지를 6년에 걸쳐 군에 지원한 것 등인데 원군사업 역시 군민일치운동의 일환임을 알 수 있다.

이처럼 군민일치운동이 다양한 형식으로 변형되고 있지만,[11] 그 기본은 군민일치운동을 통해 민군 통합을 유지하고자하는 것이다. 예컨대 김정일은 1996년 7월 4개 지역에 군민일치 모범군 칭호를 수여하면서 군민일치운동의 의미를 다음과 같이 주장한다.

"군민일치의 전통적 미풍을 계속 높이 발양시켜야 합니다. 고기가 물을 떠나서 살 수 없으며, 인민은 군대를 떠나서 자기의 안전에 대하여 생각할 수 없습니다. 그러므로 인민은 군대를 자기의 친자식처럼 아끼고 사랑하며 적극 도와주어야 합니다."(≪로동신문≫ 1996년 7월 24일)

그리고 김정일이 군민일치운동을 확산시키려는 노력은 2002년 4월

5~6일 평양에서 '전국원군미풍열성자대회'를 개최한 시점에 최고조에 달한 것 같다. '전국원군미풍열성자대회'는 '군민일치의 전통적 미풍을 높이 발양하여 원군사업에서 이룩한 성과와 경험을 총화하고 온 사회에 혁명적 원군기풍을 철저히 세우기' 위해 북한의 당, 국가, 군의 지도급 인사와 인민군대 원호사업에 모범을 보인 자 등이 참가한 대회이다[12]. 군민일치운동이 1992년 이후 동원운동으로 새롭게 강화되었다는 점을 고려하면 북한에서 지난 10년간의 군민일치 운동을 기념하는 행사라고 평가할 수 있다.

이후 북한에서 군민일치운동과 관련된 특별한 행사가 개최되지는 않았다. 그러나 2005년에는 선군정치의 성공을 군민일치운동과 연계시키는 '군민일치의 위력으로 선군혁명총진군을 힘 있게 다그치자'는 사설이 발표되었고,[13] 매년 신년 공동사설에 군민일치를 강조하는 구절이 포함되어 있다는 점에서 북한에서 군민일치운동에 대해 지속적인 강조가 일관되게 유지되고 있음을 알 수 있다.

4. 군민일치운동의 내용

앞서 부분적으로 언급이 되었으나, 군민일치운동은 지원방향에 따라 주민들의 대군지원과 군의 대민지원으로 나눌 수 있다. 이를 구분하여 각각 살펴보기로 한다.

1) 주민들의 대군지원

주민들의 대군지원은 내용면에서 군 예비대 역할 수행, 군수물자지원, 군장비 헌납, 군의료 지원으로 구분된다.

북한에서 군인이 아닌 민간청년들은 사실상 군 예비대 역할을 수행하고 있다.14) 북한에서 만 17세가 되면 징집을 실시한다. 먼저 신체검사를 통해 군대에 갈 사람을 먼저 뽑는데, 눈이 나쁘거나 발가락 혹은 손가락이 잘못된 경우 군대를 면제받는다. 그리고 장애가 심하지 않은 사람들을 속도전 돌격대에서 차출해 간다. 그리고 이 속도전 돌격대15)가 평시 건설사업을 하면서 군의 예비대 역할을 하게 된다16).

이들은 주로 건설사업(예컨대, 철길사업, 기념비건설, 아파트건설, 도로건설 등)에 동원되지만, 1~2주일 한번씩 군사훈련을 받는다. 비록 훈련의 양과 질은 비록 군에서 하는 것과 동일하지 않지만, 무기다루는 법, 공격, 방어, 기습작전, 습격, 매복 등의 훈련을 받는다. 결국 속도전 돌격대는 신분은 민간인이지만, 준군사조직으로 볼 수 있다. 그리하여 김정일이 속도전 돌격대 조직을 평시에 건설사업에 활용하고 있지만, 궁극적으로는 또 하나의 군예비대 역할을 부여한 것이라 할 수 있다.

군수물자지원은 군민일치운동의 대부분을 차지하는 부분이다. 주·부식 부족에 대한 물자지원이 주류를 이루고 있으며, 군부대 병영시설 등 각종 공사에 필요한 자재, 설비제공도 포함된다. 또한 학교에서의 위문편지 발송·위로 예술공연 등도 여기에 포함시킬 수 있다. 구체적으로 북한 농장원의 경우 연 1회 결산분배를 통해 식량을 배급받는 가구를 대상으로 연 1마리의 돼지를 사육하여 거주지 주둔 군부대에 헌납토록 조치하고 있다.17) 그리하여 1994년 5월 13일 북한 조선중앙방송은 '주민들이 돼지(가구당 1마리), 오리, 토끼 등 가축 및 채소, 된장, 간장 등 각종 부식물을 제공하였다'고 방송하였으며, 1995년 10월에 '군민일치 모범군' 칭호를 수여받은 평양시 평천구역과 중화군은 산하 공장, 기업소, 협동농장학교 등에서 마련한 수백만점의 위문품을 군부대에 전달하고 1천여회의 위문공연을 가짐으로써 모범군 칭호를 받게 되었다고 설명한다.18) 여기서 군에 대한 지원품목은 특정품목에 한정하기보다 개인이나 직장에서 지원가능한 모든 품목이 포함된다는 것을 알 수 있다.

그리고 북한은 "무산군의 일군들과 근로자들은 창군일을 비롯한 기념일들과 여러 계기들에 수많은 위문품을 마련해 가지고 인민군 부대를 찾아가 다채로운 예술 공연무대도 펼치고 문화정서 생활조건을 더 잘 마련해 주기 위한 사업도 여러 차례 진행했다"[19]는 식으로 특정 지역이나 직장단위의 군수물자지원 사례를 대대적으로 선전하기도 하며, 때로는 "지난 20여 년간 인민군대를 친 혈육의 심정으로 원호하고 사회주의 대건설장들을 적극 지원한 동무도 있고, 최근 몇 해 동안 1만 여점의 원호물자를 마련한 동무도 있고, 지난 8년간 40차례나 인민군대를 원호한 동무도 있다"[20]는 식으로 개별적인 홍보도 하고 있다.

한편, 군장비 헌납운동은 주로 청소년을 대상으로 실시된다. 청소년 학생들이 소위 '좋은 일 하기 운동'을 통해 조성한 성금으로 포, 전차, 선박 등 각종 군장비를 마련하여 군부대에 증정하는 것이다.[21] 1998년의 경우 9월 1일 "전국의 청소년·학생들이 충성의 일념을 안고 '좋은 일하기 운동'을 벌여 마련한 청년전위호 포들을 증정하는 모임이 진행됐다." 특히 군장비 헌납은 소년단·청년동맹 창립일이나 인민군창군일(4월 25일), 휴전협정조인일(7월 27일) 등 주요 계기에 총참모장 등 군 고위간부가 참석한 가운데 대대적으로 행함으로써 선전효과를 극대화하려 하고 있다.

민간인의 군의료 지원도 군민일치운동의 하나로 볼 수 있다. 종래 북한에서는 '정성운동'이라는 명칭으로 보건부문에서 의료지원활동을 추진해 왔다. 그러다가 군민일치운동 전개이후부터 의과대학 등 각급 의료진들이 군부대에 대한 의료활동을 실시하고 그 결과를 각종 매체를 통해 선전하고 있다. 그 결과 "평양 산원 의료진이 화상을 입은 군인 5명을 완쾌했다"[22]거나 "군인호실을 따로 정해놓고 군인들과 군관가족들을 성의껏 치료해 주고 있는 어느 인민병원 일꾼들의 아름다운 소행을 알린다"23)라는 식으로 군에 대한 의료지원 활동을 선전하고 있다.

개인 생활에 속하지만 군인과의 결혼 장려도 군민일치운동의 일환으로 추진되고 있다.24) 이에 1997년 10월 100여명에 이르는 여관 여종업원이 전방초소 장교들과의 결혼을 집단 자원한 것이 북한에서 크게 보도되고 있다. 즉 1998년 10월 28일 조선중앙방송은 평양의 2급 호텔인 창광산 여관의 여종업원 100여명이 "전연초소에서 군사복무를 하며 이곳 군관들의 일생의 반려자가 되어 혁명의 총대로 장군님을 충성으로 받들어 나갈 것을 결의했다"는 것이다. 그리고 이에 대해 김정일도 기특한 소행으로 평가하고 '감사'를 보내고 '감사전달모임'도 열렸다.25) 특히 감사전달모임에서 여관 관계자들이 여종업원의 결혼 집단자원을 "여러 해 동안 원군기풍을 세우기 위한 사업을 짜고 든 결과"라고 주장하고 군지원 사업 및 군민일치를 중심으로 한 사상교양사업을 강화해 나갈 것을 결의했다는 것이 주목된다.

결국 개인수준이건 집단수준이건, 공식적인 관계이건 시적 관계이건 민이 군의 사기증진에 기여하는 역할이나 행동을 하면 이를 군민일치운동의 효과로 제시하고 있다 할 것이다.

2) 군의 대민지원

북한군의 대민지원은 건설부문에서 시작되었다. 군이 민간분야 건설부문에 동원되기 시작한 것은 1950년대 전부복구사업부터이고, 1970년대 말 부터는 소위 기념비적 대건축물 건설사업에 대대적으로 동원되었다. 그러나 당시는 민간인의 생활과 직접 관련된 대민지원이라기보다 군이 제도적으로 민간 경제에 참여한 것으로 군민일치운동의 일환으로 이루어진 활동은 아니었다.

그러나 경제난이 심화되고 주민들의 생활기반이 약화됨에 따라 군인들의 대민지원이 점차 일상화되자, 이를 군민일치운동의 일환으로 간주하고 평가하게 된다.26) 군의 대민지원은 농촌일손돕기, 농촌시설지원 및 재해복구지원 등으로 구분할 수 있는데, 이를 살펴보기로 한다.

북한에서 군은 오래전부터 농번기 농촌일손돕기에 동원되었다. 즉, 매년 모내기나 추수기 등 논번기에는 '전군동원령'을 하달하고는 훈련을 단축 농촌을 지원해왔다. 특히 1998년 7월에는 김정일이 "모내기 전투를 끝낸 전체 농업근로자들과 지원자들에게 감사를 드릴 데 대하여"라는 최고사령관 전신명령 제004호를 내린 바 있다. 그 내용을 다소 길게 인용하여 살펴보면 군의 농번기 농촌일손돕기 내용을 구체적으로 알 수 있는 데, 이를 제시하면 다음과 같다.

"사회주의 경제건설의 1211고지인 농업전선을 지켜선 전국의 농업근로자들과 인민군 군인들, 농촌지원자들은 부닥치는 애로와 난관을 극복하고 각종 모 키우기와 강냉이 영양단지모 옮겨심기, 키 큰 모내기를 비롯한 봄철 영농전투를 제철에 질적으로 끝냄으로써 올해에 대풍작을 이룩할 확고한 담보를 마련해 놓았다. … 나는 군민이 힘을 합쳐 농업생산의 주요한 돌파구를 열어제낀데 대하여 매우 만족하게 생각하면서 올해 농사를 마지막 끝까지 더 잘 짓도록 하기 위하여 다음과 같이 명령한다. … 2. 전체 농업근로자와 인민군 군인들, 농촌지원들은 모내기 전투를 성과적으로 끝낸 그 기세, 그 기백으로 최고인민회의 제10기 대의원 선거전가지 논밭 4벌 김매기를 진행하고 장마철 피해방지 대책과 농작물에 대한 비배관리를 잘 함으로써 … 쌀풍년, 남새풍년, 과일풍년, 고기풍년을 맞이할 것. 3. 쌀은 곧 사회주의이고 사회주의를 튼튼히 지키는 것은 김일성민족의 번영을 위한 근본담보라는 것을 똑똑히 알고 … 전당 전군 전민이 사회주의농촌을 적극 지원하여 올해에 기어이 만풍년을 이룩하도록 할 것. …"(《내외통신》 보급판11227, 1998년 7월 3일)식으로 독려하고 있다.

여기서 북한군이 군민일치운동의 일환으로 모내기는 물론 김매기, 장마철 피해 방지대책 및 비배관리 등 일년내내 농촌일손돕기에 동원되고

있음을 알 수 있다.27)

또한 북한군은 농촌도로확장, 교량건설, 농지개간 등 농촌시설지원을 하면서 '군민도로', '군민다리', '군민포전'으로 명명한 후 농촌주민들에게 제공하고 있다. 그중 몇 사례를 제시하면 다음과 같다.

"인민군 부대들과 군사학교 책임일꾼들과 군인들은 농업근로자들 속에 들어가 정치사업을 참신하게 벌이는 한편 품이 많이 드는 영농작업을 맡아 해제기고 비료, 거름운반을 비롯한 물동수송과 농기계수리 등을 자진해서 함으로써 영농공정을 다그치게 했다."(≪조선중앙방송≫ 1996년 8월 13일).

"군대는 인민을 위하고 인민은 군대를 사랑하는 뜨거운 마음으로 첫삽을 박은 때로부터 11일만에 길이 근 80메타, 너비 근 30메타, 깊이 4메타인 굴포가 건설되었다. 논배미마다 흘러드는 저 생명수가 군인들이 흘린 땀처럼 생각 된다."(≪로동신문≫ 1996년 8월 20일).

"과일군 군인들은 일손을 다그쳐 불과 두달이라는 짧은 기간에 튼튼하고 안전한 다리를 건설해 놓았다. 군인들은 다리의 이름을 '군민다리'라고 부르고 있다."(≪로동신문≫ 1995년 10월 26일).

"여러 해 전부터 주둔 지역의 농장원들과 함께 3정보의 새 땅을 찾아 일구어 알곡을 생산하였으며 농장원들은 그 포전을 '군민포전'이라고 부르고 있다."(≪로동신문≫ 1996년 10월 28일).

그밖에 북한군은 수재, 화재 등 재해복구지원에도 적극 참여하고 있다. 특히 위급사태가 발생했을 때 인명구조나 주민재산 보호에 앞장선 공로자를 표창하고 군민일치 모범사례로 대대적으로 홍보하고 있다. 대표적인 군민일치 운동 사례로 1995년, 1996년 대규모 홍수가 발생했을 때 헬기 등 군 장비를 동원하여 인명구조 및 복구사업을 적극 지원한 것을 들고, 이를 집중발굴하고 있다. 이에 1995년 홍수시에는 '1백년만의 큰물피해'를 입었다면서도 홍수 피해상황과 그 원인 및 구호대책 등 그와 관련된 본질적인 문제보다 헬리콥터와 수륙양용차, 고속수송정 등을 동원 구조전투를 벌인 데 초점을 맞추어 보도하고 있다.28) 또한 1996년에는 "2월 5일 태풍으로 조난당한 어느 수산부업선을 발견한 최종식 동무소속 군부대 군인들은 긴급 구조전투를 벌려 수령님의 초상화와 장군님의 초상화를 안전하게 모시고 선원 16명 모두를 구원해냈다"29)는 식의 보도를 한다.

군에 의한 민의 구원은 해당 사례가 발생할 때마다 비중 있게 다루어지는데, 1998년에는 9월 29일 조선중앙방송을 통해 "방종철 소속부대 군인들이 육탄으로 힘겨운 전투를 벌여 500여미터 구간에 150여 입방미터의 토양을 쌓아 농경지와 협동농장원들의 살림집을 구원한 경우", "이재원 소속부대 이철수가 세찬 파고로 고깃배에서 어로공이 덜어지는 것을 목격하고 그를 찾아 구하고 숨진 경우", "김철진 소속부대 군인들이 주둔지역 살림집에 화재가 났을 때 인민의 생명과 재산을 희생적으로 구하고 새로이 집과 세간을 마련해 준 경우"등을 들면서 군의 대민지원을 선전하고 있다.30)

급기야는 2005년에 '원군'에 대응하는 '원민'이라는 신조어도 등장한다. 2005년 3월 27일 로동신문은 "얼마 전 경애하는 장군님께서 선군혁명 총진군의 앞길을 밝혀주시면서 군민이 한 마음 한 뜻으로 굳게 뭉쳐있는 우리나라에서 인민들은 원군을 하고 인민군대는 원민을 해야 한다고 뜨겁게 말씀하시었다"며 원민이란 인민을 끝없이 아끼고 사랑하며 인민을 위한 일이라면 모든 것을 다 바쳐 적극 원호하고 있는 조선인민군대의 아름다운 기풍에서 태어나 말이라고 설명한다.31) 그리고 원민활동의 예로 고난의 행군 시기 곳곳에 닭공장, 메기공장, 양어장, 발전소 등을 건설하여 북한주민에게 물질적 혜택을 준 것과 칠보산 구월산 등 명승지를 가꾸고 울림폭포와 송암동굴 등 새로운 명소를 찾아 문화유원지로 꾸민 것 등을 강조하고 있다.

이상에서 김정일이 주도적으로 추진하는 군민일치운동을 살펴보았다. 그러나 군민일치운동이 성공하려면 구조적으로 민과 군 양측이 군민일치운동을 통해 계속적으로 실질적인 도움을 얻어야 한다. 그러나 상대적으로 대우가 좋다는 군인들도 식량난에서 예외가 아니라[32]는 점에서 군민일치운동은 점차 한계와 역기능을 나타나게 되는데, 이를 구체적으로 살펴보고자 한다.

5. 군민일치운동의 한계와 역기능

원군, 원민 등의 용어사용에서 짐작할 수 있는 바, 북한에서는 군민일치운동을 통해 주민의 군 지원과 군의 대민지원이라는 상호 호혜적인 운동을 추진하려 하고 있다. 그러나 심각한 경제난으로 인해 상호간에 실질적인 도움이 되지 않는 경우가 많아짐을 쉽게 예상할 수 있다. 그 결과 군민일치운동은 한편으로 김정일의 군 중시 통치이념의 구호에 불과한 것으로 변질되고, 경우에 따라서 군민일치운동이 오히려 민군간의 갈등을 증폭시키는 역기능을 낳기도 한다.

1) 군민일치운동의 변질

김정일은 군민일치운동을 전개하다가 '애병정신'을 강조하면서, 군민일치 운동 과정에서 민보다는 군의 사기를 높이는 데 활용한다. 여기서 애병정신이란 "전사들을 단순히 총을 쥔 병사들로서가 아니라 사상과 이념을 같이하는 혁명동지로 믿어주는 위대한 사랑"으로 정의되며, 김정일은 "애병이라는 어휘가 어느 사전에도 오르지 않을 정도로 지난날에는 병사들을 홀대시 해온 것이 군33)역사"라는 식의 매우 과장된 언급을 하기도 한다. 결국 민과 군이 상호 혜택을 주자는 군민일치운동이 애병정신이라는 군을 중심으로 감정에 호소하는 구호로 변하게 된 것이다.

또한, 북한은 1997년 신년사부터 "인민군따라배우기"를 주창하게 된다. 인민군따라배우기는 안변청년발전소 1단계 공사가 완공된 1996년 7월부터 나타난 것으로 '혁명적 군인정신 따라 배우기 운동'이라고도 한다. 여기서 혁명적 군인정신이란"어떤 불리한 조건에서도 필요한 것을 죽으나 사나 자체의 힘으로 해결하려는 자력갱생, 간고분투의 혁명정신이며 가장 철저한 수령결사옹위정신"이라면서, "군인들이 발휘한 혁명적 군인정신을 따라 배우는 사업을 중대한 사업으로 내세우고 전당적으로 힘있게 벌려야 한다"고 강조하고 있다.

이처럼 북한에서 1997년부터 군을 강조하게 된 이유는 앞서 언급한 안변청연발전소 공사외에도 1996년 12월에 김일성종합대학에서 김정일이 행했다는 비밀연설 "우리는 지금 식량 때문에 무정부상태가 되고 있다"는 글을 통해서 알 수 있다.34) 이 글에서 김정일은 김일성 종합대학 학생들과 비교하여 북한군을 다음과 같이 칭찬하고 있다.

"얼마 전에 본 조선인민군 청년기동선전대의 공연은 기백이 있었지만 대학생 예술소조 공연은 그렇지 못하였습니다.… 군인들이나 대학생들이나 다 같은 청연들인데 군인들은 전투적 기백에 넘쳐있지만 대학생들은 그렇지 못합니다.… 청년군인들과 청년대학생들의 기백에서의 차이는 바로 군대 정치사업과 사회 정치사업의 차이를 그대로 반영하고 있습니다. … 우리 군인들이 혁명의 수뇌부를 결사옹위하는 총폭탄이 될 사상적 각오를 가지고 있는데 나는 이에 대하여 만족하게 생각합니다. 사회주의 위업수행에서 혁명군대가 매우 중요한 역할을 수행합니다. 우리 군인들은 조국의 방선을 지키고 있을 뿐 아니라 사회주의 건설에서도 한몫 단단히 하고 있습니다.…모든 당조직들과 일군들은 혁명적 군인정신을 따라 배워 당사업에서도 새로운 전환을 일으켜야 하겠습니다"라며 군부대 모범사례를 본받을 것을 독려하고 있다.

이후 혁명적 군인정신은 1998년에 북한주민의 이념통제수단으로 확대되고 있다. 북한 문예출판물의 대표적인 잡지인 『조선문학』(1998년 3월호)에서 "조선인민군 창작가 예술인들이 발휘한 혁명적 군인정신을 따라 배우는 것은 창작에서 성과를 이룩하기 위한 근본담보"라고 주장하고, 또한 ≪로동신문≫(1998.6.5)에서는 "군대예술활동은 혁명적 군인정신과 수령결사옹위정신, 명령관철에 대한 절대성, 무조건성이 확산되고 강화될 때 온 사회에 혁명적 낭만이 넘친 문화정서생활을 꽃피워 나갈 수 있다"고 역설하고 있다.[35]

그리고 1998년 군창건 66주년을 기념한 로동신문사설은 "선군혁명사상", "선군혁명영도"라는 신조어를 낳는다.[36] 사설은 이 용어를 언급하면서 "우리나라에서는 수령의 위대한 구상에 의하여 먼저 군대가 창건되었으며, 그에 기초하여 혁명과 건설의 모든 문제가 가장 빛나게 해결되어 왔다"고 말하고 이것이 김일성의 선군혁명사상의 위대한 승리라고 주장한다. 또한 김정일도 "수령님의 혁명투쟁 역사는 군대를 먼저 창건하고 그에 의거하여 혁명과 건설을 승리에로 이끌어 오신 선군혁명영도의 역사"라고 말한 것으로 전한다. 사설은 또 김일성의 선군혁명영도의 역사가 김정일에 의해 계승되고 있다면서 "우리식 사회주의위업 수행에서 강력한 기둥은 우리 인민군대가 되어야 한다는 것이 김정일 동지의 확고한 신념"이라고 강조한다. 즉 선군혁명사상은 "혁명무력의 강화발전에 선차적 의의를 부여하고 군력에 의거하여 혁명과 건설을 전개해 나가는 혁명사상", "군대를 혁명의 기둥, 주력군으로 키우고 그에 의거해 전반적 혁명위업을 수행해 나가는 사상"으로 김정일의 군사중시사상이 바로 선군혁명사상의 구현이라는 것이다.[37]

결국 군민일치운동이 김정일의 군부우선, 군사중시 통치방식과 연계되면서 애병정신, <혁명적 군인정신따라배우기 운동>, 그리고 선군혁명사상 등으로 강조점이 변하고 있다. 이는 북한 경제난이 가속되면서 민과 군이 서로 실질적인 도움을 주겠다는 목적에서 시작된 군민일치운동이 상호간에 실질적인 도움을 줄 것이 줄어들면서 점차 군을 강조하는 체제유지를 위한 이념적 구호로 변질되었다고 할 것이다.[38]

2) 군민일치운동의 역기능

또한 군민일치운동은 처음에 주민과 군대와의 관계개선을 노리고 전개되었지만, 그 과정에서 민군간의 갈등관계를 악화시키게 되는 역기능을 낳기도 한다. 이는 북한의 군민일치운동이 극심한 경제난 속에서 쌍방간에 물질적 수단과 노력 동원을 매개체로 해서 추진되고 있기 때문이다. 민과 군 모두 자신의 생존이 불확실한 상태에서 상대편에 대한 지원을 해야 한다면, 그 자체가 민군관계를 개선하기보다 악화시키는 방향으로 전개될 가능성이 높다.[39]

사실 군민일치운동은 시작 자체가 북한에서 민군관계가 악화된 현실을 개선하고자 하는 노력의 일환이었다고 해석할 수 있는 측면도 있다. 실제로 김일성은 1992년 12월경 전군의 군관에게 보내는 지시문을 통해 "인민군에서 군민 불화관계를 해결하지 못할 경우 '인민군대'에서 '인민'자를 빼고 그냥 '군대'라고 부르고, 그래도 불화가 계속될 경우는 나라가 망할 것을 각오하고 군대를 해산하겠다"고 공언한 바 있다[40].

이에 북한에서는 1993년 전군에서 주민들을 대상으로 군인에 의한 피해신고 접수, 진상조사 후 보상하는 한편 농촌지원을 강화하는 등 상호 불화관계를 해결하기 위해 온갖 수단을 동원하였다. 그러나 식량 등 '군 보급품 부족'이란 근본적 문제가 해결되지 않는데다가 피해보상이 형식적으로만 진행되고 있어 주민들은 군인들을 '마적같은 새끼'라고 백안시하고, 군인들은 주민들에게 '전쟁이 나야 군인 귀한지 안다'고 하는 등 대립상태가 지속되고 있다.

물론 군민일치운동으로 인해 부분적으로 또는 개인수준에서 북한 내 민군관계가 호전되는 측면이 존재하겠지만, 경제난 속의 군민일치운동 강화는 점차 민군관계를 악화시키는 역기능 측면이 보다 강화될 것으로 보인다. 여기서 북한 내 민군관계가 악화되게 되는 이유를 몇 가지로 나누어 제시하고자 한다.

첫째, 북한군의 군기강 해이를 들 수 있다. 특히 1994년이후 악화된 식량부족에 가혹한 군사훈련, 장기간의 군복무, 부대내 구타사건의 증가 등으로 인해 북한군의 군기강이 해이해지고 있다. 그리고 군기강이 해이해지면서 북한군인들의 민간인을 괴롭히고 피해를 주는 현상에 대해 무감각해지고 있으며, 경우에 따라서는 군사규정을 교묘하게 역이용하는 수법가지 동원된다. 예를 들어 '주민들이 입은 피해의 정도에 따라 처벌한다'는 규정을 이용하여 닭이나 토끼는 5마리 이상만 한꺼번에 훔치지 않으면 무마가 쉽다는 점을 이용하여, 매일 한 마리씩만 훔쳐내는 것이다. 그리하여 심지어 북한군에서는 군복무중 '3만원벌기 운동'이 전개되고 있는 실정이다. 여기서 3만원벌기 운동이란 제대후 사회생활에 대비하기 위해 만기 1년전부터 군 보급품은 물론, 민간인을 대상으로 무엇이든 약탈하는 것이다.[41]

둘째, 군민일치운동이 강제성을 띠고 있기 때문이다. 북한 언론들은 겉으로 군민일치운동이 자발적으로 이루어져 있는 것처럼 선전하고 있지만, 실제로는 강제성을 띠고 있다. 예를 들어 돼지 헌납운동의 경우 결산분배 대상 가구에서는 거주지 농장관리위원회에서 새끼돼지를 50원에 구입하여 6개월 정도 사육 후 100kg에 도달하면 거주지 주둔 군부대에 헌납하게 되는 데, 이 때 "○○○가족은 경애하는 최고사령관 김정일 동지께서 이끄시는 인민군에 선물돼지를 증정하였음"이라는 인민위원회 증서를 지급해 주면서 헌납용 이외 사육한 돼지의 처분권을 부여한다. 그러나 미헌납시에는 결산 분배시 돼지가격의 3배에 해당하는 식량을 삭감하고 있다.42) 결국 식량난이 가중되면 될수록 민간인들의 군에 대한 불만이 커질 것임을 예상케 한다.

셋째, 북한군의 경제적 역할 확대로 인해 민간인과 마찰을 빚는 경우가 발생하게 된다. 북한군의 경제적 역할이 확대되면서 민간인과 접촉이 늘어나고, 그 과정에서 민군간 대립관계가 형성될 수 있다.

예컨대 농장의 경우 1997년 4월경부터 파종기부터 추수기까지 군인들이 상주하는 데, 농장관리위원회에는 중좌나 상좌가 상주하여 농장관리에 관여하고, 각 작업반에는 대위급 군관이 배속되어 농장원 개개인의 출퇴근 확인, 파종, 김매기, 퇴비주기 등 농장내 모든 작업을 시종 간섭하고 관장하게 되었다.43) 그렇다면, 농사일과 관련된 의사결정이나 배분과정에서 민군간 대립이 나타날 가능성이 높다 할 것이다. 또한 수산협동조합 어로공들이 군대가 운영하는 '부업선'이 다른 기관의 어업구역까지 침범하여 그물 등을 끊어가거나 약탈을 일삼는 경우가 많아, 이들을 '바다해적'이라고 부른다고 한다.44)

넷째, 김정일의 군사중시정책이 북한내 민군간 갈등을 확대시킨다. 특히 북한군이 사회질서, 특히 주민인동을 통제하게 되면서 민군간의 갈등이 확대되고 있다. 현재 북한주민들은 생계수단확보를 위해 북한내 지역은 물론 중국지역에 까지 이동할 수밖에 없는 실정이다. 그러나 북한군이 철도역을 이중검열하면서 매표, 승하차 질서, 화물적재 등 업무를 관여하고 있다. 그리고 '증명서 미소지'로 주민들의 철도 탑승을 제지하거나, 승객들이 싣고 가는 물건 중 일부를 무조건 약탈하거나 뇌물로 바칠 것을 강요하고 있다. 그 과정에서 군은 조금이라도 비위에 거슬리게 행동하면 남녀노소를 불문하고 욕지거리와 구타 등 안하문인의 행동을 하고 있다.45) 그러나 군인들의 횡포가 극심해져도 김정일이 군부대밖에 믿을 수 없다며 군대를 우대하고 있어 주민들의 불만이 근본적으로 해소되기는 힘들 것이다.

결국 북한에서 현재 민군관계의 단면은 주민들은 군인들을 앞에서는 두려워하고, 뒤에서는 욕하며, 군인들은 주민들을 무시하는 식의 대립관계가 형성되고 있는 과정에 있다 할 수 있다. 이는 <표 2>의 북한군 관련 은어를 살펴보아도 짐작할 수 있다.

<표 2> 군대와 관련된 북한 은어

은 어	내 용
간부사업	일반 병사들이 군관이나 당원이 되려고 노력하는 것을 비유
보따리 장사	군관들이 장사갈 준비를 하기 위해 군수물자를 빼돌리는 것을 비꼬는 말
총마개	병사들이 자신을 비하시켜 부르는 말
고동무	뇌물
눈치밥	병사들이 군대생활을 빈정되는 말
뺑까우리	농민출신 군인을 이르는 말
영실군대	'영양실조군대'의 약자로 북한군이 민간인에 대한 약탈행위가 늘어나면서 생긴 말
빵통군대	군인들이 입대시 화물열차를 타고 온다는 데서 비롯된 말
계급별 별명	왕별-장성 먹세중위-군대내 보위부 지도원, 정치지도원, 중·소대장들이 사병 급식을 떼어먹는 관행을 풍자 도태상사-상사가 되면 언제 제대할 지모르며 군에서는 이미 도태된 상태라는 뜻 연애중사-중사가 되면 인근 처녀들과 연애도 하는 등 농땡이를 친다나 것 맵시하사-하사부터는 맵시를 부리려고 한다는 뜻 주제비전사-전사들은 꾀죄죄하고 주접스럽다는 뜻
군내부 비리에 대한 불만 유행어	무력부는 무조건 떼어 먹고 군단에서는 군말없이 떼어 먹고 사단에서는 사정없이 떼어 먹고 연대에서는 연속적으로 떼어 먹고 중대에서는 중간중간 떼어 먹고

	소대에서는 소리없이 떼어 먹고
	분대에서는 분별없이 떼어 먹는다
주먹밥	급식받은 밥그릇을 흔들면 그 부피가 줄어들어 한줌의주먹만 한 밥밖에 되지 않는다 하여 생긴 말
까까보리	양이 적은 밥을 가르키는 말
전사안테나	비밀에 속하는 사업내용을 재빨리 알아내는 사병

자료: 국군정보사령부, 『북한군 용어집』 (서울: 국군정보사령부, 1998).

6. 결론 및 전망

이상에서 김정일 체제하 북한의 군민관계에 대해 살펴보았다. 김일성 사후 김정일이 군을 중심으로 북한을 통치하면서, 북한군은 정치, 경제, 사회 각 분야에서 역할과 영향력을 확대하는 선군정치를 펴게 된다. 그 결과 북한에서 군은 정치군사적 역할을 넘어서 국가전체를 통괄하는 조직, 집단역할을 수행하게 된다.

이처럼 군의 역할이 정치, 경제, 사회통제의 분야로 확대되면, 당연히 군과 민의 접촉이 많아진다. 그리고 그러한 생황에 맞게 새롭게 민군관계, 북한식으로 군민관계를 재정립할 필요성이 발생한다. 이에 김정일이 새삼스럽게 강조한 것이 군민일치운동이다. 북한에서 '군민일치'라는 용어는 김일성의 빨치산시절까지 거슬러 올라갈 수 있지만, 김정일이 최고사령관에 취임하기 이전까지는 북한에 존재하는 무수한 구호의 하나에 불과하였다. 그러나 김정일이 1991년 최고사령관에 취임하면서 군 위상 제고, 군 영향력 증대와 더불어 군민일치운동을 체계화하여 정권유지수단으로 활용하고 있다.

이후 군민일치운동은 <군민일치 모범군(시,구역) 쟁취운동>, <우리 초소-우리학교(농장, 공장, 지역)운동>, '원군', '원민' 등으로 확대 재생산된다. 군민일치운동의 내용을 살펴보면 주민들의 대군지원과 군의 대민지원으로 구분된다. 그리고 이 과정은 북한이 주창하는 '선군정치'의 일상화 과정으로 파악할 수도 있을 것이다.

하지만 군민일치운동은 초기에 주민들의 대군 지원 중심으로 시작되었지만, 경제난이 심화되고 장기화되면서 오히려 군의 대민지원이 점차 부각되고 있다. 그리고 그 과정에서 군민일치운동의 한계가 드러나고 있다. 군민일치운동이 성공하려면 민과 군 상호간에 실질적인 도움을 주는 운동이 되어야 한다. 그러나 심각한 경제난으로 인해 민과 군 서로간에 도움을 줄 수 역량이 점차 축소된다. 그 결과 군민일치운동은 애병정신, 인민군따라배우기(또는 혁명적 군인정신 따라배우기 운동), 선군혁명사상(또는 선군혁명영도) 식으로 변하면서, 군 주도적인 사회에서 나타나는 군에 의한 부작용을 민은 감내해야하는 내용으로 변질되고 만다. 결국 군민일치란 김정일의 통치체제 유지를 위한 이념적 구호가 되어버린 경향이 있다.

민과 군 모두 자신의 생존이 불확실한 상태에서 상대편을 지원하기 때문에, 지배층의 기대와는 달리 군민일치운동의 순기능보다 역기능이 점차 부각되고 있다. 군민일치운동이 민군 화합을 도모하기보다 오히려 갈등을 증폭하게 되는 이유로는 북한군 기강 해이, 군민일치운동의 강제성, 북한군의 경제적 역할 확대로 인한 민간인과의 마찰가능성 증대, 김정일의 군사중시정책으로 인한 북한 내 민군간 갈등 확대를 지적할 수 있다.

하지만 이상과 같은 민간인의 군에 대한 불만이 북한에서 집단적인 반군활동으로 나타나지는 않고 있다. 이는 기본적으로 북한인구 중에서 군이 차지하는 비중이 매우 크기 때문이다. 북한 정규군 숫자만 하더라도 북한주민의 5%에 해당한다. 이는 결국 가족 아니면 가까운 친척 중에 반드시 군인이 존재한다는 것을 의미한다. 또한 김정일이 군 중심으로 북한체제를 유지하고 있기 때문에 민이 강한 힘을 갖고 있는 군에 대한 불만을 명시적으로 표시하기는 어려운 실정이다. 군에 대한 개인 수준 불만을 집단화할 수 있는 계기가 마련되기 힘들다는 것이다.

다만, 경제난이 개선되지 않으면서 군의 직접적인 사회통제기능이 점차 강화되면, 북한주민의 체제불만이 군에 대한 불만으로 전이되면서, 향후 민군 간에 간헐적인 집단적 충돌이 발생할 가능성이 존재한다. 그러나 민군 간 충돌가능성보다는 발생가능성이 높은 것은 군내에 하위제대간 소규모 충돌가능성이다. 경제난이 심화되면 북한 내에서 배분가능한 자원이 점차 축소될 것이고, 점차 힘 있는 자들이 소량의 자원을 둘러싸고 분쟁에 휘말리게 된다. 특히 북한군의 기강이 해이해 질수록 그 가능성은 보다 커질 것으로 예상된다.

※ 이 글은『김정일 체제하 북한의 민군관계』, 국방대학원 안보문제연구소, 정책연구보고서 98-12(통권 제297호), 1998의 제4장 "군민일치운동의 전개와 한계"를 다소 수정한 것이다.

주註

1) ≪로동신문≫ 1999년 6월 1일자.
2) 유석황, "북한의 '군민일치'운동이 체제 유지에 미치는 영향" 국방대학원 안보과정 연구논문 (미간행, 1997).
3) ≪로동신문≫ 1992년 3월 12일자.
4) 이 조항은 1998년 9월 개정헌법에서도 그대로 유지되고 있다.
5) 군민일치 모범군 칭호 수여 모임에서는 해당 군(시, 지역)에 표창창이, 주민에게는 훈장과 메달이 수여되며 군지원 사업을 더욱 적극적으로 나설 것을 맹세하는 결의문이 채택된다.
6) 군민일치 모범군 쟁취운동은 '군민 연환모임'과 깊게 연관되어 있다. '군민 연환모임'은 자매결연을 맺은 군부대와 행정단위·단체가 상호 방문하여 예술공연을 진행하는 한편 공로자들에 대해서는 영웅칭호, 훈장, 메달 등을 수여한다.
7) ≪로동신문≫ 1992년 5월 10일자.
8) '굴포'란 논밭에 물을 대기 위하여 만든 보조수원 시설을 말한다.
9) ≪로동신문≫ 1995년 4월 23일자.
10) 이 때 모범사례로 선정된 기관은 장철구평양상업대학, 창광수출피복공장, 청년전위신문사, 요덕군 당위원회 등 4개 기관이다. 통일부, 『주간 북향동향』 395호(1998.8).
11) 1997년에는 '군민일치 노래부르자'는 노래가 창작되기도 한다.
12) ≪조선신보≫ 2002년 11월 11일자.
13) ≪로동신문≫ 2005년 4월 21일자.
14) 여기서는 북한민간군사조직으로 잘 알려져 있는 지방군(이전의 교도대를 1980대초 지구사령부에 편입시키고 명칭도 지방군으로 개칭하였다(≪내외통신≫ 주간판 1132호. 1998년 10월 22일), 대학생 교도대, 노동적위대, 붉은청년 근위대는 제외하였다.
15) 속도전 돌격대는 1975년 김정일이 당조직 선전선동부장을 할 때 조직한 것으로, 유사시에 군으로 전환할 수 있도록 조직되어 있다. 참고로 속도전 돌격대의 조직을 살펴보면, 속도전 돌격대는 각 도마다 1개 여단씩 존재하며, 1개 여단에 대체로 1,500명 정도로 구성되어 있고, 각 여단 안에는 군대와 같이 대대, 중대, 소대, 분대가 있으며, 계급도 군대와 마찬가지로 부여하고 있다.
16) 김종현, "유사시 대비해 김정일 예비대로 조직했다," 『통일한국』 1997년 11월호.
17) 내외통신사, 『CD로 보는 북한』 (서울: 내외통신사, 1996).
18) ≪내외통신≫ 종합판, 1998년, 349쪽.
19) ≪로동신문≫ 1996년 4월 23일자.

20) ≪로동신문≫ 1996년 7월 29일자.
21) 북한 소년단이 군에 장비를 헌납하게 된 것은 1946년 6월 창립부터 이다. 초기에는 기중기, 자동차, 트랙터 등 건설장비에 국한됐으나 1976년 소년단 창립 30주년을 계기로 함선과 탱크 등 군사장비 등으로 규모가 확대되었다. 그리고 김정일이 군최고사령관으로 추대된 이후 보다 많은 비행기와 함선, 포 등을 마련하고 지원하고 있다. ≪내외통신≫ 보급판 10148, 1996년 7월 17일.
22) ≪조선중앙방송≫ 1995년 10월 3일.
23) ≪로동신문≫ 1995년 10월 20일자.
24) 그동안 북한은 상이군인과 결혼한 여성들을 '군민일치의 본보기'로 선전해 왔다.
25) ≪내외통신≫ 보급판, 10854, 1998년 10월 29일.
26) 그 결과 과거 주민의 대군지원활동이었던 <우리초소-우리마을 운동>이 역으로 군부대가 인근지역 공장·기업소를 1개씩 맡아 운영하는 식으로 바뀌기도 한다. 북한문제연구소. 『북한실상』 1997년 12월.
27) 식량난이 더하면서, 군대 뿐아니라 도시지역의 사무원이나 공장·기업소 근로자 도 주요 영농 공정때만 농촌을 지원하던 방식에서 농사차비에서 결산분배에 이르기까지 한해 농사의 전기간을 책임지고 농촌을 지원하기로 했다고 밝히고 있다 ≪로동신문≫ 1998년 5월 16일자.
28) ≪내외통신≫ 주간판 971호, 1995년 9월 21일. 2006년에도 북한 로동신문은 김영철 소속' 부대 관하 안성모 소속부대와 강정민 소속부대 지휘관들과 군인들이 비바람 피해를 입은 주둔지역 군 안의 다리와 제방, 도로를 보수해주고 큰물로 피해를 입은 집들도 원상복구해 주었다'는 식으로 보도를 하면서 '인민들을 성심성의로 도와주는 미풍이 높이 발휘돼 사회적으로 큰 반향을 불러일으키고 있다'는 평가를 내린다. ≪로동신문≫ 2006년 8월 3일.
29) ≪조선중앙방송≫ 1996년 3월 25일
30) 민족통일연구원, 『계간 북한동향』(서울: 민족통일연구원, 1998.9), 222쪽.
31) 이에 2006년 신년 공동사설에서는 "인민은 원군을 하고 군대는 원민을 하는 선 군조선의 자랑스러운 면모를 더 활짝 꽃피워나가야 한다"는 귀절이 나온다.
32) 북한군도 식량난에서 예외가 아님은 김정일(1997)의 비밀연설중에 "그런데, 지금 인민군대에 식량을 제대로 공급하지 못하고 있습니다"라는 말에서 드러난다.
33) ≪내외통신≫ 주간판, 948호, 1995년 4월 13일.
34) 김정일, "우리는 지금 식량 때문에 무정부 상태가 되고 있다," 『월간조선』 1997년 4월호, 306~317쪽.
35) ≪내외통신≫ 주간판, 1117, 1998년 7월 9일.
36) ≪내외통신≫ 주간판, 1139, 1998년 12월 1일. 1999년 초에는 '옹군애민'이라

는 슬로건이 등장하기도 하였다.
37) 여기서 김정일의 통치방식인 '선군정치'가 군민일치운동과 논리적으로 연계됨을 파악할 수 있다.
38) 앞서 북한에서 '원군'과 '원민'강조한다고 하였는데, 원군, 원민에 대한 반복된 강조는 역으로 군대, 군사, 군인 중심적인 김정일 정책을 보완하려는 의도가 있음을 말해 준다.
39) 특히 민이 군보다 힘이 약하기 때문에, 민의 군에 대한 지지도가 떨어지는 효과를 낳게 될 것이다.
40) 북한문제연구소, 『북한실상』 1993년 10월.
41) 북한군인들은 이러한 방법으로 번돈 3만원중 1만원은 제대시 탄광이나 관산에 배치되는 것을 빠져나오는 뇌물로 사용하고, 2만원은 결혼비용으로 사용한다고 한다. 내외통신사, 『CD로 보는 북한』 (서울: 내외통신사, 1996).
42) 내외통신사, 『CD로 보는 북한』 (서울: 내외통신사, 1996).
43) 북한문제연구소, 『북한실상』 1997년 12월; 정룡(닭공장 노동자, 1997.9.2귀순) 증언.
44) 북한문제연구소, 『북한실상』 1997년 8월; 장영관(은혜수산업협동조합 어로공, 1997.4.27 귀순) 증언.
45) 북한문제연구소, 『북한실상』 1997년 12월; 홍진명(단천기관차대 노동자, 1997.5.29귀순) 증언.

<참고문헌>

1. 북한문헌

김정일, "우리는 지금 식량 때문에 무정부 상태가 되고 있다," 『월간조선』 1997년 4월호.
≪로동신문≫.
≪조선신보≫.
≪조선중앙방송≫.

2. 남한문헌

『내외통신 보급판』.
『내외통신 주간판』.
『내외통신 종합판』.
국군정보사령부, 『북한군 용어집』 (서울: 국군정보사령부, 1998).
김종현, "유사시 대비해 김정일 예비대로 조직했다," 『통일한국』 1997년 11월호.
내외통신사, 『CD로 보는 북한』 (서울: 내외통신사, 1996).
민족통일연구원, 『계간 북한동향』 1998년 9월.
북한연구소, 『북한군사론』 (서울: 북한연구소, 1978).
북한문제연구소, 『북한실상』 1993년 10월.
북한문제연구소, 『북한실상』 1997년 8월.
북한문제연구소, 『북한실상』 1997년 9월.
북한문제연구소, 『북한실상』 1997년 12월.
북한문제연구소, 『북한실상』 1998년 7월.
유석황, "북한의 '군민일치'운동이 체제 유지에 미치는 영향," 국방대학원 안보과정 연구논문 (1997), 미간행.
≪조선일보≫.

제2부
북한군의 전력과 국방비

함택영　북한 군사력 및 군사위협 평가 재론
윤정원　북한의 대량살상무기 개발 현황 및 의도와 전망
임강택　북한의 군수산업 정책
성채기　북한 공표군사비 실체에 대한 정밀 재분석

북한 군사력 및 군사위협 평가 재론

함 택 영

1. 서 론

　탈냉전의 대세를 타고 이루어진 역사적인 2000년 정상회담과 남북의 화해협력에도 불구하고, 한반도는 아직도 세계에서 가장 군사화되고 긴장이 조성된 지역의 하나이다. 또한 북한의 이른바 대량살상무기 개발 노력과 관련된 국제적 갈등과 긴장은 한반도와 동북아의 평화를 위협하는 가장 중요한 요인이 되기에 이르렀다. 남북한 군사력균형과 전쟁억지력 평가는 한반도의 안보와 평화를 추구하는 우리 모두가 선차적으로 관심을 가져야 할 중요한 기초작업의 하나이다.
　그러나 한반도의 군사력균형에 대한 논의에는 '북한 붕괴론' 이상으로 많은 오해와 혼란이 있다. 이 혼란은 "진지한 연구자들의 참 논쟁"이라기보다 이른바 정치권의 "미디어를 통한 선전논쟁"으로 심화되어 왔다.1) 민주화 이후에도 국내외로 '안보정쟁'은 계속되고 있다. 참여정부의 자주국방 노선이나 주한미군 철수 및 재배치와 관련된 한반도 군사안보상황의 논의는 다분히 안보정쟁의 성격을 지니고 있다. 특히 2004년 8월말 언론에 일부 공개된 국방부/국방연구원의 남북한 군사력균형 평가와 10월 국정감사에서 일부 공개된 전쟁모의의 '수도권 함락' 시나리오 그리고 북한 장사정포 위협 등은 최근의 가장 대표적인 실례들이다.

우리 정부는 국방정책을 확립하고 군사력을 강화하며 국민의 안보의식을 고양하기 위하여 북한의 군사력우위와 남침 위협을 강조해 왔다. 국방부가 그 동안 남북한 현존무력의 비교평가를 위해 공개한 것은 소위 '단순개수비교'(bean-counts), '전력지수', '투자비누계'라는 '물적 역량' 중심의 정태적 방법이다. 그러나 단순개수비교가 가장 오해의 여지가 많고, 전력지수 역시 정보능력이나 시간개념을 배제한 단순·순간 화력에 머무르고 있으며, 가장 타당성 있는 군사투자비는 자료에 문제점이 있어 받아들이기 어렵다. 전쟁모의(war game) 연구는 허다한 변수들이 대입되기 때문에 어떠한 모델과 투입변수를 설정하느냐에 따라 다양한 결론을 낳는 것으로 알려지고 있다. 통상 최선의 경우는 다루지 않는 반면, 현실성 없는 최악의 경우는 가장 자극적이어서 세인의 관심을 끈다.

학술적인 면에서 북한의 군사위협을 강조한 나머지, 군사력균형이나 남북한의 군비경쟁을 객관적으로 분석하려는 노력이 부진한 측면이 있다. 북한이 국내의 정치·경제적 상황과 남북한 군사력균형의 변화에 구애됨이 없이 수십년간 꾸준히 무력통일을 위해 총력을 기울여왔다는 주장은 설득력이 약하다. 반면 남한의 군사력증강은 항시 북측의 군비증강에 대한 방어적 수단으로 합리화되어 왔다. 남침위험성의 논리도 1970년대에는 '힘의 균형' 이론이 지배적이었으나, 이후에는 남북한 국력격차가 커지기 전에 남침할 것이라는 '예방전쟁론' 혹은 '힘의 전이' 이론이 대두하였다. 최근에는 '굶어죽느니 전쟁이나 하고 보자'는 북한 주민들의 자포자기 심리를 들어 전쟁위험성이 강조되기도 한다. 이러한 주장들은 이론적 일관성이 결여된 것이다.2) 또 북한의 능력보다 의도만을 강조하는 논리는 현실주의이론의 전제와도 상치된다. 특히 경제력은 군사력건설에 필수적이다. 무기체계만 보면 러시아는 아직도 미국에 버금가는 군사초강대국이지만, 미국이 경계하는 것은 러시아가 아니라 떠오르는 경제강국 중국이다. 북한의 막강해 보이는 군사력도 실상 이를 뒷받침해주는 경제력이 없을 때 큰 의미가 없다.

　필자는 그 동안 북한의 군사우위론이 잘못된 '신화'임을 실증적으로 비판해 왔다.3) 이 논문은 평화통일을 지향하는 시대의 요구에 부응하여 군사력균형을 중심으로 한 남북한의 군사안보문제를 객관적으로 고찰하고자 한다. 이 논문은 첫째, 남북한의 군비경쟁을 개괄하고, 정태적·동태적 군사력 평가방법을 타당성·신빙성·유용성 검정을 기준으로 설명한다. 이는 군사력 및 군사력평가에 대한 올바른 이해를 위해 필수적이다. 둘째, 일부 공개된 남북한 군사력 평가 및 수도권에 대한 장사정포 위협 논의를 검토하고, 최근의 '북한 군사위협론을 비판적으로 검토한다. 셋째, 구체적으로 국방연구원(KIDA)이 수행하는 '워게임' 연구의 성과 및 한계를 살펴본다. 넷째 보다 객관적인 군비투자 관련 자료를 제시하고, 필자가 연구해 온 남북한 군사자본재 비교방법을 원용하여 남북한 군사력균형을 평가한다. 다섯째 이를 바탕으로 남북한 군비경쟁 무용론을 강조한다.

2. 남북한 군비경쟁 및 군사력균형

1) 군비경쟁

　남북한은 전후 수년간 대칭적 군비경쟁을 전개했다. 또 공교롭게도 비슷한 시기인 1950년대 후반 각기 병력을 감축한 적도 있다. 쌍방은 현상유지를 지속하다가 북한이 1962년말 대소관계의 악화에 따라 '국방에서 자위'를 추진하고 이후 '4대군사로선'을 실천함으로써 새로운 군비경쟁에 돌입했다. 당시 남한은 이에 상응한 반응을 보이지 않았고, 오히려 남한은 미국의 압력에 의해 베트남에 파병했다. 한・미측의 군사력의 우위 인식이 반영된 것이었다. 8군사령관에서부터 백악관 보좌관들까지 미국측은 1960년대초까지 남한의 군사력이 우월하다고 판단했다.4) 이는 한반도 군비증강에 동맹관계가 큰 변수임을 시사한다. 전후 상당기간 동안 남북한의 군비증강은 거의 군사원조로 이루어졌던 것이다. 북한의 자위노선이나 남한의 자주국방 결정은 각기 소련과 미국의 방위공약에 대한 신뢰약화와 군사지원 감축 때문이었다.

　그러나 남한은 군비경쟁에서 뒤지게 되어 객관적으로 볼 때 1960년대 중반이후 약 15～20년간 군사력의 열세(일부에서는 주관적으로 아직도 열세)를 보이게 되었다. 한미 군사동맹에 주로 의존해 왔던 남한은 1960년대 후반 북한의 무력도발이 고양되던 시기에 1968년 향토예비군 편성 외에는 군사력증강에 소극적이었기 때문이다. 물론 남한은 1975년 자주국방에 착수하고 1980년대에는 스스로 국방비 전액을 조달한다는 제한적 의미에서 '자주국방'을 실현하게 되었다. 남한은 제1차 전력증강사업(FIP-1, '율곡사업'으로 명명됨)이 만료된 1981년경에는 재래식 군사력에 있어서 북한을 따라잡을 수 있게 되었고, 이후 FIP-Ⅱ, FIP-Ⅲ

로 이어졌다. 남한은 1980년경 열세를 만회한 이후 계속 격차를 확대해 나갔다. 군비부담이 1980년 전후 GDP의 6%대에서 2000년대에는 3% 이하 수준으로 감소되었지만, 남한은 고도경제성장에 힘입어 군비증강을 계속할 수 있었다. 비록 김대중 정부의 '포용정책'에 따른 경제지원 등 '평화의 구매' 정책에도 불구하고, 남한이 군비증강을 게을리 한 것은 아니다.5)

한편 북한은 1968년 푸에블로 위기 당시부터 지상군병력을 계속 확장하여 1970년대말에는 남한의 병력 규모를 능가하게 되었다. 북한은 1980년대 후반 소련으로부터 수십억 달러에 상당하는 차관으로 공군력 및 방공능력의 현대화에 힘쓰기도 했으나, <표 1>에서 보듯이 경제자원의 한계 때문에 북한의 군비증강은 노동집약적인 방향으로 나아가지 않을 수 없었다.6) 그럼에도 불구하고 1990년대에 들어서자 북한은 '재래식' 전력으로는 남한과 더 이상 경쟁할 수 없게 되었고, 보다 저렴한 대안을 찾지 않을 수 없었다. 수도권타격을 노리는 장거리포대(170mm 자주포 및 240mm 방사포)는 물론 대량살상무기의 장거리 운반수단(미사일)을 개발함으로써 재래식 및 '비재래식' 억지능력 확보에 힘을 기울여왔다.7) 즉 한·미측의 전쟁수행능력 대 북한의 억지능력 증강이라는 '비대칭적 군비경쟁'(asymmetric arms race)이 진행되고 있다.

<표 1> 남북한의 군비경쟁 추이

연 도	남 한			북 한			남/북 비율(%)	
	병력 萬	군사비 (경상 億弗)[1] 공식자료 (수정자료)		병력 萬	군사비 (경상 億弗)[2] 추정자료 (수정자료)		병력	군사비 공식(수정)
1950.6	9.5	?		13.5	?		70	-	-
1953	59.1	1.2 (17.7)		27.5+	?		<215	-	-
1955	72.0	1.0 (5.6)		41.0	?	(2.4)	176	-	(238)
1960	60.0	1.5 (3.6)		39.0	1.5	(1.7)	154	102	(217)

1965	60.4	1.1 (3.6)	41.1	2.6	(3.4)	147	44	(103)
1970	64.5	3.0 (6.5)	46.7	6.8	(7.4)	>138	44	(87)
1975	63.0	9.1 (11.0)	56.7	17.1	(15.7)	>111	53	(70)
1980	(63.0)	37.1 (37.9)	70.0	32.5	(23.3)	> 90	114	(163)
1985	(63.0)	45.5 (44.1)	78.4	34.3	(30.4)	> 80	131	(136)
1990	65.5	93.8 (92.1)	99.0	49.6	(31.7)	> 66	189	(290)
1992	65.5	107.7 (104.9)	101.0	55.4 (31.3-36.4)	> 65		194 (280-354)
1994	65.5	125.1 (121.5)	103.0	56.0 (27.7-38.4)	> 64		223 (317-438)
1996	69.0	152.1 (147.8)	105.5	57.8 (26.4-30.1)	65		263 (491-577)
2000	69.0	128.1 (124,2)	117.0	50.0 (19.5-29.0)	59		256 (428-637)
2002	69.1	130.8 (126.1)	117.0	50.0 (21.0-32.0)	59		262 (394-600)

[1] 수정 자료는 미국의 순純군원을 포함하고 한국은행의 GNP 잠정환율을 적용함.
[2] 공식 추정자료는 1994년까지 국가예산의 30-30.9%로 추정하고 상업/무역환율을 적용함. 수정 자료는 군사조조를 포함한 별도의 추정치에 구매력평가환율 (PPP) 적용.
출처: 『국방백서』; *The Military Balance*; 함택영(1998).

또한 남북한은 근래 주변국의 잠재적 안보위협에 대처하는 미래지향적 군비증강도 도모하고 있다. 남한이 계획중인 상당수의 첨단무기는 북한의 위협보다는 향후 일본 등 주변강국의 군사위협에 대비한 것이기도 하다.8) 특히 북한은 남한만이 아니라 미국을 적으로 상대해 왔고, 핵개발 위협을 통해 미국으로부터 안전보장과 경제원조를 받아내려는 카드로도 활용하고 있다. '대포동' 미사일 개발도 일본과 궁극적으로 미국에 대해 억지/위협능력을 과시하려는 측면이 강하다. 북한의 미사일 개발은 실전에 쓰기 위해 정확도를 개선하거나 탑재량을 늘리기보다는 사정거리를 연장하는 데 힘을 기울이고 있다는 사실은 북한이 이를 상징적인 '공포무기'로 활용한다는 증거이다.9)

2) 정태적 군사력비교

군사연구의 큰 오류는 전쟁 '잠재력'보다 '현존무력'에 초점을 두는 것이다. 전쟁연구는 전쟁의 결과를 결정하는 것이 대부분 '총체적 국력'임을 보여주었다. 소련의 군사력이 비관론자들의 평가처럼 그렇게 대단한 수준은 아니었던 주원인은 역시 경제력의 제약에 있었다. 1985년 미 랜드(Rand)연구소의 보고서가 지적한대로 "보다 크고, 역동적이며, 기술적으로 진보한 남한 경제는 거대한 자산의 보고를 제공(하며)… 군사적 수요의 급격한 증가에 보다 잘 적응할 수 있는" 경제조직과 구조, 그리고 막대한 민간자산을 보유하고 있다.[10] 국방부는 남한의 잠재력을 인정하나 현존무력을 강조하여 한반도에서 전쟁이 발생한다면 그 결과는 단지 수일 안으로 나타날 것으로 본다.

좁은 의미에서 현존무력을 중심으로 군사력을 정의하자면 '상비군의 잠재적 전투수행능력'이다. 이것은 일국이 전쟁에 동원하는 '인적 자원'(병력) · '물적 자원'(장비) · '조직적 자원'(효과성)이 결합한 총화이다. 비교적 가시적인 인적 · 물적 자원도 숙련도와 사기, 그리고 무기의 품질과 성능과 같은 무형적 차원을 갖고 있다. 교육 · 기술수준이나 정신력 등 인력자원의 질적 측면은 편의상 조직적 요소로 볼 수도 있다. 역사적으로 군대의 조직적 효율성이 병력과 장비의 단순한 수량보다 대단히 중요함이 입증되었다.[11]

국방부는 남북한 현존무력의 비교평가를 위해 '워게임'이라는 동태적 방법도 이용하나, 공개된 것은 소위 '단순개수비교'(bean-counts), '전력지수', '투자비누계'라는 '물적 역량' 중심의 정태적 방법이다. 이 지표들 가운데 가장 널리 인용되고 있는 단순개수가 가장 오해의 여지가 많고, 전력지수 역시 정보능력이나 보급을 경시한 단순화력 내지 순간화력에 머무르고 있으며, 가장 타당성 있는 투자비누계는 자료에 중대한 문제점이 있어 액면 그대로 받아들일 수 없다.

단순개수비교 방법론은 가장 단순하고 기본적인 군사력균형의 평가방법으로 '선전논쟁'에서 광범위하게 사용된다. 미 정보기관들이 인민군의 증강을 뒤늦게 발견한 이래 한·미측 공식문서는 계속 인민군의 수적 우위를 주장해 왔다.12) 또한 남북한 군사력균형에 관한 연구들도 이러한 전투서열 자료를 인용하여 병력 및 각종장비의 수를 비교한다. 남한이 30년 동안 막대한 군비투자를 한 뒤에도 이 비율은 크게 변하지 않았다.

단순개수비교의 보다 발전된 형태는 전력지수이다. 그러나 한국군의 전력지수는 1988년 인민군의 65%, 1997년에 75%로서 개수비교와 크게 다르지 않다.13) 이것은 미 육군이 개발한 '기갑사단상당치'(ADE)의 연장이다. ADE는 화력·기동력·방호력에서 부대의 전투력에 대한 척도인 '무기효과성지수'(weapons effectiveness index=WEI) 및 가중단위점수(weighted unit values=WUV) 방법에 기초하고 있다. 이 WEI/WUV 방법에 의하면 특정 부대의 전력은 화력의 가중총계, 즉 각 범주의 **무기수량**×WEI(소련 전차는 미 M60A1에 비해 평균 1.02배)×WUV(소화기의 1점 대 전차 55~64점)의 총계이다. ADE지수는 이 가중총계를 1976년 미 표준편제 기갑사단(정의상 1.0 ADE)에 대비한 것이다.14) WEI/WUV-II와 III의 후속모델인 DEF 방법도 이와 유사하다. 현재 워게임에 사용하고 있는 사단상당지수(EDs)는 보다 진일보한 것으로 공격 대 방어, 대비태세 및 지형에 따라 부대의 전투력이 변화하는 상황전력지수(SFS) 방법에 의거하고 있다.

물론 단순개수비교나 전력지수 또는 기타의 '수량지향적' 접근법은 나름대로 단순함과 명확성이라는 장점을 지니고 있다. 그러나 개수비교는 군사력에 대해 왜곡된 상을 제공한다. 개수비교나 전력지수는 또한 '동태적'이지 않고 '정태적'인 접근법이다.15) 올바른 균형평가에 도달하기 위해서는 제반 '전력 승수효과'(force multipliers)를 고려해야 한다.

첫째, 개수비교 및 전력지수는 양적 요인도 충분히 포괄하지 못한다. ADE 화력점수는 "가용포탄·병참보급·훈련·통신·사기와 같은 요소들을 고려하지 않는다."16) 설령 인민군이 화포 수량의 우위에 힘입어 초전初戰화력에서 우월할지라도, 한국군이 우세한 '내구력'을 보유한 것으로 평가된다. 해군력의 비교에서 북한이 압도적으로 수적 우위를 누리고 있지만, 북한 수상전투함정은 대부분 100톤 미만의 연안초계정에 불과하다.17) 요컨대 총톤수와 항해일수가 보다 나은 해군력의 지표가 될 수 있을 것이다. 공군력의 비교에서 중요한 것은 항공기의 수보다 출격회수 및 이에 따른 총체공시간이다.18) 즉 무기의 '유량'(flow)이 아니라 '저량'(stock)의 비교가 의미가 있는 것이다. 그러나 전력지수는 화력의 저량(전력의 KWH)이 아니라 유량(전력의 KW)을 비교하는 오류를 낳는다.

'화포수발사율'이나 '항해일×총톤수' 및 '출격회수×체공시간' 등은 단순한 개수비교와 조직적 효과성이 결합된 산물이다. 이는 준비태세나 가동률이 중요함을 일깨워준다. 소련군은 지속적인 무기비축으로 유명했다. 인민군도 낡은 모델의 무기를 버리지 않고 많은 재고를 유지하는 경향이 있다. 그러나 IISS는 북한의 공군기 상당수(주로 MIG-15/17)가 더 이상 운용가능하지 않다고 판단하여 200대를 전투서열에서 삭제하였다.19)

둘째, 일반적으로 미국 무기가 소련제보다 우월한 것으로 인정되어 왔으나, 전력지수는 개별무기 및 무기체계의 '질적 승수'를 충분히 고려하지 않았다. 미국은 '정보화'를 통한 질적 군비증강 등 이른바 군사기술혁명(RMA)에서 모든 나라를 압도해왔다. 반면 기술력이 낙후한 소련은 여전히 '기계화' 수준의 군사력투자를 시도했다. 그러나 거의 모든 신세대 소련제 전차·전투기·미사일은 대체로 이전 모델들의 중대한 결함을 해결하지 못하였으며, 서방의 무기체계에 필적할 수준에 도달하지도 못하였다.20) 소련이 1991년 공개한 '교환계수'는 소련 당국이 이 사실을 인지했음을 보여준다.21)

셋째, 소련제 무기는 단순·소박함 때문에 내구력 있고 운용이 쉽다는 일반적인 기대와는 달리, 신예 모델의 '성능' 뿐 아니라 '품질'이나 '신뢰성'이 종종 서방 모델보다 낮다. 예를 들어 소련의 주력전차는 다른 무기체계에 비해 상대적으로 우수하다고 볼 수 있으나, 성능은 물론 품질 및 승무원의 편이성과 생존가능성에서 서방측 전차에 비해 매우 열악하다.22) 한편 1990년대 개발된 TASCFORM 방법이나 과대평가된 소련의 무기에 비해 신예무기의 효과성을 2～4배 높이 평가하고 있다.23) Rand연구소가 워게임에 사용하기 위해 개발한 '무기체계점수'도 이와 유사하나, 서방측 무기와 동시대에 개발된 신예무기는 비슷한 점수를 줌으로써 여전히 소련 무기를 과대평가한다.24)

넷째, 단순개수비교 및 전력지수는 조직적 능력을 포함하지 않는다. 전력의 '저량' 논의에서 제시한 것처럼 '전투관리'에 반영되는 조직적 효과성은 '군사력승수'로 계산되어야 한다. 조직의 역량은 전략·전술·보급·규율·지도력·사기 및 소위 C3I(지휘·통제·통신·정보; 최근 컴퓨터·감시·정찰을 포함하여 C4ISR) 등으로 구성되는 응집력이나 결속력을 포함한다. 역사적으로 조직의 결속력이 우세한 독일과 이스라엘은 각기 연합국 및 아랍국들에 비해 우월한 전투능력을 발휘했다고 평가된다. 결속력은 궁극적으로 교육 및 훈련에 대한 투자, 즉 장비 및 조직의 '운영유지비'(O&M)에 달려 있다. 서방측이 조직역량에 대한 투자를 강조한 반면, 소련군의 열악한 훈련과 작전준비에 대한 이야기는 무수히 많다.25) 인민군 역시 장비비축에 비해 낮은 운영유지율을 견지해 왔다. 이는 북한이 경제력에 비해 과다하게 무장하고 있으며, 유사시 상비전력의 전투력을 지속적으로 발휘하기 어렵다는 증거이다. 특히 경제난에 시달리는 1990년대에는 사정이 더욱 악화되어, 예비전력은 물론 상비전력도 효과적으로 운영유지할 수 있을지 의문이다.26)

3) 동태적 군사력비교

동태적 분석 혹은 '전쟁모의'는 전통적인 서술적 분석이나 또는 '란체스터(Lanchester) 산술급수 모델 및 기하급수 모델'에 기반을 둔다. 란체스터 모델은 수학공식에 의해 전투의 사상자발생 추이를 묘사한 동태적 모델로서, '교전 양측의 규모'와 효율성 및 적의 배치에 대한 '정보의 유무'를 변수로 한다. 즉 적에 대한 정보부재시('비조준사격')에는 피아의 손실율이 병력 비율 및 효율에 비례하고(산술급수법칙), 정보확보시('조준사격')에는 병력 비율의 자승에 비례한다(기하급수법칙).[27] 단순화하자면 이는 '화력×기동력×정보력'을 역동적으로 개념화한 것이다. 전쟁모의는 단순한 수학적 모델에서부터 고도의 복잡한 컴퓨터 프로그램을 이용한 워게임에까지 이른다. 이들은 군사력의 각종 수치와 기타 매개변수를 컴퓨터 모델에 투입하여 쌍방의 병력 및 장비 손실율과 전선의 변화라는 측면에서 전투결과를 산출한다.

'동태적' 평가에 내재하는 어려움은 전술한 승수효과들과 함께 전투서열(order of battle)에 '환경적 요인'(기후·일기·지리·지형 등)과 '작전상의 요인'(공격이나 방어 또는 기습, 준비태세, 작전능력 등)의 효과를 어떻게 '동태적 전투분석'으로 계량화할 것인가에 있다. 전통적으로 공격자는 효과적인 적진돌파를 위하여 3:1 이상의 우위를 지켜야 한다고 거론된다.[28] 그러나 대다수 워게임에서는 방어자가 보통 1.3~1.4(미흡한 대비상태의 방어) 또는 1.5~1.7(충분한 대비상태의 방어)의 승수효과를 얻고, 또 지형이 험할 경우 1.4~1.5배의 승수를 추가로 얻는다.[29]

다른 한편으로 기습은 상당한 승수효과를 가져온다. 기습공격은 개전 초기 수일간 1.3배에서 최고 3~5배의 승수효과를 제공함으로써 공격자가 필요로 하는 3:1 이상의 우위를 확보해줄 수도 있다. 실제로 한반도의 군사력균형에 대한 대부분의 분석은 남한의 성공적 방어를 위해 '조기경보'능력을 매우 강조한다. 이 경보시간은 4~48 시간으로 알려져 있으나, 사실상 수일 전에 인민군의 대규모 공격준비를 탐지할 수 있다고 한다. 한·미측의 대비태세와 정보능력을 고려할 때, 성공적인 기습이란 최악의 시나리오이다.

기습공격에 대한 공포는 서울이 비무장지대에 근접해있다는 사실로 인해 더욱 강화된다. '시간을 공간으로 대체하는' 전략적 후퇴는 군사작전의 관점에서는 타당해 보이지만, 이는 서울의 함락으로 사실상 전쟁의 종결을 의미한다. 따라서 한·미측은 1973년의 홀링스워드계획에 의해 전진방어전략을 수립하였다. 분명히 한국의 험준한 지형은 방어에 유리하다. 수많은 산악과 구릉, 제한된 도로망이 대규모 기계화부대의 전투는 물론 이동 자체를 지연시킬 것이다.30) 또한 땅굴은 여전히 아군의 최전방방어선(FEBA-Alpha) 전면에 위치하여 기습 효과가 적으며, 특수부대 및 화학무기에 의한 선제공격의 효과를 인정할지라도 북한은 선제공격은 성공하기 어렵다.

인민군의 전격전을 믿는 비관론자들은 한국전쟁에서 교훈을 얻지 못했다. 한국의 지형은 요충지를 중심으로 한 지역방어에 유리하고, 결정적 병과는 포병이 지원하는 보병이었다. 현재 한국군의 '고속기동전' 개념은 첨단전쟁을 지향한다는 강점도 있지만, 한국군에 대전차무기나 전술이 없었던 초기를 제외하고는 기갑부대가 한국전쟁 동안 별다른 역할을 하지 못했음을 간과하고 있는 것이다. 현재 한반도의 군사대치 상황은 '병력 대 공간의 비율'이 대단히 높아 돌파를 위한 병력집중의 우위를 기하기가 매우 어렵다.31) 인민군이 초기에 부분적인 돌파에 성공한다고 할지라도, 인민군 기동부대는 근접공중지원·대공방어·병참보급 등의 결핍으로 소련식 '작전기동군'(OMG) 운용이 어려울 것이다. 도로를 따라오는 기갑/기계화부대는 진격통로가 한정되어 있어 한국군의 집중화력에 노출될 것이다. 인민군은 소련의 SA-6와 같은 이동식 대공방어체계를 갖고 있지 않고, 제공권을 장악하기도 어렵다. 뿐만 아니라 "인민군은 소련군과 마찬가지로 장기적인 전투를 수행하는 데 필요한 병참지원능력 대신 초기전투력에 막대한 투자를 해 왔다. 그러나 이렇게 조직된 군대는 병참지원의 단절로 어려움을 겪게 된다."[32]

민간학자들이 개발한 동태적 군사력 비교법은 크게 포젠의 분석법과 엡스타인의 분석법 두 가지가 널리 사용되고 있다.[33] 이중 포젠의 분석법은 공격군이 전선에 일정한 군사력을 유지할 수 있는 한 하루에 5km 전진할 수 있다고 가정하고 있기 때문에 한국적 상황에는 적용하기 곤란하다. 한국전쟁의 경험을 보면 전쟁초기에 양측은 하루에 20km나 전진하기도 한 반면 전쟁이 지금의 휴전선 인근에서 지구전화한 이후에 치열한 전쟁을 열흘이상 벌이고도 4km이상 전진하지 못한 경우도 많기 때문이다.[34] 현재의 군사력 대치상황은 한국전쟁 후기 지구전 상태와 비슷한 점이 많기 때문에 전선의 이동을 상수화하기 보다는 전선을 돌파할 수 있는 군사력이 어느 한 측에 있는지를 분석해보는 것이 더 필요하다.

따라서 여기서는 엡스타인의 시뮬레이션을 이용하여 한국군이 북한군의 전격전을 방어할 수 있는지를 분석한다. 엡스타인의 모델은 일일 전투의 결과 공격군이 일정한 사상율 이상의 손실을 입으면 공격을 중단하고 방어군은 후퇴하는 것으로 상정하기 때문에 전선의 움직임을 추정해볼 수 있다. 냉전당시 유럽에서는 정규군이라고 해도 전쟁준비가 항상 되어 있는 것이 아니었기 때문에 군대의 동원 스케줄이 시뮬레이션에서 중요한 부분을 차지했다. 그러나 북한은 군대 대부분이 전선이 이미 배치되어 있고 항상적인 전쟁준비 상태를 유지하고 있어 전쟁준비의 특이한 움직임을 보이지 않고도 기습적인 공격을 할 수 있는 것으로 평가되고 있다.[35] 따라서 본 분석은 북이 별 다른 동원 없이 즉각적인 공격을 감행하는 경우를 상정한다.

결론적으로 엡스타인 모델을 한국에 적용해 보면 북한이 한국에 사전탐지되지 않고 수적우위를 확보한 채 선제공격을 해도 전선을 돌파하는 것은 불가능하다는 결과가 나온다. 북이 큰 피해를 감수하고 기습공격을 감행하는 경우에도 같은 결과가 나온다. 군사력 비율이 1.6:1, 교환율이 1:1.75인 상태에서 기습공격을 당하는 경우가 가장 위험하나 이 경우에도 후방에서의 군사력 충원이 이뤄지면 전선의 붕괴는 없는 것으로 나타난다. 이러한 결과는 벨디코스와 헤긴보탐이 포젠과 엡스타인의 모델을 이용해 분석한 결과와도 일치하며, 오헨런과 마사키도 다소 다른 방법을 이용하지만 같은 결론을 도출하고 있다.[36]

<전차 결전>

한국전쟁 초기 북한군이 전차를 앞세워 38선을 돌파했고 이에 대응할 수단 없이 '맨 손을 불끈 쥐고' 싸운 한국군은 밀릴 수밖에 없었다는 것은 한국전쟁의 정설로 되어 있다.[37] 한국전쟁 이후에도 북의 전차가 가하는 위협은 한국에 깊이 각인되어 있다. 그러나 한국은 북 전차에 대응할 능력을 다각도로 확보해왔기 때문에 현 시점에서 북한군이 전차를 이용해서 휴전선을 돌파할 가능성은 거의 없는 것으로 보인다.

우선 전차의 이동과 집중은 각종 탐지장치에 의해서 즉각 포착되기 때문에 북한이 전차를 몰래 집중하여 기습 공격을 감행한다는 것 자체가 실현 가능하지 않다.[38] 더군다나 북한의 전차부대는 전방에 배치되어 있지 않고 서부전선에서는 휴전선과 평양의 중간지대에, 동부전선에서는 휴전선과 원산의 중간지점에 배치되어 있기 때문에 포착되지 않고 이를 전선에 투입한다는 것은 불가능하다.[39] 전차의 이동은 첩보위성 및 레이더 등 각종 탐지장치로 포착될 뿐 아니라 한국은 반전차장벽, 전차장애물, 대전차지뢰, 반전차포 등 각종의 입체적인 반전차 태세를

갖추고 있기 때문에 북한이 한국전쟁 시와 같이 전차전을 구사하는 것은 불가능하다.[40)]

그러나 북한이 한국의 탐지를 교묘하게 피해서 전차를 휴전선에 집결해 놓고 기습남침을 시도한다는 '최악의 경우'를 상정할 경우 그 결과는 어떻게 될까? 현실성은 낮지만 이러한 경우에도 한국이 북의 남침기도를 저지할 수 있는지 시뮬레이션을 이용해서 평가해본다. 이 시뮬레이션을 위해서 다음과 같은 가정을 한다. 즉 북한은 한국의 탐지에 포착되지 않은 채 전차 1,500대를 특정구역에 집중한다. 반면 한국은 북한군이 어느 구역에 집중하는 지 사전에 알지 못하므로 전차를 분산시킨 상태에서 북이 선택한 특정구역에 전차 500대만을 배치해 놓고 있다고 가정한다.

위와 같은 가정 아래 북한 전차부대와 한국 전차부대가 결전을 벌이는 경우 예상되는 결과는 란체스터 등식으로 표시될 수 있다. 전차결전은 교전 당사자가 목표물을 직접 포착, 조준사격하고 그 사격의 결과 목표물이 파괴되었는지를 확인한 이후 그 다음 목표물을 선정할 수 있다는 특성 때문에 란체스터 등식 중 다음과 같은 직접화력전 등식이 적용된다.

$$\frac{dN_{sk}(t)}{dt} = -a_{nk} N_{nk}$$
$$\frac{dN_{nk}(t)}{dt} = -a_{sk} N_{sk}$$

이 동시미분방정식은 다음과 같은 해법을 가진다.

$$N_{nk}(t) = N_{nk}(0) \cosh(\sqrt{a_{nk} a_{sk}} \, t) - N_{sk}(0) \sqrt{\frac{a_{sk}}{a_{nk}}} \sinh(\sqrt{a_{nk} a_{sk}} \, t)$$

$$N_{sk}(t) = N_{sk}(0) \cosh(\sqrt{a_{nk} a_{sk}} \, t) - N_{nk}(0) \sqrt{\frac{a_{nk}}{a_{sk}}} \sinh(\sqrt{a_{nk} a_{sk}} \, t)$$

한국은 우월한 전차를 보유하고 있다는 점뿐만 아니라 방어자의 입장이기 때문에 미리 만들어 놓은 보호참호 안에서 적을 공격할 수 있다는 이점을 누린다. 반면 북의 전차는 남침을 시도하는 경우 참호에서 나와 열린 공간에 전차를 완전히 노출시켜야 한다는 약점을 안고 있다. 북은 연막탄 등을 터뜨려 은폐를 시도하겠지만 자외선 탐지기 등을 보유하고 있는 한국전차에 위치를 노출시키지 않기는 극히 어려울 것이다. 이러한 점까지 고려한다면 전차 결전의 결과는 결정적으로 한국에 유리하다. 심지어 북한이 초기전투에 투입한 전차 이외에도 다수의 전차를 후방에서 지속적으로 전선에 투입할 수 있다고 가정하더라도 한국은 북의 전차를 궤멸시킬 수 있는 것으로 나타난다.

이상의 시뮬레이션은 북한이 한국군에 탐지되지 않고 전차부대를 집중하여 기습남침을 시도하더라도 성공할 가능성은 거의 없다는 결과를 보여준다. 물론 실제 전투상황은 이러한 시뮬레이션보다 훨씬 더 복잡할 것이다. 북한의 전차는 특수부대의 보호를 받고, 대포부대와 전폭기 등의 지원사격을 받을 것이기 때문이다. 이러한 지원은 한국 전차부대의 대응능력을 상당히 약화시킬 것이다. 그러나 한국도 또한 지원사격 체제가 갖추어져 있기 때문에 북의 지원능력을 상쇄할 수 있을 것으로 보인다. 이러한 복잡한 상황은 다음과 같은 공식으로 표현될 수 있으나 변수 간의 상호영향성 등의 이유 때문에 해법은 훨씬 복잡하고 그 결과의 현실성도 결여된다. 직접적으로 이 공식의 해법을 시도하지 않더라도 야포와 다연장포, 토우 미사일, 헬리콥터 등 모든 부분에서 우월하게 무장된 한국군의 대전차 능력이 북한보다 우월하다고 보는 것이 적절할 것으로 보인다.

이 결과에서 나타나는 것과 같이 북이 미사일을 이용해서 한국군 전투기 이륙이 불가능하도록 활주로를 파괴하려면 100기에서 900기의 미사일이 필요하다. 거의 현실성이 없다는 결론이다. 북이 활주로를 파괴하려면 탄두에 다수의 소형 자탄을 장착하는 것이 더 효율적인데, 북한이 이러한 기술을 확보하고 있는지는 알려져 있지 않다.

이상의 계산에서 알 수 있는 바는 북의 미사일이 공산오차율 0.1~0.15%정도로 정확하다고 최악의 가정을 하더라도 북이 한국의 작전지휘소 한 곳을 파괴하기 위해서는 스커드미사일 40-90기가 필요하다는 결론이 나온다. 한미연합사의 전투기들이 이착륙을 못하도록 활주로를 파괴하는 것은 더욱 힘들어 미사일 100-225기가 필요하다. 그런데 영국의 국제전략연구소에 의하면 북은 현재 단거리 FROG 미사일 24기와 스커드-C "30여기" 보유하고 있다. 북이 보유하고 있는 미사일로는 공군기지 하나도 제대로 파괴할 수 없다는 결론이 나온다.

그렇다면 북은 이렇게 부정확한 미사일을 왜 계속 만들어 낼까? 북의 미사일이 공격용이라면 개량형-B를 개발한 시점에서 정확도 향상 작업에 눈을 돌리는 것이 가장 합리적이다. 그러나 북의 미사일 개발역사는 북이 이에는 관심이 없었음을 보여 준다. 한국 전역을 사거리에 넣을 수 있는 개량형-B를 개발한 이후 왜 정확도 향상작업에 들어가지 않고 계속 부정확한 미사일의 사거리를 늘리는 데만 집착했을까? 이와 관련해서 미 국방정보국(DIA) 등의 정보기관이 북의 미사일은 공격용이라기보다 '테러용'이라고 추정하고 있다는 보도가 있음은 주목할 만 하다. 테러용이라면 누군가를 공포에 떨게 하겠다는 말인데, 북은 과연 누구를, 왜 떨게 하려 하는가? 이 궁금증을 풀려면 한반도의 군비경쟁 상황을 볼 필요가 있다.

북의 '부정확한' 미사일들의 유용성을 평가하기 위해서는 미사일 사거리의 군사적 의미를 볼 필요가 있다. 사거리 2000km이면 북에서 오키나와 미군 기지를 포함해서 일본 전역을 사정권 안에 둔다. 여기에다 언론에서 추정하는 것과 같이 대포동-2호의 사거리가 4000~6000km이면 괌의 미 공군기지, 쉬미아의 조기경보 레이더, 알래스카의 앵커리지와 페어뱅크스에 있는 미군 기지와 도시까지도 사정권 안에 들어가게 된다. 이제 북은 한반도에 전쟁이 터질 위기 상황이 되면 미국과 일본을 '위협'할 수 있는 수단을 보유하고 있는 것이다. 다시 말해서 공격용으로는 큰 가치가 없는 미사일이지만, 후방의 경제 중심지와 인구 밀집지대를 가격하겠다고 '위협'하는 것은 가능해졌다는 말이다. 이러한 목표물을 치겠다고 위협하는 데는 정확도가 전혀 필요 없기 때문이다. 도쿄가 사정거리 안에 있다고만 하면 되지 일본 자위대본부를 파괴하겠다고 할 필요가 없는 것이다. 미국의 영토 안에 떨어질 수 있는 미사일이 있다고만 하면 되지 구태여 작전지휘소나 공군활주로를 파괴하겠다고 할 필요가 없는 것이다.

3. 최근의 북한 군사위협론

1) 전력지수, '수도권 함락' 및 장사정포

북한의 핵개발 노력 및 '핵외교'는 군사적 의도와 강성대국 선언, 그리고 선군정치가 맞물려 북한의 호전성과 군사위협이 다시금 한국정치에서 큰 쟁점이 되었다.41) 참여정부의 '협력적 자주국방정책'을 수립하는 데 기초가 되는 것도 바로 남북한 군사력균형 및 북한의 군사위협 평가라고 말할 수 있다. 최근 부분적으로 공개된 남북한 군사력평가, '수도권 함락' 시나리오 그리고 북한 장사정포 위협 논란 등은 우리 사회의 안보불안감이 얼마나 강하며 또 어떻게 재생산되는가를 여실히 보여준다. 이러한 주장들은 주한미군과 미국의 군사지원이 없을 경우 한국이 대북 군사력균형에서 불리하고 따라서 단독으로 전쟁을 억지·수행하는 것이 불가능에 가깝다는 비관론을 견지하고 있다.

청와대의 지시로 이루어졌다는 KIDA의 새로운 남북한 군사력평가 연구에 의하면, 주한미군, 전쟁 수행 지원능력, 북한의 핵·화학무기를 제외한 가상조건에 이루어진 남북한의 종합 전쟁수행능력 비교에서 한국군은 여전히 인민군에 비해 열세라고 한다. 육군은 80%, 해군 90%이며, 공군만이 103%로 약간의 우세를 점했다 (과거와 같이 육·해·공군의 2:1:1 가중평균치를 계산해 보면 88%). 군 당국자는 또한 휴전선 일대에 배치된 북한 장사정포와 기습공격의 중요성을 지적했다.[42]

이 신문 보도에 의하면, KIDA의 연구는 1990년도말에 폐기한 기존의 남북한 전력지수에 비해 미 랜드(Rand)연구소가 개발한 상황전력지수(situational force scoring=SFS) 방법을 처음으로 남북한에 적용한 것이라고 한다. 기존의 전력지수가 무기효과성지수(WEI)과 가중단위점수(WUV)를 단순 합산한 것임에 비해 SFS는 이를 워게임 자료로 입력할 때 승수효과를 추가하기 위해 개발된 것이다. 즉 보병, 기계화, 기갑, 포병 등 부대의 단순히 고정적인 전력/화력점수가 아니라 1) 훈련, 사기, 준비태세, 응집력 등 질적 요인 승수, 2) 다양한 상황 즉 공수攻守 및 기타 전투형태 승수, 3) 지형요인 승수를 고려하여 부대의 전투력 효율성 점수가 변화함을 반영한 것이다. 예를 들어 기갑사단에 대한 보병사단의 열세는 공격보다 방어시에, 그리고 방어에서도 평지보다 산악지형 그리고 요새화된 경우 현저히(3~4배까지) 감소한다는 것이다.[43]

그러나 언론보도에 인용된 KIDA 연구는 SFS 방법을 적절히 반영한 것으로 보이지 않는다. 오히려 기존의 WEI/WUV 방법과 유사한 무기체계 점수와 훈련·사기 승수와 정보전력(C4I) 승수를 추가한 것으로 판단된다. 1990년대 발표했던 기존의 단순전력지수와 비교해 볼 때 한국의 군사력이 별로 향상되지 않은 점만 보더라도 능히 짐작된다. 본격적으로 SFS 방법을 이용했더라면 방어자인 한국군과 공격자인 인민군을 지형과 전투형태를 고려하여 부대(보병, 경보병, 기계화, 기갑, 포병)의 전투력을 평가한 사단상당치(division equivalents=EDs) 비교가 제시되었어야 하고, 또 방어자인 한국의 이점과 "북한군에 비해 월등한 우리 군의 C4I 능력"이 부각되었어야 하기 때문이다.

한편 KIDA의 전쟁모의 연구는 10월 4일 한나라당 박진 의원의 국방부 국정감사 발언을 통해 일부 공개되었다. 박 의원은 "한국군 단독으로 북한의 침공을 저지하려 할 경우 서울에 대한 방어선이 보름여만에 무너진다"며 이는 "국방연구원이 2003년 1~5월 미 2사단 재배치를 전제로 모의분석을 실시한 결과"라고 밝혔다. 그는 또 "북한의 장사정포가 일제히 발사될 경우 시간당 25,000발의 포탄이 쏟아져 한 시간만에 서울의 3분의 1을 파괴할 수 있는 것으로 분석됐다"고 부언했다.44) 한편 열린우리당 임종인 의원은 170mm 자주포나 240mm 방사포가 사거리와 파괴력에 있어 크게 염려될 것이 없고, 국방연구원의 보고서를 인용하여 전방에 배치된 장사정포는 1,000문이 아니라 300여문이라고 반박하였다. 즉 "장사정포, 방사포를 과대평가, 불필요한 무기를 도입하는 과오를 범하지 말아야 하며 미국과의 협상에서도 저자세로 나갈 필요가 없다"는 것이다.45)

이러한 주장들에 대해 국방부 당국자는 "16일만에 수도권 함락"이라는 시나리오는 주한미군 완전철수, 북한의 성공적인 기습, (화학무기 사용) 등을 가정한 최악의 시나리오라고 밝혔다.46) 국방부측은 1,000여문의 장사정포 가운데 수도권을 위협하는 장사정포가 170mm 자주포 100문, 240mm 방사포(다연장로켓) 200문으로 도합 300여문임을 확인하고, 인민군은 시간당 최대 6,400발을 수도권에 발사할 수 있을 것으로 보았다.47)

물론 이는 이론상의 수치일 뿐, 모두가 수도권을 겨냥하기란 어렵고 또 모든 포대가 완전히 위치를 잡기 전부터 아군의 능동적·수동적 대포격전이 전개될 것이기 때문에 실제로는 이보다 훨씬 적을 것이다. 심리적 충격은 크지만 북한 장사정포의 위협은 상당히 과장된 것이다. 북한이 170mm 자주포에 이어 보다 사정거리가 긴 240mm 방사포(다연장로켓)를 본격적으로 배치한 것은 제1차 핵위기 당시인 1993년이었고, 보다 전방인 판문군의 진봉산 지역에 배치한 것은 1997년 이후였다고 한다. 인민군이 과연 장사정포에 화학탄을 사용할 것인지, 그리고 얼마나 사용할지, 또 수도권을 타격하기 위해 170mm 자주포에 보다 고가인 사거리연장탄(RAP)을 어느 정도 사용할 지는 미지수이다. 그러나 전술무기가 전략무기기 될 수 있다는 점에서 남측의 불안을 가중시킬 수 있고, 또 강력한 억지력을 지닌다. 한국군 대화력전(counter-battery fire) 능력은 TPQ-36, 37 대포병레이다와 무인항공기 및 특공조로 이루어지는 정보능력과 KH-179 155mm 곡사포, K-9 및 M-109 155mm 자주포, MLRS 및 전투기 등 타격수단으로 이루어진다.[48] 한국군의 대포격전 능력에 대해서 윤광웅 국방장관은 10월 18일 국정감사에서 북이 포격을 위해 가동할 경우 우리 군은 240mm 방사포는 6분, 170mm 자주포는 11분 이내에 각기 격파가 가능하다고 밝혔다.[49]

　장사정포 위협을 차치하더라도 북한의 재래식 전력 가운데 가장 우려되는 것은 포병이다.[50] 북한은 재래식 전력증강이 어려워지자 저렴한 야포(특히 방사포)를 중점적으로 증강하고 장사정포의 비용대비 효과가 큰 것으로 판단했을 것이다.[51] 한국은 전차 수량 면에서 열세에 있지만, 공격 헬기 등 현대적인 대전차전 능력에서 일방적으로 우세할 뿐 아니라, 일반의 상식과 달리 <표 2>의 간단한 비교에서 알 수 있듯이 전차의 전력지수에서도 우위에 있다. 이는 연료보급이나 방어측의 이점 등은 고려하지 않은 것이다. 그러나 지상군 전력지수 계산에서 가장 큰 비중을 차지하는 것은 화포이다. 한국이 지상군 전력지수에서 가장 열세로 나타난 이유는 바로 이 때문이며, 특히 방사포/다연장로켓의 격차가 가장 큰 몫을 차지한다.[52] 그러나 북한이 보유한 대다수 구형 방사포의 전술적 가치는 다분히 과대평가된 것이다 (한국은 마음만 먹으면 염가의 다연장로켓을 다수 구입할 수 있다). 또한 앞에서 지적한 바와 같이, 포의 수량 뿐 아니라 표적포착 및 사격통제 능력은 물론 포탄의 성능이 중요하다. 더욱이 가장 의미있는 것은 포의 단순한 수량(전력의 KW에 해당)보다 총발사탄수(전력의 KWH)이다. 실제로 인민군의 170mm 곡사포는 자체 휴대 포탄이 없으며, 방사포는 한·미의 MLRS 와 달리 야전에서 재장전할 수 없다. 또한 포탄을 운반하는 트럭 수량에서 남북한 포병부대는 수 배의 현격한 격차가 있다고 전해진다.

<표 2> 남북한 전차 전력지수

남 한				북 한			
차 종	무기점수	수 량	점 수	차 종	무기점수	수 량	점 수
M-47	1.4	400	560	T-34	1.0	120	120
M-48A3/A5	2.5	850	2,125	T-54/55; 59	1.8	2,750	4,950
K-1	5.0	1,000	5,000	T-62; 천마	2.5	350	875
T-80U	6.5	80	520	PT-76(경전차)	1.5	400	600
계		2,330	8,205	계		3,620	6,545
남/북 비율		.64	1.25			1.00	1.00

출처: IISS, *The Military Balance 2003-2004*; Rand, "JICM Weapon Categories and Scores."

2) 국방연구원의 JICM 워게임

한국군(합참)과 KIDA는 미 Rand연구소가 개발하여 각국에서 널리 활용중인 합동종합상황모델(Joint Integrated Contingency Model=JICM) 워게임 모델을 사용하고 있는 것으로 알려지고 있다.[53] 청와대의 지시로 KIDA에서 합참의 자료를 바탕으로 하여 작성한 것으로 확실시되는 2004년의 워게임 연구 결과도 최대위협시(즉 북한의 기습 성공과 화학무기 대량 사용) 수도권이 함락되는 것으로 나타났다고 한다. 이 연구는 이전의 연구에 비해 진일보한 것으로 평가되나, 계속 몇 가지 문제점도 지니고 있는 것 같다.

첫째, 전쟁모의에서 북한의 화학무기, 특수전부대 및 경보시간을 위협평가 기준으로 삼고 있으나 화학무기 외의 다른 변수는 사실 큰 영향이 없다. 비록 미군에는 미치지 못하나 백두(신호정보), 금강(영상정보) 사업, 감청부대 등 한국군의 정보능력도 상당하며, 인민군의 기습공격을 사전에 탐지하지 못한다는 것은 극히 어렵다. 특히 인민군이 공격의 돌파력을 증대하기 위해 제2선에 배치된 기갑/기계화부대를 동원할 경우, 기습공격이란 더욱 불가능에 가깝다. 따라서 경보시간 없이 기습에 성공할 수 있다는 상황설정은 대단히 비현실적인 가정이다. 또 기습의 경우 극대화되는 특수전부대의 효과는 과장된 것이며, 현실적으로 침투 가능한 특수전부대의 규모 및 작전양태를 설정함이 마땅하다. 한 전문가는 인민군의 가능한 최대 공수능력을 4~5,000명 정도로 보았다.[54]

둘째, 화학무기는 가장 위협적인 비대칭무기이나, 북측의 화학전능력이나 그 효과에 대해서는 의문이 제기된다. 화학탄 등 대량살상무기는 일반적인 전력지수 비교에 포함하기 어려운 점이 있다. 미사일 탄두나 포탄의 일정 부분을 화학탄으로 추정하고 고폭탄에 비해 높은 승수효과를 부여하거나, 전면적 화학탄 사용으로 개전초 수일간 한국군 병력의 일정 부분의 상실(예를 들어 병력 4-8%/일)을 가정하는 방법 등이 있다. 한·미 연합군의 작전계획이 북의 화학무기 사용을 전제로 한 것은 최악의 경우에 대비한다는 점에서는 올바른 자세이다.

그러나 전력평가에서는 화학전부대 편제, 능력, 작전양태 및 아군의 피해양상의 철저한 객관적 분석 요망이 요망된다. 실제로 구체적인 북의 화학무기 배비 및 운반수단에 대해 한·미측이 정확하게 구체적으로 합의한 바는 없는 것으로 알려지고 있다.[55] 북의 능력을 과소평가해도 안 될 것이지만, 지나친 피해의식도 경계해야 한다. 이라크 WMD에 관한 미·영측 정보판단 실패의 교훈을 명심해야 할 것이다. 또한 아군의 피해 예측은 다소 과장된 감이 있으며, 시간의 경과에 따라 화학무기의 체감효과를 적절히 반영해야 한다. 더욱이 야전포병의 화학탄 사용에는 안전문제―아군의 대화력전 때문에 미처 발사하지 않은 화학탄이 폭발할 경우 인민군 스스로 큰 피해를 입을 것임―때문에 큰 제약이 따를 것이다. 가장 중요한 것은 남북한 단독 전쟁을 가상하더라도 주변국들은 물론 전세계가 첨예한 관심을 보일 것인 바, 이러한 상황에서 대규모 화학제 사용은 전략적으로 대단히 큰 모험이 아닐 수 없다는 사실이다. 현재 일부 국가들이 보유중인 독가스 대부분을 개발한 나찌 독일조차 패망할 때까지 화학탄을 사용하지 못했다는 사실은 남북한 쌍방이 모두 명심할 필요가 있다.

셋째, 전력승수 판단의 문제점이다. 먼저 최악의 경제상황에 있는 북한이 군의 사기 및 훈련수준이 한국군보다 우월하다거나(지상군) 필적한다는 군 일각의 주장은 한 마디로 받아들이기 어렵다. 한국군 사병의 복무기간이 짧아 숙련도에서 인민군 병사에 뒤진다는 주장은 훈련의 강도 및 실제 장비를 이용한 야전훈련의 효과를 무시한 것이다. 또한 장교 및 부사관의 경우 한국군이 단연 질적으로 우세할 것으로 판단된다. 사기 면에서 볼 때, 비록 사상무장이 투철하다 할지라도 식량보급조차 여의치 않은 인민군 장병들이 아군을 따를 수는 없다. "국경을 지키는 군인에게조차 식량을 제공할 수 없는 국가는 실로 심각한 곤란에 처해 있는 것이다."56) 이와 달리 한국군의 우월한 C4I 전력 승수효과의 우세는 비교적 가볍게 평가된 것으로 보인다.

한편 인민군의 노후화된 무기가 가용도에서 우월하다는 일부의 주장 또한 납득하기 어렵다. 소련형 군대가 무기를 사용하는 훈련이 적다는 것, 따라서 무기의 자연수명은 오래 되었지만 야전훈련 사용도가 낮아 노후화 측면에서는 비교적 양호하다는 것 등 일부 주장은 일리가 있다.

그러나 군사력 운용방식의 차이로 볼 수도 있지만, 항상 장비를 사용하면서 정비·보수하는 서방측 군대운용 방식이 우월하다는 사실은 널리 입증되어 왔다. 즉 무기를 사용하지 않고 아껴두어 유사시 가동율을 높인다는 가난한 자의 무장방식에 비해, 끊임없이 애써 무기를 사용하여 땀 흘리고 돈을 써 가며 훈련하는 군대의 전투력증강이 장비의 감가상각이나 창廠정비로 인한 가동율 저하를 상쇄하고도 남음이 있기 때문이다.

넷째, 북의 공격축선별 남북의 지상군 투입 예상 및 이에 따른 '문선축선 돌파' 시나리오에 내재한 문제점이다. 연구결과로는 전략적으로 가장 중요한 문산 축선이 철원 축선이나 동부전선에 비해 가장 먼저 그리고 깊이 돌파되는 것으로 나타났다고 전해지는데, 이는 부분적으로 아군의 전력배치에 대한 연구의 기본가정에 맹점이 있음을 보여준다. 이 문제는 주한 미 2사단이 배치되어 있는 현재 배치상황을 그대로 답습한 데에서 기인하는 바, 미군이 재배치/철수될 경우 당연히 서부전선의 1군단 방어지역으로 아군 무게의 중심을 강화할 필요를 도외시한 때문으로 보인다. 한편 동부전선에는 상대적으로 과도한 병력을 배치한 결과를 낳는다. 문산/김포 축선에 1군단, 수도군단, 수방사가 배치되어 있고 유사시 전략예비인 7군단이 투입될 경우 과도한 '병력 대 공간 비율'의 문제에 봉착할 수 있다. 그러나 북측이 각기 5개 사단을 보유한 2, 4군단과 815 기계화군단, 820 전차군단을 협소한 문산 및 김포 축선에서 효과적으로 운용하기란 더욱 어렵다. 인민군 공격부대는 횡대가 아니라 종대 대형으로, 그리고 축차적으로 투입됨으로써 전력의 우위을 극대화하지 못할 것이다. 또한 이 지역은 임진강, 한강 등 하천과 시가지, 각종 장애물이 밀집한 지역이다. JICM은 앞에서 언급한 SFS 방법을 계승함으로써 지형, 피아간 작전상황 및 준비태세 등을 고려하고 있으나, 도하작전 및 장애물 제거 등 전투공병의 역할을 제대로 반영하지 못하고 있다.

　마지막으로, 전쟁지속능력, 즉 예비병력 및 동원가능 민간 인력과 자원에서 남측의 압도적인 우세가 예상된다. 현행 워게임은 D+15 정도까지를 다루고, 예비병력 동원 및 후발부대 투입 일정을 적절히 고려하지 않았다. 북한은 명목상 수백만의 적위대를 보유중이나, 효과적인 예비병력으로 전선에 투입되기는 어렵다. 부상병을 치료하여 재투입할 수 있는 능력도 남측이 월등할 것이다. 동원이 가능한 민간 인력 및 자원, 예컨대 조종사, 중장비기사, 정비사. 컴퓨터 요원 등 인적 자원이나 연료, 식량, 수송능력 등에서도 단연 남측이 우세하다. 특히 중동전에서도 보듯이 단기전에서도 미사일 등 긴급 첨단무기 도입이 중요하며, 이 방면에서 군사동맹관계와 외화보유고가 압도적인 남측의 일방적 우세가 예상된다.

　동태적 분석에는 허다하게 많은 가정·판단·계산 등의 부가적 요소들이 포함된다. 조직적 역량을 고려하지 않고는 다양한 범주의 부대와 무기체계가 실제 전투에서 전투력을 발휘하게 되는 과정, 즉 동태적 분석이 불가능하다. 조직적 역량의 승수효과를 고려할 때, 동태적 분석이 단순한 개수비교에서 멀어지면 멀어질수록 한국군의 힘은 상대적으로 보다 강해진다. 그러나 동태적 분석이 상당히 인위적인 매개변수에 의존하기 때문에, 우리는 단순개수비교보다 논리적으로 우월하면서도 오히려 보다 단순하고 직설적인 '총량적 지표'를 필요로 한다.

3) 북한 군사위협론 비판

　한국이 자주국방을 내걸고 군비증강에 임한 지 30년이고 북한이 경제위기에 처해 군비지출의 압도적 열세는 물론 이렇다 할 무기수입마저 이루어지지 못한 지 10여년이건만, 한국은 아직 재래식 전력에서조차 북한을 능가하지 못했다는 연구결과는 상당히 실망스럽다.[57] 그것도 주로 저렴한 무기인 방사포가 격차의 큰 비중을 차지한다는 사실은 우리의 국방투자에, 그리고 보다 중요하게는 군사력 평가방법에 큰 문제가 있음을 시사한다. 당초 자주국방을 내걸 때 박정희 정권은 1980년대초에, 미국 레이건 행정부는 1980년대가 끝나기 전에 한국이 대등한 군사력을 확보할 수 있을 것으로 전망했던 바 있다. 그러나 '아킬레우스와 거북이의 경주' 비유와 같이, 한국이 북한을 따라잡기란 불가능에 가깝다. 앞으로도 그 동안 북한이 누렸다는 일방적 우위에 더해 미처 알지 못했던 북한의 능력, 계획, 독특한 군사적 이점과 위협요소, 그리고 새로운 자료 및 평가방식이 부단히 나타날 것이기 때문이다.

우리 정부는 국방정책을 확립하고 군사력을 강화하며 국민의 안보의식을 고양하기 위하여 북한의 군사력우위와 남침 위협을 강조해 왔다. 그리고 부차적으로 과거에는 권위주의체제를 합리화하기 위하여, 근래에는 군의 입지와 국방예산을 확보하기 위하여 북한 군사위협을 강조한 측면도 있다. 북한의 재래식 전력은 물론 특수부대, 땅굴, 금강산 댐, 핵무기, 잠수함 등에 이어 최근에는 미사일과 화생무기의 위협이 거론되고 있다. 특히 초미의 관심을 끌고 있는 것은 북한의 핵무기이다. 그러나 북한이 핵무기를 보유했는가에 대하여는 아직도 확실한 정보가 없으며, 설령 조악한 수준의 핵폭탄이 있다 한들 실전용으로 쓰기는 어렵다. 또한 화성(스커드)·노동 미사일도 핵무기에 버금가는 공포무기이지만, 정확도가 낮아 일례로 공군 기지 1개소를 무력화하는 데에도 최소한 40발 이상이 필요하다.[58] 요컨대 우리 군의 군사력균형 및 북한의 위협평가는 정책적 고려에 의한 편견이 내재하여 있다고 보아야 할 것이다. 다시 장사정포의 위협에 대한 인식의 차이를 일례로 든다면, 국정감사에서 김종환 합참의장은 "북한이 보유한 1,000여문의 장사정포는 수도권에 심대한 위협을 주고 있다"고 말했으나, 윤광웅 국방장관은

"북한이 보유한 전체 장사정포의 수는 1,000여문이지만 수도권을 위협할 수 있는 것은 300여문"이라고 밝혔다.59)

최근 군의 북한 군사위협 평가가 지니는 의의 역시 다시금 국가안보와 군의 중요성을 부각하고, 군사력건설과 이를 뒷받침하는 군사비 증액을 정당화하며, 특히 주한미군과 미국의 군사지원 등 확고한 한미동맹의 중요성을 강조하기 위한 것 등으로 분석된다. KIDA 연구가 북한측 기습공격의 피해를 감소시킬 수 있는 무인정찰기, 조기경보기, 지휘통제자동화체계 등 정보전력의 강화와 동굴파괴미사일(벙커버스터) 등 정밀유도무기 확보 등을 지지한다는 사실은 시사하는 바 크다.60) 또한 부차적으로 야당이나 보수언론이 대북 화해협력정책에 대한 반론의 근거로, 혹은 정부의 국방정책에 비판·반대하기 위하여 북한 위협론을 활용하는 측면도 있다.

그러나 정책적인 면에서도 "북한의 군사적 위협을 강조하면 할수록 우리의 안보에 이롭다는 생각"은 마땅히 지양되어야 한다.61) 국민들의 불안감을 조성하게 되고, 결국 한국이 자주국방을 위해 대규모 군비투자를 하고 난 뒤에도 여전히 강력한 대미 의존심리가 남아 있게 만들 가능성이 높다. 이는 국력낭비이자 한반도와 동북아의 군비경쟁을 부추기는 결과를 낳는다는 점에서 그릇된 평화안보정책이 될 수 있다. 사실 남한은 단순개수비교나 전력지수의 수적 열세를 강조하면서도 실제로는 질적 군비증강, 특히 정보화전력을 강화하고 있다. 남한은 "마음만 먹으면 보다 간단하고 염가이면서도 북한측에 대등한 무기체계를 생산·도입할 수도 있었으나… 남북한의 전력 비교에서 그토록 강조한 수적 열세를 만회할 수 있음에도 불구하고 양보다 질을 추구해 왔다."62) 자주국방의 구상에서 가장 중요한 것은 군사비 증액, 첨단무기 도입, 또는 정보화전력 강화 등 물적 자원보다 정신적·조직적 역량에 있다. 자주국방의 핵심은 첫째 자주정신, 둘째 정예군을 지향하는 군의 개혁과

혁신에 있다.63)

또 한 가지 우려되는 것은 북한지도부의 오판을 유도함으로써 무력충돌이라는 우리가 원하지 않은 결과를 초래할 수도 있다는 것이다. 오늘날 체제위기에 처한 북한은 전쟁위험을 대내외로 선전하고 있다. 남한에서도 안보위협의 과대선전은 오랫동안 권위주의 군사독재의 중요한 도구였다. 이는 국가안보가 국가권력의 대외적 차원인 국력 및 군사력뿐만 아니라 대내적 차원인 체제안정 및 결속력과 불가분의 관계에 있다는 사실을 일깨워준다. 북한의 비대칭적 군비경쟁은 재래식 군비경쟁을 지속할 경제력이 없기 때문이다. 1990년대 북한의 전쟁수행능력이 현격히 감소하고 있다.64) 또 하나 특히 유의해야 할 것은 남북한 경제협력, 예를 들어 금강산 육로관광이나 남북 철도 연결사업, 그리고 '개성공단' 사업은 긴장완화와 신뢰구축의 수준을 넘어 군비통제 기능도 수행할 수 있다는 사실이다. 특히 개성공단 사업은 수도권을 위협하는 북한 장사정포대를 후방으로 재비치할 뿐 아니라, 인민군의 이동을 사전에 탐지할 수 있는 조기경보 역량에 큰 도움을 줄 것이다.

4. 남북한 군사투자비 비교

여기에서는 군사투자비 비교를 위해서 필자의 군사자본재(military capital stock) 연구를 원용한다. 군사비는 일국의 무장력을 위한 인적·물적·조직적 역량에 투자한 '요소비용의 총계'로서, 군사력의 가장 중요한 척도가 될 수 있는 것이다. 군사비는 다름 아닌 인력이나 무기 및 지원시스템의 양적·질적 차원과 조직적 효과성 등 질적 차원의 투자비용인 것이다. 그러나 1) 남북의 국방비지출이 동일한 의미를 갖는가, 2) '총국방비'와 '투자비' 중 어느 것이 더 좋은가, 3) 남북한 무기체계의 전투가치가 화폐가치와 비례하는가 등 방법론적인 문제에 유의해야 한다.

첫째, 남북한은 경제체제·재정수단·가격 메커니즘이 다르다. 다행히 남북한 모두 징병제를 채택하고 있어 병력유지비에는 개념상 큰 차이가 없고, 국방예산에 대내안보비용을 포함하지 않는 것으로 알려져 있다. 다만 문제는 북한이 1972년 이래 국방예산에 포함되지 않은 많은 비용을 군수산업이나 병력유지에 지출해 왔을 것이라는 점이다.

둘째, 전력증강 투자비는 주로 물적 요소만을 의미할 뿐 대체로 조직적 역량에 대한 투자를 배제한다. 그러나 운영유지(O&M) 비용은 바로 '조직적 자본'에 대한 투자로서, 국방부의 정의상 '부대' 및 '장비' 운영유지비를 투자비에 합산하여 누계를 구함으로써 광의의 군비재고로 계산해야 한다. 실제로 국방부는 한국군의 O&M/군비재고 비율의 하락을 우려한다.[65] 결국 국방비(또는 투자비)누계는 '화력+기동력+조직력+정보력'으로 개념화되며, 가중치는 예산배정 비율에 따르게 된다.

셋째, 남북한 무기의 가격대비 효과를 보자. 국방부는 과거 미국의 '가격대비 파괴력'(more bang for the buck) 논의를 답습하여, 사회주의 경제의 특성 때문에 북한의 인건비·운영유지비·무기구입비(투자비) 가격이 훨씬 낮다고 주장한다.[66] 그러나 고가의 고기술무기를 비교한다면, 소련형 무기의 가격대비 효과성은 매우 낮다. 개별무기의 성능과 질은 물론 특히 무기의 통합적 운용·지원체계가 발휘되는 실제전투의 교환율에서 매우 낮다. 소련형 공군력과 방공체계는 분명 실패작이었다. 한국전쟁에서 걸프전에 이르기까지의 기록은 미국/서구의 전투기가 격추율에서 압도적으로 우월함을 보여주었다. 소련 대공 미사일의 명중율 및 격추율은 서방측 장비에 비해 더욱 현격한 차이를 보였다.[67] 소련의 전략방공체계에 대한 지출은 1980년대까지 5,000억弗로 추정되지만 성과는 거의 없었다.[68] 이러한 비판은 공군력 및 방공능력 뿐만 아니라 전략핵전력이나 해군력에도 적용된다. 요컨대 군사투자의 비용효과성에서 중요한 것은 무기 단가보다 무기체계 또는 전력구조의 전체 비용이며, 또한 구입비보다 생애통산비용(life-time cost)인 것이다.

마지막으로 군사비자료의 '신뢰성' 문제를 보자. 먼저 남한의 국방비와 군사원조를 합산한 남한의 '총국방비'를 산정할 수 있다.[69] 한편 북한의 국방비자료는 1) 북한당국; 2) 남한당국; 3) 미 군축처(ACDA, 최근에는 국무부로 이관); 4) IISS; 5) 스톡홀름평화연구소(SIPRI) 등의 자료가 있다.[70] IISS와 SIPRI는 대체로 북한의 공식예산을 추정의 근거로 사용하였다. 그러나 IISS는 1992~93판부터 한·미측의 추정에 상당히 근접한 추정치를 내놓기 시작했다. ACDA의 연례보고서는 전반적으로 연도별 보고가 서로 너무 일관성이 없고 불안정해서 기본자료로 채택하기 어렵다. 그러나 남북한의 해외무기도입에 대해서는 다른 대안이 없는 한 ACDA 자료를 이용하지 않을 수 없다.

북한이 공식 발표한 군사비는 1967~71년간 정부예산의 평균 30.9%에서 1972년 17.0%로 격감했다.[71] 한·미측은 이후 북한이 상당량의 군사비를 은폐했다고 본다. 북한의 '실제' 군사비에 대한 남한의 추정은 국가예산의 30.9%로(상업/무역환율 이용) 단순추정하고 있다. ACDA도 북한의 군사비를 GNP의 20~25%로 단순 추정하고 있다. 그러나 북한이 경제사정 및 국내외정세를 무시하고 25년이나 이상 계속 고정적으로 총예산의 30-30.9%를 국방비에 투입했다는 주장은 비현실적이다. 북한이 주장하듯 군비의 대거 감축은 아닐지라도 군비부담을 줄여보려 애쓴 것은 사실로 보인다. 김일성 수상은 1970년 "털어놓고 말하여 우리의 국방비지출은 나라의 인구가 적은데 비해서는 너무나 큰 부담으로 되었습니다"[72]고 실토한 바 있다. 한편 북한 군사비 추정은 중·소의 군사원조를 고려하지 않았다. 예컨대 1980년대 후반 북한은 수십억弗에 달하는 소련의 군사원조(차관)에 힘입어 공군력(MIG-23 MIG-29 전투기 및 SU-25 공격기) 및 방공능력(SA-3, SA-5 대공 미사일 및 레이다망)을 개선했다. 따라서 북한의 총군사비가 상당히 증가했을 것에 틀림없지만, 공식추정에는 이 점이 반영되지 않는다.[73]

본고에서는 '공식 국방예산의 50% (또는 총예산의 8.5%)+군사원조'를 북한의 은닉된 국방비로 추정한다. 즉 1967~71년의 평균치를 계속 적용한 총예산의 30.9%가 아니라 동일 기준으로 소급 발표된 1960~71년간 평균치(25.4%)에 근거하여 북한 국방예산을 추정하고(1972년을 기준으로 할 때 공식예산의 1.5배, 또는 공식예산+총예산의 8.5%), 이에 ACDA 자료에 근거한 북한의 무기도입 총액을 원조로 추가하였다. 또한 상업/무역환율보다 다소 북한 원화가치를 높게 평가한 변동 구매력평가환율(PPP)을 이용하였다. 그 결과 북한 국방비의 추정 '상·하한선'을 구할 수 있다.[74] 이 추정에 의하면 남한이 1976년경 국방비지출에서 북한을 능가했다(<도표 1> 참조).

그 결과 군사원조·감가상각 및 실질환율(PPP)을 고려한 보다 객관적인 남북한의 '국방비' 및 '투자비+운영유지비 누계'(불변 미 달러로 계산)를 구할 수 있다. '투자비+운영유지비 누계'는 남한의 경우 '항목별 지출+군원'에 의거했다(군사원조는 <도표 2> 참조). 북한의 경우는 총국방비에서 1인당 GDP에 의거한 추정 병력유지비를 공제함으로써 산출했다(<도표 3> 참조).[75] 투자비+운영유지비 누계 비교를 보면 남한이 198년대초에 앞선 것으로 나타났다. 즉 1980년대초부터 남한이 북한의 군사력을 능가했고 1980년대에는 그 격차가 현격히 커졌음을 보여주고 있다.

<표 3> 남북한의 군사투자비누계 비교 (단위: 남한/북한 %)

연도	국방부	국방부	이상우	랜드연구소	함택영 국방부수정	수정 별도추정 자료
지출 범위 군원 감가상각	전력지수 — —	투자비() 제외 불계상	투자비 제외 불계상	투자비 제외 연간 8%	총액 포함 연간 10%	투자비+운영유지비 포함 연간 8%
1960	—	—	46.7	—	133.3	125.0
1965	—	—	11.5	—	129.7	133.9
1970	—	—	7.3	13	101.2	89.3
1973	50.8	—	—	13	90.6	72.6- 81.8
1975	—	3.3	13.6	13	82.2	67.8- 84.1
1976	—	10.4	19.9	18	85.0	70.7- 91.4
1978	—	—	34.4	37	94.8	81.4-112.2
1980	—	35.8	47.4	58	100.4	93.8-136.3
1981	54.2	—	54.3	68	104.5	98.8-146.7
1983	—	—	68.0	94	110.9	105.4-162.4
1984	—	49.8	74.2	—	113.1	107.7-169.1
1986	60.4	—	—	—	115.2	109.7-175.6
1988	65	67.2	—	—	123.5	119.2-192.2
1989	—	71	—	—	131.2	128.7-210.2
1991	—	80	—	—	144.2	148.3-237.8
1992	71	82.4	—	—	149.6	154.9-248.4
1994	—	82.9	—	—	161.7	168.6-274.7
1995	—	—	—	—	168.9	177.9-292.0
1996	—	91.9	—	—	178.3	189.6-310.1
1997	—	—	—	—	188.6	200.8-327.8
1998	75	—	—	—	189.4	202.9-330.6
1999	79	—	—	—	193.4	203.7-331.8

[1]괄호 안의 수치는 남/북의 '전력지수'임.
[2]중앙정보부/국방부 추정자료를 이용하나, 군사원조 및 10% 감가상각을 포함했음.
[3]1998년 기준.
출처: 함택영, 『국가안보의 정치경제학』 (서울: 법문사, 1998).

<표 3>은 본연구의 결과를 기존의 자료와 대비한 것이다. 그런데 국방부 자료에 의하면, 1970년대 전반 남한의 군비재고(투자비누계)는 북한에 비해 지나치게 낮은 반면(1975년 3.3%, 1976년 10.4%), 전력지

수는 50.8% 이상이었다. 이와 같이 설득력 없는 자료가 제시된 이유는 1) 북한의 국방비 특히 전력증강 투자비를 과장했고, 2) 군사원조를 배제했으며, 3) 장비의 감가상각을 배제하였기 때문이다. 국방부는 또한 1988년 주한미군의 전력지수를 인민군의 5%(한국군 65%의 1/13)로 평가한 반면, 주한미군의 군비재고는 1990년대경 159~160억弗(1988년 남한 군비투자누계의 약 60%)로 높게 평가한 바 있다.76) 즉 주한미군의 정교한 조기경보·정보수집능력을 중시하면서도, 이를 전력지수 산출에는 포함하지 않았던 것이다. 다시금 전력지수 방법의 맹점을 보여주는 사례라 하겠다.

5. 결론: 북한 불패론을 넘어서

남북한간에는 전후 공시적 군비증강이나 현상유지, 각기 시차를 두고 진행된 일방적인 군비증강이 전개되었으며, 1990년대 이후로는 남한의 전쟁수행능력 대 북한의 억지능력 증강이라는 '비대칭적 군비경쟁'이 진행되고 있다. 군비경쟁에는 또한 동맹요소와 주변국에 대한 잠재적 경쟁 요인이 추가된다. 남북한의 군비증강은 군비경쟁 외에도 대내적 요인, 즉 국력자원의 기반은 물론 총체적 국가지배력의 양적·질적 성장에 의해 규정된다. 군사력을 뒷받침해주는 경제력이 없을 때 북한의 백만대군과 수많은 야포, 비대칭무기도 큰 의미가 없다. 근래 남한의 군비부담이 계속 감소되어온 사실은 경제규모 뿐만 아니라 체제에 대한 자신감이 커졌음을 반영한다.

기존의 남북한 군사력평가는 적절하지 못하다. 사실 군당국의 북한 군사력 평가에는 정책적 의도 때문에 내재적 편향이 있다. 첫째, '현존무력'만 중시하는 것은 동원능력을 포함하지 않기 때문에 남북한 군사력을 충실히 반영하지 않는다. 둘째, '단순개수비교' 방법 또는 이에서 파생한 전력지수는 '저량'이 아닌 '유량' 개념이며, 병력·무기·조직의 질적 요소를 포함하지 않고 있다. 셋째, 군사자본재재고(군사비누계)가 인적·물적·조직적 요소비용의 총합을 반영하는 가장 우월한 척도이다. 그러나 공식적인 국방예산이나 추정치는 신뢰할 만한 '국방비'의 척도가 아니다. 요컨대 군원·감가상각 등을 포함한 보다 객관적인 추정에 의거한 남북한의 국방비(총액 또는 투자비+운영유지비)의 누계를 비교하는 것이 바람직하다. 그 결과 정부의 주장과 달리 1980년대부터 남한이 군사력, 특히 전쟁수행능력의 우위를 확보하기 시작했고 점차 그 격차가 커지고 있음을 알 수 있다.

북한은 전쟁수행능력의 현대화보다는 염가의 '전략무기' 확보에 힘쓰게 되었다. 즉 북한은 재래식 군사력의 열세를 만회하기 위하여 비재래식 대량살상무기 개발로 전환했던 것이다. 북한이 대량살상무기 개발을 통해 노리는 것은 한·미측에 대한 심리적·정치적 억지력 효과이지 군사력우위가 아니다. 북한은 수도권을 장악하지는 못하지만 상대한 파괴를 입힐 수 있는 것이다. 북한은 또한 탄도유도탄을 생산·수출하는 등 중요한 외화획득 수단으로도 활용하였다. 북한은 핵확산을 우려하는 미국과 협상을 통해 사실상 생존을 보장받았다. 또 '가난한 자의 핵무기'인 화학무기의 개발·비축 의혹을 받고 있다. 그리고 남한에 대하여는 장사정포 위협과 같은 재래식 억지력도 지니고 있다.

물론 북한의 억지전력은 '방어충분성'을 넘어선 것이다. 최근에는 남한에 대한 공멸의 위협과, 부차적으로 동북아의 관련당사국에 대한 도발위협을 제기함으로써 한·미·일의 '평화부담금' 지불을 강요하고 있는 것이다. 북한이 1998년 8월 '사회주의 강성대국'을 선언하고 '인공지구위성'(혹은 대포동 미사일)을 발사한 것도 미·일측에 대한 위협의 신빙성을 높이고자 한 것이다.

요컨대 남북한간에는 남한의 전쟁수행능력 우위 대, 북한의 억지력 우위라는 '비대칭적 군사력균형' 혹은 '위협의 균형'이 존재하고 있다. 북한이 남한을 공격하여 전략적 목표를 달성하기가 불가능에 가깝지만, 반대로 한·미측이 선제공격을 통해 북한을 제압하는 것도 남측에 대한 북한의 보복능력 때문에 대단히 어려운 일이다. 군사력에서 남한이 우위를 장담할 수 없는 부문은 하드웨어가 아니라, '북한 따라잡기' 식의 양적 증강에 치우치는 한편 미국에 의존하는 이른바 '독자적 전략기획 능력의 부재'일 것이다. 또한 저렴한 비용으로 억지/위협능력을 증강하는 북한의 비대칭적 군비경쟁 때문에 군사적 접근방법, 즉 군비증강을 통하여 안보를 추구하는 남한의 국방정책의 효과에는 한계가 있다. 남북한의 군비투자에는 이미 '수확체감의 법칙'이 적용되고 있는 것이다.

우리는 또한 통일한국의 군사력이 주변 4강 어느 한 나라에도 미칠 수 없음을 뼈아프게 자각해야 한다. '고슴도치 전략'의 결과 북한경제가 파탄에 이르렀다는 사실은 통일한국이 일·중 등 강대국과 군비경쟁을 벌리는 일이 무모함을 경고해 준다. 남북한이 공동안보와 군축을 추구해야 할 이유가 바로 여기에 있다. 군비경쟁보다는 '합리적 충분성' (reasonable sufficiency) 원칙에 입각하여 경제협력·신뢰구축·군비통제 등 관계개선을 통한 정치적 해결을 모색해야 한다. 개성공단 사업 등 남북한 경제협력은 긴장완화와 신뢰구축의 수준을 넘어 군비통제 기능도 수행할 수 있는 기회인 것이다.

※ 이 글은 "북한국사력 및 군사유형평가재를" 『현대북한연구』 7권 3호 (2005)에 수록되었다.

주註

1) John J. Mearscheimer, "Assessing the Conventional Balance: The 3:1 Rule and Its Critics." *International Security*, vol. 13, no. 4 (1988), p. 128의 표현을 차용하였음.
2) 함택영,『국가안보의 정치경제학: 남북한의 경제력, 국가역량, 군사력』(서울: 법문사, 1998), p. ix.
3) 남북한 군사력균형에 대한 객관적인 학술연구의 효시는 리영희 교수의 노작이다. 리영희, "남북한 전쟁능력 비교연구,"『사회와 사상 1』(1988), 140~166쪽.
4) U.S. Department of State. *Foreign Relations of the United States{FRUS} 1952-1954*, vol. 15, Korea, Pt. 2, p. 1782 ; 최동주, "한국의 베트남 전쟁 참전 동기에 관한 재고찰,"『한국정치학회보』 30집 2호 (1996), 274쪽.
5) IMF 위기에도 불구하고, 남한은 방위분담금의 경감이나 미 무기구입대금의 지불연기 등으로 군비투자에는 큰 차질이 없도록 조치하고 있다. ≪한국일보≫ 1998년 6월 8일자.
6) 김일성은 이미 1960년대에 "국방력을 강화하기 위해서는 무엇보다도 먼저 인민군대와 전체 인민을 정치사상적으로 튼튼히 준비시켜야 합니다…. 전민무장화와 전국의 요새화는 적들의 어떠한 침공도 막아낼수 있는 가장 위력한 방위체계입니다"라고 언명했다. 김일성,『김일성 저작집 20』(평양: 조선로동당출판사, 1982), 423쪽, 425쪽.
7) Bruce Bennett, "Implications of Proliferation of New Weapons on Regional Security," in Tae-Hwan Kwak, ed., *The Search for Peace and Security in Northeast Asia* (Seoul: IFES, Kyungnam University, 1997), pp. 171-204.
8) 미국측 전문가들이 볼 때 차기구축함(KDX)·잠수함·AWACS·전자정찰기 등 첨단장비는 주로 일본을 겨냥한 것으로서, 북한을 주적으로 삼는 현재로서는 미국의 장비와 중복되는 불요불급한 것이다. *Armed Forces Journal International*, October 1998, p. 14.
9) Jae-Jung Suh, "Assessing the Military Balance in Korea," *Asian Perspective*, vol. 28, no. 4 (2004), pp. 74-76.
10) Charles Wolf, Jr. et al. *The Changing Balance: South and North Korean Capabilities for Long-Term Military Competition* (Santa Monica: Rand, 1985), pp. 35-42.
11) Trevor Dupuy, *Numbers, Predictions and War* (London: Macdonald & Jane's, 1979), pp. 95-139. 또한 Allan R. Millett, Williamson Murray, and Kenneth H. Watman, "The Effectiveness of Military Organizations," in Allan R. Millett and Williamson Murray, eds., *Military Effectiveness, Volume I: The First World War* (Boston: Allen & Unwin, 1988), pp. 1-30 참조.

12) 1979년 북한의 대남 군사우위는 병력 1.1:1, 전차 2.1:1, 야포 2.3:1, 장갑차 2.3:1, 함정 4:1, 항공기 2:1로 보고되었다. U.S. House of Representatives, Committee on Armed Services, Report of Investigation Subcommittee, *Impact on Intelligence Reassessment of Withdrawal of U.S. Troops from Korea* (Washington, D.C.: GPO, 1979), pp. 2-5.
13) 『국방백서 1988; 1998』. 그 밖에 공개된 전력지수 비교는 이영호, "북한 군사력의 해부: 위협의 정도와 수준," 『전략연구』 4권 3호(1997); 국방연구원, 『동북아군사력』 (서울: 국방연구원, 2004), 506~509쪽 참조.
14) 예를 들어 미 기계화보병사단은 0.94 ADE, 보병사단 0.87 ADE, 서독 기갑사단 0.72 ADE, 소련 차량화보병사단 0.68 ADE, 전차사단 0.66 ADE 등이다. William P. Mako, *U.S. Ground Forces and the Defense of Central Europe* (Washington, D.C.: Brookings Institution, 1983), pp. 105-125.
15) U.S. Congressional Budget Office, *Assessing the NATO/Warsaw Pact Military Balance* (Washington, D.C.: CBO, 1977), p. 62.
16) Barry R. Posen, "Measuring the European Conventional Balance," *International Security*, vol. 9, no. 3 (1984/85), p. 58.
17) 미 국방정보처(DIA)는 "대부분의 해군 함정은 해안에서 50해리 이상 벗어나 작전을 수행할 수 없는 소형 초계정"이라고 밝혔다. U.S. Defense Intelligence Agency, *North Korea: The Foundations for Military Strength* (Washington, D.C.: DIA, 1991), p. 49.
18) 지만원, 『한국군 어디로 가야 하나』 (서울: 김영사, 1991), 278~279쪽.
19) IISS, *The Military Balance 1995-1996*, p. 171.
20) David C. Isby, *Weapons and Tactics of the Soviet Army*, new ed. (London: Jane's 1988); Anthony H. Cordesman and Abraham R. Wagner, *The Lessons of Modern War*, 3 vols. (Boulder: Westview Press, 1990) 참조.
21) 소련 차량화보병사단 1.0에 비해 미 기갑사단 1.67(또는 사단 자체보유 아파치 헬기 포함시 2.47), "구형 M-60A1에 비해 다소 우월하나 M-1A1(약 1.2:1), 영국의 챌린저(약 1.7:1)보다 현저히 열등한" T-80B 전차, "F-15C 이글에 현저히 뒤지는 최신예 SU-27 플랭커 전투기" 등이다. *Armed Forces Journal International*, July 1991, pp. 18, 20.
22) Malcolm Chalmers and Lutz Unterseher, "Is There a Tank Gap? Comparing NATO and Warsaw Pact Tank Fleets," *International Security*, vol. 13, no. 1 (1988), pp. 5-49.
23) Michael O'Hanlon, "Stopping a North Korean Invasion: Why Defending South Korea Is Easier than the Pentagon Thinks," *International Security*, vol. 22, no.

4 (1998), p. 142.
24) 예를 들어 T-62와 M-48A5가 2.5점, T-64(3.5~5.0)에 비해 염가보급형인 T-72가 M-1이나 K-1과 같은 5.0, T-80이 M-1A1과 같은 6.5로 평가된다. Rand, "JICM Weapon Categories and Scores," Draft, July 6, 2004.
25) James F. Dunnigan, *How to Make War*, 3rd ed. (New York: Quill, 1993) 참조.
26) 예를 들어 1997년 4월 계획한 인민군 기계화부대의 무력시위도 무산될 지경에 이르렀다. 황장엽, 『나는 역사의 진리를 보았다』 (서울: 한울, 1999), 326쪽.
27) John W.R. Lepingwell, "The Laws of Combat? Lanchester Reexamined." *International Security*, vol. 14, no. 2 (1987), pp. 89-139.
28) 이 비율은 전선 전체보다 주공격방향의 사단/여단급 전선에 해당한다. Mearscheimer, "Assessing the Conventional Balance: The 3:1 Rule and Its Critics," pp. 54-89. 소련은 질적으로 우월한 독일군과의 전투경험에 의거하여 공격자가 "병력 5:1, 야포 8-9:1, 탱크와 자주포 3-4:1의 비율"을 유지할 것을 교리로 삼아 왔다 (p. 61).
29) U.S. CBO, *Assessing the NATO/Warsaw Pact Military Balance*, pp. 59-61; Dupuy, *Numbers, Predictions and War*, pp. 228-231.
30) David C. Isby, "Weapons and Tactics of the Republic of Korea Army," *Jane's Defense Review*, vol. 3, no. 1 (1982), pp. 58-59.
31) Nick Beldecos and Eric Heginbotham. "The Conventional Military Balance in Korea." *Breakthroughs*, Spring 1995, pp. 1-8.
32) Ralph N. Clough, *Deterrence and Defense in Korea: The Role of U.S. Forces* (Washington, D.C.: Brookings Institution, 1976), p. 11.
33) 포젠의 모델은 Barry R. Posen, *Inadvertent Escalation: Conventional War and Nuclear Risks* (Ithaca: Cornell University Press, 1991), appendix 3 참조. 엡스타인 모델은 Joshua M. Epstein, *The Calculus of Conventional War: Dynamic Analysis without Lanchester Theory* (Washington, D.C.: Brookings Institution, 1985); and *Strategy and Force Planning: The Case of the Persian Gulf* (Washington, DC: Brookings Institution, 1987), Appendix C; and *Conventional Force Reductions: A Dynamic Assessment* (Washington, DC: Brookings Institution, 1990), Appendix A. 참조. 엡스타인 모델의 비판 및 반론은 John J. Mearsheimer, "Assessing the Conventional Balance: The 3:1 Rule and Its Critics," *International Security* 13,4 (1989), pp. 54-89; Joshua M. Epstein, "The 3:1 Rule, The Adaptive Dynamic Model, and the Future of Security Studies," *International Security* 13,4 (1989), pp. 90-127.
34) Roy Edgar Appleman, *South to the Naktong, North to the Yalu: (June-November*

1950) (Washington, D.C.: Office of the Chief of Military History Dept. of the Army, 1961); and Walter G. Hermes, *Truce Tent and Fighting Front* (Washington, D.C.: Office of the Chief of Military History United States Army, 1966).

35) Charles A. Sorrels, *Planning U.S. General Purpose Forces: Forces Related to Asia* (Washington, DC: Congressional Budget Office, June 1977), fn 7, p. 36.

36) Niick Beldicos and Eric Heginbotham. "The Conventional Military Balance in Korea." *Breakthroughs*, vol. 4, no. 1 (1995): 1-8; Michael O'Hanlon, "Stopping a North Korean Invasion: Why Defending South Korea Is Easier Than the Pentagon Thinks." *International Security* 22, no. 4 (1998): pp. 135-70; and Stuart K. Masaki, "The Korean Question: Assessing the Military Balance," *Security Studies*, vol. 4, no. 2 (1994/95), pp. 365-425.

37) 미 육군에서 편찬한 한국전사는 이러한 정설에 의문을 제기한다. 채병덕 육군 참모총장은 하우스만 고문의 반대에도 불구하고 대전에 배치된 2사단에게 6월 26일 오전까지 의정부 북부로 이동하라고 명령을 내렸는데, 이러한 이동배치 계획은 비현실적인 "치명적 실수"였다고 애플만은 지적되고 있다. 개전초기 방어선 구축에 실패한 것은 전술적 실수에 기인한 것이라는 것이다. Appleman, *op. cit.*, p. 30.

38) IISS, *North Korea's Weapons Programmes* (London, IISS, 2004), p. 97.

39) 북의 820전차군단과 815기계화군단은 휴전선에서 100여km, 9기계화군단은 휴전선에서 90여km 떨어진 위치에 본부가 있다. Andrea Matles Savda, ed., *North Korea: A Country Study*, 4th ed. (Washington, DC: Government Printing Office, 1994), p. 222.

40) 리영희, "남북한 전쟁능력 비교 연구," 『반세기의 신화』(서울: 삼인, 2000), 195쪽.

41) 북한은 1988년 8월 이른바 "광명성 1호" 위성(서방측에서는 대포동 탄도미사일) 발사에 즈음하여 '사회주의 강성대국'을 선언했다. ≪로동신문≫ 1998년 8월 22일, 31일.

42) ≪중앙일보≫ 2004년 8월 30일.

43) Patrick Allen, *Situational Force Scoring: Accounting for Combined Arms Effects in Aggregate Combat Models* (Santa Monica: Rand, 1992), pp. 16-29.

44) ≪한국일보≫ 2004년 10월 5일.

45) ≪서울신문≫ 2004년 10월 5일.

46) 한 야전부대 장성은 "현재 우리 지상군의 전투장비는 북한군보다 월등히 좋고 전방 2,3개 사단의 기계화도 진행중"이며 "북한군은 전쟁 개시후 일주일도 되기 전에 우리 군의 방어에 막혀 공격속도가 급격히 떨어지는 작전한계선에 이를 것"이라고 말했다. ≪동아일보≫ 2004년 10월 5일.

47) 황일도, "북 장사정포, 아려지지 않은 다섯 가지 진실: 북악산·인완산·안산이 천연방어벽, 청와대·정부청사 등 주요기관 피해 경미," 『신동아』 2004년 12월, 98～105쪽.
48) 위의 글, 103～104쪽. 주한미군이 정보수집에서 사격통제까지 C4I 전과정을 자동화한 반면(도합 1～2분), 재래식 통신을 이용하는 한국군은 아직 대화력전에서 보조적 임무에 머물고 있다.
49) ≪국민일보≫ 2004년 10월 19일.
50) CSIS, *Conventional Arms Control on the Korean Peninsula*, A Working Group Report, 2002, p. 23. 인민군은 화포의 일방적인 수적 우세(전차 1.57배에 비해 야포 2배, 다연장포 22배)를 누리고 있다. ≪중앙일보≫ 2004년 8월 30일.
51) 국방연구원, 『둥북아군사력』 (서울: 한국국방연구원, 2004), 469쪽.
52) 전차와 달리 남북한의 포병전력은 개략적이나마 각종 포의 수량에 관한 공개자료를 입수할 수 없어 전력지수를 계산하지 못했다.
53) JICM의l 해설 및 매뉴열로는 Bruce W. Bennett et al., *JICM 1.0 Summary* (Santa Monica: Rand, 1994); Barry A. Wilson and Daniel B. Fox, *Ground Combat in the JICM* (Santa Monica: Rand, 1995) 참조.
54) Joseph S. Bermudez, Jr., *North Korean Special Forces*. 2nd ed. (Annapolis: Naval Institute Press, 1998), p. 11.
55) IISS, *North Korea's Weapons Programmes: A Net Assessment* (New York: Palgrave Macmillan, 2004), pp. 53, 56.
56) 이미 1980년대 리브시(William Livesy) 주한미군 사령관이 전방에 배치된 북한군 일부의 화전경작에 대해 언급한 것임. Peter Hayes, *Pacific Powderkeg: American Nuclear Dilemmas in Korea* (Lexington: Lexington Books, 1991), p. 166.
57) 임종인 의원은 "국방부 최대의 미스터리가 바로 우리 군 전력에 대한 설명"이라며 "국방부는 80년대에도 90년대에도 우리 군 전력이 북한군에 비해 80%라고 밝혔고 지금도 육군 80% 해군 90% 공군 103% 수준이라고 발히는데, 그렇다면 75년부터 군비증강에 투입된 68조원은 어디로 간 것이냐"고 질의했다. ≪문화일보≫ 2004년 10월 5일.
58) Suh, "Assessing the Military Balance in Korea," p. 74.
59) ≪동아일보≫ 2004년 10월 6일.
60) ≪중앙일보≫ 2004년 8월 30일.
61) 현인택, "안정적 억지와 한반도의 군사균형: 남북한 군사력 평가의 재론," 428쪽.
62) 함택영, "남북한 군비경쟁 및 군사력균형의 고찰," 함택영 외, 『남북한 군비경쟁과 군축』 (서울: 경남대학교 극동문제연구소, 1992), 7쪽.
63) 함택영, "한국 국방정책의 도전과 선택," 『한국과 국제정치』 19권 4호(2003),

91~121쪽.
64) SIPRI, *World Armament and Disarmament: SIPRI Yearbook 1996*, p. 468.
65) 국방부, 『율곡사업의 어제와 오늘 그리고 내일』(서울: 국방부, 1994), 69~70쪽.
66) 일례로 MIG-29 전투기(2,200만弗)나 T-62 전차(1.5億원, 이후 7억원으로 수정)가 F-16(3,500만~4,300만弗), K-1 전차(18.4~23億원)보다 싸다고 한다. 국방부, 『IMF시대 한국의 국방비』(1998), 37쪽. 그러나 서방 전투기와 대등하거나 어떤 영역에서는 더 우수한 MIG-29도 "ECM · 항공전자공학 · 컴퓨터 · 전투정보 디스플레이…에서 매우 열악하다." Cordesman and Wagner, *The Lessons of Modern War*, Vol. 1, p. 284.
67) Steven Zaloga, *Soviet Air Defense Missiles: Design, Development and Tactics* (Couldson, Surrey: Jane's, 1989) 참조.
68) Herbert York, *Does Strategic Defense Breed Offense?* (Lanham: University Press of America, 1987), p. 24.
69) 이경헌, "국방과 국가예산," 박종기 · 이규억 편, 『국가예산과 정책목표』(서울: 한국개발원, 1982) ; 함택영 · 함택영 외, 『남북한 군비경쟁과 군축』(서울: 경남대학교 극동문제연구소, 1992).
70) U.S. Department of State [Arms Control and Disarmament Agency], *World Military Expenditures and Arms Transfers*. Washington, D.C.: GPO, various years); IISS, *The Military Balance*; SIPRI, *World Armament and Disarmament*: SIPRI Yearbook.
71) 조선중앙통신사, 『조선중앙년감 1973』, 253쪽.
72) 김일성, "조선로동당 제5차 대회 중앙위원회 사업총화보고에서 행한 연설(1970.11.2),"『김일성 저작집 25』(평양: 조선로동당출판사, 1983), 258쪽. 그는 1971년 방북한 해외인사들에게 국방비 감축 필요성을 역설했다.
73) 국방연구원의 일부 대안적 추정에 대하여는, 이달희, "북한경제와 군사비," 정상훈 외, 『북한경제의 전개과정』(서울: 경남대학교 극동문제연구소, 1990), 173~220쪽 ; 성채기 외, 『북한 경제위기 10년과 군비증강 노력』(서울: 국방연구원, 2003) 참조.
74) 상세한 것은 함택영, 『국가안보의 정치경제학』, 205~219쪽 참조.
75) 함택영, 위의 책, 230~235쪽.
76) 『국방백서 1988』, 152쪽 ; 『국방백서 1989』, 167쪽. 상세한 내역은 1988년 달러화 기준으로 무기와 장비 45억弗, 기타 장비 및 보급품 33억弗, 탄약비축 46억弗, 조기경보시스템 35억弗, 향후 5년간의 O&M 비용 100억弗이다. 강명길, "한국의 국방비," 백종천 · 이민룡 편, 『오늘의 한국국방: 전방위 안보시대의 국방비』(서울: 국방부, 1994), 265쪽.

<참고문헌>

1. 북한문헌

김일성, 『김일성 저작집 20, 25』 (평양: 조선로동당출판사, 1982/83).
조선중앙통신사, 『조선중앙년감』 (평양: 조선중앙통신사) 각 권.

2. 남한문헌

강명길, "한국의 국방비," 백종천·이민룡 편, 『오늘의 한국국방: 전방위 안보시대의 국방비』 (서울: 국방부, 1994).
국방부, 『국방백서』 (서울: 국방부), 각 권.
국방부, 『율곡사업의 어제와 오늘 그리고 내일』 (서울: 국방부, 1994).
국방부, 『IMF시대 한국의 국방비』 (서울: 국방부, 1998).
국방연구원, 『동북아군사력』 (서울: 국방연구원, 2004).
리영희, "남북한 전쟁능력 비교연구," 『사회와 사상』 1호 (1988).
성채기 외, 『북한 경제위기 10년과 군비증강 노력』 (서울: 국방연구원, 2003).
이경헌, "국방과 국가예산," 박종기·이규억 편, 『국가예산과 정책목표』 (서울: 한국개발원, 1982).
이달희, "북한경제와 군사비," 정상훈 외, 『북한경제의 전개과정』 (서울: 경남대학교 극동문제연구소, 1990).
이영호, "북한 군사력의 해부: 위협의 정도와 수준," 『전략연구』 4권 3호 (1997).
지만원, 『한국군 어디로 가야 하나』 (서울: 김영사, 1991).
최동주, "한국의 베트남 전쟁 참전 동기에 관한 재고찰," 『한국정치학회보』 30집 2호 (1996).
함택영 외, 『남북한 군비경쟁과 군축』 (서울: 경남대학교 극동문제연구소, 1992).
함택영, 『국가안보의 정치경제학: 남북한의 경제력, 국가역량, 군사력』 (성울: 법문사, 1998).
함택영, "한국 국방정책의 도전과 선택," 『한국과 국제정치』 19권 4호 (2003).
현인택, "안정적 억지와 한반도의 군사균형: 남북한 군사력 평가의 재론," 한국국제정치학회, 『새로운 세계질서의 도전과 한국정치』 (1991).
황일도, "북 장사정포, 아려지지 않은 다섯 가지 진실: 북악산·인왕산·안산이 천연방어벽, 청와대·정부청사 등 주요기관 피해 경미." 『신동아』 2004년 12월호.
황장엽, 『나는 역사의 진리를 보았다』 (서울: 한울, 1999).

3. 외국문헌

Allen, Patrick. *Situational Force Scoring: Accounting for Combined Arms Effects in Aggregate Combat Models* (Santa Monica: Rand, 1992).

Beldecos, Nick, and Eric Heginbotham. "The Conventional Military Balance in Korea." *Breakthroughs* (Spring 1995).

Bennett, Bruce. "Implications of Proliferation of New Weapons on Regional Security." Tae-Hwan Kwak, ed. *The Search for Peace and Security in Northeast Asia* (Seoul: IFES, Kyungnam University, 1997).

_____ et al. *JICM 1.0 Summary* (Santa Monica: Rand, 1994).

Bermudez, Joseph S., Jr. *North Korean Special Forces*. 2nd ed. (Annapolis: Naval Institute Press, 1998).

Chalmers, Malcolm, and Lutz Unterseher. "Is There a Tank Gap? Comparing NATO and Warsaw Pact Tank Fleets." *International Security*, vol. 13, no. 1 (1988).

Clough, Ralph N. *Deterrence and Defense in Korea: The Role of U.S. Forces* (Washington, D.C.: Brookings Institution, 1976).

Cordesman, Anthony H. and Abraham R. Wagner. *The Lessons of Modern War*. 3 vols. (Boulder: Westview Press, 1990).

CSIS, *Conventional Arms Control on the Korean Peninsula*. A Working Group Report, (20020.

Dupuy, Trevor. *Numbers, Predictions and War* (London: Macdonald & Jane's, 1979).

Dunnigan, James F. *How to Make War*. 3rd ed. (New York: Quil, 1993).

Hayes, Peter. *Pacific Powderkeg: American Nuclear Dilemmas in Korea* (Lexington: Lexington Books, 19910.

IISS. *The Military Balance*, various years.

_____. *North Korea's Weapons Programmes: A Net Assessment* (New York: Palgrave Macmillan, 2004).

Isby, David C. "Weapons and Tactics of the Republic of Korea Army." *Jane's Defense Review*, vol. 3, no. 1 (1982).

_____. *Weapons and Tactics of the Soviet Army*. new ed. (London: Jane's, 1988).

Lepingwell, John W.R. "The Laws of Combat? Lanchester Reexamined." *International Security*, vol. 14, no. 2 (1987).

Mako, William P. *U.S. Ground Forces and the Defense of Central Europe* (Washington, D.C.: Brookings Institution, 1983).

Mearscheimer, John J. "Assessing the Conventional Balance: The 3:1 Rule and Its Critics." *International Security*. vol. 13, no. 4 (1988).

Millett, Allan R., Williamson Murray, and Kenneth H. Watman. "The Effectiveness of Military Organizations." Allan R. Millett and Williamson Murray, eds. *Military Effectiveness, Volume I: The First World War* (Boston: Allen & Unwin, 1988).

O'Hanlon, Michae.l "Stopping a North Korean Invasion: Why Defending South Korea Is Easier than the Pentagon Thinks," *International Security*, vol. 22, no. 4 (1998).

Posen, Barry R. "Measuring the European Conventional Balance." *International Security*, vol. 9, no. 3 (1984/85).

Rand Corporation. "JICM Weapon Categories and Scores." Draft, July 6 (2004).

SIPRI. *World Armament and Disarmament: SIPRI Yearbook*, various years.

Suh, Jae-Jung. "Assessing the Military Balance in Korea," *Asian Perspective*, vol. 28, no. 4 (2004).

U.S. Arms Control and Disarmament Agency (Department of State]. *World Military Expenditures and Arms Transfers*. Washington, D.C.: GPO, various years..

U.S. Congress, House of Representatives, Committee on Armed Services, Report of Investigation Subcommittee. *Impact on Intelligence Reassessment of Withdrawal of U.S. Troops from Korea* (Washington, D.C.: GPO, 1979).

U.S. Congressional Budget Office. *Assessing the NATO/Warsaw Pact Military Balance* (Washington, D.C.: CBO, 1977).

U.S. Defense Intelligence Agency. *North Korea: The Foundations for Military Strength* (Washington, D.C.: DIA, 1991).

U.S. Department of State. *Foreign Relations of the United States {FRUS} 1952-1954*, Vol. 15, Korea. Pt. 2.

Wilson, Barry A. and Daniel B. Fox. *Ground Combat in the JICM* (Santa Monica: Rand, 1995).

Wolf, Charles, Jr., et al. *The Changing Balance: South and North Korean Capabilities for Long-Term Military Competition* (Santa Monica: Rand, 1985).

York, Herbert. *Does Strategic Defense Breed Offense?* (Lanham: University Press of America, 1987).

Zaloga, Steven. *Soviet Air Defense Missiles: Design, Development and Tactics* (Couldson, Surrey: Jane's, 1989).

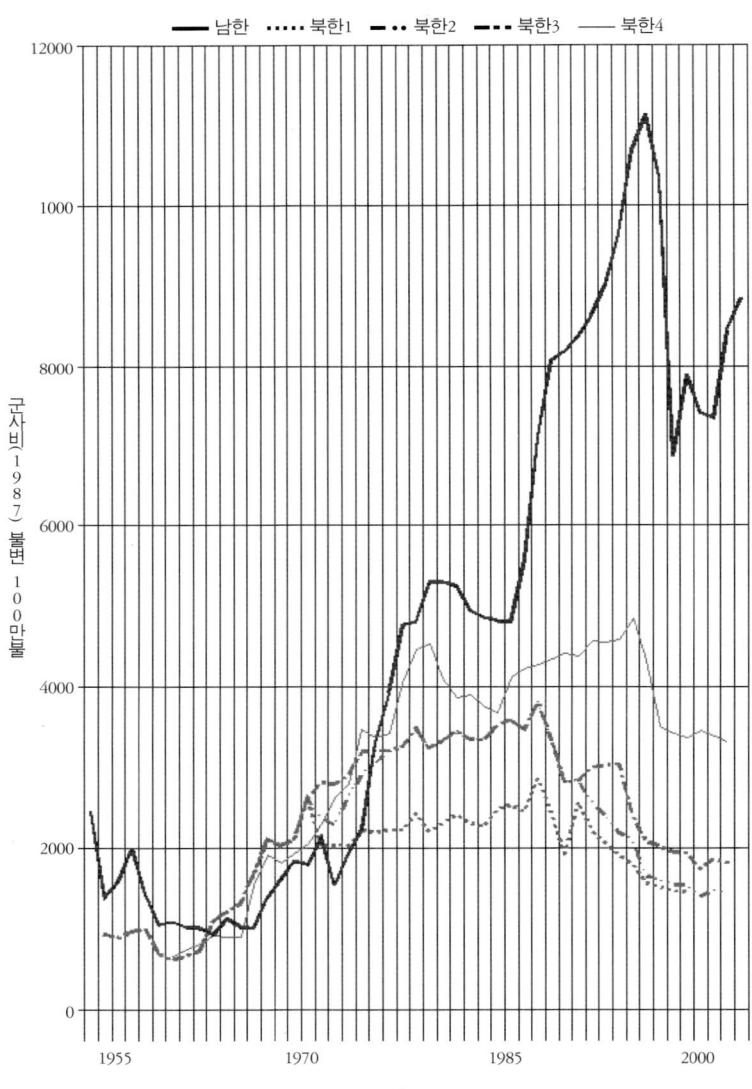

<도표 1> 남북한의 군사비(국방비 + 군원)

북한 군사력 및 군사위협 평가 재론 ∵ 359

<도표 1-2> 남북한의 무기도입(군원＋구매)

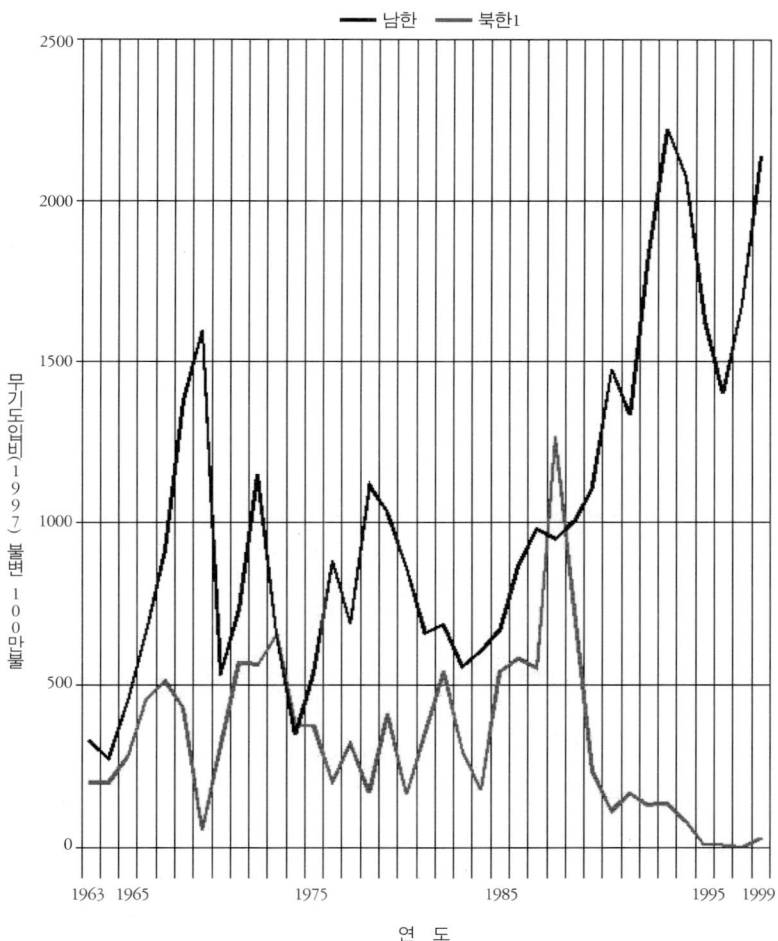

출처: 미 ACDA

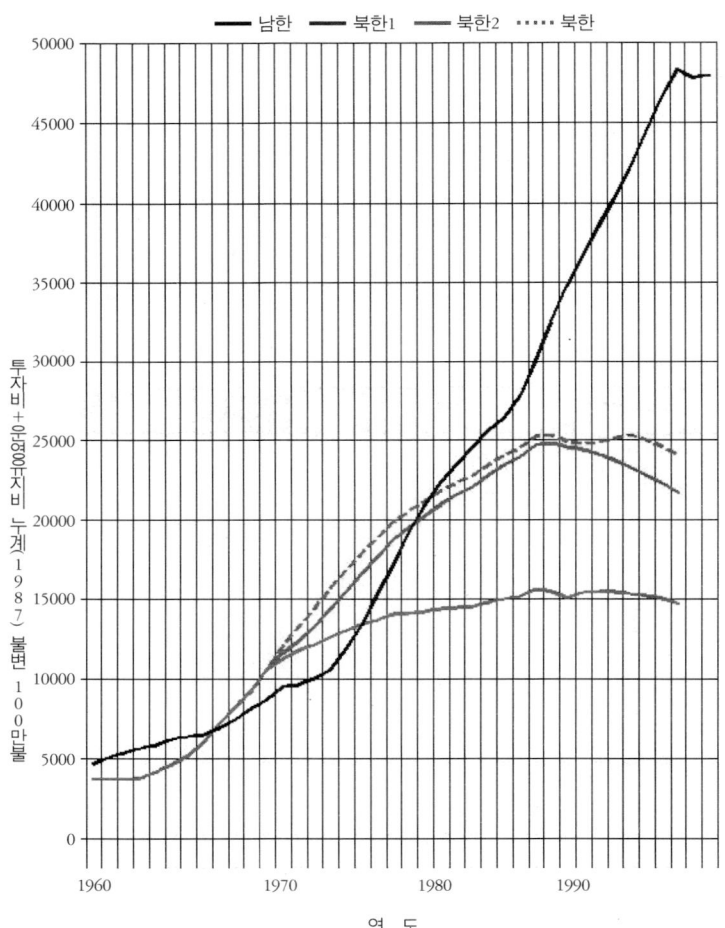

<도표 2> 남북한의 투자비+운영유지비 누계

북한의 대량살상무기 개발 현황 및 의도와 전망

윤 정 원

1. 서 론

 북한의 대량살상무기(WMD ; Weapons of Mass Destruction), 즉 핵무기, 탄도미사일, 생화학무기의 개발은 남북관계, 미북관계 나아가 한미관계에 커다란 영향을 미치는 중대한 관심사이다. 또한 동북아 안정을 바라는 주변국들의 상호관계를 불편하게 하고 있으며, WMD 확산을 막으려는 범세계적 노력에도 심각한 도전이 되고 있다. 따라서 북한의 WMD 개발을 억제하는 것은 한반도는 물론 동북아 및 세계의 평화와 안정을 위한 긴요한 과제로 인식되고 있다.
 그렇지만 북한은 강력한 WMD 개발 및 운용 의지를 갖고 있으며, 국제사회 및 관련국들은 북한의 이러한 WMD에의 집착을 억제하는 데 한계를 보여 오고 있다. 이는 WMD 비확산을 위한 국제레짐의 실효성의 제한, 북한의 WMD를 둘러싼 관련국간 합의의 강제적 집행력 결여 내지 합의 자체의 부재, 북한이 WMD를 개발하도록 하는 다양한 유인 요인들의 상존에 기인하고 있다. 따라서 북한의 WMD 위협이 단시일 내에 완전 해결되기를 기대하기는 어려운 것이 현실이다.

이에 여기에서는 북한의 WMD 개발과 그 위협의 실태를 파악하고, 북한이 WMD를 개발 및 운용하는 의도를 분석하며, 북한의 WMD가 앞으로 어떻게 전개될 것인가에 대하여 전망하여 보는 가운데, WMD 위협을 해소하기 위하여 우리가 취해야 할 정책적 대응방향에 대하여 언급해 보고자 한다.

2. 북한의 대량살상무기 위협 현황

북한의 WMD 개발과 이에 따른 위협에 대한 연구들이 상당히 많이 이루어져 왔다. 따라서 여기에서는 북한의 WMD, 즉 핵무기, 탄도미사일, 생화학무기를 구분하여 다루면서, 각각의 경우에 해당되는 주요쟁점을 중심으로 정리하여 제시하는 데 초점을 맞추고자 한다.

1) 지속되는 핵개발 위협

1991년 12월 한반도 비핵화 공동선언, 1992년 1월 IAEA-북한간 핵사찰 협정, 1994년 10월 미·북 제네바 핵합의가 있었지만 이들 모두 북한의 핵위협을 해소하는 데 실패하였다. 이는 이러한 합의들이 불완전하고 나아가 효과적인 집행력을 결여한 데에도 원인이 있지만, 보다 근본적인 원인은 북한이 그러한 기회를 활용하여 핵개발을 지속하려는 의지를 강하게 유지한 데 있다고 볼 수 있다. 현시점에서 볼 때, 북한의 핵위협에 관련된 주요쟁점으로 다음의 네 가지를 들 수 있다.

(1) '원칙적 불일치'와 특별사찰 실시 논란

북한은 1992년 5월초 IAEA에 제출한 '최초보고서(Initial Report)'에서 자신은 1990년 3월에 극소량의 시험적인 플루토늄 추출에 성공한 바 있다고 밝혔다. 그러나 IAEA는 1992년 5월부터 1993년 2월까지 대북 핵사찰을 실시한 결과 북한이 1989년, 1990년, 1991년에 걸쳐 플루토늄 추출활동을 실시한 것으로 판단하였다. 바로 이것이 '원칙적 불일치(inconsistencies in principle)'의 문제이다.

이러한 '원칙적 불일치'를 해소하기 위하여 IAEA는 위성정보에 의하여 미신고 폐핵연료봉 저장시설로 의심되는 2곳에 대한 핵사찰과 샘플채취를 요구하였다. 그러나 북한이 IAEA 요구를 계속 거부하자 1993년 2월 '원칙적 불일치'를 해소하기 위한 대북한 특별사찰을 요구하게 된다.[1] 그러나 북한은 동년 3월 12일에 NPT 탈퇴를 선언하며 반발하게 된다. 북한은 IAEA가 객관성과 공정성을 잃었으며, 자신에 대한 적대적 음모에 연계되었다고 주장하며 IAEA와의 협조를 거부하였다. 이에 IAEA는 4월 1일 북핵문제를 유엔안보리에 이관하며 유엔의 제재를 강력히 시사하는 결의안을 채택하기에 이른다. 유엔안보리에서는 5월 11일 결의안을 통하여 북한으로 하여금 IAEA 요구에 응하도록 촉구하였으나 실질적인 제재조치는 결의하지 않았다.[2]

이처럼 유엔안보리마저 효과적인 대응책을 내놓지 못하는 상황하에서 북핵문제는 미북간 직접협상의 대상으로 전환되기에 이른다. 결국 여러 우여곡절 끝에 1994년 10월 도출된 미·북 제네바 핵합의 속에 '원칙적 불일치' 해소를 위한 특별사찰 관련 합의내용이 포함되게 된다. 이 합의에서 미국은 북한에 1,000MWe급 경수로 2기의 건설 제공을 책임지되, 북한은 제1기 경수로의 핵심부품이 전달되기 전에 자신의 최초

보고서의 정확성과 완전성을 검증하기 위한 특별사찰을 수용하기로 한 것이다. 미북 양국은 제1기 경수로의 건설 제공에 대한 목표시한(date of target)을 2003년으로 설정하였다.

그렇지만 대북 경수로 건설 제공은 (1) 북한이 한국형 경수로를 수용하려 하지 않는 가운데 경수로공급협정이 지연 체결되고, (2) 1996년 9월 동해안 잠수함 침투사건, 1998년 대포동 미사일 실험발사, 1999년 6월 NLL 침범에 의한 서해교전 유발 등과 같이 경수로 사업의 원만한 진행을 방해하는 군사적 긴장을 북한이 지속적으로 조장하고, (3) 북한이 IAEA 핵사찰의 제한 및 불성실한 협력, 금창리 핵의혹 사건의 신속한 해결에 비협조, 반복적인 제네바 핵합의 파기위협을 하는 등의 행태를 보임으로써 상당기간 지연되게 된다. 이러한 상황하에서 제1기 경수로 건설공사는 지연되어 목표시한인 2003년을 넘기게 되고, 그 핵심부품이 2005년 5월에나 제공될 수 있는 가운데, 그 완공이 2008년에나 가능할 것으로 전망되기에 이른다. 이에 북한은 전력생산 차질에 대하여 별도의 보상을 미국측에 요구하며 제네바 핵합의 파기를 위협하게 된다. 그러나 미국측은 2003년은 목표시한일 뿐이지 확정된 완공시한이 아니며, 공사지연의 책임 대부분이 북한에 있기에 별도의 보상은 불가하다는 입장을 보여 왔다. 나아가 미국은 경수로 건설의 기초공사가 많이 진척되고, 본공사가 시작될 단계에 이른 만큼 특별사찰 수용을 위한 협상에 조속히 응할 것을 요구하게 된다.[3] 이러한 가운데 미 행정부는 2002년 4월에 북한의 제네바 핵합의 준수에 대한 인증을 거부함으로써 대북 중유제공의 중단을 위협하게 된다.

미국은 특별사찰의 협상 및 실시를 위해 3~4년이 소요될 것으로 보았다. 이는 특별사찰에 대한 북한의 비협조 및 지연전술, 핵사찰 샘플 분석시간, 1회의 특별사찰에도 불구하고 원칙적 불일치를 확실히 해소하여 주지 못할 경우 추가 사찰의 필요성을 감안한 것으로 보인다. 뿐만 아니라 미국의 원자력법(Atomic Energy Act)에 의하면 북한이 핵의혹을 불식시켜 미북간에 평화적 원자력 사용에 대한 합의가 체결되어야만 미 회사가 원자로 핵심부품 제공 승인을 받을 수 있는 법적 여건도 고려하지 않을 수 없었다.[4] 그렇지만 북한은 특별사찰은 3개월 정도면 충분한 것이라면서 미국의 요구에 불응하고 오히려 전력보상을 계속 주장하면서 대치국면을 형성하였다. 이러한 가운데 2002년 북한의 비밀 우라늄 농축 활동 시인으로 제네바 핵합의가 파국상태로 진행되면서 향후 특별사찰의 실시여부는 불투명하게 되었다.

결국 북한의 과거 핵의혹과 관련된 '원칙적 불일치'는 해소되지 못하고 그대로 남게 되었다. 이러한 가운데 북한이 과거에 10~15kg의 플루토늄을 재처리하여 보유하고 있을 가능성, 이 플루토늄으로 이미 1~2개의 조잡한 형태의 핵무기를 제조하였을 가능성에 대한 논란이 지속되고 있다.[5] 최근 미국은 북한이 이미 핵무기를 제조하였을 가능성에 더 무게를 두는 입장을 보이고 있다.

(2) 경수로 제공후 핵위협과 화전대체 주장

미·북 제네바 핵합의에 대한 비판적 평가 중 하나가 경수로 제공 이후에 이에 의한 비밀 핵개발의 가능성이 있다는 것이었다.[6] 2,000MWe의 경수로가 북한에 제공될 경우 연간 플루토늄 약 400~440kg의 생산이 가능할 것으로 보인다. 이에 따라 경수로에서 나온 폐핵연료봉의 일부를 비밀리에 재처리하는 경우 핵개발이 가능할 수 있다는 우려가 있어 왔다. 물론 (1) 제네바 핵합의에 의하여 경수로 완공시 기존 플루토늄 재처리 시설이 완전 해체되고, (2) 농축우라늄에 의한 핵연료 공급계약을 통하여 폐핵연료봉을 안전하게 관리하거나 해외 반출토록 통제할 수 있으며, (3) 철저한 국제 핵사찰을 통하여 비밀 핵활동을 통제할 가능성이 있다. 그렇지만 (1) 북한이 이미 실험용 플루토늄 재처리 시설을 비밀리에 갖고 있거나 아니면 비밀리에 추가 건설할 수 있는 능력이 있으며, (2) 중장기적으로 우라늄농축 기술을 확보하여 핵연료를 자체 공급하게 될 경우 폐핵연료봉 통제가 어려워지며, (3) 이미 IAEA에 의한 국제 핵사찰의 한계가 드러난 이유를 들어, 대북 경수로 제공 후에도 북한의 핵개발 위협이 근원적으로 차단될 수 없다는 것이다.7)

이에 미국측에서는 경수로 대신 화력발전소를 대신 제공하는 방안을 고려하게 된다. 여기에는 경수로 2기 대신 화력발전소 10기를 대체 제공하는 전면대체 입장과 경수로 제1기 대신 화력발전소 5기를 대체 제공하자는 부분대체 입장으로 나뉜다.8) 그렇지만 이는 북한의 강력한 반대와 한일 양국의 소극적 태도로 한계에 직면하였다.

북한은 (1) 화력발전소 대체 제공은 북한의 잠재적인 핵개발 능력을 약화시키고, (2) 화력발전소를 운영하는 데 과중한 연료비 부담이 발생하게 되며, (3) 전국에 화력발전소가 제공되는 가운데 주민들의 대외접촉이 확산되어 체제유지에 곤란을 줄 수 있기 때문에 반대한 것으로 보인다. 한편 한국의 경우 (1) 대북 경수로 제공이 이루어지더라도 검증체제를 강화함으로써 핵 발전 위협을 해소할 가능성이 있고, (2) 경수로 제공을 위한 기존공사 진도를 감안할 때 화력발전소 대체건설이 공기를 단축한다는 보장이 없어 특별사찰의 조기실현을 가져오기도 어렵고, (3) 경수로를 위한 기존 투자비용으로 인해 화력발전소 대체제공이 비용절감을 가져온다고 확신할 수 없고, (4) 한반도에 새로운 긴장을 발생시킴으로써 대북 화해협력정책의 추진에 차질을 가져올 수 있다는 판단하에서 화전대체에 대하여 소극적이었다.

이러한 상황하에서 미국은 일단 경수로 건설 제공이라는 공식 입장을 지속시키면서 KEDO에 의한 2002년 8월 경수로 본공사용 콘크리트 타설식을 갖게 된다. 그러나 2002년 10월 북한의 비밀 우라늄농축 핵개발 시인이 있은 이후 경수로 공사는 중단위기에 처하여 있으며, 미국이 제네바 핵합의로의 복귀할 가능성은 낮아 보인다. 따라서 추후 북핵문제 해결과정에서 화전대체 구상이 다시금 표면화할 수도 있어 보인다. 만일 북한이 화전에 필요한 발전용 원유도입 비용이 과다하여 반대하게 된다면, 시베리아-한국간 천연가스 파이프라인을 활용한 가스발전소 건설 대안이 거론될 수도 있을 것이다.9)

(3) 비밀 우라늄농축 핵개발 시인 논란

제네바 핵합의 틀 속에서도 북한이 비밀 핵개발을 시도할 가능성이 있으며, 특히 새로운 비밀 핵시설을 건설하여 핵개발을 시도할 수 있다는 비판이 지속되어 왔다.10) 그러한 가운데 논란이 되었던 대표적인 사건이 1998년의 금창리 핵의혹 사건이다. 미국은 북한이 금창리에 새로운 비밀 핵시설을 설치하였을 가능성에 대해 우려하면서 핵사찰을 강력 요구하였다. 그러나 북한은 핵사찰을 거부하면서 오히려 1998년 8월 대포동 2호 시험발사를 실시함으로써 미국에 강경 대응하였다. 그 결과 금창리 핵의혹과 북한 미사일 개발에 대한 미북협상이 전개되었으며, 미국이 식량 60만 톤과 감자농업개발 프로젝트 지원을 약속한 대가로 1999년 5월 금창리에 대한 핵사찰이 이루어졌다. 핵사찰 결과 비밀 핵활동에 대한 명확한 증거를 포착하지는 못하였으나, 북한의 비밀 핵활동 가능성에 대한 미국의 우려가 잘 표출된 사건이었다.

이러한 가운데 미 정보기관들은 1998년 내지 1999년부터 이미 북한이 우라늄농축을 통한 비밀 핵활동을 할 가능성에 대한 첩보 수준의 의혹을 갖기 시작하였다. 미 CIA의 WMD에 대한 2000년 전반기 정보보고서에 의하면, 미국은 북한이 핵 프로그램 관련 물질들의 확보를 위해 노력하고 있다고 판단하였으나 구체적 정보를 갖지 못하였다고 밝히고 있다. 그러나 CIA의 WMD에 대한 2001년 후반기 정보보고서에서는 북한이 우라늄농축을 위한 원심분리 관련 물질 등을 찾고 있었고, 우라늄농축 관련 장비들을 구입하였다면서 구체적인 내용을 제시하였다.11) 이후 미국은 북한이 미·북 제네바 핵 합의를 명백히 위반하면서 우라늄 농축 활동을 시도하고 있다는데 대한 결정적 증거를 2002년 7월경에 갖게 되었다고 한다. 이 증거를 통하여 미국은 북한이 연간 2개 이상 핵무기 제조가 가능한 우라늄농축 활동을 모색하고 있다고 평가하였다. 북한이 우라늄농축 관련 원심분리기를 많은 양으로 이미 확보하고 있음이 밝혀졌기 때문이다.

미국은 2002년 8월말 볼튼 국무부 군축 및 비확산 차관의 한국 방문시 비밀 우라늄농축 활동에 대하여 한국정부에 통지하였다. 동년 10월 초에는 국무부 동아시아-태평양 차관보 켈리를 평양에 특사로 파견하여 미국이 북한의 비밀 우라늄농축 핵개발에 대한 결정적 증거를 포착하였음을 통지하였다. 켈리 특사는 우라늄농축 활동 장비에 대한 통관서류를 증거로 제시하였으며, 이에 북한은 처음에는 해당 사실을 부인하다가 추후 이를 시인한 것으로 알려졌다. 이 때에 북한 당국자는 오히려 '더욱 강력한 무기'도 갖고 있다면서 위협적 주장을 한 것으로 알려졌다.12) 그리고 제네바 핵합의에 대한 불만을 표출함으로써 북한의 이에 대한 준수의지가 높지 않음을 시사하였다. 결국 미국은 북한이 비밀 우라늄농축 핵개발을 시인하였음을 10월 16일 공식 발표하기에 이른다.

북한의 비밀 우라늄농축 활동 시도는 핵개발 포기의 대가로 북한에 경수로를 제공하여 주기로 한 제네바 핵합의를 위반하는 것이고, 핵무기를 개발하지 않으며 우라늄농축 시설을 갖지 않기로 한 남·북한간의 한반도 비핵화 공동선언도 위반한 것이며, 뿐만 아니라 모든 핵시설을 국제원자력기구에 보고하고 핵사찰을 받기로 한 핵사찰 규정에도 위배되는 것이다.13)

북한은 노동미사일 기술을 파키스탄에 이전하는 대신 파키스탄으로부터 기체원심분리법에 의한 우라늄농축 기술을 이전받은 것으로 알려지고 있다.14) 이는 북한 핵시설에 파키스탄 기술자들이 파견되어 연구 활동을 하였다는 탈북자의 증언, 칸 박사 역시 북한을 수 차례 방문한 바 있다는 보도, 파키스탄의 카후타 지역에 북한의 전용기가 왕래하여 미사일 부품을 파키스탄에 제공하고 대신 우라늄농축 설계도와 관련 물자를 전달받았다는 보도 등이 있다. 물론 파키스탄은 북한과의 연계설을 공식 부인하고 있다. 미국 역시 파키스탄-북한 연계설을 공식 확인하고 있지는 않지만 이는 아프가니스탄에서의 대테러전을 둘러싼 파키스탄과의 협력을 고려한 조치로 분석된다.15)

현재 비밀 우라늄농축 의혹시설로 제기되고 있는 것은 다음과 같다.

• 천마산 의혹시설 : 평안북도 대관군에 조선노동당의 5기계공업총국 예하의 천마산 우라늄 제련시설이 있는데, 이 지역에서 우라늄 농축을 위한 비밀활동이 있을 것으로 의혹 받고 있다. 이는 1999년에 중국에 망명한 여단장급 북한군 장성 이춘선의 증언에 기초한 것이다.

• 하갑 지하 의혹시설 : 자강도 희천시 갑현동에 조선노동당 5기계공업총국 예하의 핵관련 시설이 있으며, 이 시설들은 고농축 우라늄 생산, 플루토늄 생산이나 저장, 고폭 실험 실시 등의 의혹을 받고 있다.

• 온정구역 레이저연구소 : 평양시 온정구역 과학동에 내각의 과학원 산하에 레이저연구소가 있는데, 여기에서는 레이저 관련 연구활동을 하고 있으며 특히 레이저에 의한 입자분리와 우라늄농축 관련 연구를 하고 있는 것으로 알려져 있다. 그러나 레이저에 의한 입자분리는 그 기술이 어려워 성공하였다고 보기 어렵다.

• 평안북도 박천군, 태천군 지하 의혹시설 : 조선노동당 5기계공업총

국 예하에 박천 핵관련 시설이 있다. 이 시설은 플루토늄 재처리나 저장, 혹은 우라늄농축 활동을 할 수 있을 것으로 의혹을 받고 있으나 관련 증거 등이 제시되지 않았다. 평북 박천 및 태천 지역에는 우라늄 정련시설이 있는 것으로 알려져 있으며, 따라서 인근에 비밀 우라늄농축 시설이 있을 개연성이 있는 것이다.

• 양강도 김형직군 영저리 우라늄농축 의혹시설 : 노동당 5기계공업총국 예하 소속의 핵 의혹시설로서 고농축 우라늄 생산 의혹시설이다. 1990년대 중반부터 건설이 시작되어 미사일 기지로 파악되었으나 최근 우라늄농축 시설로 의혹 받고 있다. 미 정부에서 한국 측에 의혹시설로 통보한 바 있으며, 기존 시설 이외의 새로운 것을 제시하였는지 아닌지는 불명확하다.

미 정보기관에 의하면 북한은 2002년 7월경에 우라늄농축을 위한 실험을 실시한 것으로 알려지고 있다. 미 중앙정보국의 2002년 12월 보고서는 북한이 2005년경이면 연간 2개 혹은 그 이상의 핵무기를 만들 수 있는 우라늄을 생산할 수 있는 공장을 건설하고 있다고 분석하였다.16) 그러나 북한을 방문하였던 켈리 차관보는 2003년 3월 미 상원 외교위원회 청문회에서 북한은 수년 후가 아니라 플루토늄 재처리 시설을 재가동하여 핵무기를 제조하는 데 6개월 정도 걸린다면, 무기급 농축 우라늄을 생산하는 것은 그것보다 단지 수 개월 뒤의 일이 될 것이라고 하였다. 이는 시간이 흐를수록 북한의 농축우라늄 방식에 의한 핵개발이 과거의 플루토늄 방식에 의한 핵개발에 버금갈 만큼 시급한 위협이 될 수 있음을 시사하는 것이었다.

이러한 비밀 우라늄농축 핵개발에 대하여 미국은 무조건적이며, 즉각적이며, 불가역적인 폐기를 주장하면서 설득과 압박을 가하였다. 북한은 한미 양국을 비롯한 세계여론의 비판에 직면하여 2003년 12월에 우라늄농축 핵개발을 시인한 바 없으며, 미국측 켈리 특사의 잘못된 이해에서 비롯된 것이라는 주장을 하였다.17) 그러더니 2003년 4월 베이징 3자회담에서 우라늄농축 시설을 "가졌다고도 할 수 없고 갖지 않았다고도 할 수 없다"면서 전략적 모호성을 구사하였다. 이는 한편으로 외부 압력을 약화시키면서 다른 한편으로 핵 개발 위협을 협상수단으로 활용하려는 이중적 태도의 표출이라고 볼 수 있다.

(4) 최근 핵동결 해제, 폐핵연료봉 재처리, 핵보유 위협

북한의 비밀 우라늄농축 핵개발에 대하여 KEDO는 2002년 12월부터 대북 중유제공을 중단하기로 결정하게 된다. 이와 같은 대북 중유제공 중단에 대해 북한은 오히려 제네바 핵합의에 따른 의무사항을 거부하면서 핵동결 해제, 플루토늄 재처리 및 핵개발 위협을 하게 된다. 이로써 제네바 핵합의는 결정적인 파행국면으로 접어들게 된다.

북한은 12월 21에 5MWe 원자로의 봉인을 제거하고 감시카메라 작동을 중지시켰다. 12월 22일에는 8,000여개의 폐연료봉 저장시설에 대하여, 12월 23일에는 핵연료 제조공장 및 플루토늄 재처리용 방사화학실험실에 대하여 봉인 제거 및 감시카메라 작동중지 조치를 취하였다. 12월 27일에는 IAEA 사찰요원 추방을 선언하고 실제로 12월 31일 추방하였다. 이에 IAEA는 2003년 1월 6일 북한이 핵사찰 규정을 위반하였다는 결의안을 채택하게 되고, 북한은 이에 반발하여 1월 11일부로 NPT 조약 탈퇴를 선언하였다. 북한은 2003년 2월부터 5MWe 원자로를 재가동하기 시작한 것으로 알려졌으며, 8,000여개의 폐연료봉이 거의 재처리 완료단계에 있다고 주장하기에 이른다. 북한의 이러한 돌출적 행태는 핵위협을 통하여 부시행정부에 압력을 가하면서 자신이 원하는 미북 불가침조약을 달성하고 더 많은 양보를 얻어내기 위한 '위협전술(intimidation tactics)'의 측면이 있다.18) 그러나 미국이 2002년 1월의 핵태세검토보고서(NPR)를[19] 통하여 북한에 대한 핵 선제공격 가능성을 밝힌다든지, 미국이 WMD를 명분으로 이라크 침공을 모색하는 상황을 지켜보면서 북한이 실제로 핵무장국가로 나가려는 의도도 상당하지 않았을까 한다.

여하튼 IAEA는 2월 12일에 더욱 심각하여진 북핵문제를 유엔안보리에 이관하는 결의안을 채택하면서 우라늄농축 프로그램 관련 해명 및 모든 핵무기 프로그램의 신속하고 검증 가능한 방법으로의 폐기를 요구하게 된다.[20] 유엔안보리는 4월 9일 북한핵 문제를 공식적으로 다루게 되나, 중국의 반대로 북한을 자극하는 제재방안의 논의나 결의가 진전되지 못한 가운데 다만 북한핵 문제의 사태 진전을 계속 주시하기로 결정하였다.

이러한 가운데 북핵문제의 외교적 해결을 위한 베이징 3자회담이 2003년 4월 23일부터 25일 사이에 개최되었다. 여기에서 미국은 북한 핵 프로그램의 검증 가능하고 불가역적인 폐기가 필요하며, 북한의 선 핵폐기시 과감한 대북정책을 추진할 용의가 있다는 입장을 강조하였다. 북한의 경우 3자회담이 중국이 사회를 본 미·북 양자회담이라고 주장하면서, 미국의 선 핵폐기 요구를 거부하고 오히려 미국의 선 체제보장을 요구하면서 다자회담보다는 양자회담으로 문제 해결을 시도할 것을 희망하였다. 결국 베이징 3자회담은 북한 핵문제 해결을 둘러싼 미·북의 기존 입장이 그대로 표출되는 가운데 타협점을 찾지 못하였으며, 4월 23일 회담 만찬시에 북한측 수석대표 이근이 미국측 수석대표 켈리 차관보에게 북한이 핵무기를 가지고 있다는 비공식 언급을 함으로써 파장을 일으키게 된다.

이후 미북간에는 긴장관계가 오히려 심화되게 된다. 북한은 다자회담의 불필요성을 언급하게 된다. 반면 미국은 한미 정상회담(5.14), 미일 정상회담(5.23), G8 정상회담(6.1~6.3), EU 정상회담(6.19~6.20) 등을 통하여 대북 외교압력을 가중하고, 나아가 북핵문제의 유엔안보리 회부를 위협한다. 또한 대북 경제제재, 군사제재 가능성을 배제하지 않는 등의 강경자세를 보이게 된다. 이러한 대북 압력의 가중 상황 속에서 북한은 미국이 제안한 5자회담을 6자회담으로 확대하는 형식으로 하여 대화를 갖기로 합의하게 되고, 8월 27～29일 동안 베이징 6자회담을 갖게 된다. 그렇지만 대화에 의한 문제 해결에 대하여 합의하였으되, 북한의 핵활동, 플루토늄 재처리, 핵개발 위협을 해소하는 실질적 조치를 이끌어내는 데에는 실패하였다.

이러한 상황하에서 제네바 핵합의가 아무런 구속력을 갖지 못하는 가운데 북한이 핵개발을 계속할 경우, 북한의 핵능력은 기존의 플루토늄 재처리에 의한 1～2개, 8,000여개 폐핵연료봉 재처리에 의한 4～6개, 5MWe 원자로 재가동에 의한 연간 1개, 50MWe와 200MWe의 건설 완료에 따라 2008년경부터 연간 35～50개, 우라늄농축 시설 완공에 따른 2004년～2006년경부터의 연간 2～6개 등의 핵무기 제조가 가능할 것으로 분석되고 있다.[21] 북한은 현재 폐핵연료봉의 재처리 완료단계, 핵억지력을 보여줄 의사의 존재, 핵무기 기보유 등을 주장하면서 핵위협을 계속하고 있는 형국이다.

2) 증가하는 탄도미사일 위협

북한의 탄도미사일은 점점 더 심각한 군사위협으로 인식되고 있는데, 그 이유는 (1) 미사일 기술향상으로 사거리가 연장되어 한반도, 동북아는 물론 미국 본토를 위협하는 수준으로 나갈 것으로 전망되고, (2) 핵무기, 화생무기 등 비재래식 대량살상무기를 운반할 수 있는 운반체계로 사용될 수 있고, (3) 유사시 탄도미사일 공격을 차단할 수 있는 방어체계의 구축이 용이하지 않고, (4) 북한 미사일이 제3국이나 테러리스트들에게 수출되어 해당 지역 및 세계평화를 저해할 가능성이 있기 때문이다.

(1) 연장되는 미사일 사거리 위협

북한의 탄도미사일 개발 및 실전배치는 이미 1980년대 중반부터 시작되었으며 시간의 흐름에 따라 그 사거리가 현저히 증가하여 왔다.[22] 북한은 현재 사거리 300km 수준의 개량형 Scud-B, 사거리 500km 수준의 개량형 Scud-C의 발사대 36기와 탄두 600여발을 보유하고 있는 것으로 알려져 있다. 그리고 사거리 1,000~1,300km 수준의 노동 1호에 대해서는 2000년까지 2개 대대를, 2002년 6월까지 1개 대대를 추가하여 발사대 27기에 탄두 100~200발을 실전 배치한 것으로 알려져 있다.

북한은 1998년 8월에 사거리 약 2,000km의 대포동 1호 미사일을 실험 발사하였다. 이는 스커드 시리즈로 한국에 대한 심각한 미사일 위협을 가하는 정도를 넘어서서 일본, 미국으로의 미사일 위협의 확산을 상징하는 사건이 되었다. 이에 미·북은 네 차례의 대북 미사일협상을 통하여 경제지원을 대가로 북한이 추가적인 미사일 실험발사를 유예토록 하는 조치를 이끌어 냈다. 그렇지만 북한의 미사일 기술 개발 추세를 볼 때, 시간이 흐르면 언젠가는 미국 본토에 도달 가능한 ICBM까지 개발할 것으로 전망되었다.[23] 최근 들어 북한이 미국 영토의 일부에 도달 가능한 대포동 2호 미사일을 실험발사할 준비가 되어 있다는 보도 등이 나오고 있다.[24] 이러한 대포동 2호의 개발이 완료된다면 다음의 대포동 3호는 미국 본토에 도달 가능한 사거리 12,000~15,000km 수준의 ICBM이 될 것으로 보인다.

(2) 핵 및 화생무기 운반체계로서의 미사일 위협

한편 북한은 탄도미사일에 핵무기나 화생무기 탄두를 탑재할 수 있을 것으로 보인다. 대체로 핵탄두를 운반하기 위해서는 미사일 탄두중량이 1,000kg 이상이면 되며, 화생무기 탄두 운반에는 탄두중량에 커다란 제한이 없다고 볼 수 있다. 따라서 북한이 스커드, 노동, 대포동 미사일 등에 이러한 대량살상용 탄두를 장착하게 된다면 강력한 군사적 위협수단이 될 것이 자명하다. 이로써 북한은 주한미군, 주일미군, 나아가 미국 본토에 대한 전략적 위협을 할 수 있어 각종 대미협상에서 협상력이 크게 강화됨은 물론 유사시 미국, 일본 등의 한국에 대한 군사지원을 억제하는 효과를 가지게 될 것이다.

(3) 방어체제 구축이 어려운 미사일 위협

이러한 북한의 탄도미사일 위협에 대응하기 위한 방안이 미사일 방어체제의 구축이다. 미국은 동북아에서 북한 미사일 위협에 대응하기 위하여 일본 및 대만과 함께 전역 미사일방어체제(TMD) 구축을 시도하고 있다. 미국은 한국이 포함되는 전역 미사일 방어체제에 대한 구상을 하기도 하였으나 북한이 수백 발의 미사일을 동시 공격할 경우 기껏해야 수십 발 정도나 방어가 가능하며, 한국 전역을 방어하는 시스템 구축이 어려울 뿐만 아니라 과다한 예산소요의 문제점을 지적한 바 있다.[25] 그러나 미국은 주한미군 보호를 위한 패트리어트 미사일을 배치, 강화하는 제한적 조치를 취하여 왔다.[26] 한국으로서도 미국의 동북아 TMD에 가입은 하지 않지만 중장기적으로 유사시 미국의 동북아 TMD와 기술적 상호운용성이 가능한 PAC-Ⅲ나 이지스함 도입 등을 통한 미사일 방어능력을 갖추는 문제를 고려하고 있다.

한편 미국은 북한은 비롯한 '불량국가(rogue state)'들의 미국 본토에 대한 미사일 위협에 대처하기 위하여 국가 미사일 방어체제(NMD) 구축을 시도하고 있다.[27] 그렇지만 기술적 완벽성의 한계, 대응 방해기술의 발달 가능성, 충분한 예산확보의 불확실성, 중국을 비롯한 이해 관련국들의 반대 등등에 의하여 어려움에 직면할 가능성을 배제할 수 없다.[28] 그렇지만 기술적 진보의 추세로 보아 5년 이내에 일정한 형태의 실전배치 가능성도 있어 보인다.

(4) 지역 및 세계정세 불안케 하는 미사일 수출 위협

한편 북한은 미사일 기술, 부품, 완제품 등을 이란, 이라크, 시리아, 리비아, 예멘 등 중동국가들과 파키스탄 등에 수출하여 온 것으로 알려져 왔다.[29] 북한은 중동국가들에 단거리 미사일만을 수출하여 왔다고 주장하지만 이란이나 파키스탄 등에 노동 1호 미사일 기술이 이전되었을 가능성이 높게 추정되고 있다.

북한의 단거리 미사일 수출은 해당 지역정세만을 불안케 하지만, 노동 1호나 대포동 1호 등 사거리가 긴 미사일이 중동에 수출될 경우 유럽질서에도 위협이 될 것으로 보인다. 나아가 만일 북한이 수출하는 미사일이 테러지원국이나 테러단체에 흘러들어 갈 경우 세계정세조차도 심각하게 위협할 가능성이 높다. 이에 미국은 북한 미사일이 테러단체 및 테러지원국가에 수출되는 것을 차단하기 위해 미사일 수출선박에 대한 공해상 나포 등의 강경책도 불사하겠다는 입장을 밝혀왔으며,[30] 실제로 2002년 12월에 예멘으로 북한 미사일을 운송하던 선박에 대하여 스페인군으로 하여금 강제 수색케 한 바 있다. 그러나 유엔결의 없이 미사일 수출선박을 공해상에서 나포하거나 강제 수색하는 것에 대한 국제법적 근거가 미약하다는 한계가 드러났다.

따라서 미국의 부시 대통령은 대량살상무기나 이의 부품 등의 이전금지를 목표로 하는 확산방지구상(PSI : Proliferation Security Initiative)을 2003년 5월 31일 발표하였으며, 현재 미국을 비롯 일본, 영국, 프랑스, 독일, 이탈리아, 네덜란드, 폴란드, 포르투갈, 스페인, 호주 등 11개 회원국을 확보하였다. 이들 회원국은 확산방지를 위한 차단의 원칙 등

을 마련함은 물론 2003년 9월 이후 각종 도상, 해상, 공중, 육상훈련을 실시 혹은 계획하고 있다.31) 이 PSI는 북한의 핵, 화생무기, 탄도미사일 수출을 감시 내지 억지하는 데 상당한 비중을 두는 것이다. 그러나 북한의 정상적인 미사일 수출을 차단하는 데에는 권한상의 논란이 있을 뿐만 아니라, 비밀스런 소량의 수출 등에 대한 정보파악과 차단은 결코 용이하지 않은 점이 있다고 할 것이다.

3) 통제 곤란한 화생무기 위협

북한의 화생무기는 현재 가장 통제하기 어려운 비재래식 군사위협으로 남아있다. 왜냐하면 이는 (1) 생산비용이 저렴하면서도 대량살상력을 갖기 때문에 군사적 유용성이 커 북한이 강력하게 집착할 가능성이 높으며, (2) 소형시설에서 비밀 개발, 실험, 생산할 수 있는 기술적 용이성이 있고, (3) 이미 유사시 즉각 사용될 수 있는 상태로 실전 배치되어 있으며, (4) 이들을 규제할 수 있는 국제 비확산체제의 실효성이 미흡하고, (5) 이의 해결을 위한 관련국의 효과적인 대북협상도 거의 부재한 상태이기 때문이다.

(1) 화학무기 위협

북한은 한국전쟁 이전부터 화학전에 관심을 보였으며, 1950년대는 대소련 의존 속에서도 독자적 화학산업의 시설을 갖기 위해 노력하였다. 1960년대에는 김일성의 화학화 선언(1961.12)에 따라 화학무기 개발에 박차를 가하여 화학전 장비 국내개발, 연구 및 생산기관의 독자적 설치, 전인민에게 화학전 대비 방독면 지급 등의 성과를 내었으며, 1970년대에는 공격적인 화학적 능력과 훈련을 강조하였다. 1980년대에는 각종 화학작용제의 대량생산 및 비축, 대규모 살포 및 투발수단의 발전을 이루었고, 1990년대에는 이원화학탄, 복합화학탄, 탐지 및 측정장비 발전, 광역 살포 및 로켓에 의한 화학지뢰 살포 등의 화학전 능력 개선 등을 추구하여 왔다.32) 이러한 가운데 북한군은 화학무기를 실전 배치하여 총참모부 예하에 2개 화학대대, 각 군단에 1개 화학대대, 각 사단에 1개 화학중대, 각 연대에 1개 화학소대를 통하여 운용하고 있는 것으로 알려져 있다.

한편 북한은 현재 신의주, 만포, 아오지, 청진, 강계, 함흥, 안주, 순창 등 8곳에 화학작용제 생산시설을 갖고 있다. 그리고 신음리, 황혼, 사리원, 삼산동, 왕제봉, 신안상리 등 6곳에 저장시설을 있으며, 신의주, 홍남, 강계 등 4곳에 화학연구소를 갖고 있다. 화학무기 관련 생산 및 연구시설은 평양-원산 이북에 있지만 저장시설은 그 이남에 위치하고 있어 유사시 군사적으로 사용할 의도가 있음을 보여준다.

북한은 그동안 화학무기금지협정(CWC)에의 가입을 거부하여 왔다. 그러한 가운데 화학무기 개발, 생산, 실전배치에 박차를 가하여 왔다. 북한은 현재 2,500~5,000톤 규모의 화학작용제를 비축하고 있으며, 평시에는 연간 5,000톤, 전시에는 12,000톤 규모의 추가 생산능력을 갖고 있다. 1,000톤이면 한반도 지역에서 4,000만 명을 살상할 수 있다고 평가되고 있다. 따라서 유사시 이른바 '유생역량 격멸' 차원의 대량살상을 위하여 화학무기가 사용될 개연성이 높다. 화학무기의 투발수단으로는 박격포, 야포, 방사포, 미사일, 항공기, 지뢰 등이 있으며, 비지속성 화학작용제는 아군의 전방지역에 그리고 지속성 화학작용제는 후방지역에 사용할 것으로 보인다. 전시 북한의 전후방 동시 화학무기 사용은 국민들에게 극도의 공포감을 조장하여 공황심리 내지 패전의식을 불러일으킬 가능성이 높다.

(2) 생물무기 위협

북한은 1987년에 생물무기금지협정(BWC)에 가입하였다. 그렇지만 강제적 사찰규정이 미흡한 점을 활용하여 생물무기 개발, 생산에도 심혈을 기울여 왔다. 밝혀진 바에 의하면, 북한의 생물무기는 국방과학원, 중앙세균무기연구소, 대학연구소 및 종합실험소 등에 의해 개발되고 있다. 제1연구소는 해주에, 제2연구소는 함흥에, 제3연구소는 평양에 위치하고 있다. 세균무기 생산과 관련해서는 평북 정부 25호 공장, 문천, 한천 공장 등이 있으며 세균 배양 및 무기화를 위한 역할을 수행하고 있다.

생물무기 종류로는 콜레라, 페스트, 탄저균, 부르셀라, 야토균, 유행성 출혈열, 간염, 이질, 장티푸스, 결핵, 발진티푸스, 디프테리아 등이 있다고 알려져 있다.[33] 북한은 생물무기를 군단급 탄약고에 저장하여 유사시 즉각 사용할 수 있는 태세를 갖추고 있다. 북한의 생물무기는 주로 후방지역의 지휘본부 및 주요 시설물, 병력 집결지, 후방보급소, 비행장, 주요 산업중심지, 해군 지상기지, 나아가 필요시 전방지역에도 사용될 것으로 보인다.

(3) 화생무기와 국제테러 연계가능성 논란

한편 9·11 테러사건 이후 미국측에서는 북한의 화생무기가 국제테러와 연계될 가능성에 대한 우려가 제기되고 있다. 1997년에 이스라엘 외무상 레비(D. Levy)가 시리아가 스커드미사일용 화학탄두 개발을 함에 있어서 북한과 중국이 지원을 하였다는 주장이 있기도 하였다.[34] 한편 9·11 테러사건 이후 미국내 탄저균 테러와 관련하여 북한이 연계되었을 가능성이 보도되기도 하였지만 사실이 아닌 것으로 알려졌다. 이와 같은 내용 이외에는 북한이 화생무기를 수출하거나 외부단체에 이전하였다는 주장들은 별로 없어 보인다.

북한으로서는 화생무기의 대량수출을 시도하거나 테러단체에 이전할 가능성을 현재로서는 높게 보기 어려울 것 같다. 왜냐하면 (1) 화생무기 자체가 값이 싸기 때문에 수익성이 적을 뿐만 아니라, (2) 이러한 화생무기는 기술적 용이성으로 인하여 필요한 국가나 단체가 자체 개발할 능력을 갖기 쉽고, (3) 북한 자신이 국제테러에 반대하는 정책을 추진하여 오고 있기 때문이다.

예로써 북한은 이미 1995년부터 11월 '반테러 선언'을 한 이후 국제테러에 대한 반대 입장을 공식 천명하였다. 이후 북한은 미국에 대하여 '테러지원국' 리스트에서 해제하고 나아가 테러 관련 대북 경제제재의 과감한 해제를 미국에 요구하여 오고 있다.[35] 북한으로서는 화생무기의 수출에 의한 경제적 이득보다는 미국의 경제제재 해제를 통하여 얻을 수 있는 이익이 훨씬 많은 것이다. 뿐만 아니라 9·11 테러사건 이후 미국은 테러 지원세력에 대하여 테러국 또는 테러단체와 동일시하여 응징 보복할 것임을 천명하여 왔기 때문에, 실제로는 자신의 화학무기가 테러단체에 연계될 가능성을 극히 조심할 것으로 보인다. 다만, 미북관계가 극도로 악화된 최악의 상황하에 화생무기의 수출 위협, 실제 수출을 통한 미국 중심의 세계질서 파괴 등을 모색할 가능성을 완전히 배제하기는 어렵다.

3. 북한의 대량살상무기 개발 및 운용 의도

현 시점에서 볼 때, 북한의 핵무기는 개발 위협단계에 있으며, 탄도미사일 및 화생무기는 지속적인 개발 및 실전적 운용단계에 있다고 볼 수 있다. 바로 이러한 북한의 WMD 개발 및 운용의 의도에 대한 체계적 분석은 매우 중요하다. 왜냐하면 (1) 그동안 이에 대한 북한의 의도에 대한 논의가 매우 다양하게 전개되어 왔으며, (2) 북한의 의도가 어디에 있는가에 대한 논란은 곧 북한의 WMD 해결을 위한 정책방향 설정의 논란과 연계되어 있기 때문이다.

여기에서는 <표 1>에서 보는 바와 같이 두 가지의 차원, 즉 (1) 그것이 대외적 관계 속의 계기에서 비롯되고 있는가 아니면 대내적 관계 속의 계기에서 비롯되고 있는가, (2) 그것이 보다 유리한 정세를 조성하기 위한 적극적인 목적에서 비롯되고 있는가 아니면 불리한

<표 1> 북한의 WMD 개발 및 운용 의도의 유형

구 분		목 적	
		적 극 적	소 극 적
계 기	대 외 적	대외공세 모색	대외열세 극복
	대 내 적	체제강화 모색	체제위기 극복

정세를 극복하기 위한 소극적인 목적에서 비롯되고 있는가를 중심으로 네 유형으로 분리하고, 각각의 유형에 해당되는 세부내용을 제시하면서 분석하여 본다.

1) 대외공세의 모색

북한의 WMD가 대외관계, 특히 대남 및 대미관계에 있어서 공세적인 의도가 있다는 분석이 가능하다. 즉, 북한이 대남 혁명 및 적화통일 노선을 포기하고 있지 않으며 대미 적대노선을 지속하고 있고, 이러한 상황하에서 WMD가 갖는 군사공격용으로서의 가치를 최대한 활용하여 이전보다 유리한 대남 및 대미정세를 조성하려 한다는 것이다.[36]

(1) 대남 군사우위 유지 및 확대

남북한의 군사력 수준에 대한 일반적 평가는 한국의 현존 재래식 군사력이 대체로 북한의 75% 정도인 최소억제력 수준이라고 보고 있다. 한국은 이러한 재래식 군사력의 열세 속에서도 WMD의 국제적 비확산에 적극 협조하면서 NPT, MTCR, CWC, BWC의 회원국으로서 WMD 개발을 금지 내지 제한하고 있는 실정이다. 따라서 북한이 재래식 군사력의 우위 속에서도 WMD를 개발 및 운용하려 한다면 이는 한국에 대한 기존의 군사적 우위를 유지 내지 더욱 확대하려는 것으로 분석될 수 있다.

(2) 유사시 전쟁승리 및 패배회피 능력 확보

북한의 대남 군사전략은 기습전략, 단기속전속결전략, 배합전략의 특징을 보이고 있다. 북한의 WMD는 바로 단기속전속결전략을 뒷받침하는 데 중요한 수단이 된다. 북한이 한국의 전후방 지역에 대해 화생방 공격 혹은 탄도미사일 공격을 무차별적으로 실시할 경우 한국의 전쟁수행능력과 의지가 급격히 약화될 가능성이 있다.[37] 또한 북한이 핵 및 생화학탄두를 탑재한 중장거리 미사일을 확보하여 일본은 물론 미국 영토에 대한 공격능력을 갖게 될 경우 미국의 한국에 대한 핵우산 정책을 무력화 내지 중립화시킬 수 있고,[38] 나아가 한국에 대한 이들 국가의 군사적, 비군사적 지원을 전략적으로 억제할 수 있을 것이다. 이러한 면에서 북한의 WMD는 한국의 조기항복에 따른 단기전 승리의 핵심적 수단이 될 수 있다. 한편 북한은 전쟁개시 후 자신의 예상과 달리 패퇴하게 될 경우 특히 핵무기 사용 위협을 최후수단으로 하여 체제생존을 도모할 수도 있을 것이다.[39] 이러한 면에서 북한의 WMD는 전쟁승리 및 패배회피 가능성 증대를 가져다 주며, 이는 곧 대남 전쟁도발의 가능성을 높여주는 요인이 될 수 있다.

(3) 대남 혁명 및 통일을 위한 유리한 정세 조성

북한은 대남 혁명전략으로서 이른바 남반부에서의 민족해방 인민민주주의 혁명노선을 추구하여 왔다. 또한 통일을 위한 방안으로서 시기적으로 그 내용을 달리하지만 기본적으로 연방제안을 주장하여 왔다. 이러한 북한의 대남 혁명전략 및 통일방안은 궁극적으로 전쟁에 의하지 않고 북한에 유리한 통일을 달성하려는 의도의 산물이라고 분석된다. 북한은 WMD를 통한 군사적 위협을 통하여 한국을 위협함으로써 남북 체제경쟁에서 자신에 유리한 정치군사적 여건을 조성하려 할 수 있다. 그러한 가운데 중장기적으로 적화통일의 가능성을 부각시켜 북한 주민들에게는 승리의식을 주입하여 체제순응적인 충성을 강요하고, 한국 국민들에게는 패배주의적 감정을 불러일으키는 가운데 한국내 친북 좌파적 정치사회세력의 형성과 확대를 모색할 수 있는 것이다.

(4) 주한미군과 한미 안보협력체제 변경 추구

북한은 주한미군과 한미 연합전력 체제가 그들의 대남혁명 및 통일에 있어서 커다란 장애물이라고 인식하여 왔다. 이러한 가운데 북한은 핵개발 위협을 통하여 한국내 주한미군 전술핵 철수, 팀스피리트 훈련 중지, 미국의 한국에 대한 핵우산 폐지, 주한미군 철수 등을 요구한 바 있다. 이미 북한핵 위협을 해소하기 위한 이전의 협상과정에서 주한미군 전술핵 철수와 팀스피리트 훈련중지라는 북한의 요구는 달성된 바 있다. 미국의 한국에 대한 핵우산 폐지는 받아들여지지 않았으나 대신 미국은 북한에 대하여 핵무기 사용을 하지 않겠다는 이른바 소극적 안전보장(negative security guarantee)을 하여준 바 있다.

이러한 맥락에서 볼 때, 북한은 핵 및 생화학탄두가 장착된 채 미국 본토를 위협할 수 있는 탄도미사일 개발 위협을 통하여 주한미군 감축, 철수, 위상변경을 요구함으로써 전통적인 한미 안보협력체제의 이완 내지 해체를 모색하려 할 가능성이 있다.40) 이러한 가운데 한반도 안보문제에 대하여 미북 직접협상을 추구하면서 한국을 배제하려는 태도를 지속할 것으로 보인다.

2) 대외열세의 극복

북한은 공세적 국가목표를 갖고 있음에도 불구하고 탈냉전 상황하에서 대외관계, 특히 대남관계에 있어서 열세를 보이는 측면이 있으며, 바로 이러한 대외열세를 WMD 개발 및 운용을 통하여 극복하려는 의도가 있다는 입장도 있다.

(1) 탈냉전하 동맹 및 외교관계의 약화에 따른 보완 모색

탈냉전하에서 미국은 패권적인 지위를 강화하여 온 반면 북한의 국가안보상 후원자이던 러시아와 중국은 미국과 전략적 협력자 또는 우방국으로 변화하여 왔다. 더 나아가 한국 노태우정부의 북방정책의 성과로 한국이 1990년대 초반에 소련(러시아) 및 중국과 외교관계를 성공적으로 정상화한 반면, 북한은 미국 및 일본과의 관계개선에 뚜렷한 성과를 거두지 못하였다.

특히 1961년에 체결된 조·소 상호 우호협력 및 친선조약이 30년 만기 도래한 상태에서 소련이 이의 연장에 동의하지 않음으로써 유사시 강력한 동맹을 잃은 형국이 되었다. 반면에 한국은 탈냉전하에서도 미국과의 동맹관계를 견고히 유지하여 왔다. 또한 구소련 및 동구 공산정권의 붕괴는 탈냉전하에서 북한체제 붕괴의 위협을 시사하기에 충분한 것이었다. 이러한 점에서 북한이 탈냉전하의 불리한 동맹 및 외교관계 속에서 체제보존을 위한 안전판으로서 WMD를 개발 및 운용하려 한다는 분석이 있을 수 있다.41)

그렇지만 이러한 분석은 북한이 탈냉전 이전에 이미 핵, 탄도미사일, 화생무기를 개발하기 시작하였음을 감안할 때, WMD에 대한 의도의 근본요인이라기 보다는 강화요인이라고 보는 것이 타당하여 보인다.

(2) 남북한 군비경쟁에서의 열세 보완

남북한의 경제력과 기술력 격차로 인해 중장기적으로 재래식 군비경쟁에서 북한에 불리할 수밖에 없다. 현재 북한의 군사비 지출은 한국의 1/5 수준에 머물러 있으며, 이러한 열세는 중장기적인 재래식 군사력 경쟁에서 북한의 패배를 가져다 줄 것이 분명하다. 비록 북한이 많은 무기생산을 자체적으로 할 수 있는 능력이 있고, 무기생산 관련 임금단가가 현저히 낮아 획득비용이 저렴할 뿐만 아니라 군사비를 수리유지비 보다는 전력투자비로 사용할 수 있는 여건이 유리하다고 하더라도, 중장기적으로 한국에 비하여 군사력 건설에서 불리할 수밖에 없는 것이다. 따라서 북한이 이러한 재래식 군비경쟁 패배 가능성을 염두에 두고 WMD를 개발하여 힘의 균형을 모색하려 한다는 분석이 있을 수 있다.[42] 그러나 북한이 재래식 군사력이 우세하던 오래 전부터 WMD를 개발하여 온 점을 설명해 주기 어렵다.

(3) 미국의 대북 핵위협/적대정책에 대한 대응 모색

핵무장국가로서의 미국은 북한에 위협적인 존재로 인식되어 왔다. 미국은 한국전쟁 기간 중에 수 차례에 걸쳐 핵무기 사용위협을 가한 바 있다.[43] 1958년 1월 주한미군은 전술핵 무기체계가 도입되었음을 밝힌 바 있다. 물론 후에 이에 대한 북한의 비난이 계속되자 미국은 주한미군의 핵보유를 확인도 부인도 않는 NCND 정책을 추진하였다. 대신 한국에 대하여 핵우산을 제공한다는 원칙적 입장을 지속하였다. 북한은 주한미군이 전술 핵무기를 보유하였다는 확신하에 지속적인 철수 주장을 하게 된다.

한편 미북간 주요 군사적 갈등 사건 속에서, 즉 미 정보수집함 푸에블로호 납치사건(1968년 1월), 미 정찰기 EC-121 격추사건(1969년 4월), 미루나무 도끼 만행사건(1976년 8월) 등이 발생하였을 때, 미국은 일정 정도의 핵위협 내지 핵보복을 시사하기도 하였다.44) 또한 한미 양국은 1976년부터 1992년까지 "Team Spirit" 훈련을 대규모로 실시하였는데, 비록 한미 양국이 이를 대북 억제를 위한 방어훈련이라고 주장하였으나, 북한은 이를 항상 대북 침략을 위한 핵전쟁 연습이라고 인식하여 왔다.

북한은 1990년대 초반 핵협상 과정에서 미국에 대해 주한미군의 전술핵 철수, 팀스피리트 훈련 중단, 미국의 한국에 대한 핵우산 제공 중단 등을 요구함으로써 자신의 핵개발과 이러한 문제가 연계되어 있음을 밝혔다. 한편 북한은 자신의 2003년 1월 NPT 탈퇴선언 이유 중 하나로 대북 중유제공 중단과 더불어 미국의 '핵태세 검토보고서'의 북한에 대한 핵 선제공격 가능성을 들었다. 이러한 면에서 북한은 분명 미국의 핵위협 내지 자신에 대한 적대정책과 핵 및 미사일 등 WMD 문제가 연계되어 있음을 밝히고 있다.

그러나 이러한 북한의 주장은 주한미군의 전술핵 철수, 팀스피리트 훈련 중단, 제네바 핵합의를 통한 대북 핵 선제사용 중단 약속, 중장기적인 경제제재 완화와 정치외교적 관계정상화 약속 등이 있었음에도 비밀 우라늄농축에 의한 핵개발을 제네바 핵합의 직후부터 도모한 점을 미루어 볼 때 한계를 갖는 것이다.

(4) 남북한 경제격차에 따른 상대적 박탈감 해소를 위한
    정치·군사적 대응

북한은 폐쇄적인 자립경제 체제를 지향하는 가운데 탈냉전 시대 들

어 심각한 경제침체에 직면하게 되었다. 반면에 한국은 대외개방적인 수출중심 경제체제를 통하여 지속적인 경제성장을 이룩하여 왔다. 이로 인한 남북한의 경제력 격차는 상호 체제경쟁에서 북한에 심각한 상대적 박탈감을 가져다 주었다고 볼 수 있다. 북한이 한국과의 체제경쟁에서 우위에 있을 때 대남 군사공세가 강화되는지 열세에 있을 때 강화되는지에 대해서는 논란이 있다.45) 만일 후자의 입장이 타당하다는 전제가 가능하다면, 북한이 특히 경제, 외교적 체제경쟁에서의 열세를 만회하기 위하여 WMD 개발을 통해 정치군사적 우위를 추구하는 가운데 심리적 보상을 얻으려는 경향이 있다는 분석이 가능하다. 그렇지만 만일 북한이 경제, 외교적 차원의 체제경쟁에서의 열세를 신속히 만회하려면, 오히려 WMD 개발 위협을 중단하고 대외관계를 개선하여 외부의 대규모 경제지원과 협력을 이끌어 내고, 미일 등을 비롯한 서방국가들과의 관계개선을 추구하는 것이 바람직할 수 있기 때문에 위의 분석 역시 한계를 갖는다고 하겠다.

(5) 세계적인 탈독재 자유화 추세에 따른 국가생존 위협에의 대응

탈냉전으로 인하여 자유민주주의적 정치질서와 자본주의적 경제질서가 범세계적으로 확대되어 왔다. 미국은 이러한 추세를 확산(enlargement)하기 위하여 여러 지역과 국가에의 개입(engagement)을 추구하여 왔다. 특히 구소련의 붕괴는 북한체제에 매우 충격적인 사건일 수밖에 없었으며, 북한 역시 체제붕괴 위협을 느끼지 않을 수 없었을 것이다. 더 나아가 구소련을 이은 러시아가 자유민주화, 자본주의화, 친서구화를 추진함으로써 더 이상 북한의 국가생존에 대한 안전판을 하기 어렵게 되었다. 또한 중국 역시 자본주의 방식을 도입하는 대외개방을 촉진하고 나아가 친서구화의 길을 걸어 나가는 상황하에서 북한은 미국과의 관계개선을 통한 체제안전 보장을 모색할 수밖에 없게 된다. 그러나 미국의 깊은

대북 불신으로 인하여 관계개선은 한계에 직면하여 왔다. 이러한 면에서 세계정세 변화 속에서 국가생존을 확실히 보장하여 줄 수 있는 핵무기를 비롯한 WMD의 필요성이 높아질 수밖에 없었다는 분석이 가능하다.46)

3) 체제붕괴 위기 극복

북한이 대내적으로 체제붕괴 위기에 직면할 수 있는 주요요인으로는 경제 및 식량난에 따른 사회질서 혼란이나 대규모 주민폭동 발생, 지도층 분열로 인한 정변 발생, 사상적 해이에 따른 정부통제력 상실 등을 들 수 있다. 북한의 WMD는 바로 이러한 체제붕괴 가능성 요인을 차단하여 주는 역할을 할 수 있다는 분석이 가능하다.

(1) 경제회생의 기회 마련

북한은 1990년대 중반부터 극심한 경제난, 유류난, 외화난 등과 같은 경제위기를 겪으면서 이로 인한 체제위기 가능성에 직면하여 왔다. 최근 들어 경제위기가 조금 개선된 면이 있다고는 하지만 경제위기는 아직도 북한체제의 위험한 요소임이 분명하다. 이러한 가운데 WMD가 경제회생에 도움이 될 수 있는 경우로서 두 가지를 생각하여 볼 수 있다.

북한은 그동안 탄도미사일을 중동국가 등에 수출하여 외화벌이를 추구하여 왔다.47) 이러한 면에서 극심한 경제위기시에 WMD 관련 물질, 장비, 기술을 수출하여 외화획득을 확대하려 할 개연성을 부인할 수 없다. 그러나 핵관련 수출에 대해서는 국제사회의 감시와 통제가 심각하므로 본격적인 대외수출이나 이전에 의한 외화획득이 용이하지 않다. 따라서 WMD의 수출을 통하여 경제회생의 기회를 잡는다는 것은 용이하지 않아 보인다.

다른 한편으로 북한이 재래식 군사능력을 WMD로 보완하여 재래식 군비에 대한 투자를 줄임으로써 민간경제 분야의 투자를 촉진하려 할 것이라는 분석도 있다. 핵 및 미사일 개발의 경우 초기 투자비용이 많이 들어가지만 일단 개발하고 나면 이들이 갖는 군사적 유용성은 매우 크기 때문에 재래식 군사력 건설의 필요성을 상당 부분 대체해 줄 수 있는 것이다. 그러나 그동안 북한이 WMD를 개발 및 운용하면서 이에 대한 연장선상에서 재래식 군사력 감축을 위한 실질적 시도를 보여 왔다고 볼 수 없다. 이는 북한이 한국과의 재래식 군비통제에 대하여 대화를 거부하면서 거의 무관심한 태도를 보이는 현실을 감안할 때 분명하다. 이러한 면에서 재래식 군사력 감축을 위한 WMD 개발의 설득력 역시 약해 보인다.

(2) 외부지원 유인용 위협수단화

북한은 금창리 핵의혹 해소를 위한 핵사찰과 미사일 실험발사 유예조치 등을 통하여 미국측으로부터 많은 식량과 인도적 지원을 약속받았다. 또한 미사일 수출 중단을 조건으로 매년 10억 달러의 보상을 요구한 바 있다. 그리고 제네바 핵합의 속에서 미국의 대북 경제제재 완화 약속을 이끌어 냄으로써 미국을 비롯한 서방의 대북 경제제원 내지 투자의 가능성을 포착하려고 하였다. 또한 제네바 핵합의 파기 위협을 통하여 전력보상 등 추가적인 경제적 지원을 요구한 바도 있다.

이러한 면에서 볼 때, 북한은 WMD 개발을 여러 의도로 시도하다가 필요시 이를 협상 수단화함으로써 관련국 특히 한·미·일 등의 경제적 양보를 확보하려는 의도가 있다고 보인다. 그러나 북한이 WMD에 집착할 경우 미국의 대북 경제제재가 계속됨으로써 나타나는 손실을 감안할 때, 이러한 분석 역시 한계가 있게 된다. 북한이 WMD 위협을 가하지 않을 경우 한·미·일 등의 과감한 경제지원 약속이 있음에도 불구하고, 오히려 북한이 WMD 위협을 통하여 제한된 경제적 양보를 얻는 것은 무엇인가 더 중요한 의도가 있음을 의미하는 것이다.

(3) 정권유지를 위한 대내 통합력 유지

북한의 핵개발 문제는 김일성으로부터 김정일로 정권이 이양되는 가운데 더욱 심화되었다. 한편 북한은 1998년 9월 김정일 체제의 공식출범 직전에 대포동 1호 실험발사를 하였다. 이는 김정일이 핵개발을 통하여 북한의 당 및 군 지도층에 대한 강력한 리더십을 확보함으로써 권력이양 과정을 순조롭게 하려는 의도와도 연결되어 있었다고 볼 수 있다. 또한 탈냉전 상황하에서 흔들리는 북한지도층과 일반주민으로 하여금 핵을 비롯한 WMD 문제로써 대남, 대미관계 등을 긴장시킴으로써 북한주민들의 현 체제에 대한 불만을 외부적 적대감으로 분출시키려는 의도도 있어 보인다.

이 외에도 WMD 개발 및 운용을 통하여 북한주민들에게 체제생존 능력을 믿게 하는 가운데, 김일성-김정일을 중심으로 한 정권에의 지속적 충성을 유도하려는 의도도 있었다는 분석도 가능하다고 보인다. 김정일은 특히 '선군정치', '강성대국건설 노선' 등을 통해 강력한 군사력을 통한 위기극복과 체제발전을 추구하면서 체제생존 가능성을 선전하고 있는 것이다. 그렇지만 북한의 수령제적 1인 독재체제하에서 철저한·정치사회적 통제가 가능하기 때문에 돌발적인 암살, 사고 등이 아니고는 김정일정권이 지속될 가능성이 있다고 전제한다면, 이러한 국내정치적 설명 또한 일정한 한계를 보이게 된다.

4) 체제강화 모색

(1) 국방자위 노선의 결과

북한의 주체사상은 민족적 자긍심과 위신을 강조하는 북한의 통치이데올로기이다. 이러한 주체사상은 국방분야에서 국방자위 정책으로 표출되어 왔으며, 이를 구현하기 위한 4대 군사노선이 지속적으로 추구하여 왔다. 만일 북한이 강력한 무기로서 핵을 비롯한 WMD를 개발, 보유하게 된다면 주체사상의 관점에서의 민족적 자긍심과 위신을 높여주는 것으로 해석될 수 있다. 이러한 맥락에서 북한의 WMD는 주체사상에 입각한 국방지위노선의 자연스러운 이데올로기적 산물이라고 볼 수 있다.[48] 북한은 통상 WMD 개발에 대하여 국제사회나 관련국들의 비판이 있게 될 경우 이를 자신의 주권사항에 대한 침해로 간주하는 경향이 있었다.

(2) 강성대국건설 노선의 표출

김정일은 김일성 사후의 과도통치 시기를 마치고 1998년 9월에 신헌법을 채택하여 자신의 시대의 출범을 알렸다. 그러한 가운데 김정일은 사상, 군사, 경제 강국을 통한 '강성대국건설'이라는 통치 슬로건으로 내세웠다. 김정일은 또한 강성대국건설 노선과 더불어 군을 체제유지와 혁명과업에 앞세우는 선군정치를 크게 강조하였다.[49] 김정일은 북한체제의 생존여부가 군대에 의하여 좌우될 것이라는 판단하에 군의 지지를 공고히 하는 가운데 지속적인 군사력 강화를 모색하기로 하였다.

이에 따라 김정일 시대는 국방위원회 중심의 통치가 이루어지고, 북한 군부 지도층의 국가서열은 크게 상향되며, 군부대 방문 및 현지지도를 강화하여 군의 사기진작과 충성심 증진을 도모하고, 전체 경제가 어려운 상황하에서도 일부 재래식 군사력 개선사업을 시도하는 등의 특징이 나타났다. 바로 이처럼 군과 군사력을 중시하는 강성대국건설과 선군정치의 연장선상에서 강력한 군사수단으로서의 WMD 개발 및 운용에 집착하고 있는 것으로 볼 수 있다.

(3) 반미 반제국주의 노선의 추구

 탈냉전 상황하에서 북한은 이란, 이라크, 리비아, 시리아, 쿠바 등과 더불어 세계에서 가장 반미적인 국가군에 속하여 왔다. 이들 국가들에 대하여 미국은 '불량국가'라는 라벨을 붙여왔다. 그러나 9·11 테러사건 이후 미국은 그 중에서 특히 WMD를 통하여 미국에 저항하려는 이란, 이라크, 북한을 이른바 '악의 축'이라면서 더욱 비판적인 라벨을 붙였다. 그렇지만 다른 일면으로는 이러한 '악의 축' 국가들이 반미, 반패권적인 범세계 세력의 상징적 대표국이 된 것이다. 이러한 면에서 미국과 대결하는 국가로서의 국제적 위신이 상대적으로 높아지게 되는 것이다. 북한은 주체논리에 기초한 반미 반제국주의 노선을 추구하는 가운데 WMD를 통하여 미국중심의 패권적 국제질서에 도전하려는 측면이 있다.

 이상에서 살펴볼 수 있듯이, 북한의 WMD 개발 및 운용의 의지에 대한 분석은 매우 다양할 수 있다. 그러나 어떠한 유형이 더 설명력을 갖는지에 대한 판단은 북한체제가 추구하는 국가목표의 우선순위, 북한체제가 처한 대내외 상황에 대한 평가, 북한의 WMD 해결을 위한 정책적 처방에 대한 입장 등과 상호 연계되어 파악될 수 있다.

 만일 북한이 대외공세 혹은 체제강화 모색의 의도하에서 WMD 개발 및 운용에 집착하고 있다는 분석을 수용하게 된다면 대체로 정치, 외교, 경제, 군사적 압력수단을 동원한 강압정책으로 그러한 의도를 감소시킬 필요성이 있다는 처방이 선호될 것이다. 이는 주로 미국내 보수적 공화당계 집권세력과 한국의 보수적 야당세력이 지지하고 있다. 그러나 북한이 대외열세 내지 체제위기 극복의 의도하에 WMD 개발 및 운용을 시도하고 있다는 분석에 기초한다면, 북한이 느끼고 있는 열세나 위기를 해소하여 줄 수 있는 정치, 외교, 경제, 군사적 유인수단을 통한 포용정책을 처방하게 될 것이다. 이는 주로 미국내 자유주의적인 민주당계 야당세력과 한국내 개혁주의적인 집권세력에 의하여 선호되고 있다.

그러나 앞서 살펴보았듯이 북한의 WMD 개발 및 운용의도는 복합적이며 어느 한 유형만을 강조하는 것은 편협한 선택이 될 수 있기에 결과적으로 적절한 압박과 포용을 동시에 병행하거나, 상황에 따라 순차적으로 적용하거나 혹은 교차적용 하는 방안이 효과적일 수 있다. 그러나 북한이 WMD 관련 협상에 있어서 초기에 많은 요구와 더불어 위협적 수단을 최대화하는 경향이 있음을 감안할 때, 아측도 대북협상에 있어서 일정 정도의 압박수단을 동시에 제시하는 것이 협상결과에 유리할 것으로 보인다.

4. 북한의 대량살상무기에 대한 전망과 대응방향

북한의 WMD 위협에 대한 향후 전망을 위해서는 북한 WMD에 영향을 미치는 요인들을 분석하는 것이 중요하다. 왜냐하면 이들이 북한의 WMD에 대한 집착의 정도에 영향을 미칠 것이기 때문이다. 물론 북한의 WMD에의 영향요인은 매우 다양할 수 있다. 그렇지만 여기에서는 WMD 비확산 관련 국제레짐의 역할, 북한 WMD를 둘러싼 관련국의 양자 혹은 다자협상의 전개내용, 북한의 대내정세가 WMD에 영향을 미치는 요인 등으로 크게 나누어 살펴보고, 각각의 경우의 북한의

WMD 위협에 대한 전망을 시도하여 보기로 한다. 그리고 이를 토대로 북한의 WMD 위협에 대응하기 위한 정책방향을 제시하여 보고자 한다.

1) 북한의 WMD 위협 해결에 대한 전망

(1) WMD 비확산 국제레짐의 역할에 따른 전망

 북한의 핵개발 위협을 차단하기 위하여 일정한 역할을 할 수 있는 국제레짐으로는 NPT조약, IAEA, UN 등이 있으며, 이외에 남북한간의 한반도 비핵화 공동선언, 미·북간의 제네바 핵합의 등이 추가될 수 있다. 북한의 경우 이미 1993년 3월에 NPT 탈퇴 위협을 한 후 복귀한 바 있으며, 2003년 1월에 탈퇴를 선언하여 현재로서는 NPT 비회원국이다. 1992년 1월에 체결된 IAEA-북한간의 핵사찰 협정은 북한의 비협조로 인하여 북한에 대한 핵의혹을 해소하는 데 실패해 왔다. 국제 핵사찰의 중심적 역할을 하는 IAEA의 경우 권한상의 한계 및 기술상의 한계를 여실히 보여주었다.50) 그리고 유엔안보리에서도 북핵문제에 대한 논의가 있고 대북제재 가능성이 거론되었으나, 비토권이 인정되는 정치적 의결절차 속에서 중국이나 러시아 등이 반대함으로써 강제력 있는 실질적인 북핵문제 해결방안을 제시하는 데 실패해 왔다.

 이러한 맥락에서 볼 때, 앞으로도 핵비확산 관련 국제레짐이 북한의 핵개발 위협을 억제하기 위해 일정한 역할을 수행하겠지만 결정적인 안전판 역할을 하여 주기를 기대하기 어려움을 알 수 있다. 그러나 IAEA의 대북 특별사찰이 실시된다든지 아니면 유엔안보리가 대북 강제제재 결의안을 채택하게 된다면, 이러한 조치들을 통해 북핵문제가 바람직한 방향으로 해결될 가능성이 기대될 수도 있겠다.

 탄도미사일의 경우에는 독자적인 미사일 개발을 금지할 수 있는 국제레짐은 존재하지 않는다. 다만 이의 비확산을 위한 MTCR이 존재하고 있는데, 이는 사거리 300㎞, 탄두중량 500㎏의 수출을 금지하는 데 초점이 맞추어져 있다. 현재 북한은 MTCR에 가입하고 있지 않기 때문에 미사일 수출에 대한 국제적 규제를 받고 있지 않다.[51] 만일 북한이 MTCR에 가입한다고 하더라도 수출중단이 이루어지기는 하겠지만 북한의 미사일의 지속적인 개발, 실험, 실전배치를 막을 수는 없다. 이러한 면에서 북한의 탄도미사일 개발 위협을 막을 수 있는 실질적인 국제레짐은 현재 부재한다고 볼 수 있다.

북한의 화생무기에 대한 비확산 국제레짐은 핵에 비하여 그 역할이 더욱 미미하다고 볼 수 있다. 왜냐하면 북한은 CWC에 가입 자체를 하고 있지 않기 때문에 국제적인 비확산 의무를 지우기 어려운 것이다. 북한은 1997년에 CWC에 가입하는 문제를 고려한 것으로 알려져 있으나 결국 가입을 하지 않았다. 이러한 면에서 북한을 CWC에 가입토록 하는 것이 일차적 과제이다. 그렇지만 CWC에 가입한다고 하더라도 CWC 자체의 한계성으로 인하여 북한의 화학무기 개발을 근본 차단하기에는 어려움이 있다. 북한은 생물무기 비확산과 관련하여 1987년에 BWC를 가입하고 있지만, 이는 강제적인 사찰규정을 결여한 자율 억제 유도의 성격이 강하기 때문에 이 역시 북한의 생물무기 개발을 차단할 수 없다.

결국 이렇게 볼 때, 비확산 국제레짐이 북한의 WMD 개발을 억제 내지 금지할 수 있는 역할은 핵무기를 제외하고는 매우 미약하다고 볼 수 있다. 핵무기 분야에 있어서도 이미 상당한 한계를 보여온 것이 사실이다. 따라서 비확산 국제레짐을 통하여 북한의 WMD 개발 및 운용 위협을 조속히 해결할 수 있기를 기대하는 것은 매우 어려운 현실이다. 이러한 맥락에서 북한의 WMD에 관련된 유관국들의 전략적인 비확산 협상의 역할이 중요하다고 하겠다.

(2) 관련국간 양자 혹은 다자협상 전개에 따른 전망

북한의 핵위협을 해결하기 위하여 남북한 협상, 미북협상이 전개된 결과 각각 1991년 12월 한반도 비핵화 공동선언과 1994년 10월 제네바 핵합의가 채택되었다. 그렇지만 이러한 양자 합의들은 북한의 성실한 준수의 거부 속에 북한의 핵개발 위협을 해소하는 데 실패하였다. 이러한 합의들의 결정적 한계점은 강제적 집행력의 결여에 있었는데, 이는 당시 한국이나 미국 당국자들이 북핵문제의 근원적 해결보다는 어느 정도 정치적 타협을 시도한 데 그 원인이 있다고 하겠다. 이러한 면에서 추후 강력하고 확실한 강제력이 뒷받침되는 양자합의나 혹은 합의의 국제적 실효성을 보장하여 줄 수 있는 다자합의의 체결이 필요할 것으로 보인다.

한편 북한의 미사일 위협과 관련하여 1996년 4월, 1997년 6월, 1998년 10월, 1999년 3월에 미북협상이 전개되었다. 이 과정에서 미국은 북한이 미사일 개발 및 수출을 중단한다면 대북 경제제재를 완화하겠다는 입장을 보였다. 북한은 미사일 개발, 시험, 생산, 배치에 대한 협상에는 응하지 않고 수출문제에 대해서는 현금보상을 하면 고려해 보겠다는 입장을 보였다. 그러나 결국에는 미국이 대북 경제지원 약속을 하게 되자 1999년 9월 24일에 미사일의 추가 실험발사 유예를 약속하였다. 그렇지만 미사일의 개발, 생산, 배치, 그리고 수출에 대한 억제는 실패하였다. 북한의 미사일 위협과 관련하여 남북간에는 실질적인 협상이 전개되지 않았다. 따라서 미사일 문제의 근본적 해결을 위해서는 추가적인 협상이 필요하다고 하겠다. 이러한 과정에서 현금보상을 요구하는 북한측 입장과 경제제재 완화라는 유인책을 제시하는 미북간의 의견조율이 최대 관건이라고 하겠다.

한편 북한의 화생무기에 대해서는 한국이든 미국이든 실질적인 대북 협상을 전개하지 못하였다. 노태우정부 당시 핵문제와 화생무기 위협을 포괄적으로 다루기 위한 협상을 제시한 바 있으나 북한이 거부한 바 있다. 미국으로서도 북한의 화생무기 위협을 인식하면서도 핵 및 탄도미사일 위협에 정책적 우선순위를 두다보니 이 문제에 대한 실질적 접근에 미진하였다.

이러한 면에서 볼 때, 북한의 WMD 위협을 해결을 위한 협상들이 효과적이면서도 포괄적인 합의를 가져오지 못했음을 알 수 있다. 결국 최근 북핵문제 해결을 위하여 베이징 3자회담, 6자회담이 전개되고는 있지만 얼마나 확실하게 북한 핵위협을 해결할 수 있는 합의를 도출할 지는 미지수이다. 이렇게 볼 때, 북한이 WMD 개발 의도를 지속하는 한 양자 혹은 다자협상에 의한 문제해결도 용이하지 않음을 알 수 있다. 이러한 가운데 핵, 미사일, 화생무기 위협을 부문별로 나누어 접근할 것인지, 아니면 포괄적인 패키지로 묶어 접근할 것인지에 대한 판단도 필요하다고 본다. 왜냐하면 이들 모두가 서로 연계된 이슈들이기 때문이다.

(3) 북한의 대내정세 변화에 따른 전망

북한의 WMD 개발 및 운용에 대해서는 북한 내부의 특히 정치, 경제, 군사적 요인 역시 중요한 영향을 미칠 것이다.

먼저 정치적 측면에서 볼 때 북한체제의 안정, 불안정이 매우 중요한 요인이 될 것이다. 현재 북한체제는 수령제적인 1인지배체제와 군부의 적극적인 지지 속에 정치적 안정성을 일정 정도 유지하고 있다고 볼 수 있다. 그렇지만 특히 경제적 위기에 따른 주민불만 확산, 사회통제질서 이완, 주민들의 대량탈출 시도, 후계체제 가시화를 둘러싼 측근세력 분열, 예측 불가능한 김정일 암살 시도 등의 위험성도 있다. 여기에 북한의 WMD 개발 위협에 대한 불만으로 김정일정권의 종식을 도모하는 외부적 압력이 추가될 수도 있다. 오늘날 북한체제는 표면적인 안정성이면에 상당한 불안정성이 내재하여 있는 형국이라고 볼 수 있다.

　이러한 가운데 대내 정치적 불안정이 발생할 경우 북한은 대외갈등을 촉발시켜 관심을 돌림으로써 내적 통합을 시도하거나, 아니면 대외관계 개선을 통하여 정치적 불안정의 원인이 되는 경제적 위기를 해소하려는 대외개방으로 나갈 것인지 선택의 기로에 서게 될 것이다. 한편 외부압력에 의한 북한체제 위기에 대해서도 적절한 협상을 통하여 문제해결을 시도하여 나가거나, 아니면 더욱 강력한 WMD 위협을 통하여 이를 극복할 것인가에 대한 선택의 기로에 서게 될 것이다.

　한편 북한이 시급한 경제적 위기를 해소하려면 군사부문의 투자를 크게 줄이거나, 아니면 상당한 외부의 경제지원과 협력을 도출하여 내야 한다. 그러나 군부에 크게 의지하는 김정일정권이 군대의 급격한 축소를 시도하는 데에는 한계가 있다. 따라서 결국 외부의 경제지원과 협력이 우선적 고려 대상이라고 보겠다. 북한은 그동안 WMD 위협을 통하여 부분적인 외부 경제지원과 협력을 도출해 낼 수 있었다. 그렇지만 이러한 행태는 북한에 대한 전면적인 경제제재나 협력을 가로막는 결정적 장애물이 되어왔다. 따라서 어려운 경제사정 속에서도 WMD를 계속 고집할 것인지 아니면 이를 포기하는 대신 외부 경제지원과 협력을 크게 확대할 것인지의 기로에 서 있다.

　군사적인 측면에서 볼 때 북한이 대남 군사우위를 계속 추구할 것인지 아니면 힘의 균형 수준을 추구할 것인지가 중요한 변수이다. 만일 북한이 대남 혁명이나 통일을 염두에 두면서 대남 군사우위를 지속하지 않는 경우라면, 현 수준의 재래식 군사력을 유지한다면 북한에 WMD가 당장 시급한 요구사항이라고 보기 어렵다. 주한미군을 포함하는 한미연합전력을 고려하더라도 북한은 상당기간 자신의 안보를 위한 최소억제력을 유지할 수 있을 것으로 보인다. 만일 향후 주한미군의 감축이나 변경 등이 있어 한미 연합전력이 약화된다면 방어적 차원에서 WMD의 필요성은 더욱 줄어들 것이다. 그러나 북한이 WMD 개발에 집착할수록 한미 연합전력은 견고하게 유지될 것이며, 이는 다시 북한의 WMD 필요성을 높여주는 딜레마의 상황 속에 놓여져 있는 것이 현실이다.

이렇게 볼 때, 북한의 대내정세 변화와 관련한 북한의 WMD 정책은 불확실한 측면이 많다고 하겠다. 이는 곧 북한의 WMD 문제 해결을 위한 북한 내부정세에의 개입이 매우 신중한 분석에 기초하여야 함을 의미한다. 예를 들어, 북한체제와 김정일정권을 위태롭게 하는 것이 WMD 해결에 도움이 될지 그 반대가 도움이 될지 등에 대한 판단은 북한의 의도를 북한의 시각에서 정확히 이해할 수 있는 정보수집과 분석능력이 요구된다고 하겠다. 따라서 관련국들이 자국의 관점과 시각에서 혹은 집권층들이 자신들의 정치적 이해관계에 따라서 임의로 북한의 WMD 정책과 행태를 전망하는 편견에서 벗어나는 것이 중요하다고 본다.

2) 북한의 WMD에 대한 대응방향

북한의 WMD 위협은 우리의 국가안보에 매우 심각한 도전이 되고 있다. 그러나 이에 대한 효과적인 해결책을 마련하는 것이 용이하지 않다. 이러한 맥락에서 북한의 WMD 위협에 대응하기 위해서는 다양한 대응책을 마련할 필요성이 있다. 여기에서는 그 중에 다음과 같은 내용을 제시하여 보고자 한다.

(1) 국제사회의 대북압력 강화 모색

북한의 WMD는 한반도를 벗어나 동북아 내지 세계평화를 위협하는 요인이다. 따라서 주변관련국들과 국제사회와 긴밀히 협력하는 것이 중요하다. 이를 위하여 필요하다면 현존하는 WMD 비확산 국제레짐을 적극 활용토록 하며, 나아가 각종 쌍무 혹은 다자회담 등을 통하여 북한의 WMD 위협 실상을 이해시키고 우리의 정책노력에 대한 지지를 창출하여 나가야 한다. 이러한 가운데 가능하면 북한으로 하여금 현재 가입하지 않은 WMD 비확산 국제레짐에 가입토록 국제사회의 여론과 압력을 조성하고 활용할 필요가 있다.

(2) 비대칭적 군비통제 시도

북한의 WMD 위협에 상응하는 WMD 능력을 한국은 갖고 있지 못하다. 따라서 북한의 WMD 위협에 대해서는 비대칭적 군비통제가 추진될 필요가 있다.

이러한 맥락에서 북한에 대한 경제적 지원이나 제재 등과 같은 조치를 적극 활용하여야 한다. 만일 정경분리의 원칙에 지나치게 집착하여 경제적 유인 및 압박을 WMD와 전혀 연계시키기 않을 경우, 한국으로서는 비대칭적인 북한의 WMD 위협에 대한 효과적인 대북 협상 지렛대가 부재하게 됨을 인식하여야 한다. 현재로서는 대북 경제적 지렛대가 우리가 활용할 수 있는 가장 효과적인 비대칭 군비통제 수단인 것이다.

한편 북한의 체제 및 정권안정 보장이나 이에 대한 위협 등과 같은 협상수단들로 비대칭적 WMD 위협을 해결하기 위한 협상 지렛대로 사용될 수 있다. 이는 곧 대북정책은 모든 면에서 상호주의의 원칙에 입각하여 전개할 것이지 일방적인 시혜적 조치로서 이루어져서는 안됨을 의미한다.

한편 군사적 차원에서 본다면 미국의 대북 군사정책 및 주한미군 존재가 북한의 WMD 개발과 일정 정도 연계되었음을 감안하여 미북관계 내지 주한미군 변화라는 요인을 활용하여 북한의 WMD 위협을 완화시킬 수 있는 정책적 대안을 고려해야만 한다. 이는 북한이 이 문제에 대하여 가장 진지한 관심을 보이고 있는 현실을 전적으로 무시할 수만은 없기 때문이다.
 한편으론 남북한간의 재래식 군비통제를 통하여 상호 신뢰구축과 군사적 안정성을 확보함으로써 북한의 WMD에의 의도를 약화, 변경시키는 2단계적인 군비통제도 고려하여 볼 수 있다. 혹은 재래식 군사분야에서의 한국이 우세한 영역에서의 양보를 통하여 북한의 WMD 위협을 해소할 수 있는 가능성도 찾아볼 필요가 있다.

 (3) 정밀공격 파괴능력 확보
 북한이 WMD 개발 및 운용에 집착하는 한 언젠가 우리에게 치명적 위협이 될 것이며, 전쟁수행 의지와 능력을 마비시키는 대량살상을 야기할 수 있다. 따라서 이러한 북한의 WMD 생산, 저장, 배치시설 등에 대하여 유사시 신속 정확하게 포착하여 정밀 파괴할 수 있는 군사적 능력을 갖출 필요가 있다. 나아가 만일 우리가 정밀공격 파괴능력을 갖추게 된다면 북한의 WMD에의 의도가 약화될 수도 있다.
 정밀 파괴공격이 가하여질 경우 WMD 물질의 오염에 의한 인명피해나 시설피해가 발생할 수 있기 때문에, 이에 대처하기 위한 보완대책이 필요하여 추가적 비용이 필요하게 될 것이며 이는 WMD에의 실질적 투자가 줄어들도록 할 수도 있다. 또한 WMD를 개발 및 운영하는 자들의 사기를 저하시키거나 나아가 목표시설 주변 주민들의 우려를 자아내어 WMD의 지나친 확산을 제어할 수도 있을 것이다.

 (4) 방어능력과 인프라의 구축
 북한의 WMD 위협이 해소되지 않는 한 이에 대한 대응책으로 피공격시 피해를 최소화할 수 있는 방어능력과 인프라를 갖추는 것이다. 물론 다양한 투발수단을 갖추고 다양한 WMD를 동시에 대량으로 투발할 경우 효과적인 방어능력을 갖는다는 것은 용이하지 않다. 그럼에도 불구하고 중장기적인 차원에서 국가예산이나 수혜자의 재원이 누적적으로 투자되도록 유도할 필요가 있다. 이는 곧 핵 및 미사일 위협에 대해서는 견고한 지하 및 대피시설의 확보, 화생무기에 대해서는 탐지, 식별, 제독 능력의 확대와 집단적 혹은 개인적 방호시설의 확보를 의미하는 것이다.

(5) 상호확증파괴를 위한 기술적 잠재력 확보

북한이 WMD 위협을 지속할 경우 이를 억제하기 위한 상호확증파괴의 대응능력이 존재한다면 이의 사용이나 사용위협에 효과적으로 대응할 수 있다. 그렇지만 한국은 이미 WMD 비확산 국제레짐에 가입하여 WMD의 개발을 포기하고 있다. 따라서 실질적인 대응능력을 갖추기는 현실적으로 곤란하다. 그렇지만 유사시 신속하게 실질적인 대응능력을 갖출 수 있도록 기술적 잠재력을 확보하는 것은 가능하다고 볼 수 있다.

핵무기와 관련해서는 현재 한반도 비핵화 선언이 우리의 기술적 잠재력 확보를 가로막는 최대의 장애물이다. 왜냐하면 플루토늄 재처리나 우라늄농축 등과 같은 핵심적 시설을 갖지 않는 것으로 규제하고 있기 때문이다. 이러한 맥락에서 북한의 핵위협이 지속되는 한 잠정적인 무효화 선언을 정책적으로 고려할 시점이 되었다고 판단된다. 우리의 핵 기술적 잠재력 확보 시도는 북한의 핵개발의 의미를 감축시키게 될 것이며, 중국이나 러시아로 하여금 북한핵 억제를 위해 보다 적극적 역할을 하도록 하는 압력수단이 될 것이다.

한편 미사일 기술 잠재력은 우리의 우주항공 기술개발과 궤를 같이 하여 무리없이 향상될 것으로 판단된다. 왜냐하면 미사일 기술과 인공위성 기술이 상호 이중용도적인 측면이 있기 때문이다. 또한 우리 스스로 미사일을 개발, 실험, 배치하는 것에 대한 국제적 제약이 거의 없기 때문이다. 현재 우리는 사거리 300km 이내의 미사일 개발 및 해외도입 등에 제한이 없기 때문에 이를 통하여 대응미사일 전력을 상당정도 확보할 수 있을 것이다. 화생무기에 대해서도 평소 기술적 잠재력을 확보하여 놓은 상태에서 유사시 최단 기간내에 개발, 실전배치할 수 있는 능력을 갖추는 것이 필요해 보인다. 이상의 조치들은 모두 국제적 제약의 틀 내에서 합법적으로 가능한 수준까지를 의미하는 것이다.

(6) 북한의 체제이행 유도

북한의 WMD 위협은 북한체제와 그 지도층이 WMD를 생산, 보유하겠다는 강한 의지를 갖고 있기 때문에 지속된다. 따라서 북한체제의 성격이나 정권이 바뀜으로써 북한의 WMD 위협도 현저히 변화되게 될 것이다. 이러한 맥락에서 북한체제의 성격을 바꾸기 위한 교류, 협력 차원의 포용정책, 정권이나 최고지도자의 교체에 영향을 미칠 수 있는 대안 개발, 권력승계시 후계구도에 영향을 미칠 수 있는 노력, 최악의 적대적 상황 속에서는 체제붕괴를 유도할 수 있는 구상 등이 모색될 수 있겠다.

이렇듯 다양한 스펙트럼 중 어느 하나의 체제이행이 이루어져 그 결과로써 북한의 WMD에의 집착을 완화시키는 결과를 초래한다면, 이는 위에서 언급한 어느 대응책 못지 않게 바람직한 현상이 될 것이다. 그러나 이러한 체제이행에 대하여 최고지도층이 저항하면서 오히려 WMD를 통해 체제이행을 막으려 하는 역효과가 발생할 가능성에 항상 유의하여야 할 것이다.

5. 결 론

북한의 지속적인 WMD 위협에 대하여 한국을 비롯한 관련국들이 효과적으로 대응하지 못하여 온 것이 사실이다. 이는 근본적으로 북한이 WMD에 대하여 강한 집착을 보여 왔기 때문이기도 하지만 관련국들이 이러한 집착을 완화시킬 수 있는 실질적인 정책대안을 개발, 집행하는 데 실패한데도 원인이 있다. 주지하다시피 북한의 WMD 위협을 해소함에 있어서 비확산 국제레짐의 한계가 드러났다.

이러한 맥락에서 북한과의 WMD 협상을 각 분야에서 적극 시도하는 것이 매우 중요한 현실이다. 또한 북한의 WMD 위협이 더 악화되기 이전에 과감한 유인책이나 강경책이 시도되는 포괄적 협상의 시점에 와 있다고 본다. 이러한 맥락에서 최근 다시 부각된 북한 핵 위기 해결과정에서 다시금 적절한 선에서 타협함으로써 근원적 해결이 뒤로 밀려서는 아니될 것이다. 그렇게 되면 중장기적으로 북한의 WMD 위협을 그대로 용인하는 쪽으로 사태가 전개될 개연성이 높아 보인다.

따라서 금번 북한 핵위기를 계기로 북한의 WMD 위협 전반에 대한 포괄적인 해결책을 조속히 마련하는 것이 무엇보다도 중요하다고 할 것이다. 이러한 가운데 미북간의 상호 적대정책 해소, 남북한의 항구적 평화체제 구축, 그리고 한미동맹 관계의 중장기적 변화 구상 등을 종합적으로 고려하는 국가안보전략 구상 속에서 북한의 WMD 위협이 해소되어 나가도록 유도할 필요가 있어 보인다.

※ 이 글은 "북한의 대량살상무기 개발현황 및 의도와 전망"
『한반도 군비통제』 34집 (2003)에 수록되었다.

주 註

1) "Communication dated 26 February 1993 from the Director General of the IAEA addressed to the Minister for foreign Affairs of the DPRK," *UN Document, S/25445, March 23*, 1993, pp. 7-8.
2) "Resolution 825(1993) adopted by the Security Council at its 3212th meeting on 11 May 1993," *UN Document, S/RES/825*, May 11, 1993, pp. 1-2.
3) 미 국무부 대변인은 2002년 8월 13일 "(경수로 본 공사를 위한 콘크리트) 타설식에 참석한 잭 프리처드 대북교섭담당 대사가 언급한 대로 이에는 북한이 핵안전기준을 준수하고 그들의 의무를 다하기 위해 IAEA와 의미있는 협력을 시작해야 할 때"라고 강조하였다.
4) Henry Sokolski, "Implementing the DPRK Nuclear Deal : What US Law Requires," *The Nonproliferation Review*, Vol. 7, No. 3 (Fall/Winter 2000), pp. 146-151.
5) 북한이 과거에 플루토늄을 얼마나 추출하였으며, 이를 통하여 몇 개의 핵탄두를 제조할 수 있는가에 대한 논란은 (1) 북한이 1989년 이외에 1990년, 1991년에도 플루토늄을 추출하였는지, (2) 5MWe 원자로의 운영·출력수준이 어느 정도였는지, (3) 어느 정도의 양으로 1개 핵탄두를 만들 수 있는가와 관련된 북한의 핵제조기술 수준이 어떠한지, (4) 만들려고 하는 핵무기의 폭발력을 어느 정도로 하려고 하는지에 대한 불확실성에서 기인하는 것이다.
6) 제네바 핵합의 체결 직후 이에 대한 미국 의회내 찬반논쟁에 대해서는 졸저, "북한 핵문제에 대한 미 의회 청문회활동 분석,"『국제정치논총』제39집 3호 (2000), 340~343쪽.
7) 경수로 대신 화력발전소 대체제공 관련 논란에 대해서는 국방부,『화생방미사일 : 얼마나 알고 계십니까?』(서울: 오성기획, 2001), 121~122쪽 및 이민룡·윤정원, "한반도의 안보와 협력: 이중적 실험의 역동성," 한국전략문제연구소 (편),『동북아 전략균형: 2002』(서울: 한국양서원, 2002), 289~290쪽.
8) 미국은 2000년 3월 및 6월 한·미·일 대북정책 조정그룹(TCOG) 회의에서 이미 경수로 1기 대신 화력발전소를 대체 제공하는 주장을 한 것으로 밝혀졌다. "미, 북에 화전 건설 제안," ≪조선일보≫ 2001.1.6일자 참조.
9) Selig S. Harrison, "Turning Point in Korea : New Dangers and New Opportunities for the United States," *Report of the Task Force on U.S. Korea Policy* (February 2003), pp. 21-22.
10) Daryl M. Plunk, "Time for a New North Korean Policy," *The Heritage Backgrounder*, No. 1304 (July 2, 1999). North Korea Advisory Group, "Report

to the Speaker, U.S. House of Representatives," (November 1999) 등.
11) CIA, "Unclassified Report to Congress on the Acquisition of Technology Relating to Weapons of Mass Destruction and Advanced Conventional Munitions, 1 July Through 31 December 2001," http://www.odci.gov/cia/reports/721_reports/july_dec2001.htm.
12) '더욱 강력한 무기'의 의미에 대해서는 핵무기의 개발에 따른 기보유, 생화학무기의 존재, 핵융합에 의한 수소폭탄의 개발, '선군정치'를 따르는 김정일에 충성된 북한 주민들의 존재 등 다양한 의미로 논의되기는 하였으나, 그 구체적 실체는 명확하지 않은 가운데 미국을 압박하기 위한 수사적 표현이라고 볼 수도 있다.
13) Richard Boucher, the Speaker of the Dept. of State, "North Korean Nuclear Program," (October 16, 2002). U.S. GPO, *Emergency Regarding Proliferation of Weapons of Mass Destruction : Message from the President of the United States* (Washington D.C. : U.S. GPO Printing Office, 2003), pp. 9-10.
14) John E. Carbaugh, Jr., "Pakistan-North Korea Connection Creates Huge Dilemma For U.S.," http://www.pakistan-facts.com/staticpages/index.php/20030111164804284.
15) The IISS, "Pakistan and North Korea : Dangerous Counter Trades," Strategic Comments, Vol. 8, Issue 9 (November 2002), pp. 1-2.
16) CIA, "Unclassified Report to Congress on the Acquisition of Technology Relating to Weapons of Mass Destruction and Advanced Conventional Munitions, 1 July Through 31 December 2002," http://www.odci.gov/cia/reports/721_reports/july_dec2002.htm#5.
17) 미북회담에 있어서 북한의 주장에 대한 해석의 논란에 대해서는 Daniel A. Pinkston and Philips C. Saunders, "Seeing North Korea Clearly," *Survival*, Vol. 45, No. 3 (Autumn 2003), pp. 79-102.
18) Larry A. Niksch, "North Korea's Nuclear Weapons Program," *Issue Brief for Congress* (May 1, 2003), pp. 1-2.
19) Amy F. Woolf, "The Nuclear Posture Review : Overview and Emerging Issues," *CRS Report for Congress* (January 31, 2001), pp. 1-6.
20) "IAEA Board of Governors Adopts Resolution on Safeguards in North Korea," http://www.globalsecurity.org/wmd/library/news/dprk/un/iaea-030212-med-advise_048.htm.
21) The Nonproliferation Education Center, "Beyond the Agreed Framework : The DPRK's Projected Atomic Bomb Making Capabilities, 2002-09 : An Analysis of the NEPC, December 3, 2002," http://www.npec-web.org/pages/fissile.htm. John B. Wolfsthal, "North Korea's Unchecked Nuclear Weapons Production Potential," http://www.ceip.org/files/ projects/npp/pdf/JBW/nknuclearweaponproductionpotential.pdf.
22) David Wright and Timur Kadyshev, "The North Korean Missile Program : How

Advanced Is It?," *Arms Control Today* (April 1994), pp. 9-12. 졸저, "북한의 탄도미사일 위협과 대응책," 『육사논문집』 제53집(1997년 12월), 362~390쪽.

23) Donald H. Rumsfeld et al, "Executive Summary of the Report of the Commission to Assess the Ballistic Missile Threat to the United States"(July 15, 1998), http://www. fas.org/irp/threat/bm-threat.htm, pp. 4/29-10/29. NIC, "Foreign Missile Developments and the Ballistic Missile Threat to the United States Through 2015," http://www.cia.gov/cia/ publications/nie/nie99msl.html, p. 5/17.

24) "CIA, '北 미사일 美 본토 공격 가능'," ≪조선일보≫ 2003.11.15일자 참조.

25) Robert D. Shuey et al, "Missile Defense Options for Japan, South Korea, and Taiwan : A Review of the Defense Department Report to Congress," *CRS Report for Congress* (November 30, 1999), pp. 20-21. The US Department of Defense, "Report to Congress on Theater Missile Defense Architecture Options for the Asia-Pacific Region," (1999), pp. 9-10.

26) 미국은 주한미군을 위해 1994년부터 배치를 시작해 총 1개 대대 48기 수준의 PAC-2 패트리어트 미사일을 오산, 수원, 군산 등에 배치한 바 있다. 그러한 가운데 주한미군측은 PAC-2 중 일부가 이미 신형인 PAC-3로 교체되었음을 2003년 9월 중순에 공표하게 된다. PAC-2는 1개의 발사대에 4발이 장착됨에 비하여 PAC-3은 16발이 장착될 수 있어 주한미군의 미사일 방어능력이 상당 수준 강화된 것으로 볼 수 있다.

27) 미국은 2007년까지 간단한 방해기술을 갖춘 미사일 수십 발 방어(295억 달러), 2010년까지 정교한 방해수단을 갖춘 미사일 수십 발 방어(356억 달러), 2015년까지 정교한 방해수단 갖춘 미사일 수백 발 방어(488억 달러)를 목표를 한 NMD 구축을 시도하고 있으나 실제 비용은 1,500~2,000억 달러 수준까지 증가될 가능성도 있다는 분석이 있다. Congress Budget Office, "Budgetary and Technological Implications of the Administration's Plan for National Missile Defense"(April 2000), http://www.cbo.gov/showdoc/cfm, p. 11.

28) Jeongwon Yoon, "U.S. MD and the Progress in Inter-Korean Relations," in Jong-Chun Baek(ed.), *Peace and Stability on the Korean Peninsula* (Seoul : KAIS, 2001), pp. 131-143. 졸저, "미국의 미사일 방어정책 평가 및 전망,"『화랑대연구소 연구보고서』(2002년 12월), 16~46쪽.

29) Martin Navis, "Proliferation in the Middle East and the North Asian Connection," *Arms Control*, Vol. 14, No. 3(December 1993), pp. 287-310. 이종성(역), "미사일 커넥션에 의한 북한의 탄도미사일 개발,"『한반도 군비통제』제20권(1996년 12월), 370~386쪽.

30) 2002년 3월 27일 미국 국무부 부장관 리차드 아미티지의 "북한이 미사일 수출

을 시도할 경우 미국은 미사일을 적재한 북한 선박을 나포하거나 격침할 수 있는 선택 방안을 갖고 있다"는 입장을 표명한 바 있다.

31) 2003년 호주 해상훈련, 10월 런던에서 도상圖上 항공 저지沮止 훈련, 11월 프랑스 주최 지중해 훈련, 내년 초 폴란드에서의 최초 육상훈련, 아라비아해 훈련, 3월 독일 주최 국제공항 저지훈련 등을 실시 혹은 계획하고 있다. "'WMD 확산방지 회의국', 7차례 합동훈련 계획," ≪조선일보≫ 2003.11.4일자 참조.

32) 졸저, "북한의 화생무기 위협과 우리의 대응책,"『비상기획보』(1999년 가을호), 12~13쪽.

33) 예로서 치사율이 99% 수준인 탄저균 10kg이 서울지역에 살포될 경우 인구 절반이 피해를 입을 것으로 전망되는데, 북한은 탄저균을 연간 1톤가량 생산할 수 있는 것으로 알려져 있다.

34) NTI, "Chemical Imports and Exports Overview," http://www.nti.org/e_research/profiles/NK/Chemical/53.html.

35) 9·11 테러사건 전후를 통한 북한의 반테러 정책과 미북관계에 대해서는 졸저, "북한의 비재래식 위협과 테러문제,"『통일정책연구소 세미나 발표자료』(2002년 10월 31일), 10~16쪽.

36) 이와 같이 대외공세적 차원의 의도를 크게 강조하는 연구로는 홍관희,『북한의 대량살상무기 개발과 한국의 대응』(서울: 통일연구원, 2002), 26~51쪽.

37) 미 랜드(RAND) 연구소의『한반도 비상리포트』(1992년)는 북한이 개전 초기에 핵 및 화생무기를 사용하여 전쟁승리를 모색할 것으로 보았다. 새로운 한국전쟁시 북한의 핵 및 화생무기 사용 전망에 대해서는 장명순,『북한군사연구』(서울: 팔복원, 1999), 253~278쪽(제4장 1절 "예상되는 북한의 남침 공격양상"). The Subcommittee on East Asian and Pacific Affairs of the Committee on Foreign Relations, *Policy Implications of the North Korea's Ongoing Nuclear Program* (Washington D.C. : U.S. GPO, 1992).

38) Moon Young Park, "'Lure' North Korea," *Foreign Policy*, No. 97(Winter 1994/1995), p. 98.

39) Leonard S. Spector and Jacqueline R. Smith, "North Korea : The Nexus Nuclear Nightmare?," *Arms Control Today* (March 1991), p. 10.

40) 최근 들어서는 북한의 핵개발 시도가 미국의 대북 적대정책에서 비롯된 것이며, 핵개발을 하더라도 같은 민족인 한국에 사용하지는 않을 것이며, 오히려 자신의 핵무기로 한국의 안보도 책임져 줄 수 있다는 등의 논리로 북한은 이른바 '민족공조론'을 내세우면서 한국민에게 반미감정 및 반미투쟁을 선동하고 있다.

41) Byung-Chul Koh, "North Korea's Strategy Toward South Korea," *Asian*

Perspective, Vol. 18, No. 2 (Fall/Winter 1994), p. 46.

42) Jean Link, "The Links Between Nuclear and Conventional Forces," in Joseph Rotblat and Vitallii Goldanskii, *Global Problems and Common Security* (London : Springer-Verlag, 1989), pp. 72-78. Kongdan Oh, "Nuclear Proliferation in North Korea," in W. Thomas Wander and Eric H. Arnett(eds.), *The Proliferation of Advanced Weaponry Technology, Motivations, and Responses* (Washington D.C. : AAAS Publication, 1992), pp. 173-174.

43) Daniel Calingaert, "Nuclear Weapons and the Korean War," *The Journal of Strategic Studies*, Vol. 11, No. 2 (june 1998), pp. 177-202. Roger Dingman, "Atomic Diplomacy During the Korean War," *International Security*, Vol. 13, No. 3 (Winter 1988/1989), pp. 57-60.

44) Lee Suk Bok, *The Impact of US Forces in Korea* (Washington D.C. : National Defense University Press, 1987), pp. 68-70.

45) 전자의 입장으로는 이기종, "북한의 대남정책 결정요인과 전망,"『국제정치논총』제37집 2호(1997), 181~207쪽. 후자의 입장으로는 고대원, "북한의 대남 군사갈등행위의 심리적 요인 분석,"『국제정치논총』제41집 4호(2001), 127~147쪽.

46) Paul Bracken, "Nuclear Weapons and State Survival in North Korea," *Survival*, Vol. 35, No. 3 (Autumn 1993), pp. 137-153. Paul Bracken, "The North korean nuclear Program as a State Survival," in Andrew Mack (ed.), *Asian Flashpoint: Secuirty and the Korean Peninsula* (Canberra : ANU Printery, 1993), pp. 85-96.

47) 박용옥, "북한 스커드미사일, 최고 수출상품으로 외화벌이,"『한반도 군비통제』제12권 (1993년 12월), 10~18쪽.

48) Lawrence E. Grinter, "Asian Nuclear Weapons Proliferation and US Policy," *The Journal of East Asian Affairs*, Vol. IX, No. 1 (Winter/Spring 1995), p. 90.

49) 김진무, "북한의 정책결정 과정에서의 군부의 영향,"『한반도 군비통제』제31집 (2002년 6월), 53~83쪽. 오일환, "김정일시대 북한의 군사화 경향에 관한 연구,"『국제정치논총』제41집 3호 (2001년), 213~232쪽. 김근식, "김정일시대 북한의 당·정·군 관계 변화 : 수령제 변화의 함의를 중심으로,"『한국정치학회보』제36집 2호 (2002년 여름), 349~365쪽.

50) IAEA의 권한상 한계에 대해서는 졸저, "Nuclear Nonproliferation : The Limitations of a Supply-side Strategy,"『육사논문집』제51집 (1996년 12월), 371~398쪽. IAEA의 기술상 한계에 대해서는 졸저, "IAEA 핵안전조치의 기술적 분석,"『육사논문집』제54집 1권 (1998년 6월), 291~313쪽.

51) 전재성, "미사일기술통제체제(MTCR)와 미국의 미사일 정책 : 국제제도론적 분

석과 대북정책에 대한 현실적 함의," 『국제정치논총』 제39집 3호 (1999), 39~60쪽.

<참고문헌>

1. 남한문헌

고대원, "북한의 대남 군사갈등행위의 심리적 요인 분석,"『국제정치논총』제41집 4호 (2001).
국방부,『화생방미사일: 얼마나 알고 계십니까?』(서울: 오성기획, 2001).
김근식, "김정일시대 북한의 당·정·군 관계 변화: 수령제 변화의 함의를 중심으로,"『한국정치학회보』제36집 2호 (2002년 여름).
김진무, "북한의 정책결정 과정에서의 군부의 영향,"『한반도 군비통제』제31집 (2002년 6월).
"미, 북에 화전 건설 제안," ≪조선일보≫ 2001년 1월 6일자.
박용옥, "북한 스커드미사일, 최고 수출상품으로 외화벌이,"『한반도 군비통제』제12권 (1993년 12월).
오일환, "김정일시대 북한의 군사화 경향에 관한 연구,"『국제정치논총』제41집 3호 (2001).
윤정원, "미국의 미사일 방어정책 평가 및 전망,"『화랑대연구소 연구보고서』(2002년 12월).
윤정원, "북한 핵문제에 대한 미 의회 청문회활동 분석,"『국제정치논총』제39집 3호 (2000).
윤정원, "북한의 비재래식 위협과 테러문제,"『통일정책연구소 세미나 발표자료』(2002년 10월 31일).
윤정원, "북한의 탄도미사일 위협과 대응책,"『육사논문집』제53집 (1997년 12월).
윤정원, "북한의 화생무기 위협과 우리의 대응책,"『비상기획보』(1999년 가을호).
윤정원, "IAEA 핵안전조치의 기술적 분석,"『육사논문집』제54집 1권 (1998년 6월).
윤정원, "Nuclear Nonproliferation : The Limitations of a Supply-side Strategy,"『육사논문집』제51집 (1996년 12월).
이기종, "북한의 대남정책 결정요인과 전망,"『국제정치논총』제37집 2호 (1997).
이민룡·윤정원, "한반도의 안보와 협력: 이중적 실험의 역동성," 한국전략문제연구소(편),『동북아 전략균형 : 2002』(서울: 한국양서원, 2002).
이종성(역), "미사일 커넥션에 의한 북한의 탄도미사일 개발,"『한반도 군비통제』제20권 (1996년 12월).
장명순,『북한군사연구』(서울: 팔복원, 1999).
전재성, "미사일기술통제체제(MTCR)와 미국의 미사일 정책: 국제제도론적 분석과 대북정책에 대한 현실적 함의," 『국제정치논총』 제39집 3호 (1999).
홍관희, 『북한의 대량살상무기 개발과 한국의 대응』 (서울: 통일연구원, 2002).
"'WMD 확산방지 회의국', 7차례 합동훈련 계획," ≪조선일보≫ 2003년 11월 4일자.
"CIA, '北 미사일 美 본토 공격 가능'," ≪조선일보≫ 2003년 11월 15일자.

3. 외국문헌

"Communication dated 26 February 1993 from the Director General of the IAEA addressed to the Minister for foreign Affairs of the DPRK," UN Document, S/25445, March 23, 1993.

"Resolution 825(1993) adopted by the Security Council at its 3212th meeting on 11 May 1993," UN Document, S/RES/825, May 11, 1993.

Henry Sokolski, "Implementing the DPRK Nuclear Deal : What US Law Requires," The Nonproliferation Review, Vol. 7, No. 3(Fall/Winter 2000).

Selig S. Harrison, "Turning Point in Korea : New Dangers and New Opportunities for the United States," Report of the Task Force on U.S. Korea Policy (February 2003).

Daryl M. Plunk, "Time for a New North Korean Policy," The Heritage Backgrounder, No. 1304 (July 2, 1999).

North Korea Advisory Group, "Report to the Speaker, U.S. House of Representatives," (November 1999).

CIA, "Unclassified Report to Congress on the Acquisition of Technology Relating to Weapons of Mass Destruction and Advanced Conventional Munitions, 1 July Through 31 December 2001," http://www.odci.gov/cia/reports/721_reports/july_dec2001.htm.

Richard Boucher, the Speaker of the Dept. of State, "North Korean Nuclear Program," (October 16, 2002).

U.S. GPO, Emergency Regarding Proliferation of Weapons of Mass Destruction : Message from the President of the United States (Washington D.C. : U.S. GPO Printing Office, 2003).

John E. Carbaugh, Jr., "Pakistan-North Korea Connection Creates Huge Dilemma For U.S.," http://www.pakistan-facts.com/staticpages/index.php/20030111164804284.

The IISS, "Pakistan and North Korea : Dangerous Counter Trades," Strategic Comments, Vol. 8, Issue 9(November 2002)

CIA, "Unclassified Report to Congress on the Acquisition of Technology Relating to Weapons of Mass Destruction and Advanced Conventional Munitions, 1 July

Through 31 December 2002," http://www.odci.gov/cia/reports/721_reports/july_dec2002.htm#5.
Daniel A. Pinkston and Philips C. Saunders, "Seeing North Korea Clearly," *Survival*, Vol. 45, No. 3 (Autumn 2003)
Larry A. Niksch, "North Korea's Nuclear Weapons Program," *Issue Brief for Congress* (May 1, 2003)
Amy F. Woolf, "The Nuclear Posture Review : Overview and Emerging Issues," *CRS Report for Congress* (January 31, 2001),
"IAEA Board of Governors Adopts Resolution on Safeguards in North Korea," http://www.globalsecurity.org/wmd/library/news/dprk/un/iaea-030212-med-advise_048.htm.
The Nonproliferation Education Center, "Beyond the Agreed Framework : The DPRK's Projected Atomic Bomb Making Capabilities, 2002-09 : An Analysis of the NEPC, December 3, 2002," http://www.npec-web.org/pages/fissile.htm.
John B. Wolfsthal, "North Korea's Unchecked Nuclear Weapons Production Potential," http://www.ceip.org/files/projects/npp/pdf/JBW/nknuclearweaponproductionpotential.pdf.
David Wright and Timur Kadyshev, "The North Korean Missile Program : How Advanced Is It?," *Arms Control Today* (April 1994)
Donald H. Rumsfeld et al, "Executive Summary of the Report of the Commission to Assess the Ballistic Missile Threat to the United States"(July 15, 1998), http://www. fas.org/irp/threat/bm-threat.htm
NIC, "Foreign Missile Developments and the Ballistic Missile Threat to the United States Through 2015," http://www.cia.gov/cia/ publications/nie/nie99msl.html,
Robert D. Shuey et al, "Missile Defense Options for Japan, South Korea, and Taiwan : A Review of the Defense Department Report to Congress," *CRS Report for Congress* (November 30, 1999).
The US Department of Defense, "Report to Congress on Theater Missile Defense Architecture Options for the Asia-Pacific Region," (1999).
Congress Budget Office, "Budgetary and Technological Implications of the Administration's Plan for National Missile Defense"(April 2000), http://www.cbo.gov/showdoc/cfm,
Jeongwon Yoon, "U.S. MD and the Progress in Inter-Korean Relations," in Jong-Chun Baek(ed.), *Peace and Stability on the Korean Peninsula* (Seoul : KAIS, 2001),
Martin Navis, "Proliferation in the Middle East and the North Asian Connection," *Arms Control*, Vol. 14, No. 3(December 1993).

NTI, "Chemical Imports and Exports Overview," http://www.nti.org/e_research/profiles/NK/ Chemical/53.html.

The Subcommittee on East Asian and Pacific Affairs of the Committee on Foreign Relations, *Policy Implications of the North Korea's Ongoing Nuclear Program* (Washington D.C. : U.S. GPO, 1992).

Moon Young Park, "'Lure' North Korea," *Foreign Policy*, No. 97(Winter 1994/1995).

Leonard S. Spector and Jacqueline R. Smith, "North Korea : The Nexus Nuclear Nightmare?," *Arms Control Today* (March 1991).

Byung-Chul Koh, "North Korea's Strategy Toward South Korea," *Asian Perspective*, Vol. 18, No. 2 (Fall/Winter 1994).

Jean Link, "The Links Between Nuclear and Conventional Forces," in Joseph Rotblat and Vitallii Goldanskii, *Global Problems and Common Security* (London : Springer-Verlag, 1989).

Kongdan Oh, "Nuclear Proliferation in North Korea," in W. Thomas Wander and Eric H. Arnett(eds.), *The Proliferation of Advanced Weaponry Technology, Motivations, and Responses* (Washington D.C. : AAAS Publication, 1992).

Daniel Calingaert, "Nuclear Weapons and the Korean War," *The Journal of Strategic Studies*, Vol. 11, No. 2 (june 1998).

Roger Dingman, "Atomic Diplomacy During the Korean War," *International Security*, Vol. 13, No. 3 (Winter 1988/1989).

Lee Suk Bok, *The Impact of US Forces in Korea* (Washington D.C. : National Defense University Press, 1987).

Paul Bracken, "Nuclear Weapons and State Survival in North Korea," *Survival*, vol. 35, No. 3 (Autumn 1993).

Paul Bracken, "The North korean nuclear Program as a State Survival," in Andrew Mack (ed.), *Asian Flashpoint: Secuirty and the Korean Peninsula* (Canberra : ANU Printery, 1993).

Lawrence E. Grinter, "Asian Nuclear Weapons Proliferation and US Policy," *The Journal of East Asian Affairs*, Vol. IX, No. 1 (Winter/Spring 1995)

북한의 군수산업 정책

임 강 택

1. 서 론

　북한의 군수산업의 발전단계는 4단계로 구분할 수 있다. 1단계는 1948년부터 1950년대 말까지로, 군수산업의 확대를 위한 기초작업을 추진하였다. 2단계는 1960년대로 군수산업의 기반을 확충한 기간인바, 이 시기 북한은 국방과 경제건설의 동시발전이라는 방침을 수립하고 국방부문에 대한 대대적인 투자를 추진하였으며, '4대군사노선'하에서 전국민의 무장화와 무기의 현대화를 추진하였다. 또한 전국토의 요새화라는 명제하에서 병기공장의 지하화를 추진하였다. 3단계는 1970년대로 '전국적인 방어체계 구축'을 기반으로 보다 공격적인 전략을 수립, 이를 위하여 각종 무기의 자주화·기계화에 주력하였다. 4단계는 1980~90년대로 재래식 무기의 한계를 깨닫고 첨단무기와 대량살상무기의 개발에 주력하였으며 특히 미사일 개발에 강력한 의지를 보여 주었다.

2. 북한의 군수산업 정책

1) 준비단계: 해방 후 1950년대까지

　북한의 군수산업은 해방 후 전쟁 전까지의 기간동안에는 일제시대에 건설된 병기공장을 복구하고, 소련으로부터 자재와 기술지원을 받아 소화기小火器와 탄약을 생산하는 것에서 출발하였다.1) 군수산업 발전을 추진하던 초창기, 북한은 선발 군수공장을 중점적으로 육성하고 이를 토대로 협력공장들을 점차 독립적인 공장으로 확대 발전시키는 방식을 추진했던 것으로 판단된다. 이를 위해서 선발 군수공장을 '모체공장,' '간부공장'으로 육성할 것을 강조하였으며, 구체적으로는 군수산업의 확대·발전과정에서 이들 선발 공장들이 군수산업을 조직지도할 수 있는 기술간부와 숙련공 및 관리간부를 양성해 내는 일에 관심을 가져야 한다고 강조하였다. 이와 관련한 김일성의 발언을 살펴보자.

　　　우리는 65호공장을 기초로 하여 우리 나라의 군수산업을 발전시키려고 합니다. 앞으로 65호공장은 우리 나라 군수산업의 모체공장으로, 간부공장으로 되어야 합니다. 지금 개별적인 부속품을 만드는 직장들을 앞으로는 독립적인 하나의 공장으로 발전시켜야 하며 그에 기초하여 더 많은 공장들을 내오도록 하여야 하겠습니다. 그렇기 때문에 오늘 65호공장에서는 무기를 많이 생산하는것도 중요하지만 앞으로 확대발전될 우리 나라 군수산업을 조직지도할수 있는 기술간부들과 숙련공들을 많이 키워내는 것이 더 중요합니다. 65호공장에서는 지금부터 좋은 로동자들을 많이 받아 그들을 모두다 훌륭한 숙련공으로 키워야 하며 더 많은 기술자들과 관리간부들을 키워내야 하겠습니다.2)

　북한은 전쟁이 개시되기 전 기술자들을 소련으로 보내 군수산업의 기술적 훈련과정을 밟게 하여 무기제작에 참여시킨 것으로 알려지고 있으나 그 당시 북한이 자체적으로 생산할 수 있었던 무기는 7.62mm 기관단총에 불과했던 것으로 파악되고 있다.3) 그러나 전쟁기간 중 북한의 군사력은 소련과 중국 등의 사회주의 국가들로부터의 지원에 힘입어 획기적으로 증가한 것으로 보인다. 이 기간 군사력의 발전상황을 설명한 김일성의 발언 중 무기를 공급해준 "로동계급에게 감사"한다는 표현으로 미루어 볼 때, 상당한 무기가 전쟁기간 중에 이들 국가에서 공급되었음을 알 수 있다.

> 1951년부터 1952년까지의 기간에 우리의 무장은 기관단총 144%, 기관총 124%, 포 128%, 박격포 140%, 고사포 218%, 전차와 자동포 182%로 각각 늘어났습니다. 보병의 자동무기화력은 141%로 늘어났습니다. 모든 부대는 장기전을 진행할수 있는 충분한 군수기재를 가지고 있습니다. 우리는 우리 군대를 무장시켜주는 로동계급에게 감사를 드려야 할것입니다.4)

이와 함께 북한은 전쟁이 다소 소강상태에 빠지게 되자 그 동안 파괴된 군수공장들을 복구·확장하는 한편, 전쟁의 확대에 대비하는 방편으로 기계제작공업을 중심으로 자체의 군수기지를 건설하는데 진력하면서 공업부문의 역할을 부각시킨다. 특히 무기의 자체 생산능력 확보를 중시하게 되는데, 외국의 원조에만 의존할 수는 없다는 것이다. 또한 이 때부터 북한은 지하공장 건설의 필요성을 강조하게 된다.

> 군수공업부문에서는 무기생산을 늘여 무기에 대한 전선의 수요를 보장하여야 하며 기계제작공업부문에서는 파괴된 공장과 운수기재들을 복구정비하는데 필요한 부속품을 많이 생산하여야 합니다.5)
> 우리는 온갖 난관을 이겨내면서 파괴된 기계공장들과 병기공장들을 복구확장하는 한편 새로운 기계공장과 병기공장들을 건설하였으며 지금도 여러개의 기계공장과 병기공장들을 건설하고있습니다. 물론 필

요한 기계설비와 운수수단, 무기들을 형제나라들에서 가져올수도 있습니다. 그러나 형제나라들의 원조만 믿고있을수는 없습니다. 우리는 반드시 우리에게 필요한 기계설비와 무기를 자체로 생산하여야 하며 공업에서 자립성을 보장하여야 합니다. 앞으로 전쟁이 더 확대될수도 있습니다. … 우리는 자동차부속품공장을 자동차공장으로 발전시켜야 하며 지하에 공작기계공장, 병기공장, 엔진공장, 공구공장, 화학공장들과 큰 제강소도 건설하여야 합니다. … 당의 의도대로 기계제작공업과 병기공업을 발전시키며 전시경제건설을 잘하려면 공업부문에서 혁신을 일으켜야 합니다.6)

전쟁이 끝나면서 북한은 피폐한 경제를 복구하는데 몰두하면서 중공업의 우선적 복구를 통한 공업화의 기반을 강화하고자 하였으며 이 과정에서 제철공업, 기계공업, 병기공업, 광업, 전력공업, 화학공업, 건재공업, 철도운수 및 방직공업 등의 우선적 복구·발전을 강조하게 된다. 군수산업의 발전이 우선 순위에서 다소 밀리게 되는 현상이 나타나게 되는데 이는 군사부문에만 몰두할 수 없을 만큼 경제상황이 어려웠기 때문인 것으로 판단된다. 전쟁직후 북한은 국가경제의 전반적인 발전을 추구하였으며, 이를 위하여 공업부문의 우선적인 투자정책을 추진한 것으로 판단된다. 이 과정에서 제시된 목표가 '국방력이 강한 공업국가 건설'이라고 할 수 있다.

우리 나라는 앞으로 공업화의 길로 나아가야 합니다. … 우리는 우리의 손으로 무기를 만들어야 합니다. 전쟁시기에 우리는 농업과 축산업을 발전시켰으며 군수공업도 발전시켰습니다. 우리는 우리 나라를 국방력이 강한 공업국가로 만들어야 하겠습니다.7)

이와 함께 북한은 군수공장이 밀집되어 있는 자강도에서 기계공업의 발전이 갖는 중요성을 강조하면서 제1국 산하의 군수용 기계공장들의 생산 증대 노력을 촉구하고 나선 것을 발견할 수 있다. 이들 군수공장들에게는 가동율을 배가시켜 일반경제 부문에서 소요되는 기계설비를 생산·공급하도록 하는 과업이 제시되었다. 북한의 군수산업이 갖는 이중성을 확인할 수 있는 사례라고 할 수 있다. 또한 이때부터 군수부문의 공장들은 특별한 취급을 받고 있었음을 알 수 있다.

> 자강도의 공업부문앞에 나서는 다른 하나의 중요한 과업은 기계공업을 발전시키는것입니다. 자강도에 있는 제1국산하 기계공장들에 대한 우리 당의 기대는 매우 큽니다. 당에서는 제1국산하의 기계공장들을 매우 귀중히 여기고있으며 이 공장들에서 요구하는것은 우선적으로 해결해주고있습니다. … 이 공장 일군들은 군수품을 생산한다는 특수성을 내걸고 도당위원회를 비롯한 당조직들의 지도와 통제를 잘 받으려 하지 않고있습니다. 그러다보니 일을 헐하게 할것만 생각하면서 설비리용률을 높이고 생산을 늘이기 위한 투쟁을 광범히 벌리지 않고 있습니다. 지금 제1국산하의 기계공장들에 예비가 많습니다. 내가 이번에 76호공장에 가보니 그 공장에서는 100여대의 기계를 놀리고있었습니다. 26호공장도 역시 마찬가지입니다. … 제1국산하 기계공장들앞에 나서는 과업은 군수품생산과제를 앞당겨수행하고 인민경제 다른 부문에서 요구하는 기계설비를 더 많이 생산하는것입니다.[8]

1950년대 북한의 병기생산은 개인화기를 중심으로 이루어졌으며 소련의 자재 및 기술 지원에 의한 것이었다. 1950년대 후반에 와서는 소련과 합작 라이센스 계약을 통해서 생산품목의 수를 증가시킨 것으로 알려지고 있는데 소총, 대전차무기, 무반동총, 트럭 등이 포함되었다. 이 라이센스 계약은 1967년까지 연장되었는데 북한 군수산업의 기반을 마련하는데 절대적인 도움을 주었던 것으로 평가되고 있다. 또한 북한은 1958년 중공군의 철수로 전력상의 공백이 생기게 되자 이를 보충할 목적에서 1959년 1월 노동적위대를 창설하였으며, 이를 계기로 자위 국방건설을 추진하게 되었다.[9]

2) 기반구축단계: 1960년대

북한에서 군수산업이 본격적으로 추진된 것은 1960년대에 들어와서부터라고 할 수 있다. 김일성은 군수공업부문에서 일하는 핵심 노동자, 기술자, 사무원 및 관련 공장·기업소의 책임일군들이 모인 '전국병기공업부문 당열성자회의'에서 한 연설(1962.5.28)을 통해서 군수산업의 중요성과 여러 가지 발전 방안을 제시하였다. 먼저 군수산업의 발전 필요성과 관련하여 과거 일제의 식민지하에서 노예와 같은 생활을 하게 된 것은 군수산업에 대한 무관심으로 방어능력이 없었기 때문이며, 전쟁기간 중 '일시적으로' 후퇴하게 된 것도 자체의 군수산업 기반이 취약했기 때문이라고 강조하면서 이러한 과거를 되풀이하지 않기 위해서는 무력을 강화하고 군수산업을 대대적으로 발전시켜야 한다고 역설하였다. 이와 관련, 김일성은 정전 직후 당중앙위원회 제6차 전원회의에서 군수산업에 주력한다는 과업을 제시한 바 있음을 밝히면서 튼튼한 중공업 토대를 기초로 군수산업을 조속히 발전시킬 것을 강조하고 나섰다.

> 우리 당은 쓰라린 과거를 되풀이하지 않기 위하여 전후에 인민무력을 강화하고 전체 인민을 무장시킬수 있는 병기공업을 발전시키기 위한 투쟁을 힘있게 벌려왔습니다. 우리는 벌써 정전직후에 당중앙위원회 제6차전원회의에서 중공업을 우선적으로 발전시키면서 경공업과 농업을 동시에 발전시킬데 대한 로선을 내놓으면서 병기공업발전에 힘을 넣을데 대한 과업을 내세웠습니다. 무기를 많이 생산하여 인민군대뿐아니라 전체 인민을 다 무장시키려면 무엇보다도 나라의 중공업 토대를 튼튼히 닦아야 하며 그에 기초하여 병기공업을 빨리 발전시켜야 합니다.[10]

같은 연설에서 김일성은 "사회주의 건설을 더 잘하기 위해서도 자체의 무력이 필요하다"고 역설하면서 자체의 방위력을 강력하게 확보되어야 마음놓고 사회주의건설에 매진할 수 있다고 주장하고 있다. 또한 이를 위해서는 민수산업부문의 희생이 어느 정도 불가피함을 시사하고 있다.

　　사회주의건설을 더 잘하기 위해서도 자체의 무력을 강화하는것이 필요합니다. 물론 병기생산에 쓸 강재를 민수생산에 돌린다면 그만큼 뜨락또르나 기계를 더 많이 생산할수 있을것입니다. 그러나 뜨락또르와 기계를 많이 생산해놓아도 적들이 전쟁을 일으킨다면 그것을 써먹지 못하게 될수 있습니다. 그러므로 몇해동안 힘을 넣어 적이 침공하지 못하도록 방위력을 강화해놓아야 마음놓고 사회주의건설을 힘있게 밀고나갈수 있습니다. 당중앙위원회는 미제가 남조선에서 병력을 증강하고있으며 또한 일본군국주의자들이 군비를 계속 확장하고있는 최근 정세를 분석한데 기초하여 인민군대를 더욱 강화하고 전체 인민을 무장시킬수 있도록 병기생산을 빨리 늘일데 대한 방침을 결정하였습니다.11)

　김일성은 또한 군수산업부문이 달성해야 할 구체적인 과업으로 무기생산의 증대, 무기의 질 제고, 그리고 새로운 품종의 무기 생산을 제시하였다. 무기생산을 배가함으로써 '전인민'을 무장시킬 수 있어야 하며, 국방의 자위력을 강화하기 위해서는 많은 종류의 무기를 자체적으로 생산할 수 있도록 해야 하는데 이를 위한 연구사업을 강화해야 한다는 것이다.

　　모든 병기공장들에서 짧은 기간에 생산을 2～3배 또는 그이상으로 끌어올려야 하겠습니다. 그리하여 로농적위대원들에게도 다 현대적인 무기를 메우며 나아가서 모든 당원들과 근로자들에게 다 무기를 메울수 있게 하여야 하겠습니다. 무기생산을 늘이는것과 함께 그 질을 높여야 합니다. … 다음으로 새로운 품종의 병기들을 더 많이 만들어내야 하겠습니다. 병기공업부문에서 품종을 늘이기 위한 투쟁을 힘있게 벌려 인민군대에서 요구하는 무기와 탄약들을 될수 있는대로 다 자체로 생산보장하도록 하여야 합니다. 그래야 앞으로 일단 유사시에 전투를 원만히 보장할수 있습니다. 과학자, 기술자들과 오랜 병기생산경험

을 가지고있는 로동자들이 힘을 합쳐 품종을 늘이기 위한 연구사업을 힘있게 밀고나가야 하겠습니다.12)

이와 함께 군수산업을 발전시키기 위한 방안을 제시하고 있는데, ① 무기생산에 필요한 자재를 원만하게 보장, ② 군수공장의 생산면적 이용률 제고, ③ 기술수준과 노동생산성 증대, ④ 군수공장을 '간부공장'으로 육성, ⑤ 군수공장 노동자들의 '대열' 강화, ⑥ 엄격한 규율과 질서 수립, ⑦ 검사제도 강화, ⑧ 사상교양사업 강화 등이 그것이다.13)

이 중에서 자재공급 보장과 관련하여 강조되고 있는 것은 제철소, 제강소 및 유색금속공장들에서 "여러가지 품종과 규격의 질좋은 강재와 유색금속을 제때에 원만히 생산보장"해 주어야 한다는 것과, "국내자재로 생산을 보장하기 위한 투쟁"을 강화하여 군수공업의 자력갱생을 달성해야 한다는 것이다. 기술수준과 노동생산성 증대를 강조한 이유는 전후 노동력이 부족한 상황에서 추가적인 노동력의 배치가 힘들기 때문에 생산성 증대를 통해서 무기 생산을 확대해야 한다는 점을 강조한 것이라고 할 수 있다. 그리고 군수공장의 간부공장화를 강조하고 있는데, 이것은 미리 간부와 기능공들을 군수공장에서 별도로 양성해 두었다가 유사시 민수부문의 기계공장들을 군수공장으로 전환시킬 때 그들을 바로 파견할 수 있어야 한다는 것이다. 이를 위해서는 "지금부터 일단 유사시에 민수부문의 기계공장들에서 병기를 생산할 수 있는 준비"를 해야 한다는 것이다.14)

북한은 또한 군수산업의 발전 목표인 현대화를 달성하기 위한 방안으로 인민군대의 기계화·자동화·화학화를 제시하면서, 이를 위하여 군대의 기술장비를 강화하고 군인들의 군사기술수준을 향상시키기 위한 노력을 증대시킬 것을 강조하였다.

인민군대의 기술장비를 강화하며 군인들의 군사기술수준을 높여야 하겠습니다. … 무엇보다도 국방공업을 발전시키고 인민군대의 장비를 강화하는 사업에서 혁신을 일으켜 인민군대를 기계화, 자동화, 화학화하는 방향으로 나가야 하겠습니다. 오늘 우리 나라는 현대적인 공업국가로 전변되고있으며 인민경제의 모든 부분에서 기술혁명이 성과적으로 수행되고있습니다. 인민군대를 빨리 발전하는 오늘의 시대에 맞게 새로운 기술로 장비함으로써 더욱 강력한 현대적무력으로 만들어야 합니다. 인민군대를 현대화하는데서 중요한 문제의 하나는 모든 지휘관들과 병사들이 높은 군사기술을 소유하도록 하는것입니다. 모든 군인들은 자신의 군사기술수준을 높이기 위하여 적극 노력하여야 합니다.[15]

북한의 경제건설과 함께 국방건설을 강화한다는 '경제·국방건설 병진정책' 방침은 1962년 12월에 소집되었던 당중앙위원회 제4기 5차전원회의에서 공식적으로 제기된 것으로 보인다.[16]

전쟁이 일어나면 다 파괴될것이라 하여 국방건설에만 치우치고 경제건설을 제대로 진행하지 않는것도 잘못이며 평화적기분에 사로잡혀 경제건설에만 치우치고 국방력을 충분히 강화하지 않는것도 잘못입니다. … 우리 당은 이미 1962년에 소집되였던 당중앙위원회 제4기 제5차전원회의에서 경제건설과 국방건설을 병진시킬데 대한 방침을 제기하고 경제건설을 개편하는 한편 국방력을 더욱 강화하기 위한 일련의 중요한 대책을 세웠습니다.[17]

이 시기에 제시된 북한의 군사력 강화 방향은 '4대군사노선'으로 알려진 '군대의 간부화,' '무장의 현대화,' '군사진지의 요새화,' '전인민의 무장화'이다.[18] '군대의 간부화'는, "매 전사들이 다 지휘관의 능력을 가지도록" 육성함을 의미하며, '무장의 현대화'는 최신무기로 무장하는 것을, '군사진지의 요새화'는 "튼튼하고 오래 쓸 수 있는 방어시설을 쌓는" 것을, '전인민의 무장화'는 전 국민을 무장·훈련시켜 유사시 전장에 투입할 수 있도록 준비시킨다는 것을 의미한다. 이와 함께 북한이 강조하고 있는 것은 "유사시에는 나라의 모든 힘과 재산을 군사적 목적에 리용할수 있도록 준비"를 철저히 해야 한다는 것이다.[19]

1965년 김일성은 각종 연설을 통해서[20] "국제정세가 긴장하여지는데 따라[21] 우리는 지난 몇해 동안 국방건설에 많은 힘을 돌리지 않을 수 없었습니다"라고 강조하면서 이로 인해 다소 차질을 빚게된 7개년계획의 목표를 달성하기 위해 더욱 매진할 것을 역설하고 있다. 그러면서도 경제건설과 함께 국방건설에도 노력을 집중해야 한다는 점을 분명히 하고 있다.

> 국제정세가 긴장하여지는데 따라 우리는 지난 몇해동안 국방건설에 많은 힘을 돌리지 않을수 없었습니다. … 이러한 사정으로 우리는 할수없이 많은 자재와 자금, 많은 청장년로력을 동원하여 군수생산을 늘이고 국방력을 강화하는 조치를 취하지 않을수 없었습니다. 그동안 우리가 온 나라를 요새화하고 전체 인민을 무장시킬수 있는 무기를 마련하여놓았기때문에 이제부터는 생산과 건설에 많은 힘을 넣을수 있게 되었습니다. 원래 7개년계획이 어려운 과업인데다가 몇해동안 국방건설에 더 큰 힘을 돌리게 된 결과 앞으로 남은 기간에 7개년계획을 수행하는것이 더욱 힘들게 되였습니다.[22]
> 이러한 정세에서 우리는 사회주의건설을 최대한으로 다그치면서 국방력을 백방으로 강화하는 당의 일관한 방침을 철저히 관철하여야 하겠습니다. 우리는 언제나 경제건설과 국방건설을 잘 배합하여야 합니다. 전쟁이 일어날가 두려워 경제건설을 잘하지 않는것도 잘못이며 경제건설에만 치우치고 전쟁에 대비하지 않는것도 잘못입니다.[23]

이시기 북한은 국방건설의 중요성을 거듭 강조하고 있다. 안보 위협이 증가되고 있는 상황에서 국방력 강화를 위해서 인적·물적 자원을 사용하는 것은 무엇보다 우선되며, 이 과정에서 일반경제부문의 발전속도가 감소하는 것은 어느 정도 불가피하다고 역설하고 있는 것이다.[24]

1966년 10월, 조선로동당 대표자회가 경제건설과 국방건설 병진정책을 당의 새로운 노선으로 확정한 이후25) 북한은 이러한 노선의 당위성을 역설함과 동시에 이의 관철을 위한 노력을 거듭 강조하고 나섰다. 그러나 이 정책을 추진하던 초창기에는 국방건설에 대한 과도한 투자정책에 반대하는 세력이 존재하며, 이에 따른 논란이 있었음을 시사하고 있다.26) 이에 북한은 새로운 '혁명적 노선'을 관철하기 위해서는 (1) "모든 부문, 모든 단위의 간부들과 근로자들이 사상적 준비를 철저히 하여야 할 것"이며, (2) "인민경제 모든 부문에서 소극성과 보수주의, 낙후와 침체를 반대하여 강하게 투쟁"하고, "지난날보다 몇배, 몇십배의 노력을 하여야 할 것"이라고 역설하게 된다. 이러한 것들을 집약적으로 표현한 것이 '천리마대진군운동'이다.27)

이와 함께 국방건설에서 자력갱생의 원칙을 관철함으로써 자위력을 강화해야한다고 강조하고 있다. 이를 위해서 경제건설사업을 전반적으로 개편하여 국방력을 강화하는데 우선적으로 투자를 집중하겠다는 의지를 표명하고 나서게 된다.

> 우리는 국방건설분야에서도 자력갱생의 혁명적원칙을 관철하여 나라의 자위력을 더욱 강화할것입니다. … 만일 공산주의자들이 자체의 혁명력량을 준비하지 않고 외부로부터의 지원과 원조만 바라고있다면 조국의 안전과 혁명의 전취물을 제국주의침략으로부터 믿음직하게 지켜낼수 없습니다. 공화국정부는 우리 당의 자위의 정신을 구현하여 우리 인민들과 군인들로 하여금 전쟁에 대처할수 있도록 정치사상적 준비를 철저히 갖추게 하며 이미 쌓아놓은 튼튼한 민족경제의 자립적토대에 의거하여 나라를 방위할수 있는 물질적준비를 충분히 갖추는 동시에 나라의 군사적위력을 더욱 강화할것입니다. 특히 우리는 조선로동당대표자회결정을 철저히 집행함으로써 현정세의 요구에 맞게 사회주의경제건설의 전반적사업을 개편하며 원쑤들의 로골화되는 침략책동에 대비하여 국방력을 강화하는데 모든 힘을 집중할것입니다.28)

1960년대 후반에 들어와서도 김일성은 "인민경제부문들앞에 나서고 있는 가장 선차적인 과업은 모든 힘을 다하여 국방건설을 지원하는 것" 이라며 국방건설이 국가사업의 최우선적 과제임을 강조한다.29) 국방사 업이 "전당적, 전국가적, 전인민적 사업"이므로, 군대뿐만 아니라 일반 경제부문에서도 국방력 강화를 위해서 노력을 강화해야 한다는 것이 다.30) 경제건설과 국방건설을 동시에 추진해야 한다는 것을 강조하는 가운데 국방건설이 국가사업의 최우선적 과제로 제시되고 있는 모습을 보여주고 있다고 할 수 있다.31)

북한은 이와 함께 경제건설과 국방건설을 병진해나가는 과정에서 일 정한 어려움에 직면하고 있음을 지적하면서 경제·국방건설 병진정책 을 추진하는 과정에서 나타나는 문제점으로 자재와 자금, 노동력의 부 족뿐만 아니라 군사력 강화를 위한 당 정책과 노선에 대한 반대세력의 존재 및 자연재해 등을 들고 있다. 그러면서도 북한은 경제건설에 일정 부분 지장을 받더라도 국방건설에 매진해야 한다고 강조하고 있다.32)

1960년대 북한의 무기생산은 주로 재래식 기본화기의 개발, 생산과 전체인민의 무장화를 위한 양적 생산에 치중하였다. 이를 위하여 북한 은 소총, 경기관총, 중기관총, 비반충포, 로켓트포 등을 중심으로 소련제 와 중국제 무기를 주로 모방하여 생산한 것으로 알려지고 있다. 따라서 북한은 이기간 동안 현대적인 자동화무기를 생산할 수 있는 단계에까지 는 도달하지 못하였지만 재래식 무기들의 생산기반은 어느 정도 구축한 것으로 평가되고 있다.33)

이 기간 중 북한은 국방과학원, 함흥분원을 설치하고 함흥의 2·8비날 론공장과 흥남, 신의주, 청진, 아오지, 강계 등지에 화학무기를 위한 시 설을 완공하였으며, 신경계, 호흡계, 피부계 등 재래식 화학무기를 양산 하기 시작한 것으로 알려지고 있다. 한편 1965년에는 구소련으로부터 흑연 감속방식의 실험용 원자로를 도입하고 핵무기 개발을 위한 원자력 의 연구개발에 착수하였다.34)

3) 확장단계: 1970년대

　1970년 11월 2일에 개최된 조선로동당 제5차대회에서 김일성은 제4차대회(1961.9) 이후 9년간을 결산하면서 "강력한 기계제작공업을 핵심으로 하는" 중공업이 급속하게 발전함으로써 "정치경제적자립성을 믿음직하게 담보하고있으며 … 국방력강화에서 큰힘을 나타내고 있습니다"라고 강조하고, 동기간 동안 "사회주의공업화가 실현된 결과" 사회주의의 물질적·기술적 토대가 튼튼히 마련됨으로써 국방건설에 필요한 공업제품의 수요를 자체적으로 충족할 수 있게 되었다고 자평하였다. 이와 함께 전인민적, 전국가적 방위체계가 수립되었다고 주장하면서 지난 9년 동안 국방력을 강화하려는 노력을 통해서 거둔 최대성과로 전국민의 무장화와 전국토의 요새화 작업을 완성한 것을 꼽고 있다. 군수산업부문에서도 상당한 성과가 있었음을 지적한 김일성은 그러나 이러한 국방력 강화작업이 상당한 경제적 부담으로 작용하였다는 것을 시인하기도 하였다.

> 　국방공업의 발전에서도 커다란 성과가 이루어졌습니다. 지난날 우리 나라에는 보총이나 몇 자루 생산하는 보잘것없는 군수공업이 있었을뿐입니다. 그러나 오늘에 와서는 튼튼한 자립적인 국방공업기지가 창설되여 자체로 조국보위에 필요한 여러가지 현대적 무기와 전투기술기재들을 만들수 있게 되었습니다. 우리의 국방력은 매우 크고 비싼 대가로 이루어졌습니다. 털어놓고 말하여 우리의 국방비지출은 나라와 인구가 적은데 비해서는 너무나 큰 부담으로 되였습니다. 만약 국방에 돌려진 부담의 한 부분이라도 덜어 그것을 경제건설에 돌렸더라면 우리의 인민경제는 보다 빨리 발전하였을것이며 우리 인민들의 생활은 훨씬 더 높아졌을것입니다. … 우리는 나라의 경제발전과 인민들의 생활향상에 많은 제약을 받으면서도 조국보위의 완벽을 기하기 위하여 국방력을 강화하는데 큰 힘을 돌리도록 하였습니다.[35]

같은 연설에서 김일성은 경제·국방건설 병진정책의 지속적인 추진을 강조하면서 국방력 강화를 위한 기존의 방침을 재확인하였다. '전민의 무장화,' '전국의 요새화,' '전군의 간부화,' '전군의 현대화'라는 4대 군사노선과 '자위국방의 원칙'을 철저하게 관철하겠다는 것이다. 특히 '전군의 현대화'와 관련해서 김일성은 자체의 실정에 적합한 무기를 개발해 낼 것과 국가의 공업발전수준에 맞추어 군사장비를 현대화하는 원칙을 제시하고 있다.36)

또한 국방력을 강화하기 위해서는 모두가 힘을 모아 전쟁준비에 나서야 된다고 역설하면서 군수산업을 발전시키는 것과 함께 "인민경제 모든 부문에서" 전쟁에 대한 대비를 철저히 할 것을 강조하고 있다. 이를 위한 작업의 일환으로 제시된 것은 전시에도 생산이 가능하도록 경제체계를 개편하고 필요한 물자의 예비를 충분히 확보하는 것 등이다.

> 국방력을 강화하기 위하여서는 또한 전당과 전체 인민이 다 달라붙어 전쟁준비를 더욱 다그쳐야 합니다. … 전쟁의 승패는 전선과 후방의 인적 및 물적 수요를 장기적으로 원만히 보장하는가 못하는가 하는데 많이 달려있습니다. 인민경제 모든 부문에서 증산과 절약 투쟁을 강화하여 필요한 물자의 예비를 충분히 마련하며 군수공업을 발전시키고 정세의 요구에 맞게 경제를 개편하며 전시에도 생산을 계속할수 있도록 미리부터 준비하고있어야 합니다. 이와 같이하여 우리는 국방에서 자위의 원칙을 더욱 철저히 관철하기 위한 물질적토대를 튼튼히 닦아야 할것입니다.37)

1970년 12월말 다음해 경제사업의 방향에 대해 설명하는 자리에서 김일성은 "다음해에 국방공업부문에서는 로동자, 기술자들의 기술기능수준을 높이는 문제를 중요하게 내세워야 하겠습니다. 그리하여 무기를 비롯한 전투기술기재를 더 많이, 더 좋게 만들어야 하겠습니다."라고 강조하면서 군수공장의 정비 강화 및 해당 노동자·기술자들의 기술수준을 제고할 것을 촉구하였다.38) 또한 1971년 신년사를 통해서는 "국방공업부문앞에 나서는 중요한 과업은 모든 군수계획지표들을 넘쳐수행하여 인민군대에 더 좋은 무기를 더 많이 공급하는 것"이라면서 군수산업부문에서의 무기공급 확대를 촉구하였다.39)

1970년대 초, 김일성은 경제·국방건설 병진정책으로 국방부문에 대한 투자를 확대한 결과 7개년경제계획(1961~1967)이 3년간 연장되었음을 밝히면서 그 결과 군수산업부문에서 상당한 성과를 거두었음을 강조하였다.40) 경제발전에 차질이 발생한 것은 군수산업에 대한 집중투자정책을 추진했기 때문이며, 그로 인한 일반주민들의 생활수준 향상 작업이 차질을 빚게 되었지만 군수산업의 기반은 마련되었다는 것이다.

1970년대 중반에 와서도 북한은 군수산업의 발전을 지속적으로 역설하고 있는데 특징적인 점은 무기와 전투기술기재의 질을 높이는 것과 현대적인 무기 생산의 중요성을 강조하면서, 유사시 모든 주민이 무장하고 전국의 공장과 기업소가 전쟁을 위한 생산체제로 전환할 수 있도록 대책을 마련해야 한다는 것이다.

> 군수공업을 발전시키는데 큰 힘을 넣어야 하겠습니다. 군수공업부문앞에 나서는 중요한 과업은 무기와 전투기술기재의 질을 높이는것입니다. 군수공업부문 일군들은 질이 높은 현대적 무기와 전투기술기재를 더 많이 생산하기 위한 투쟁을 힘있게 벌려야 하겠습니다. … 또한 전쟁이 일어나면 전국의 모든 공장, 기업소들이 전쟁물자를 생산할 수 있도록 준비사업을 잘하여야 하겠습니다. 그리하여 일단 유사시에 전체 인민이 무장하고 전국의 모든 공장, 기업소들이 전쟁승리를 위하여 복무하도록 하여야 할것입니다.41)

1975년 9월 김일성은 6개년계획이 1년 4개월이나 조기에 완료되었다고 강조하는 자리에서 경제·국방건설 병진정책의 일환으로 군수산업을 건설하면서 겪은 어려움을 술회하기도 하였다. 군수산업의 기술자

부족과 필요한 기계설비를 구입하는 과정에서 많은 애로점이 있었다는 것이다.42) 1976년에 북한은 국방건설을 '인민경제계획의 4대과업' 중의 하나로 설정하게 되는데 '국방건설'을 필두로 '인민경제부문간의 균형달성,' '외화문제 해결,' 그리고 '인민생활 향상'이 4대과업으로 제시되었다.43)

북한은 1970년대에도 군수산업의 확장을 지속하여 무기의 질을 높이고 중장비의 생산 및 각종 무기의 양적 증가와 현대화를 추진하면서 자체전술 개념에 필요한 독자적인 무기체계의 개발에 몰두하였다. 이를 위하여 '기술혁명'을 강조하였으며, 동시에 서방으로부터 기술과 설비의 도입을 지속적으로 추구하였다. 그 결과 1970년대 북한의 군수산업은 항공 및 유도무기를 제외한 무기생산 체계를 완성함으로써 모방 생산단계에서 자체 개발단계로 이행하는 단계로 진입하게 된 것으로 평가되고 있다.44)

이 기간 중 북한은 전차, 자주포, 장갑차 등의 지상무기 생산과 잠수정, 고속정 등의 전투함정을 건조하기 시작하였는데, 소련 및 중국제를 모방하여 방사포, 곡사포, 야포 및 자주포를 생산하였으며 중국제 장갑차를 개조한 수륙양용차를 생산하였다. 또한 1960년대 도입한 유도무기의 정비기술을 기반으로 1970년대 말에는 AT-3(Sagger)를 양산하게 되었으며 소련제 휴대용 지대공유도탄인 SA-7을 생산하였다. 함정 생산능력도 확대되어 각종 고속정, 소련제 KOMAR급 유도탄 경비정 및 천오백톤급 호위함과 R급 잠수함을 생산하기 시작하였다.45)

4) 고도화단계: 1980～90년대

1980년대는 북한이 무기체계의 질적 개선에 치중하면서 첨단무기의 개발과 생산에 관심을 기울이기 시작한 시기로 평가되고 있다. 동기간

중 북한은 각종 유도무기와 항공기 등을 조립 생산하였으며, 기술개발과 시설확장을 위하여 투자를 확대하였다. 이를 통하여 항공기, 미사일 생산과 핵무기개발에 주력하여 특히 미사일 생산에서는 급속한 발전을 이룬 것으로 평가되고 있다. 또한 무기의 자체 수요를 상당부분 충족시킴에 따라서 무기수출을 통한 외화벌이에 강력한 의지를 보이기 시작한 것으로 알려지고 있다.46)

  1980년대에 들어서면서 김일성은 그 동안 군수산업에 집중적으로 투자한 결과를 높이 평가하면서 일반경제부문에서도 본보기로 삼아 나갈 것을 강조하게 되는데, 대표적인 사례가 자력갱생의 정신 실천과 제품의 질적 제고이다. 군수공장들에서는 '자력갱생의 혁명정신'을 발휘하여 생산에 필요한 설비와 자재를 대부분 자체로 조달하고 있다는 것이다. 다음으로는 군수공장에서 생산하고 있는 제품들은 다른 부문들에 비해 질 좋은 상품들을 생산해 내고 있다는 것인데, 이 같은 성과는 철저한 품질감독사업에서 비롯된 것으로 판단하고 있다. 이러한 것들이 시사하는 점은 북한의 군수산업부문이 설비와 자재의 자체적인 조달체계를 확립하였으며, 생산공정별로 엄격한 품질관리를 통하여 상대적으로 우수한 상품을 생산해내고 있다는 것이라고 하겠다.

> 지금 군수공장들에서는 자력갱생의 혁명정신을 높이 발휘하여 군수생산에 필요한 설비와 자재를 거의다 자체로 생산하여 쓰고있습니다. 어떤 기계공장에서는 종업원궐기모임을 가지고 모두 달라붙어 압연설비도 만들어놓고 생산에 필요한 여러가지 소재를 다 자체로 생산하여 쓰고있습니다. 사실 군수생산에 필요한 여러가지 소재를 다 자체로 만들어쓴다는것은 쉬운일이 아닙니다. 군수생산에 필요한 설비와 자재는 다른 나라에서 사다쓰자고 하여도 팔아주지 않기때문에 사올수 없습니다. 그래서 군수공장들에서는 몇개밖에 쓰지 않는 소재도 자체로 생산하여 쓰고있습니다. 군수공장들에서는 당에서 언제까지 어떤 제품을 얼마 생산하라고 하면 무조건 그대로 합니다. 군수공장일군들처럼 자력갱생의 혁명정신을 높이 발휘하면 불수강판이나 불수강관, 규

소강판을 얼마든지 생산할수 있을것입니다.[47]
 그런데 우리 나라에서 생산하고있는 제품의 질은 아직 세계적수준에 이르지 못하고있습니다. 물론 군수공장들에 생산하고있는 제품들은 다 세계적수준에 올라섰다고 볼수 있습니다. 그러나 군수공장들과 같은 시기에 건설한 기계공장과 경공업공장을 비롯한 가공공업부문의 공장, 기업소들에서는 같은 원료와 자재를 가지고도 질좋은 제품을 생산하지 못하고있습니다. … 지금 군수품의 질이 높은것은 군수품에 대한 품질감독사업에서 강한 규률이 서있기때문입니다. 군수공장들에서는 생산한 제품이 자그마한 부족점이 있어도 합격품으로 인정하지 않습니다. … 민수공업부문에서는 군수공업부문에서와 같이 모든 제품을 생산공정별로 품질감독일군들이 검사하기는 곤난할것입니다. 민수공업부문에서는 생산공정별 검사를 자체로 하는 제도를 세워야 합니다.[48]

 1980년대 중반에 와서 북한은 국방건설을 더욱 강화해야 할 것임을 강조하고 나섰다. 국제정세가 불리하게 조성되고 있다는 것이다. 여기에서 눈에 띄는 부분은 "국방에서 자위를 실현하려면 경제건설과 국방건설을 옳게 배합"해야 한다고 주장한 점이다. 경제건설이 기본적으로 중요한 것이기는 하지만 경제건설에만 치중하여 국방건설을 소홀히 해서는 안되며 주변의 정세에 맞추어 강약을 적당히 조절해야 한다는 것이다. 그런데 지금의 정세는 국방건설에 더욱 매진해야할 때라는 것이다.

 우리 당은 언제나 경제건설과 국방건설에 깊은 관심을 돌렸으며 적들의 침략책동이 로골화되여 위험이 닥쳐온때에는 경제건설과 국방건설을 병진시킬데 대한 방침을 내놓고 국방건설에 큰 힘을 넣었습니다. 우리는 이와 같이 하여 국방공업의 물질기술적토대를 끊임없이 강화함으로써 필요한 무기와 전투기술기재들을 자체로 생산보장할수 있게 되었습니다. 오늘 우리 나라에 조성된 군사정치정세는 우리의 혁명무력을 더욱 강화할것을 요구하고있습니다. 우리는 조성된 정세의 요구에 맞게 우리의 혁명무력을 백방으로 강화하여야 하며 적들의 도발책동으로 하여 임의의 시각에 전쟁이 일어난다 하여도 그에 대처할수 있도록 만단의 준비를 갖추고있어야 합니다.[49]

1990년대 들어와 급변한 국제정세에 극도의 불안감을 느끼게 된 북한은 국방력 강화의 필요성을 특히 더 강조하고 있다. "지금 적들은 우리 나라 사회주의를 허물어보려고 경제적봉쇄와 사상문화적공세를 강화하는 한편 우리를 군사적으로 위협하고있습니다. 우리는 적들의 침략책동에 대처하여 혁명적경각성을 더욱 높여야 하며 적들의 침략으로부터 혁명의 전취물을 수호할수 있도록 만단의 준비를 갖추어야 한다"고 역설한 것이다. 이를 위해서 군대와 군수부문뿐만 아니라 전국민이 나설 것을 요구하고 있다.50) 이에 따라서 구사회주의권 시장의 대부분을 상실함에 따라 경제난이 심화되어가고 있는 상황에서도 북한은 군수산업에 투자를 확대해 나갈 것임을 시사하고 있다.

> 국방공업을 발전시키는데도 계속 큰 힘을 넣어야 하겠습니다. 크지 않은 우리 나라가 자체의 힘으로 국방공업을 발전시키다보니 부담이 크지 않을수 없습니다. … 그러나 우리가 더 잘살겠다고 국방공업을 소홀히 하면 제국주의자들에게 먹히울수 있습니다. 우리는 곤난을 좀 겪고 화려한 옷을 입지 못한다 하더라도 국방공업을 계속 발전시켜야 합니다. 국방공업을 발전시켜 전국을 고슴도치와 같이 요새화하면 누구도 감히 우리를 건드리지 못할것입니다. 정무원과 해당 부문에서는 국방공업을 발전시키기 위하여 당에서 내세운 방침을 무조건 철저히 관철하여야 하겠습니다.51)

이 기간 중 무기체계의 질적 개선과 정밀무기의 생산에 진력한 결과, 북한은 1980년대에는 총포공장 17개소를 비롯하여 탄약공장 35개소, 전차·장갑차공장 5개소, 화생무기공장 8개소, 함정건조소 5개소, 항공기공장 9개소, 유도무기공장 3개소, 통신장비공장 5개소, 기타 공장 47개소 등 총 134개소의 병기공장을 보유하기에 이른다.52)

그동안 국제사회의 관심을 집중시켜온 미사일 생산에 있어서, 북한은 1970년대 후반부터 생산하기 시작한 AT-3 대전차 미사일의 생산과 과

SA-7 지대공유도탄의 조립생산 능력을 기반으로 1980년대 중반에는 소련제 스커드-B형 미사일을 도입하여 이를 모방 생산하는데 성공한 것으로 알려지고 있다. 북한은 평양시 용성구역 소재 만경대 약전기계공장, 평양돼지공장, 평북 대관의 301호공장 등 미사일 생산기지를 건설하고 1986년부터는 연간 50기의 지대지 미사일을 생산하기 시작한 것으로 평가되고 있다. 이후 1993년에는 사정거리 1,300km의 '노동1호'를 시험 발사하여 현재 작전 배치하였고, 1998년 8월에는 변형된 대포동 미사일 운반체에 의한 인공위성의 궤도진입을 시도한 것으로 발표되었다. 비록 인공위성의 궤도진입 성공 여부는 확인되지 않았으나 운반체의 엔진연소와 단의 분리, 유도 등 제반 기능을 이상 없이 수행한 사실로 판단할 때 북한이 중·장거리 미사일 개발 능력을 보유하고 있는 것은 분명해 보인다. 또한 북한은 현재 최대 사정거리가 2,000~2,500km로 추정되는 '대포동1호'와 6,700km로 추정되는 '대포동2호'를 개발하고 있는 것으로 분석된다.[53]

독자적인 미사일 생산체계를 마련한 북한은 1980년대 중반부터 해외수출에 관심을 기울여 미사일을 수출하기 시작한 1987년 이후 스커드 미사일을 중심으로 1992년까지 이란, 시리아, 아랍에미레이트연합(UAE) 등에 완제품 250여기 5억8천만 달러 어치를 판매한 것으로 알려지고 있다.[54]

북한의 핵무기 개발은 1956년 소련에 기술연수생을 파견하면서 본격화되기 시작했는데, 1960년대에 평북 영변에 대규모 핵단지를 조성한 후 구소련으로부터 연구용 원자로를 도입하고 핵관련 전문가를 양성하는 한편 관련 기술을 축적해 온 것으로 알려지고 있다. 1970년대에는 연료의 정련, 변환, 가공기술 등을 집중 연구하여 자체기술로 연구용 원자로의 출력확장에 성공하였다. 1980년에는 5메가와트급의 실험용 연구로 건설에 착공하였고 1986년 말에 본격가동을 시작하여 폐연료봉을 추출할 수 있게 되었다. 1989년에는 태천에 200메가와트급 원자력발전소를 착공하였으며, 영변에 대규모 재처리 시설의 건설에 착수한 것으로 알려지고 있다. 1980년대에는 원자력의 실용화, 핵개발 체계의 완성에 주력하여 우라늄 정련, 변환시설의 운용을 시작한 북한은, 1990년대에 들어와서는 핵연료 확보에서 재처리에 이르는 일련의 핵연료 주기를 완성한 것으로 판단되고 있다. 그러나 고도의 정밀기술을 요하는 기폭장치 및 운반체 개발문제 등을 고려할 때, 핵무기 보유 여부는 불확실하다고 할 수 있다. 다만, 북한이 보여준 핵무기 제조연료인 플루토늄 추출능력에 미루어 초보적인 수준의 핵무기를 생산할 수 있는 능력은 보유하고 있는 것으로 평가되고 있다.[55]

3. 북한의 군수산업 운용체계와 제2경제

1) 군수산업 운용 체계

(1) 국방위원회

'제2경제'로 지칭되는 북한의 군수산업은 국방위원회를 정점으로 당·내각·군의 3원적 체계에 의해서 운용되고 있다. 군수산업에 대한 최고지도기관은 1992년 북한의 헌법이 개정되기 전까지는 당중앙위원회 군사위원회였으나, 헌법의 개정으로 중앙인민위원회의 상위기관인 국방위원회가 무력과 국방건설사업을 지휘하는 최고군사지도기관으로 부상하였다. 개정된 헌법에 따르면, 국방위원회는 "국가주권의 최고군사지도기관이며 전반적 국방관리기관"(제100조)이며 국방위원회 위원장은 "일체 무력을 지휘 통솔하며 국방사업 전반을 지도한다"(제102조)고 규정하고 있다.

(2) 노동당 중앙위원회 군사위원회와 군수공업부

그동안 북한 군수산업에 있어서 당은 최고정책결정기관으로서의 역할과 기능을 담당해 왔다.56) 노동당 규약에 따르면, "당중앙위원회 군사위원회는 당군사정책 수행방법을 토의 결정하며 인민군을 포함한 전무장력강화와 군수산업발전에 관한 사업을 조직, 지도하며 우리나라의 군대를 지휘한다"57)고 규정하고 있어 군수산업과 관련된 정책결정에 있어서 당중앙위원회 군사위원회의 비중을 강조하고 있다. 그러나 1998년 개정 헌법에서 최고군사지도기관으로 국방위원회를 신설함으로써 이후 당 군사위원회의 역할이 다소 축소되었을 것으로 추정된다.58) 이밖에 노동당 비서국에 군수공업 담당비서가 있어 당 중앙군사위원회에서 하달된 명령이 제대로 시행되는 지를 산하 전문 부서인 군수공업부를 통하여 지휘·감독하도록 되어 있다. 현재 전병호가 군수 담당비서와 군수공업부 부장직을 겸직하고 있는 것으로 알려지고 있다.

군수공업부는 1970년대 중엽에 중앙당 안에 새로 조직되었는데, 1990년대 초까지는 기계사업부라는 명칭으로 불리다가 1993년 1월 1일부터 김정일의 지시로 군수공업부로 개칭되었다. 군수공업부는 당의 군수공업정책 집행기관이다.

(3) 국가계획위원회 군수계획국

군수산업 부문의 생산은 모든 인민경제에 우선한다는 당의 방침에 따라 해당 시기에 결정된 군수생산지표를 수행할 수 있도록 군수생산에 필요한 원자재와 물자를 공급하는 계획을 수립하는 역할을 맡은 부서가 국가계획위원회 군수계획국이다. 약 150명 정도의 현역 군장교로 구성되어 있는 군수계획국은 실질적으로 당 중앙위원회 군사위원회에 소속되어 있는 것으로 알려지고 있다. 생산계획처, 자재계획처, 노동계획처, 재정계획처 등 7~8개 부서로 구성되어 있는 군수계획국은 각 군수생산기관에서 제출된 계획을 심의·조정하여 계획을 작성하고 이를 당 중앙위원회 군사위원회로 제출한다. 군수계획국에서 확정된 계획이 당 중앙 군사위원회에 보고 되면 군사위원회는 최종 비준절차를 거친 뒤 명령으로 하달하게 된다. 군사위원회 명령으로 하달된 지표들은 '명령지표' 또는 '2경폰드'라고 불리우며 전문 군수생산기관이나 민수생산기관들은 생산은 물론 자재·자금·기술인원 조달에 이르기까지 정해진 기한내에 무조건 수행하도록 되어 있다. 이를 완수하지 못한 경우에는 군사재판에 회부되기 때문에 김정일의 지시사항과 관련이 있는 것 다음으로 수행되어야 한다.59) 결국 일반경제부문의 생산은 군수품 생산 보다 우선 순위에서 밀리게 되어 있어, 경제의 모든 분야에서 물품이 부족한 경제난의 와중에서도 군수품 생산에 인적·물적 자원이 우선적으로 투입되었을 것으로 추정되며 이에 따라 일반경제부문의 상황이 악화된 측면이 있다고 할 수 있다.

(4) 제2경제위원회

내각과는 상관없이 독자적으로 생산활동을 수행하는 제2경제위원회는 북한의 군수산업분야에 있어서 최고 조직 기구라고 할 수 있다. 국방위원회 직속기구인 제2경제위원회는 북한의 모든 군수제품의 계획·생산·분배 및 대외무역을 관장하고 있으며, 당 중앙위원회 위원이면서 국방위원회 위원인 전병호(중앙당 군수공업부 담당 비서)와 김철만이 최고책임자로 알려 지고 있다. 평양시 강동군에 위치한 제2경제위원회는 8개의 총국으로 구성되어 있으며 연구개발을 위한 제2과학원과 외화벌이를 담당하는 대외경제총국 및 자재공급을 담당하는 자재상사를 두고 있다.

<표 1> 제2경제위원회 기구

구 분	기구명	주요 업무
8국	종합계획국	군수공업제품의 생산과 공급에 대한총괄적 계획
	제1총국	소형무기 및 탄약생산, 군사시설 운용
	제2총국	전차·장갑차 생산
	제3총국	대포·고사포·자주로켓포·다연장로켓포 생산
	제4총국	각종 미사일 생산
	제5총국	생화학무기 및 핵무기 생산
	제6총국	작전함정 및 잠수정 생산
	제7총국	통신설비 및 비행기 생산
기타	제2자연과학원	군수물자의 연구·개발
	대외경제총국	생산에 필요한 물자 수입 및 외화벌이
	자재상사	자재의 수급

(5) 인민무력성

 인민무력성은 군대의 유지에 필요한 물자 생산 및 파손된 무기의 수리를 중심으로 군수품을 생산하고 있어 무기생산에 주력하고 있는 제2경제위원회의 기능과 조화를 이루고 있다. 인민무력성내에서 군수생산을 관리하는 부서로는 총참모부 장비관리국, 운수관리국, 검수국과 후방총국 등이 있으며 총참모부 산하에 있는 제15국(기술총국)은 장비의 수입을 담당하고 있다. 또한 총참모부 산하의 매봉총국(매봉무역상사)은 미사일부품의 수출입을 책임지고 있으며 외국에 사무소를 둔 유일한 인민무력성 산하 무역회사이다.

 총참모부 장비관리국은 장비와 기재의 수리를 위주로 하며 중무기의 부품을 생산하기 위해 산하에 순천탱크엔진공장 등을 운영하고 있다. 총참모부 운수관리국은 군용트럭과 기타 윤전기재 및 그 부품을 생산하는데 산하에 갱생자동차공장, 316자동차공장, 919자동차부품공장등을 운영하고 있다. 총참모부 검수국은 일체의 무기와 군수품의 검사를 담당하며 계획에 의거하여 물품을 인수하고 이를 해당 단위에 공급하는 역할을 담당하고 있다. 검수국은 군수품 생산을 맡은 일반 기업의 '일용분공장(직장)'들에 검수원을 파견하여 업무를 수행케 하고 있다.

　후방총국은 군인들의 병영생활에 필요한 피복, 신발, 의약품 및 전투식량 등을 공급하는 책임을 지고 있다. 이를 위해 산하에 많은 공장을 운영하고 있는데, 선천의 107공장에서는 각종 낙하산을 제작하고 있으며, 신의주에 있는 115호공장은 군복제작을 삭주의 111호공장은 군화제작을 전담하고 있다. 이 밖에 미림특수부대용 전투식량 생산공장과 군용의약품 생산을 위해 나남제약공장을 운영하고 있다.

(6) 내각 산하 일반기업의 일용분공장

　군수품 생산 전문공장이 아닌 내각 산하의 일반기업들에 군수품을 생산하는 분공장(또는 직장)을 설치, 제2경제위원회의 지시에 따라 군수품을 생산하도록 하고 있다. 이러한 공장들은 '일용분공장' 또는 '일용직장'이라고 부르며 무기류나 장비류를 전문적으로 생산하거나 관련 부품들을 협동생산하고 있다. 이들 일용분공장은 인민경제 전반에 거미줄처럼 뻗어있어 수천만개의 군수협동품들을 생산해 내고 있으며, 군수공장들에서는 이 협동품들을 받아서 무기들을 조립 완성한다. 협동품이 보장되지 않으면 군수생산 전반이 지연됨으로 민수부문의 군수체계에 대한 당군사위원회와 제2경제위원회, 국가정무원의 통제와 독촉은 대단하다고 한다. 군수협동품들에 대한 생산과제는 모두 당중앙군사위원회 명령으로 하달되며, 제2경제위원회에서는 '일용생산지도국'이 협동품 생산공정을 지도하고, 정무원에서는 사무국에 방대한 기구를 두고 군수협동품생산을 독려하고 있다. 북한에서는 해마다 김정일의 지시로 제2경제, 정무원경제 산하의 책임일군들과 각 공장, 기업소 당비서와 지배인들의 참가하에 '당중앙군사위원회 명령총화' 회의가 살벌한 분위기 속에서 진행되고 있는데 군수계획을 수행하지 못한 단위의 일군들은 군수軍需건, 민수民需건 가리지 않고 경중에 따라 책벌을 받거나 즉결 군사재판에 회부된다.60) 이렇듯 일용분공장은 군수품 생산만을 담당하고 있지만 소속은 내각 산하의 일반기업이기 때문에 그 기업의 책임자가 군수품 생산의 결과에 대해서 책임을 지게 된다. 따라서 그 공장의 지배인은 민수용 생산에 차질이 생기는 한이 있어도 일용분공장의 계획 생산량을 완수하는데 우선적으로 노력하게 되는 것이다. 민수부문의 공장들은 일단 전기나 원료자재가 공급되면 군수생산계획부터 먼저 수행한 이후에야 인민경제계획을 걱정하게 된다는 것이다.

내각의 위원회와 성들에서도 일용분공장들의 생산활동을 지휘·감독하는 제4국(또는 처)를 별도로 두고 있는데, 이 부서는 행정적인 통제는 해당 위원회나 성에서 받지만 생산과 직접적으로 관련된 사항은 제2경제위원회와 무력성의 군수동원총국의 지시를 받아 수행하고 있다. 문제는 이러한 일용분공장이 기간산업에서부터 지방공업에 속하는 3급기업소(종업원 1,000명 미만)의 작은 공장·기업소에 이르기까지 광범위하게 설치되었다는 사실이다. 일용분공장이 설치된 공장·기업소의 수가 약 300여개 이상으로 추정되고 있는데 이 때문에 인민경제부문에 필요한 민수용품 생산이 막대한 차질을 빚게 되는 것이다. 특히 최근 경제난의 와중에서 필요한 연료·원료 및 에너지가 턱없이 부족하여 공장과 기업소의 생산 여건이 심각할 정도로 악화되었음에도 불구하고 군수품 생산에 우선하다 보면 민수용 제품은 거의 생산할 수가 없어 인민경제계획수행에 심각한 타격을 받게 되는 것은 이론의 여지가 없을 것이다. 북한이 경제난에도 불구하고 국방건설 우선 정책을 포기하지 않고 있는 점과 경제난이 누적된 최근에는 군수품 생산마저도 제대로 이루어지지 않고 있다는 관계자들의 전언들을 종합해 보면, 북한의 경제난이 어느 정도 심각한지 쉽게 짐작할 수 있다.

2) 제2경제

(1) 형성과 발전 과정

 북한의 군수산업이 명실공히 북한의 제2경제로 자리잡기 시작한 것은 1966년 10월 제2차 당대표자회의에서 김일성이 경제건설과 국방건설의 병진정책을 발표하면서부터 라고 알려지고 있다. 이 자리에서 김일성은 "오늘 우리의 혁명투쟁과 건설사업에서 가장 중요한 것은 조성된 정세에 맞게 사회주의 경제건설의 전반적인 사업을 개편하여 국방력을 더욱 강화할 수 있도록 경제건설과 국방건설을 병진시키는 것"이라고 강조하였던 것이다.

 이에 따라 1960년대 북한은 소화기의 자체 개발에 박차를 가하는 한편, 박격포·무반동포·방사포·로케트포의 자체생산체제를 갖추게 된 것으로 보인다. 군수공업이 확장되어 감에 따라 북한은 1960년대 말 정무원에 군수공업을 전담하는 제2기계공업부를 따로 신설하였고, 노동당 비서국에 군수공업 담당 비서를 두어 군수산업전반을 총괄토록 하였다. 이후 1970년대 초에는 제2경제위원회를 신설하여 군수생산을 관리하도록 하였는데, '제2경제위원회는 제2정무원'이라는 김일성의 교시에 따라 정무원과는 별도의 기관으로 일반경제에 우선하여 계획·생산·공급·재정업무를 독자적으로 추진하였다. 제2경제위원회는 산하에 생산기구 뿐만 아니라 정무원의 생산기관에까지 '일용분공장,' '일용직장' 등의 명칭하에 군수생산시설을 설치하여 군수생산을 확대해 나갔다. 제2경제위원회는 1992년 헌법 개정으로 국방위원회가 신설된 뒤, 1993년 국방위원회 소속으로 변경된 것으로 알려지고 있다.[61]

(2) 제2경제위원회의 주요 기능과 군수산업 현황

 제2경제위원회는 하부에 130여개의 군수공장·기업소와 60여개의 병기수리창 및 부속품제조창을 두고 있으며, 이들 공장들은 일련번호나 위장명칭을 사용하여 생산무기의 성격과 유형을 은폐하고 있다. 이 밖에 유사시 군수제품 생산으로 전환할 수 있는 100여개의 민수품 공장이 있는데, 실질적으로 북한의 모든 중·대형 공장들은 군수품을 생산할 수 있는 시설과 조직을 가지고 있는 것으로 알려지고 있다.

① 제2경제위원회의 주요 부서별 관장 업무

가) 종합계획국

종합계획국에서는 군수품 생산수요와 생산계획, 자재조달, 예산편성, 판매 등 군수물자 생산과 공급에 필요한 전반적인 계획을 수립한다. 예를 들어 인민무력부를 비롯한 관련 기관들에서 필요로 하는 무기나 군사장비의 수요를 제출하면, 종합계획국은 그것에 대한 검토작업을 거친 뒤 수요처와 협의하여 생산계획을 수립하며 이를 기초로 필요한 자재계획과 예산편성을 한다. 일단 계획이 세워지면 종합계획국은 이를 국가계획위원회 군수계획국에 제출한다. 계획이 제출되면 군수계획국은 생산에 필요한 제반조건들이 잘 맞물려 돌아 갈 수 있도록 조정한 뒤 노동당 중앙위원회 군사위원회에 제출하고, 최종적으로는 군사위원회의 명령으로 하부기관들에 하달된다.

나) 제1총국(제1기계공업국) : 소형무기 및 탄약생산

제1총국은 소총과 탄약, 기관총 등 개인화기와 이에 관련된 기타 군사장비 및 60mm박격포, 70mm발사관, 수류탄, 지뢰 등 경량무기의 생산을 관리한다. 제2경제위원회의 모체라고 할 수 있는 제1총국은, 한국전쟁이 발발하기 전부터 무기를 생산해 오고 있어 가장 오래된 역사를 가지고 있다. 북한은 최근까지 82mm 이하의 소형무기 및 탄약 생산능력을 보유하고 있으며 자체의 수요를 충분히 조달할 수 있는 것으로

평가되고 있다.

<표 2> 제1총국 산하 주요 병기생산공장

공장명	소재지	종업원 수	주요 생산품
2·8기계공장 (옛 65호 공장)	자강도 전천군	12,000	5.45mm 자동소총, 백두산권총, 투척기 자동보총, 7.62mm RPD경기관총, 7.62mm RP-46경기관총, KPV중기관총, SGM중기관총, 82mm 박격포
제42호공장	자강도 장강	1,200	소구경 탄약, 수류탄, 지뢰
제61호공장	자강도 강계		대인지뢰, 대전차지뢰
제93호공장	자강도 강계		각종 소화기에 소요되는 목재가공품, 총개머리판
제81호공장	자강도 전천	2,500	82mm 박격포, 60mm 박격포, 무반동포
제67호공장	평양시 강동군	7,500	14.5mm 2신, 4신 고사기관총, KPV중기관총(12.43mm), SGM중기관총
제101호공장	평양시 강동군	3,000	각종 개인화기 탄약, 수류탄, 대인지뢰
제17호공장	함남도 함흥	3,000	다이나마이트, 각종도화선, 화약, 고성능 화약
제62호공장	함북도 종성	3,500	수류탄, 대전차 수류탄, 대인지뢰, 대전차지뢰

이외에도 제1총국 산하에는 강계 탄약공장 등 많은 군수공장들이 소속되어 있다.

다) 제2총국(제2기계공업국): 전차·장갑차 생산

각종 탱크, 장갑차, 수륙양용차와 같은 기계화된 무기 생산을 담당하는 부서이다. 북한은 각종 전차 및 장갑차의 자체 생산 능력을 보유하고 있으며, T-62 개량형 전차, T-63 수륙양용 전차, PT-85 수륙경형전차, BMP-1 보병장갑전투차를 생산하고 있다.

<표 3> 제2총국 산하 주요 병기생산공장

공장명	소재지	종업원 수	주요 생산품
구성탱크공장	평북도 구성시	8,000	각종 전차, T-62형 전차
제915호공장	평남도 순천	2,000	각종 전차엔진 및 엔진 부속품

라) 제3총국(제3기계공업국): 대포·고사포·자주로켓포·다연장로켓포 생산

각종 포무기의 생산을 관리하고 있는 총국으로 가장 규모가 크고 생산물의 종류가 다양하며 민수공장과의 협동생산량도 많다. 특히 대구경 자주포와 방사포는 여러 공장들의 협동생산을 통하여 이루어지는데 방사포의 포신 및 기계장치는 대안중기계공장 등에서 협동생산한다. 주행장치의 경우에는 금성트랙터공장, 승리자동차공장, 316공장 등 인민무력부 소속 공장과 내각 산하 공장들에서 협동생산한다.

북한은 82mm 이상의 대포 및 곡사포·다연장로켓포 생산 능력을 지니고 있는 것으로 평가되고 있다. 23mm 및 37mm 자주고사포(M-1992식)와 120mm 자주조합포(M-1992식)를 생산하는 것 외에, 22mm(M-1981식)와 130mm(M-1992식), 170mm(M-1978식과 M-1989식) 자주포를 자체적으로 생산하고 있다. 또한 122mm(M-1997식, M-1991식, M-1985식, MB-11식) 및 240mm(MB-11식과 M-1991식) 자주다연장로켓포를 생산하고 있다.

<표 4> 제3총국 산하 주요 병기생산공장

공장명	소재지	종업원 수	주요 생산품
강계트랙터공장 (위장명칭)	자강도 강계	12,000	박격포탄, 방사포탄, 대전차포탄
제32호공장	자강도 강계	1,000	각종 야포탄, 자주포탄
삭주병기공장	평북도 삭주	5,000	122mm 곡사포, 155mm 곡사포
곽산포수리공장	평북도 곽산		각종 야포 수리
용성기계공장	함남도 함흥시	15,000	각종 포신 가공, 야포·자주포의 기계장치

| 만경대보석가공공장 | 평양시 만경대 | 2,000 | 각종 조준경, 유도장치, 레이저탐지기 |

북한은 각종 로켓포를 생산하여 자체적인 수요를 충족시킬 뿐만 아니라 중동국가 등에 수출함으로써 외화벌이 수단으로도 활용하고 있는 것으로 알려지고 있다.

마) 제4총국(제4기계공업국): 각종 미사일 생산

각종 미사일 생산을 관리·지휘하는 총국으로 구 소련제 지대지 미사일 SCUD-B를 모방하여 1987년부터 생산하기 시작한 중거리 지대지 미사일을 비롯하여 1991년에는 이를 개량한 SCUD-C를 생산하였으며, 1993년에는 사정거리가 약 1,300km인 '노동1호' 시험발사에 성공한 뒤 1995년부터 생산에 들어간 것으로 알려지고 있다. 1998년 8월에는 사정거리가 1,500 이상인 '대포동1호' 미사일 시험발사에[62] 성공한 것으로 평가되고 있다.

현재 사정거리가 4,000km 이상인 '대포동2호'를 개발중인 것으로 알려지고 있다. 또한 SAM계통의 지대공 미사일과 '실크웜'계통의 지대함 미사일을 생산하고 있다.

<표 5> 제4총국 산하 주요 병기생산공장

공장명	소재지	종업원 수	주요 생산품
제26호공장	자강도 강계	10,000	대전차 유도탄, SAM-7 지대공미사일, 대구경 방사포탄
만경대 약전기계공장	평양시 용성구역	6,000	지대지미사일(노동1호, 대포동1호), 실크웜 대함미사일
평양 돼지공장 (제125호공장)	평양시 용성구역	5,000	지대공미사일, 실크웜 대함미사일
동해약전공장	함북도 청진시	4,000	SAM-7 지대공미사일, 대전차 유도탄
제301호공장	평북도 대관		지대공미사일

바) 제5총국(제5기계공업국): 생화학무기 및 핵무기 생산

핵무기와 화학무기의 생산을 담당하는 총국으로, 영변핵단지내의 모든 시설을 관리하고 있으며 화학무기의 개발과 생산 뿐만 아니라 화학무기 중간재와 원자재의 생산도 관리하고 있는 것으로 파악되고 있다. 화학무기의 연구·개발은 제2자연과학원 함흥 분원과 신의주, 강계 등 4개 연구소에서 추진하고 있으며, 산하 7~8개소의 화학공장에서 화학무기 및 화학무기 중간재·원자재의 생산을 담당하고 있다.

현재 북한이 생산하고 있는 화학작용제로는 신경마비성인 자린, 조만, 따분, V가스 등이 있으며, 피부미란성으로는 이쁘리트, 루이지트 등과 혈액작용제인 청산, 염화시안, 호스겐 등이 있다.

북한은 현재 부분적으로 생화학무기를 생산할 수 있는 능력을 보유하고 있으며, 혈액작용제·최루작용제·수포화학작용제·이페리트와 같은 화학작용제의 경우 연간 생산 능력은 수천톤에 달하는 것으로 추정된다. 또한 콜레라균·발진티프스균·탄저균 등 13종의 세균을 생산하고 있는 것으로 분석되며 연간 보존량은 약 1톤 정도인 것으로 평가되고 있다.

<표 6> 제5총국 산하 주요 공장

공장명	소재지	주요 생산품
강계화학공장	자강도 강계	신경계, 피부계 화학무기
삭주화학공장	평북도 삭주	벤졸, 페놀 등 화학무기 중간재
제279호공장	평남도 평원	해독재, 방독면, 방독복
2·8비날론공장 일용분공장	함북도 함흥	화학무기 제조용 원자재
순천비날론공장 일용분공장	평북도 순천	화학무기 제조용 원자재

사) 제6총국(제6기계공업국): 함정 및 잠수정 생산

각종 전투함정과 잠수함 등 해군장비의 생산을 관리하는 부서로, 최근 북한은 어뢰정, 방사포정, 공기부양정 이외에 소형 전투함정 및 소형

잠수함 건조에 치중하고 있는 것으로 알려지고 있다.
　북한은 현재 각종 전투함과 잠수정을 생산할 수 있는 능력을 보유하고 있는 것으로 평가되고 있다. '신성'급 순찰어뢰정, '공풍' 공기부양상륙정, '서영'급 유도탄쾌속정, '남포'급 상륙쾌속정, '한태'급 상륙함 등을 건조하고 있으며, '서해'급 및 '나진'급 상륙함과 R급, 유고급, 상어급 잠수정 등을 생산하고 있다.

<표 7> 제6총국 산하 주요 공장

공장명	소재지	주요 생산품
봉대보일러공장	함남도 신포	잠수함
나진조선소	함북도 나진	방사포정, 어뢰정, 잠수함
남포조선소 일용분공장	평남도 남포	공기부양정
청진조선소 일용분공장	함북도 청진	어뢰정
원산조선소 일용분공장	강원도 원산	어뢰정
1월9일공장	평양시	잠수함 및 소형함정 부품

　아) 제7총국(제7기계공업국): 통신설비 및 비행기 생산
　통신장비와 항공기 생산을 담당하고 있는 제7총국은 야전용 전화기, 모르스 전신기, 단파 무전기 및 각종 지휘관용 무전기, 전기·전자부품 및 건전지 등 통신기자재의 생산을 관리하고 있다. 또한 각종 레이다 및 미그 29기의 조립생산을 비롯하여 소형 헬기제작과 비행기의 수리도 담당하고 있다.
　북한은 현재 연습기, 작전기, 수송기 및 헬리콥터의 조립 및 개조·생산이 가능한 수준에 도달한 것으로 평가되고 있는데, 야크-18연습기와 AN-2 개량형 수송기 및 미-2 개량형 헬리콥터를 생산하고 있으며 IL-18 폭격기와 AN-24 수송기를 개조해 내고 있다고 한다.

<표 8> 제7총국 산하 주요 공장

공장명	소재지	주요 생산품
남포통신기계공장	평남도 남포	무전기, 기타 통신장비
제69호공장	평남도 성천군	전자집적회로
제24호공장	평남도 성천군	배터리 건전지
의주건전지공장	평북도 의주군	건전지
청천강전기공장	평남도 안주	지휘용 무전기
방현항공기공장	평북도 구성	항공기

자) 대외경제총국 : 대외무역담당

제2경제위원회의 생산에 필요한 물자를 수입하며, 자체로 외화를 벌기 위해 일부 제품을 수출하고 있다. 산하에 '용악산무역총회사'를 두고 있으며, 최근에는 노동당의 승인하에 무기판매에도 나서고 있는 것으로 알려지고 있다.63) 또한 산하에 조선금강은행이라는 별도의 은행을 보유하고 있으며 이를 통한 독자적인 외화자금 운용체계를 가지고 있다. 주요 수출품으로는 무기류를 비롯하여 비철금속과 보석류 등이 있는데 이들 주요자원을 독점적으로 관리하고 있는 것으로 알려지고 있다.

차) 제2자연과학원

제2자연과학원(구 국방과학원)은 대포동 미사일과 노동미사일을 비롯한 북한군의 모든 무장장비를 개량·개발하는 기관이다. 제2경제위원회에서 생산하는 무기와 군사장비는 물론 일반기업의 협동생산품까지 연구·개발하며 규격 제정까지 담당하고 있다. 제2자연과학원은 산하에 유도무기, 전기 및 전자, 금속 및 화학소재, 기술경제 등 40여개에 달하는 부문별 연구소를 두고 있으며 무기 및 무기소재 등의 연구개발과 함께 군수공장들에 대한 지도를 수행해 오고 있다.

직할 연구부문의 경우 화생방, 유도, 전자, 항공, 포, 함정 등 각종 무기의 개발과 함께 외국무기를 도입한 후 북한의 실정에 맞게 개조하는 것에 대한 연구를 추진하는 것이 주된 임무가 된다. 동 과학원은 지방에 분원을 두고 있으며 각 분원은 특정 분야에 대한 연구를 담당한다. 함흥분원은 화학, 서해분원은 세균, 박천은 핵, 강계는 전자 및 유도분야의 연구개발에 주력하고 있다. 이들 각 분원은 생산공장을 운영하고 있어 생산에도 직접적으로 관여하고 있는 것으로 파악되고 있다.[64]

② 제2경제위원회의 민수품 생산

북한의 민수경제부문에서 군수품을 생산하는 것과 관련해서는 비교적 많은 자료가 축적되어 있는데 반해 군수부문에서 민수품을 생산하는 문제에 대한 자료는 상대적으로 접하기 힘든게 사실이다. 따라서 군수부문에서 일반경제에 필요한 물자를 생산하는 문제와 관련한 생산체계나 규모에 대한 연구결과가 거의 생산되지 않고 있다. 다만「김일성저작집」에서 몇가지 관련된 발언들을 발견할 수 있다.

> 자강도에 있는 제1국산하 기계공장들에 대한 우리 당의 기대는 매우 큽니다. … 제1국산하 기계공장들앞에 나서는 과업은 군수품생산과제를 앞당겨수행하고 인민경제 다른 부문에서 요구하는 기계설비를 더 많이 생산하는것입니다. … 26호공장에서는 지난날 1년동안에 생산하던 군수품을 반년동안에 생산하고 나머지 반년동안에는 다른 기계설비들을 생산하여야 하겠습니다. 이 공장에서는 적어도 견직기 500대, 면직기 1,000대, 조방기 30대, 보이라 500대 그리고 방열기 같은것을 더 생산하여야 합니다.[65]
> 군수공업부문에서 수산부문에 보장하여주게 되여있는 설비, 자재도 빨리 대주어야 합니다. 수산부문에 줄 의장품과 설비, 부속품을 생산하는 공장들에 기계공업위원장과 당중앙위원회 제1경제사업부담당 비서가 직접 나가 조직사업을 하여 배수리에 필요한 의장품과 부속품, 설비, 자재를 무조건 8월까지 다 대주도록 하여야 하겠습니다.[66]

이는 국방력 증대를 위한 기반 강화라는 측면에서 경제발전의 중요성을 인식하고 있었던 북한이 전후복구기간 중 군수부문의 일반경제부문에 대한 지원을 강조하였던 것을 알 수 있다. 특히 기계제작 관련 공장에게 민수용 기계설비 생산 과제를 부과하기도 한 것으로 파악된다. 또한 군수부문의 우선적인 발전 정책으로 군수산업부문이 생산능력이나 제품 질의 측면에서 일반경제부문보다 앞서 나가게 되자 점차 군수부문의 생산능력을 동원하여 어려움에 처한 민수부문을 지원하는데 관심을 기울이게 된 것으로 보인다. 군수산업의 민수산업에 대한 지원 및 '방조' 역할을 강조하게 된 것이다.

최근 제2경제부문에서 근무하다 귀순한 인사의 증언에 따르면, 1980년대에 들어 제2경제위원회가 생필품 생산에 참여했다는 사실이 지적되고 있는바, 이를 통해서 제2경제위원회의 생필품 생산 실태를 정리하고자 한다.67)

북한은 내각 산하의 민수공장들에 '일용'이라는 명칭의 군수품 전문 생산공정이 설치한 것처럼, 군수부문의 공장과 기업소들에 '생활필수품(생필)'이라는 명칭을 가진 일반소비품 생산체계가 구축된 것으로 알려지고 있다.68)

1980년대 초부터 설치되기 시작한 이 같은 생산체계는 김정일의 지시에 의한 것으로 알려지고 있다. 당시 김정일은 주민들의 생활필수품에 대한 수요가 증가하고 있는 상황에서 민수부문의 경공업공장들의 기술이 낮고 생산설비가 낙후되어 있어 주민들의 수요에 제대로 대처하지 못하고 있다고 지적하고 장비가 좋고 기술수준이 뛰어난 제2경제위원회에서 이 문제를 해결하도록 지시한 것이다.69) 이에 따라 제2경제위원회에 '생필생산지도소조'를 설치하여 생활필수품의 생산을 지도·감독하게 되었는데 나중에 이 조직은 '생필생산지도총국'으로 확대 개편되었다.

군수공장들의 생필품 생산은 군수품을 생산하는 과정에서 발생한 자투리자재를 활용하도록 한 것으로 제2경제위원회는 김정일의 지시를 관철한다는 측면에서 '인민소비품 견본전시회'를 개최하여 김정일로부터 좋은 평가를 받은 것으로 알려지고 있다. 이를 계기로 김정일은 군수부문에 일반 소비품 생산공정을 확대하라는 지시를 내리게 되는데, 특히 생산한 제품을 국제시장에 수출하여 외화를 확보하고 이를 가지고 군수경제를 자립시키도록 강조하기에 이른다. 이때부터 군수공장들에서는 생필품 생산공정을 설치하고 수출용 생필품을 생산하기 시작했으며,70) 관리체계에도 변화가 나타나게 되었다. 군수품생산계획을 완수했다고 하더라도 생필품 생산계획을 달성하지 못하면 월급을 지급하지 않는 식의 관리방식이 도입된 것이다.

그러나 그 결과는 신통치 않았던 것으로 보인다. 국제시장에서 관심을 끌지 못하여 별다른 수출실적을 기록하지 못하자 국내에 재고만 쌓이게 된 것이다. 생필품 수출에서 손해를 보게된 북한은 이를 만회하기 위하여 '율동완구' 생산으로 전환하였으나 역시 실패하고 만 것으로 보인다.71) 제2경제위원회의 생필품 생산사업은 1990년대 들어 경제상황이 악화되면서 더욱 어려움을 겪게 된 것으로 판단되며, 이에 따라 할당된 '생필계획'이 거의 수행되지 못한 것으로 보인다. 따라서 군수부문에 집중되어 온 북한경제의 특징과 누적되어온 경제난을 고려할 때, 북한경제가 직면한 난관이 쉽사리 극복되기 힘들 것이라는 예측이 가능하게 된다.

※ 이 글은 『북한의 군수산업정책이 경제에 미치는 효과분석』 통일연구원(2000) 중에서 "제3장 군사산업 정책과 제4장 군사산업운용체계와 제2경제"에 수록된 것을 요약정리 하였다.

주(註)

1) 이명수, "북한의 군수산업에 관한 연구," 연세대 행정대학원 석사학위 논문 (1995), 14쪽.
2) 김일성, "우리는 자체의 힘으로 무기를 만들어 무장하여야 한다(1949.10.31)," 『김일성저작집 5』(평양: 조선로동당출판사, 1980), 299쪽.
3) 김철환, "북한의 군수산업실태 및 민수산업으로의 전환 가능성," 『'93 북한·통일연구 논문집(IV): 북한의 군사분야』(서울: 통일원, 1993), 249쪽.
4) 김일성, "인민군대를 강화하자(1952.12.24)," 『김일성저작집 7』(평양: 조선로동당출판사, 1980), 462쪽.
5) 김일성, "현시기 당단체들과 인민정권기관들앞에 나서는 몇가지 과업에 대하여(1952.2.15)," 『김일성저작집 7』(평양: 조선로동당출판사, 1980), 80쪽.
6) 김일성, "당을 질적으로 공고히 하며 공업생산에 대한 당적지도를 개선할데 대하여(1953.6.4)," 『김일성저작집 7』(평양: 조선로동당출판사, 1980), 498쪽.
7) 김일성, "인민군대의 간부화와 군종, 병종의 발전전망에 대하여(1954.12.23)," 『김일성저작집 9』(평양: 조선로동당출판사, 1980), 187쪽.
8) 김일성, "자강도 당단체들 앞에 나서는 몇가지 과업(1958.8.5)," 『김일성저작집 12』(평양: 조선로동당출판사, 1981), 376~78쪽.
9) 이명수, 앞의 글, 18쪽.
10) 김일성, "병기공업을 더욱 발전시키기 위하여(1961.5.28)," 『김일성저작집 15』(평양: 조선로동당출판사, 1981), 132쪽.
11) 김일성, 위의 글, 136쪽.
12) 김일성, 위의 글, 136~37쪽.
13) 김일성, 위의 글, 137~46쪽.
14) 김일성, 위의 글, 143쪽.
15) 김일성, "우리 나라의 정세와 몇가지 군사과업에 대하여(1961.12.25)," 『김일성저작집 15』(평양: 조선로동당출판사, 1981), 627쪽.
16) '경제·국방건설 병진정책'이 언제 공식적으로 제기되었는 지에 관하여 '1966년 당대표자회'와 '1962년' 사이에 논란이 제기되어 왔다. 『김일성저작집』에 나타난 발언에 따르면, 1962년 12월에 개최된 '당중앙위원회 4기 5차전원회의'에서 처음으로 제기되었으며, 이를 당의 공식적인 노선으로 확정한 것은 '1966년 10월의 당대표자회'인 것으로 보인다.
17) 김일성, "현정세와 우리 당의 과업(1966.10.5)," 『김일성저작집 20』(평양: 조선로동당출판사, 1982), 415쪽.
18) 이와 관련 김일성이 경제·국방건설 병진정책을 당의 공식적인 노선으로 결정

(1966.10)한 이후에 발표한 자료에서는 '4대군사노선'을 '전군간부화', '전군현대화', '전민무장화', '전국요새화'로 표현하고 있다. 김일성, "국가활동의 모든 분야에서 자주, 자립, 자위의 혁명정신을 더욱 철저히 구현하자(1967.12.16)," 『김일성저작집 21』(평양: 조선로동당출판사, 1983), 533쪽.
19) 김일성, "조국통일위업을 실현하기 위하여 혁명역량을 백방으로 강화하자(1964.2.27),"『김일성저작집 18』(평양: 조선로동당출판사, 1982), 256~57쪽.
20) 김일성, "쇠돌생산에서 혁신을 일으킬데 대하여(1965.1.22)," 93쪽 ; "조선민주주의인민공화국에서의 사회주의건설과 남조선혁명에 대하여(1965.4.14)" ; "인민경제계획의 일원화, 세부화의 위대한 생활력을 남김없이 발휘하기 위하여(1965.9.23)," 482쪽 ; "조선로동당창건 스무돐에 즈음하여(1965.10.10)," 523쪽, 공통:『김일성저작집 19』(평양: 조선로동당출판사, 1982).
21) 북한은 불리한 국제정세가 쿠바사태와 월남전에 대한 미국의 개입으로 야기된 것이라고 주장하고 있다. 김일성, "쇠돌생산에서 혁신을 일으킬데 대하여(1965.1.22),"『김일성저작집 19』(평양: 조선로동당출판사, 1982), 93쪽.
22) 김일성, "쇠돌생산에서 혁신을 일으킬데 대하여(1965.1.22)," 위의 책, 93쪽.
23) 김일성, "조선로동당창건 스무돐에 즈음하여(1965.10.10)," 위의 책, 523쪽.
24) 김일성, "현정세와 우리 당의 과업(1966.10.5),"『김일성저작집 20』(평양: 조선로동당출판사, 1982), 415~28쪽.
25) "1966년 10월에 있는 조선로동당대표자회가 내놓은 경제건설과 국방건설을 병진시킬데 대한 우리당의 새로운 혁명적로선을 관철하는데 힘을 집중하여왔습니다." 김일성, "국가활동의 모든 분야에서 자주, 자립, 자위의 혁명정신을 더욱 철저히 구현하자(1967.12.16),"『김일성저작집 21』(평양: 조선로동당출판사, 1983), 482쪽.
26) "경제건설과 국방건설을 병진시킬데 대한 당의 로선을 관철하는것은 긴장한 투쟁을 요하는 매우 어려운 과업입니다. 경제건설과 국방건설을 병진시킬데 대한 당의 로선을 철저히 관철하려면 무엇보다먼저 그진수를 깊이 파악하고 당안에서와 당밖에서 소극성과 침체성 그리고 동요하는자들을 반대하는 사상투쟁을 강하게 벌리는 한편 전체 당원들과 근로자들을 옳게 조직동원하여야 합니다." 김일성, "당대표자회결정을 철저히 관철하기 위하여(1967.6.20),"『김일성저작집 21』(평양: 조선로동당출판사, 1983), 316~17쪽.
27) "사회주의경제건설분야에서나 국방건설분야에서나 할 것 없이 모든 분야에서 천리마의 대진군을 계속하며 새로운 혁명적 고조를 일으켜야 할 것입니다." 김일성, "당면한 경제사업에서 혁명적 대고조를 일으키며 로동행정사업을 개선강화할데 대하여(1967.7.3),"『김일성저작집 21』(평양: 조선로동당출판사, 1983), 351쪽.

28) 김일성, "국가활동의 모든 분야에서 자주, 자립, 자위의 혁명정신을 더욱 철저히 구현하자(1967.12.16),"『김일성저작집 21』(평양: 조선로동당출판사, 1983), 494~96쪽.
29) "오늘 인민경제부문들앞에 나서고있는 가장 선차적인 과업은 모든 힘을 다하여 국방건설을 지원하는것입니다." 김일성, "사회주의 건설의 위대한 추동력인 천리마작업반운동을 더욱 심화발전시키자(1968.5.11),"『김일성저작집 22』(평양: 조선로동당출판사, 1983), 282쪽.
30) 김일성, "조선인민군창건 스무돐을 맞이하여(1968.2.8),"『김일성저작집 22』(평양: 조선로동당출판사, 1983), 8쪽.
31) "우리는 늘 한손에는 국방건설을, 다른 손에는 경제건설을 튼튼히 틀어쥐고나가야 합니다. 다시말하여 경제건설을 념두에 둘 때에는 국방건설에 대하여 생각하여야 하며 국방건설을 념두에 둘 때에는 경제건설을 잊지 말아야 하며 언제나 경제건설과 국방건설의 어느하나도 놓쳐서는 안됩니다. 우리는 긴장된 태세를 조금도 늦추지 말고 당에서 준 국방건설과제를 어김없이 수행하며 전쟁에 대처할 만반의 준비를 갖추어야 할것입니다." 김일성, "당사업과 경제사업에서 풀어야 할 몇가지 문제에 대하여(1969.2.11),"『김일성저작집 23』(평양: 조선로동당출판사, 1983), 351쪽.
32) 김일성, "현정세와 인민군대앞에 나서는 몇가지 정치군사과업에 대하여(1969.10.27),"『김일성저작집 24』(평양: 조선로동당출판사, 1983), 254~56쪽.
33) 이명수. 앞의 글, 20~21쪽.
34) 정유진, "북한 군수산업실태와 운영,"『북한조사연구』제1권 1호(1997), 84~85쪽.
35) 김일성, "조선로동당 제5차대회에서 한 중앙위원회사업총화보고(1970.11.2),"『김일성저작집 25』(평양: 조선로동당출판사, 1983), 256~57쪽.
36) "인민군대를 현대화하며 군사과학과 군사기술을 발전시키는데서 우리는 어디까지나 우리 나라의 구체적실정으로부터 출발하여야 합니다. … 우리는 어디까지나 우리 나라의 실정에 맞는 무기들을 많이 만들어내며 우리 나라의 공업발전수준에 따라 군사장비를 현대화하여나가는 원칙을 견지하여야 하겠습니다." 김일성, 위의 글 294~95쪽.
37) 김일성, 위의 글 295~96쪽.
38) "국방공업부문에서는 지금 있는 공장들을 잘 정비하여 은을 내게 하여야 합니다. 국방공업부문에서 중요한 문제는 로동자, 기술자들의 기술기능수준을 높이는것입니다." 김일성, "1971년 사업방향에 대하여(1970.12.28),"『김일성저작집 25』(평양: 조선로동당출판사, 1983), 463~64쪽.
39) 김일성, "신년사(1971.1.1),"『김일성저작집 26』(평양: 조선로동당출판사,

1984), 9쪽.
40) "경제건설과 국방건설을 병진시킬데 대한 새로운 방침을 내놓았습니다. 그리고 나라의 방위력을 튼튼히 다지기 위하여 7개년계획수행을 3년동안 연기하고 국방건설에 더 많은 자금을 돌리도록 하였습니다. 그렇게 한 결과 오늘 우리는 자체의 힘으로 여러가지 현대적무기와 군수물자를 만들어낼수 있게 되었습니다." 김일성, "당간부양성사업을 개선강화할데 대하여(1971.12.2),"『김일성저작집 26』(평양: 조선로동당출판사, 1984), 509쪽 ; "원래 7개년계획은 1961년부터 시작하여 1967년에 끝내야 할것이였으나 우리 나라를 둘러싼 정세가 긴장하여졌기때문에 더 연장하여 끝냈습니다. … 우리 당은 경제건설과 국방건설을 병진시킬데 대한 새로운 로선을 내놓았으며 이 로선에 따라 사회주의건설의 전반적사업을 개편하고 국방건설에 많은 자금을 돌리였습니다. 이리하여 7개년인민경제계획을 수행하는데 더 많은 시일이 걸리게 된것입니다." 김일성, "조선민주주의인민공화국의 당면한 정치, 경제 정책들과 몇가지 국제문제에 대하여(1971.12.2),"『김일성저작집 27』(평양: 조선로동당출판사, 1984), 34쪽.
41) 김일성, "당, 정권기관, 인민군대를 강화하며 사회주의대건설을 더 잘하여 혁명적대사변을 승리적으로 맞이하자(1975.2.17),"『김일성저작집 30』(평양: 조선로동당출판사, 1985), 82~83쪽.
42) "병진로선을 관철하자고 하니 난관이 적지 않았습니다. 우리에게는 무기를 만들수 있는 기술자도 부족하였습니다. 병진로선을 관철하자고 하니 그에 맞게 투자도 새로 하고 다른 나라에서 필요한 기계설비들도 많이 사와야 하였습니다. 그런데 다른 나라들이 국방공업에 필요한 기계설비를 잘 주려고 하지 않았습니다. 그래서 우리는 자력갱생하여 자체로 만들수 있는것은 자체로 만들고 자체로 만들수 없는것은 이 나라에서 한대 사오고 저 나라에서 한대 사다가 군수공장을 건설하였습니다. 우리는 간고분투하여 경제건설과 국방건설의 병진로선을 관철하였습니다." 김일성, "조국의 사회주의건설형편에 대하여(1975. 9.26),"『김일성저작집 30』(평양: 조선로동당출판사, 1985), 489~90쪽.
43) "우리는 올해에 국방건설을 잘하고 인민경제부문들사이의 균형을 잘 맞추며 나라의 긴장한 외화문제를 풀고 인민생활을 높이는데 큰 힘을 넣어야 합니다. 이 네가지 과업이 올해 인민경제계획 수행에서 틀어쥐고나가야 할 중심과업입니다. … 우리는 어떤 일이 있어도 올해 인민경제계획의 4대과업을 수행하여야 합니다." 김일성, "정무원 사업을 개선강화할데 대하여(1976.4.30),"『김일성저작집 31』(평양: 조선로동당출판사, 1986), 103~4쪽.
44) 통일원 통일연수원,『북한의 군사력과 군사전략』(서울: 국토통일원 통일연수원, 1989), 37~38쪽.
45) 보다 자세한 내용은 북한연구소,『북한총람』(서울: 북한연구소, 1994), 858쪽

참조.
46) 북한연구소, 앞의 책, 858~59쪽.
47) 김일성, "함경남도 경제사업에서 틀어쥐고 나가야 할 몇가지 과업(1980.7.10),"『김일성저작집 35』(평양: 조선로동당출판사, 1987), 187~88쪽.
48) 김일성, "품질감독사업을 개선강화할데 대하여(1981.2.2),"『김일성저작집 36』(평양: 조선로동당출판사, 1990), 11~17쪽.
49) 김일성, "조선로동당 건설의 력사적경험(1986.5.31),"『김일성저작집 40』(평양: 조선로동당출판사, 1994), 81쪽.
50) "우리가 전체 인민을 무장시키고 전국을 요새화하면 적들이 덤벼들어도 무서울것이 없습니다. … 요즘 적들이 남조선에 현대적인 대량살륙무기들을 끌어들이면서 우리를 놀래우려고 하지만 우리는 끄떡하지 않습니다. 적들이 우리를 먹어보려고 아무리 책동하여도 당과 인민이 일심단결되고 튼튼한 자위적국방력을 갖춘 우리 나라 사회주의는 불패입니다" 김일성, "현시기 정무원앞에 나서는 중심과업에 대하여(1992.12.14),"『김일성저작집 44』(평양: 조선로동당출판사, 1996), 19~20쪽.
51) 김일성, "당면한 사회주의경제건설방향에 대하여(1993.12.8),"『김일성저작집 44』(평양: 조선로동당출판사, 1996), 284쪽.
52) 보다 자세한 내용은 이명수, 앞의 글, 24~25쪽 참조.
53) 국방부,『국방백서 1999』(서울: 국방부, 1999), 46쪽 참조.
54) 또한 국회외무통상위에 제출된 통일부의 국정감사자료(1998.10.23)에 따르면, 북한은 미국등의 미사일 수출 중지 압력에 따라 지난 1993년 이후 미사일 직접 수출 대신 부품을 현지에서 조립해서 판매하는 방식으로 전환한 것으로 밝혀졌다. http://www.hani.co.kr/han/data/l981023/065nan07.html
55) 국방부, 위의 책, 45쪽 참조
56) 정영태, "북한의 군수산업과 민수화 전망,"『통일경제』1995년 8월호, 97쪽.
57) 조선로동당 규약, 제3장 27조.
58) 백환기는 군수산업에 대한 최고지도기관으로서 당중앙위원회 군사위원회의 위상이 국방위원회가 신설되면서 격하된 것으로 판단하고 있으나, 정유진은 군수공업의 실질적인 최고기관은 아직까지 노동당 중앙위원회 군사위원회라고 주장하고 있다. 백환기, "북한의 군수산업의 현황과 전망,"『국방연구』1996년 6호 ; 정유진, "북한 군수산업실태와 운영,"『북한조사연구』제1권 1호(1997) 참조.
59) 정유진, 앞의 글, 90쪽.
60) 원희, "북한 인민경제의 구도적 특징,"『민족통일』2000년 5월호.
61) 정유진, 앞의 글, 88~91쪽.

62) 북한은 이를 인공위성 발사라고 주장하고 있다.
63) 원래 무기판매는 인민무력부 15국이 독점하였다. 정유진, 위의 글, 95쪽.
64) 정영태, "북한의 군수산업과 민수화 전망,"『통일경제』1995년 8월호, 97쪽.
65) 김일성, "자강도 당단체들앞에 나서는 몇가지 과업(1958.8.5),"『김일성저작집 12』(평양: 조선로동당출판사, 1981), 376~78쪽.
66) 김일성, "겨울철물고기잡이준비를 다그치며 양어사업을 추켜세울데 대하여(1981.5.18),"『김일성저작집 36』(평양: 조선로동당출판사, 1990), 100쪽.
67) 원희, "북한군수경제의 구조적 특징,"『민족통일』2000년 8월호.
68) 특급이나 일급공장들에는 '인민생활필수품 생산직장'을 설치하였으며, 작은 규모의 군수공장에는 '생필품작업반'을 두고 일반 소비품을 생산하였다.
69) 김정일은 다음과 같은 지시를 내렸다고 한다. "지금 인민생활이 날로 향상됨에 따라 고급 생활 필수품들에 대한 인민들의 수요는 대단히 높다. 그런데 경공업공장들이 이러한 요구에 따라 서지 못하고 있다. 그 원인은 우선 이 부문 일군들에게 당성, 인민성이 부족하기 때문이며, 또 다른 하나는 경공업부문의 기술기능수준과 생산설비가 낙후하기 때문이다. 때문에 나는 이 과업을 장비가 좋고 기술기능도 높은 제2경제위원회에 맡기려고 한다. 군수공업부문에는 군수품을 생산하고 남은 유휴자재로 고급생활필수품을 만들어서 국제시장에 내다 팔아 외화도 벌어들이고 인민들에게도 공급하여야 한다."
70) 이때 주로 생산되었던 품목으로는 밥통, 전기밥솥, 전기후라이팬, 식칼류, 소형 녹음기 등이다.
71) 장난감 자동차, 탱크, 자동총, 비행기, 북치는 곰, 춤추는 인형 등이 이 시기에 생산된 주요 '율동완구'였다.

<참고문헌>

1. 북한문헌

김일성, "우리는 자체의 힘으로 무기를 만들어 무장하여야 한다(1949.10.31),"『김일성저작집 5』(평양: 조선로동당출판사, 1980).
김일성, "인민군대를 강화하자(1952.12.24),"『김일성저작집 7』(평양: 조선로동당출판사, 1980).
김일성, "현시기 당단체들과 인민정권기관들앞에 나서는 몇가지 과업에 대하여(1952.2.15),"『김일성저작집 7』(평양: 조선로동당출판사, 1980).
김일성, "당을 질적으로 공고히 하며 공업생산에 대한 당적지도를 개선할데 대하여(1953.6.4),"『김일성저작집 7』(평양: 조선로동당출판사, 1980).
김일성, "인민군대의 간부화와 군종, 병종의 발전전망에 대하여(1954.12.23),"『김일성저작집 9』(평양: 조선로동당출판사, 1980).
김일성, "자강도 당단체들 앞에 나서는 몇가지 과업(1958.8.5),"『김일성저작집 12』(평양: 조선로동당출판사, 1981).
김일성, "병기공업을 더욱 발전시키기 위하여(1961.5.28),"『김일성저작집 15』(평양: 조선로동당출판사, 1981).
김일성, "우리 나라의 정세와 몇가지 군사과업에 대하여(1961.12.25),"『김일성저작집 15』(평양: 조선로동당출판사).
김일성, "현정세와 우리 당의 과업(1966.10.5),"『김일성저작집 20』(평양: 조선로동당출판사, 1982).
김일성, "국가활동의 모든 분야에서 자주, 자립, 자위의 혁명정신을 더욱 철저히 구현하자(1967.12.16),"『김일성저작집 21』(평양: 조선로동당출판사, 1983).
김일성, "조국통일위업을 실현하기 위하여 혁명역량을 백방으로 강화하자(1964.2.27),"『김일성저작집 18』(평양: 조선로동당출판사, 1982).
김일성, "쇠돌생산에서 혁신을 일으킬데 대하여(1965.1.22),"『김일성저작집 19』(평양: 조선로동당출판사, 1982).
김일성, "조선민주주의인민공화국에서의 사회주의건설과 남조선혁명에 대하여(1965.4.14),"『김일성저작집 19』(평양: 조선로동당출판사, 1982).
김일성, "인민경제계획의 일원화, 세부화의 위대한 생활력을 남김없이 발휘하기 위하여(1965.9.23),"『김일성저작집 19』(평양: 조선로동당출판사, 1982).
김일성, "조선로동당창건 스무돐에 즈음하여(1965.10.10)"『김일성저작집 19』(평양: 조선로동당출판사, 1982).
김일성, "국가활동의 모든 분야에서 자주, 자립, 자위의 혁명정신을 더욱 철저히 구현하자(1967.12.16),"『김일성저작집 21』(평양: 조선로동당출판사, 1983).
김일성, "당대표자회결정을 철저히 관철하기 위하여(1967.6.20),"『김일성저작집 21』(평양: 조선로동당출판사, 1983).
김일성, "당면한 경제사업에서 혁명적 대고조를 일으키며 로동행정사업을 개선강화할데 대하여(1967.7.3),"『김일성저작집 21』(평양: 조선로동당출판사, 1983).
김일성, "사회주의 건설의 위대한 추동력인 천리마작업반운동을 더욱 심화발전시키자(1968.5.11),"『김일성저작집 22』(평양: 조선로동당출판사, 1983).
김일성, "조선인민군창건 스무돐을 맞이하여(1968.2.8),"『김일성저작집 22』(평양: 조선로동당출판사, 1983).
김일성, "당사업과 경제사업에서 풀어야 할 몇가지 문제에 대하여(1969.2.11),"『김일성저작집 23』(평양: 조선로동당출판사, 1983).
김일성, "현정세와 인민군대앞에 나서는 몇가지 정치군사과업에 대하여(1969.10.27),"『김일성저작집 24』(평양: 조선로동당출판사, 1983).
김일성, "조선로동당 제5차 대회에서 한 중앙위원회사업총화보고(1970.11.2),"『김일성저작집 25』(평양: 조선로동당출판사, 1983).
김일성, "1971년 사업방향에 대하여(1970.12.28),"『김일성저작집 25』(평양: 조선로동당출판사, 1983).
김일성, "신년사(1971.1.1),"『김일성저작집 26』(평양: 조선로동당출판사, 1984).
김일성, "당간부양성사업을 개선강화할데 대하여(1971.12.2),"『김일성저작집 26』(평양: 조선로동당출판사, 1984).
김일성, "조선민주주의인민공화국의 당면한 정치, 경제 정책들과 몇가지 국제문제에 대하여(1971.12.2),"『김일성저작집 27』(평양: 조선로동당출판사, 1984).
김일성, "당, 정권기관, 인민군대를 강화하며 사회주의대건설을 더 잘하여 혁명적 대사변을 승리적으로 맞이하자(1975.2.17),"『김일성저작집 30』(평양: 조선로동당출판사, 1985).
김일성, "조국의 사회주의건설형편에 대하여(1975.9.26),"『김일성저작집 30』(평양: 조선로동당출판사, 1985).
김일성, "정무원 사업을 개선강화할데 대하여(1976.4.30)"『김일성저작집 31』(평양: 조선로동당출판사, 1986).
김일성, "함경남도 경제사업에서 틀어쥐고 나가야 할 몇가지 과업(1980.7.10),"『김일성저작집 35』(평양: 조선로동당출판사, 1987).
김일성, "품질감독사업을 개선강화할데 대하여(1981.2.2),"『김일성저작집 36』(평양: 조선로동당출판사, 1990).
김일성, "조선로동당 건설의 력사적경험(1986.5.31),"『김일성저작집 40』(평양: 조선로동당출판사, 1994).

김일성, "현시기 정무원앞에 나서는 중심과업에 대하여(1992.12.14),"『김일성저작집 44』(평양: 조선로동당출판사, 1996).
김일성, "당면한 사회주의경제건설방향에 대하여(1993.12.8)"『김일성저작집 44』(평양: 조선로동당출판사, 1996).
김일성, "자강도 당단체앞에 나서는 몇가지 과업(1958.8.5),"『김일성저작집 12』(평양: 조선로동당출판사, 1981).
김일성, "겨울철 물고기잡이 준비를 다그치며 양어사업을 추켜세울데 대하여(1981.5.18),"『김일성저작집 36』(평양: 조선로동당출판사, 1990).

2. 남한문헌

국방부,『국방백서 1999』(서울: 국방부, 1999).
김철환, "북한의 군수산업실태 및 민수산업으로의 전환 가능성,"『'93 북한·통일연구 논문집(IV): 북한의 군사분야』(서울: 통일원, 1993).
백환기, "북한의 군수산업의 현황과 전망,"『국방연구』, 1996.6.
북한연구소,『북한총람』(서울: 북한연구소, 1994).
원희, "북한 인민경제의 구도적 특징,"『민족통일』, 2000년 5월호.
원희, "북한군수경제의 구조적 특징,"『민족통일』, 2000년 8월호.
이명수, "북한의 군수산업에 관한 연구," 연세대 행정대학원 석사학위 논문(1995).
정영태, "북한의 군수산업과 민수화 전망,"『통일경제』, 1995년 8월호.
정유진, "북한 군수산업실태와 운영,"『북한조사연구』, 제1권 1호 (1997).
통일원 통일연수원,『북한의 군사력과 군사전략』(서울: 국토통일원 통일연수원, 1989).

북한 공표군사비 실체에 대한 정밀 재분석

성 채 기

1. 서 론

북한은 최고인민회의를 통해 거의 매년 '국방비'라는 이름으로 그들의 군사비 규모를 발표해 왔다.[1] 이것이 소위 '공식발표 군사비'(약칭 '공표군사비')라 불리워지는 것이다. 그런데 공표군사비는 몇 개 연도를 제외하고는 '실제' 군사비의 일부에 불과하며, 나머지의 많은 부분은 은폐되어 왔다는 주장이 이미 국내외를 막론하고 거의 정설로서 받아들여져 왔던 터였다.

그럼에도 불구하고 특히 최근에는 일부이기는 하지만 시민단체나 학계, 심지어 정치권 일각에서도 공표군사비를 실제군사비로 오해하고 인용하는 사례가 빈번하게 등장해 왔다. 이들의 인식은 단순한 오해에 머무르지 않고 — 일부 시민단체들이 최근에 크게 확대된 정치, 사회적 영향력을 배경으로 — 일반 국민들의 인식을 왜곡하거나 정치권에도 중대한 악영향을 미치고 있다는 데 문제의 심각성이 있다.

이들의 인식은, 때때로 북한의 공표군사비를 일관성 없이 그대로 국방예산 또는 국방비로 보고해 온 SIPRI나 Military Balance 등 국제기관의 보고서와 함께,2) 다른 한편에서는 실제 군사비에 대한 정부(국방부)의 추정치와 그 추정방법들에 대한 회의와 의구심이 일조를 한 것으로 판단된다.

이 논문은 이러한 상황을 배경으로, 그간 연구되고 알려져 온 사실들과 함께 최근 새로이 발굴, 분석된 증거자료들을 종합하여 공표군사비의 은폐성 여부를 보다 객관적이고 정밀하게 재추적하는 데 있다. 즉 과연 공표군사비가 실제군사비인지 아니면 많은 부분이 은폐됨으로써 축소 공개된 수치인지를 보다 종합적인 시각에서 다시 점검하여 그 의문에 대한 해답을 제시하고자 하는 것이다.

논의는 기존의 논점들을 은폐론과 비은폐론으로 나누어 각각의 논거와 증거들을 하나씩 실증적으로 점검하고, 최종적으로 양자를 종합하여 결론을 내리는 방식으로 진행될 것이다.

각 주장들의 논거와 증거들은 북한의 각종 공식문건들에 대한 추적 외에, 국내외의 각종 연구산물들을 종합하여 실증적으로 분석하는 역사적, 문헌적, 실증적 분석 방법으로 추적되고 분석될 것이다.

2. 공표군사비의 추이 분석

북한이 그간 최고인민회의를 통해 공개한 군사비 관련 통계정보는 '○○○○ 연도 국방예산은 전체 예산(계획 또는 결산)의 몇 %'라는 형태의 단 한 줄의 언급이 전부였다 할 수 있다. 절대규모 뿐 아니라 그 구성내역에 대해서도 추가적인 정보는 일절 공개하지 않은 것이다. 전체 예산 대비 구성비율도 일관되게 모든 연도에 대해 공개한 것이 아니었다. 최고인민회의 보고 자료나 사후에 나타난 각종 문헌과 발언 등을 종합하고 분석하여야 시계열 자료를 구성할 수 있는 정도이다.3)

지금까지 제시된 각종 자료들을 종합하여 구성한 북한 공표 군사비의 재정대비 부담률과 사후적으로 추계된 그 절대 규모와 추세는 <그림 1>에 제시된 바와 같다.

<그림 1> 북한 공표 군사비 추이

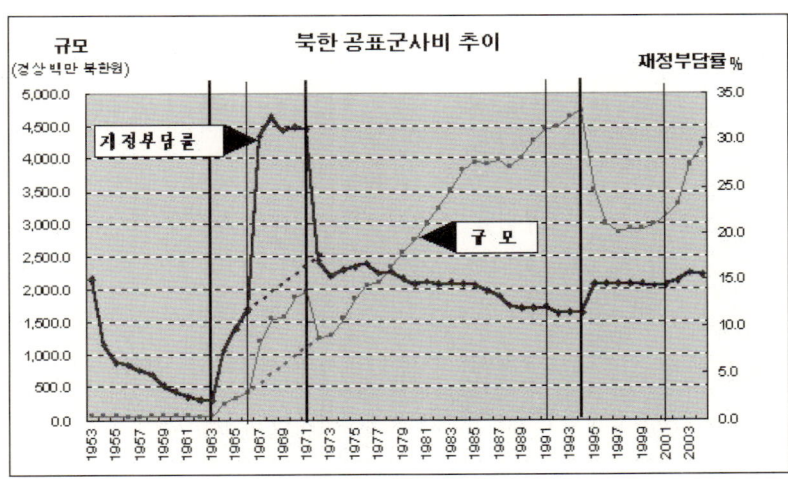

그림의 부담률은 위에 언급한 바와 같이 각종 자료를 종합하여 재구성한 데이터에 기초한 것이며, 절대규모는 그간 공개된 재정규모에 이를 곱함으로써 구해진 것이다.4) 1953~66년까지는 함택영의 공표국방비 부담률 추계치를 이용했으며, 1967~2004년 데이터는 필자가 각종 자료를 종합하여 재구성한 것이다.5)

공표군사비의 재정대비 부담률과 절대규모 추이는 그림에 나타난 바와 같이 크게 4단계의 과정을 거쳐 왔다.

제1기는 전쟁 직후로부터 1963년까지의 기간으로서, 이 시기의 공표 군사비 절대규모는 거의 고정된 수준으로 유지되어 왔다. 그러나 '국방비'의 재정대비 부담률은 1953년의 약 15.2% 수준에서 1963년의 2.1%까지 지속적으로 하락하였다. 이는 전쟁 후의 급속한 경제복구와 함께 공업 및 농업에 있어서의 급속한 사회주의화의 진전에 따른 재정수입의 급팽창을 반영한다고 할 것이다.

제2기는 대체로 1964~71년의 기간으로서, 절대규모나 부담률 모두 급속히 확대되는 시기이다. 부담률의 경우 1964년에 7.5% 수준에서 1967~71년간의 30~32% 수준으로 급속히 증대되었다. 이 시기는 '4대 군사로선' 및 '국방-경제 병진로선'의 본격적 추진과 대체로 대응되고 있다.

제3기는 1972년부터 경제위기의 초기 시점인 1994년간의 기간으로서, 공표군사비의 재정부담률은 31% 수준에서 1972년에 17%로 급락한 이래 11%대까지 줄곧 하락한 시기이다. 이 시기의 특징은 부담률이 급락한 1972년과 1980년대 중후반을 제외하면 공표군사비의 절대규모는 부담률의 점감에도 불구하고 꾸준히 증가되어 왔다는 점이다. 이러한 추세는 부담능력면에서는 고도 경제성장과 그에 따른 재정규모의 급속한 확대를, 소요측면에서는 군사비의 주요 구성요소인 인건비와 각종 운영유지비 등의 증가를 반영한다고 할 수 있다.

마지막으로 제4기는 1995년 이후의 시기로서, 이 기간에는 경제가 본격적인 파국상황에 빠져듦으로써 공표군사비의 절대규모는 경제위기 초기단계의 추세를 유지하지 못하고 급반전하여 하락하게 되었다. 그럼에도 불구하고 재정부담률은 14%대로 비교적 크게 상승하고 있는데, 이는 각종 재정지출 중 공표군사비는 상대적으로 적게 감소되었음을 의미한다. 특히 이 시기의 후반인 2001년 이후부터는 재정부담률도 증가

하지만 공표군사비의 절대규모는 그 이상의 속도로 크게 증가하고 있음은 주목할만하 하다.6)

그렇다면 공식 발표 군사비의 이와 같은 변화추이를 전제로 할 때 이들, 특히 1967~71년 전과 후의 기간을 과연 어떻게 평가해야 할 것인가? 이들을 모두 '실제' 군사비로서 인정해야 할 것인가? 아니면 축소된 은폐예산으로 보아야 할 것인가? 이들을 은폐론, 비은폐론으로 나누어 분석해 보자.

3. 군사비 은폐론과 그 증거들

먼저 「북한의 공표군사비는 '실제' 군사비의 상당 부분을 은폐함으로써 결과적으로 축소 발표된 것이다」라는 가설을 전제로, 이들을 뒷받침해 줄 증거들을 찾아 보자. 이들은 다음과 같은 몇가지 관점에서 파악될 수 있다.

첫째, 사회주의 국가들의 일반적 비공개주의와 구체적인 은폐의 사례,

둘째, 은폐 가능성을 실증 또는 시사하는 북한 스스로의 정책변화나 발언 또는 문건의 존재,

셋째, 공표군사비의 절대규모나 부담률의 추세가 실제로 나타난 북한의 군사력 수준 및 증강추세와 부합하는지 여부, 그리고 현재의 보유군사력 및 운용 '소요'와 부합하는지 여부,

넷째, 특히 1972년에 재정부담률이 약 45%, 절대규모가 36%나 하락할 수밖에 없었던 조직이나 정책의 변화 가능성 등이다.

1) 사회주의 국가들의 관행과 은폐 사례

▲ 소련의 은폐사실 공개 사례

이미 잘 알려져 있듯이 그간 사라졌거나 존속되고 있는 거의 모든 사회주의 국가들은 군사예산을 있는 그대로 공개하기보다 정도의 차이는 있지만 기본적으로 많은 부분을 구조적, 체계적으로 은폐해 온 것으로 의심받아 왔다. 사회주의 국가들의 이러한 비공개 관행은 북한도 이를 추종해 왔을 것으로 보는 자연스런 근거의 하나였다. 북한체제도 그 나름대로의 고유한 특성을 가지면서도 그 출발로부터 기본적인 성격이 사회주의 일반과 동일한 것이었기 때문이다.

<표 1> 소련의 '89년 공표군사비와 실제 군사비 구성 (단위: 억 루블)

	규 모		비 고
운영유지비(O&M)	총 액	202	종전의 공표 국방비
	인력운영비	68	
	물자운영비	125	
	기타 O&M	9	
장비획득비		326	'89년 최초 공개한 은폐부분
연구개발비		153	
군사건설비		46	
연금지불		23	
기타 지출		23	
총 계		773	'89 실제 군사비

그런데 이것도 소련이 그간의 은폐사실을 인정하기 전까지는 다소 막연한 '심증적' 근거에 불과했다. 사회주의 국가들 중 북한체제의 탄생과 제도, 그 운용방식의 형성에 가장 큰 영향을 미친 나라인 소련은 놀랍게도 1987~89년 기간에 역사상 처음으로 그간의 은폐사실을 공식적으로 인정하게 되었다. 즉 그간 '국방비'로 공표되어 왔던 것은 '국방성

예산'으로서, 장비획득비, 군사건설비, 연구개발비 등 군비증강과 관련한 부분은 전혀 포함하지 않았으며, 경상적 운영비만을 포함한 개념이었다는 것이다.[7] 그 결과 공식발표 국방예산('89년 202억 루불)은 <표 1>에서 보듯이 운영유지비 항목만을 포함한 것이 드러나게 되었다.

그들의 공개 자료에 의하면 '실제'의 전체 군사비는 773억 루불로서 공표 국방비의 3.83배에 이르는 수준이었다. 즉 구 소련당국은 그때까지 전체 군사비의 약 26%만을 공식 '국방비'로 공개해 왔고, 나머지는 전부 다른 예산항목으로 은폐해 왔던 것이다.[8]

소련의 이러한 실토는 사회주의 국가들의 군사예산 비공개주의를 '실증적'으로 확인시켜 줌과 동시에, 많은 경우 소련의 제도와 정책들을 모방해 온 북한 군사비의 은폐성을 반증하는 보다 가시적인 근거로 인식되게 되었다.

▲ 중국 및 동구 국가의 은폐 사례

소련과는 달리 중국은 아직도 그들의 실제 군사예산을 공개하지 않고 있다. 그러나 많은 연구에 의하면, 군사예산을 포함한 국가예산의 항목별 편성과 '은폐'에 있어서 중국은 구소련의 방식과 관행을 채용하면서 독자적 방식을 가미한 것으로 나타나고 있다.[9]

<표 2> 중국의 공표군사비와 실제군사비(추정) 비교(1992년도 기준)

	구 분		규모(억 元)	편성/은폐 항목	북한식 명칭
군대예산내경	공표국방비	군인건비 교육훈련/작전비 기본건설공정비 유지관리비	377.9 (67.9억 달러)	국방비	국방비
	은폐경비 1	연구개발비	37.8~61.8	사회문교비	사회문화시책비
		무기장비 획득비	91.1~116.6	경제건설비	인민경제비

		준군대 관련경비	52.1~122.2	행정관리비	기관관리비
비		지방정부 군관련지출경비	122.0~127.0	(지방예산)	(지방예산)
		소 계	303.0~427.6	-	-
	① 소 계		680.9~805.5		
군대예산외경비	은폐경비 2	농부업수익	48.0~64.0	(군 자체사업 수익)	(군 '부업경영' 등 자체 수익사업)
		군기업이윤 납부수익	69.3~138.0		
		군개발사업 수익	68.0~73.5		
		무기수출 외화유보분	38.5~77.1		
	② 소 계		223.8~352.6	-	-
국방관련 지출 총액(①+②) (공표국방비 대비)			904.7~1158.1 (185억~208억 달러)	-	-
			2.4배~3.1배	-	-

자료: 茅原郁生, "中國の國防關聯支出について"(上) 및 (下), 『防衛學硏究』 弟 165号 및 弟 166号, 1996.10 및 1997.3(東京: 防衛大學校)로부터 정리. 북한의 예산항목 명칭은 2002년 전후의 일부 명칭변경 이전 기준임.

그 중, 은폐된 부분을 매우 치밀하고 설득력있게 분석한 카야하라(茅原郁生)의 분석은 이를 잘 보여주고 있다.10) <표 2>에 제시된 바와 같이 중국도 실제 군사비 중 무기획득비와 연구개발비 등 주요 군사투자비는 공표군사비에서 제외시키고 있으며, 따라서 공표군사비는 기본적으로 인건비와 장비운영유지비 등의 경상적 유지운영비(O&M)만을 포함하고 있다는 것이다.

단지 고르바쵸프에 의해 공개된 소련의 군사비 내역과 다른 것은, 중국의 경우 군사건설비와 관련이 있는 것으로 보이는 '기본건설공정비'가 공표국방비에 포함되어 있으며, 또 군인연금 부분의 처리가 모호하다는 점이다.11) 중국에 있어서의 또다른 특징은 지방정부 예산항목 속에 군관련 지출경비가 상당한 정도 포함되어 있으며, 그 외에 군 자체의 수익사업에 의한 자체 자금조달 부분이 공표군사비의 59~93%에 이르고 있다는 점이다.

이와 같은 은폐부분을 적출하여 종합하면 1992년도의 실제 군사비는 공표된 '국방비' 68억 달러의 2.4~3.1배인 185억~208억 달러 규모로서, 소련의 경우(약 3.8배)에는 미치지 못하지만 공표 군사비의 허구성을 잘 보여준다는 점에서는 대동소이하다 할 수 있다.[12]

한편, 소련과 중국 뿐 아니라 동구 공산권 국가들 경우도 사정은 유사했다고 할 수 있다. 이 분야 전문가인 K. Crane에 의하면, 동구 공산권 국가들도, 소련 및 중국과는 다소 상이한 양상을 보이기는 했으나, 군사예산의 은폐 사실 자체는 전혀 다르지 않은 것으로 파악되었다.[13] 이들 나라들은 독자적 군사력 증강과 이를 위한 군사비 투입이 그리 크지 않았고, 또 체제적 성격이 다소 달랐기 때문에 어떤 항목을 어디로 은폐했는지의 은폐방식에 있어서는 소련 및 중국과 다소 차이를 보일 뿐이었다.

2) 북한 스스로의 은폐사실 인정 사례

사회주의 국가들의 일반적 관행이나 소련의 공식인정 전례, 중국 및 기타 공산권 국가들의 군사예산 연구 결과는 그것만으로도 북한 공표군사비의 은폐가능성을 충분히 시사해 준다. 그러나 놀랍게도 북한 스스로가-적어도 결과적이지만-이를 인정한 사실도 확인되고 있다.

▲ 김일 부수상의 발언

1970년 11월의 5차 당대회에서 6차 5개년 경제계획(1971~76)을 보고하는 과정에서 부수상 김일은, 그로서는 평범한 내용이었을지 모르나 실제로는 매우 중요한 의미를 갖는 놀라운 발언을 하게 된다.

"… 당은 김일성 동지께서 내놓으신 경제건설과 국방건설의 병진로선에 따라 … 국방건설을 적극 다그치도록 하였습니다. 1960년에 국방부문에 국가예산 지출 총액의 19%가 돌려졌다면, 당대표자회의가 있은 후인 1967~71년 동안에는 … 31.1%가 나라의 방위력을 강화하는데 돌려졌으며, 지난 9년 동안 거의 89억원이나 되는 막대한 자금이 국방건설에 지출되었습니다…."14)

이 발언은 '적어도 1966년까지 일정 기간의 공표군사비는 실제군사비의 상당 부분을 축소 은폐한 예산이었음'을 결과적으로 인정한 셈이 되었던 것이다. 왜냐하면 1960년의 국방예산 부담률이 총 재정의 19%라고 소급하여 공개하였지만, 1960년 당시에 최고인민회의를 통해 통상적으로 공개한 공표군사비는 국가예산 총액의 3.1%에 불과하였기 때문이다.

이 발언은 다른 한편 지난 9년간 투입된 총 국방비 규모도 밝힘으로써 1966년 이전의 6개년 동안의 실제 군사비를 추정할 수 있는 단서도 동시에 제공하게 되었다.15)

김일의 이러한 보고는 1966년 이전 뿐 아니라, 자연스럽게 1972년 이후의 군사비에 대해서도 기본적으로 동일한 관행이 적용되었을 것이라는 추론을 가능하게 함으로써, 결국 1972년 이후의 군사비의 은폐 가능성도 간접적으로 확인한 셈이 된 것이다.16)

▲ 로동신문과 조총련계의 자료

한편 이와 유사한 자료에는 김일의 언급 외에도 몇가지가 더 확인되고 있다.

첫째는 《로동신문》 1961년 3월 30일자와 1971년 4월 14일자 보도를 기초로, 구소련의 한 연구소가 『북한의 정치경제－조선민주주의 인민공화국』이라는 책자에서 한 언급이다. 즉,

① "… 미국의 적극적인 원조… 아래 한국에서 군산복합체가 증대한 것은 … (북한으로 하여금) 국가예산에서 상당부분(70년대 15%에서 20%까지)을 방위부분에 계속해서 지출하도록 만들었다. 방위부분에 대한 지출을 절대치로 나타내면 1961년에서 1970년 사이에 1.5배 증가했다…."(65~66쪽)

라는 언급과, 다른 페이지에서의

② "… 한반도에서 긴장이 완화됨으로 인해 북한당국은 국방지출을 1961년에서 1971년까지의 시기에 있어서의 국가예산 총지출의 30%에서 그 이후 시기의 16~17%까지로 줄일 수 있게 되었다…."(171쪽)

는 언급이다.17)

다른 하나는 사회주의 성향을 지닌 조총련계 연구모임으로 알려진 '현대조선문제 강좌' 편집위원회에서 발간한 『사회주의 조선의 경제』 (한글 번역판)의

③ "… 북한의 국방비 지출비율은 60년대의 연평균 30%대에서 1972년(남북공동성명 발표가 있던 해) 이후는 16%대로 감소하고 있다…."

라는 언급이다.

물론 이들은 북한당국의 '직접적'인 공식언급은 아니다. 그러나 사실상 공식기구라 할 수 있는 ≪로동신문≫의 자료에 기초하였고, 다른 하나는 북한의 공식자료에 대한 접근가능성이 보다 큰 조직의 자료라는 점에서 그 신뢰성을 결코 무시할 수 없는 것이다.

<표 3> 북한 공개 자료의 비교 – 최고인민회의, 김일 부수상, 로동신문

연도	세출규모 (경상 백만원)	공표군사비		실제군사비	
		절대규모 (경상 백만원)	재정부담률 (%)	절대규모 (경상 백만원)	재정부담률 (%)
1960	1967.9	61.0	3.1	373.9[1]	19.0[1]
1961	2338.0	59.2	2.5	(374.1)[2]	(16.0)[2]
1970	6002.7	1878.8	31.3	1878.8	31.3
1971	6301.6	1959.8	31.1	1959.8	31.1

참고: 1)은 김일 부수상의 발언의 수치, 2)는 김일 부수상 발언의 수치에 기초한 함택영(1998)의 추정치, 그 외는 최고인민회의 의 공식발표치.

그런데 주목할 사실은, 우선 ①번의 언급에서 1970년의 '방위부분에 대한 지출'의 절대규모가 1961년에 비해 1.5배 증가했다는 점이다.

여기서 '방위부분에 대한 지출'을 지금까지 북한이 공표한 '민족보위비' 및 '국방비'와 동일한 개념으로 간주한다면, 위의 언급은 결국 1961년 《로동신문》에 언급된 군사비 규모가 1970년의 1/2.5임을 의미한다(<표 3> 참고).[18] 따라서 만약 로동신문 수치가 '실제' 군사비라면 1961년의 절대규모는 표의 374.1백 만원이 아니라 1878.8/2.5=751.5 백만원이며, 부담률은 표의 16.0%가 아니라 32.1%임을 의미한다.

1961년 군사비의 재정부담률이 32.1%라는 사실은 위 ②의 '1961~71년간 30%'와 ③의 '60년대의 연평균 30%대'라는 언급에 의해서도 그 신뢰성이 뒷받침된다. 우선 수치 자체의 크기가 모두 유사하고 전체적으로 일관성이 있다고 할 수 있기 때문이다.

이렇게 볼 때, 최고인민회의에서 이미 30%대로 공표한 1967~71년을 제외하면, 공표되었거나 재구성된 1961~66년간의 공표군사비 부담률 2.2~11.8%는 위의 새로운 공개자료에 기초한 군사비에는 크게 못미치는 축소된 수치임이 드러난다. 뿐만 아니라 김일 부수상의 언급에 기초한 실제군사비 추정치 15.4~25.1%도 크게 과소평가되었을 수 있음을 보여 준다.[19] 즉 위의 ②와 ③의 언급이 사실이라면, 이는 결국

1961~66년 기간의 실제 군사비 부담률은 평균 29%에 달해야 함을 의미하고, 또 앞의 언급 ①에서 도출된 1961년 부담률 32.1%가 사실이라면, 1962~66년의 5년간 평균 부담률은 28.3%임을 의미하기 때문이다.[20]

 어쨌든 이들 자료에 나타난 군사비 부담률이나 절대규모 수치 등은 현재로서는 그 정확성과 신뢰성 여부를 100% 장담하기는 이르다고 할 수 있을 것이다. 그러나 이들이 근거하고 있는 출처나 기관의 성격, 또 양 결과의 유사성과 일관성을 고려할 때, 상당한 신뢰성을 부여해도 좋을 것으로 판단된다.

 따라서 이들 모두는 적어도 1966년 이전의 공표군사비가 실제 군사비가 아니라 그 중 많은 부분이 은폐됨으로써 축소 발표된 것임을 드러내는 또다른 유력한 증거임에 틀림없으며, 또한 김일 부수상의 언급에 기초한 1961~66년 및 그 이전의 추정치도 과소평가된 수치일 가능성을 강력히 시사해 주는 것이다.

▲ 군사비와 관련한 상이한 정의들의 존재 가능성

 한편, 자료 ①의 '방위부분에 대한 지출'의 의미를 '민족보위비'나 통상의 '국방비'와는 달리 해석하는 경우도 생각해 볼 수 있다. 즉 군수산업에 대한 투자나, 기존 '국방비'에는 어떤 이유로 포함되지 않았으나 국방과 관련된 지출을 달리 정의하는 경우에 포함되는 군사건설비 등을 포괄한 광의의 군사비로 해석하는 경우이다. 예를들면 북한 『경제사전』의 '국방에 대한 지출' 정의가 그것에 해당될 수 있다. 즉 경제사전은,

> "… 국방에 대한 지출은 <u>민족국방공업발전</u>과 온나라의 <u>요새화를 위한 기본투자</u>, <u>전군 간부화</u>와 <u>전군현대화</u>, <u>전민무장화</u>를 위한 자금수요에 돌려진다…."

라고 '국방에 대한 지출'을 정의하고 있는 것이다.[21]

이것은 대체로 서방측 기준의 국방비 중 투자성 지출을 거의 포괄하는 개념이면서, 서방측 기준과는 달리 '국방공업' 즉 군수산업에 대한 투자까지 포괄하고 있다. 이는 한마디로 '4대 군사로선'의 실천에 소요되는 경비를 핵심으로 하는 정의처럼 보인다. 본격적인 군비증강을 위한 투자라는 점에서 과거 우리나라의 '율곡예산'과 유사한 개념이 아닌가 판단된다. 동시에 적어도 1972년 이후만을 대상으로 할 때, 이는 다음에 설명할 '제2경제위원회'의 관할 예산일 가능성이 높은 것으로 보이므로 곧 '2경폰드'를 의미하는 것일 수도 있다.[22]

요새화를 위한 '기본투자'가 여기에 포함된다고 표현한 것은, '4대 군사로선의 일환으로 추진되는 요새화'를 위한 '기본건설투자'(즉 고정자산 형성)는 여기에 포함되나, 그 운영비용이나 '일반적'인 군사건설은 포함되지 않는다는 사실을 시사한다.[23] 즉 운영비와 일반건설은 무력부 소관의 기존 '국방비'에 포함되거나 '건설성' 또는 '국가건설위원회' 소관으로 분류되고 있을 가능성을 보여 준다.[24]

서방측 개념과는 달리 군수공업 발전을 위한 투자지출이 여기에 포함된 것은 모든 산업이 국유화되어 있는 북한 당국의 입장에서는 자연스런 것이라 할 수 있다. 왜냐하면 군수공업 투자도 기본적으로 국가예산에서 지출되지 않으면 안되는 것이고 또 그것은 그들 표현대로 '국방에 대한 지출'의 한 부분이기 때문이다. 이런 점에서 보면 군수산업 발전의 기반인 군사연구개발비도 '전군현대화'의 일환으로 여기에 포함된 것으로 볼 수 있다.

또 '전군간부화'를 위한 경비가 투자성 지출로 분류될 수 있는가의 문제도 남는다. 군이 간부화를 위한 교육 및 훈련시설의 건설이나 관련 장비의 생산 및 조달이 있을 수 있으므로, 이 부분은 투자성 지출로서 여기에 포함될 수 있을 것이다. 간부화를 위한 여타의 경상적 지출은 기존 '국방비'나 '사회문화시책비' 중의 '교육비-간부양성비'로 별도로 분리 편성되었을 수도 있을 것이다.25) 따라서 '전군간부화' 비용은 적어도 그 일부가 이 정의에 포함될 수는 있을 것이다.

한편 위의 정의를 자세히 살펴보면, 여기에는 이미 보유한 군사력을 운영하는 데 필요한 경상적 운영유지비는 제외된 것으로 보인다. 경상적 운영유지비가 위의 정의에서 제외될 가능성이 높은 이유는, 이것만을 별도로 정의한 것으로 보이는 '국방비'라는 다른 개념이 이미 있는데다, 위의 정의가 주로 4대 군사로선의 실천과 관련한 투자성 지출이어서 경상적 운영유지비와는 성격이 다른 것으로 보이기 때문이다.

여기서 만약 통상 공개되는 '국방비'를 인민무력부 소관의 경상운영유지비 중심의 예산이라 한다면, 위의 '국방관련 지출'은 그 성격이 보다 선명하게 드러난다고 할 수 있다. 이를 뒷받침해 주는 또다른 규정이 있다. 즉, 『경제사전』의 '국가예산항목'의 설명부분에는,

"… 국가예산항목은 경제적 징표와 관할별 징표에 의하여 구분된다. 경제적 징표에 의한 구분은 국가예산의 수입과 지출을 그 경제적 내용에 따라 구분한 것이며, 관할별 징표에 의한 구분은 그의 소속에 따라 구분한 것이다. 경제적 징표에 의한 구분은 예산자금운동의 경제적 내용을 밝혀주는 것이기 때문에 국가예산항목 분류의 기초를 이룬다…."

라는 것이 그것이다.26)

이것에 의하면 통상의 '국방비'는 '관할별 징표'에 의한 구분이고, '국방관련 지출'은 '국가축적'에 해당되는 투자성 지출로 구성되었다는 점에서는 '경제적 징표'에 의한 구분이라 할 수 있다. 만약 이것도 전부 '제2경제 위원회' 소관예산이라 한다면 경제적 분류이면서 동시 관할별 분류에 따른 정의라 할 수 있다.

결론적으로 '국방에 대한 지출'의 정의 및 포괄범위는 현 단계에서는

두가지로 압축된다. 하나는 제2경제위원회와 같은 '국방력 강화'의 실무적 책임기관의 소관예산, 예를 들면 '2경폰드'로서, 기존 '국방비'와는 별도로 존재하는 군사예산의 의미이고, 다른 하나는 이들 양자를 합한 넓은 의미의 '국방부문' 예산이 그것이다.

어느 쪽 정의가 되었든, 위의 발언들은 결과적으로 모두 군사예산과 관련한 상이한 정의가 적어도 두 개 또는 그 이상 존재할 가능성이 매우 높다는 것을 의미하고, 통상의 '국방비'는 그 중 가장 좁게 정의된 것, 즉 적어도 결과적으로는 축소 '은폐'된 것임을 보여 준다고 할 수 있는 것이다.

3) 실제 군사력 및 군비증강 추이와의 불부합성

이제 조금 다른 각도에서 북한 공표군사비의 은폐성을 분석해 보자. 북한이 공식 발표한 군사비가 실제 군사비로 인정받기 위해서는 무엇보다도 그 전반적 추세와 규모가 실제의 군사력 수준 및 군비증강 추세와 부합해야 한다. 특히 부담률 기준이든 절대규모 기준이든 고도의 군사비 투입기간으로 발표된 1967~71년의 기간과, 그것들이 급격히 감소한 1972년 및 그 이후의 추세는 실제 군비증강 추세와 서로 부합해야 한다.

<그림 2>는 군비증강의 대표적인 지표라 할 수 있는 병력규모와 무기 및 장비 획득비 누계의 변화추세를 나타내고 있다.[27]

그런데 그림에 나타난 바와 같이 무기획득비 누계로 표시된 군비증강 추세는 4대 군사로선과 국방－경제 병진로선을 본격적으로 추진한 1966년부터 가파르게 상승하고 있음을 알 수 있다. 적어도 1971년까지의 이러한 추세는 이 기간 동안 급증하기 시작한 <그림 1>의 공표군사비 추이와 일견 모순되지 않아 보인다.

그러나 공표군사비 절대규모가 36%나 감소한 후 그 추세가 지속된 1972년 이후에는 군비증강 속도도 그에 부합하는 정도로 감소하여야 할 것이나, 짧게는 1979년까지, 길게는 경제위기의 개시시점인 1990년까지 오히려 지속적으로 가속되고 있다. 이러한 사실은 군사비의 은폐성을 강력히 뒷받침해 주는 것이다.

또 앞서의 <그림 1>에 나타난 바와 같은 1985~89년 기간의 공표군사비 절대규모의 정체 양상은 같은 기간의 획득비누계의 추세선에도 반영되어 나타나야 한다. 즉 적어도 공표군사비 추세에 대응하여 군비증강 곡선도 그 기울기가 줄어들어 감속되어야 한다는 것이다.

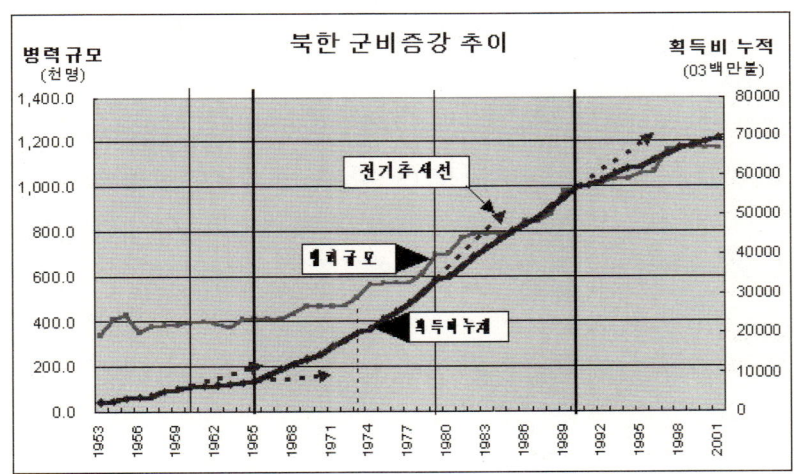

<그림 2> 북한의 군비증강 추이 - 병력 및 무기획득 누적규모

이렇게 볼 때 결국 공표군사비에 있어서 1972년의 급격한 하락 및 그 이후의 추세, 그리고 1980년대 중후반의 정체 양상은 실제의 군비증강 추세와 상충되는 것으로 볼 수밖에 없다. 더욱이 무기획득비 누계만이 아니라 병력규모도 1972년 전후에 감소하기보다 전체적으로 지속

증가하고 있는 사실과도 부합하지 않는다. 병력규모의 증가는 무기·장비의 보유물량 증가와 함께 군사비의 증가를 필요로 하는 대표적인 요소이므로, 실제군사비도 이들에 대응하여 증대되는 것이 당연한 이치이기 때문이다.

한편 공표군사비가 실제군사비로 인정받기 위해서는, 그것이 실제 군비증강 추이 뿐 아니라 그 건설 및 운영 소요와도 부합되어야 한다. 그러나 발표된 공표군사비의 절대규모는 — 달러로의 환산비율이 무엇이든지간에 — 세계 4~5위에 이르는 방대한 양의 군사력을 건설하고 유지하는 데 결코 충분하다고 할 수 없다. 즉 통상 이용되는 무역환율로 평가한 공표군사비의 총규모는 그 중 50% 이상을 장기간 군사투자비로 투입한다 하더라도 현재 수준의 군사력 보유 수준에는 턱없이 부족하다. 북한 원화를 2배 정도 높게 평가하는 기본환율로 환산하더라도 사정은 대체로 마찬가지다.

이들이 굳이 이해되기 위해서는 북한원화 구매력이 무역환율은 말할 것도 없고, 기본환율이 의미하는 수준보다도 수 배 이상 커야 하나 이것도 비현실적인 가정이다.[28] 또 공표군사비에 외부로부터의 군사원조나 차관이 포함되어 있지 않다고 보고 이를 추가하더라도 사정은 크게 달라지지 않는다.

따라서 결론적으로 특히 1972년 및 그 이후의 공표군사비는 방대한 군사력을 건설·유지하는 데 '적합한' 규모로 보기 어려운 것이다. 공표군사비 외에 군사비로 투입되는 또다른 재원이 있어야 상식적으로 설명이 될 수 있다는 것이다.

4) 1972년부터의 은폐재개와 그 증거

특히 1972년 및 그 이후의 은폐 가능성을 뒷받침해 주는 증거를 또다른 각도에서 살펴 보자.

▲ '예산항목 규정'의 변화 사실

우선 공표군사비가 크게 하락한 1972년 직전인 1970~71년에는 예산의 수입 및 지출 항목의 구성변화가 있었다고 하는 그들 스스로의 발표내용이 일단 중요한 단서를 제공한다. 1972년 예결산 보고에서 김경련 재정상은 다음과 같이 언급하고 있다.

> "… 다 아는 바와 같이 지난해에 우리나라에서도 도매가격이 전반적으로 고쳐지고… <u>국가예산 수입 지출 항목들을 규정하는데서 일부 변동이 있는</u> 것과 관련하여 … 1971년 국가예산에 관한 법령에 규정되었던 대로 <u>국가예산을 재계산하여 집행하였다</u>…."[29]

이 언급은 국가예산의 편성과 관련한 이전의 어떤 보고와도 다른 매우 특징적인 것으로서, 그 진정한 의미와 그 배경이 무엇인지는 이 짧은 언급만으로는 정확히 파악하기 어렵다. 그러나 예산편성 항목에 있어서의 통·폐합이나, 신설, 그리고 이와 관련한 소관부처의 변경과 같은 중대한 변화가 있었음을 강력히 시사해 준다는 점에 주목할 필요가 있다. 뿐만 아니라 이러한 변화의 배경 및 내용이 상당한 '은밀성'을 갖는 것임도 시사한다.

과거의 최고인민회의 보고와 그에 대한 '토론'과정을 면밀히 검토해 보면, 새로운 제도나 정책변화 등이 있는 경우 그에 대한 장황한 찬사와 합리화가 뒤따르는 것이 통례였음을 알 수 있다. 그러나 이 경우, 후속의 발언이나 토론, 기타 어떠한 문건에서도 이에 대한 추가적 언급을 확인할 수 없다.[30] 따라서 이것은 '예산수입지출 항목'의 규정 변경이 일반 최고인민회의 대의원이 알지 못하거나, 알아도 이에 대한 발언을 할 수 없는 은밀한 내용이 깔려 있음을 시사하는 것이다.

이를 특히 내각 및 당의 군수산업 담당 조직의 변천과정과 연결시켜 보면, 1967~71년 전 및 후 기간의 군사비 은폐가능성과 관련하여 하나의 '그림'이 그려질 수 있다. 즉 군사예산 편성에 있어서 중대한 변화를 초래할 기구가 1971~72년경 공식 출범했다면, 이와 1971년의 예산항목 규정의 변화간에는 - 약간의 행정적 준비기간을 고려할 때 - 일정한 연관관계를 상정할 수 있기 때문이다. 더욱이 새로 출범한 조직이 존재 자체를 공개하기 어려운 조직이었을 경우, 이것이 그 때부터 예산편성 방식을 다시 과거의 비밀주의적 관행으로 복귀시키는 결정적 계기가 되었을 것으로 볼 수 있는 것이다.

▲ 군수전담 부서인 '제2기계공업성' 존재의 비밀

그렇다면 과연 이 시기에 군사예산 편성에 변화를 초래할 어떠한 정책 및 조직/기구상의 변화가 있었던 것인가? 그것은 <표 4>에 제시된 바와 같은 군수산업 관련 정책과 조직의 변천과정에서 찾을 수 있다.

군수공업을 담당하는 내각의 첫 조직으로서 공식문건에 처음으로 확인되는 것은 1967년 12월 최고인민회의의 내각구성 문건에 나타나는 「제2기계공업성」이다. 우선 이 부서가 - 그 후에 나타난 '제2경제위원회'의 기능에서도 알 수 있듯이 - 군수공업 담당부서임은 이론異論의 여지가 없을 것이다. 그리고 주목할만한 사실은 이 부서가 유독 공표군사비가 급증한 1967~71년 기간에만 그 존재가 공식문건에서 확인되고 있다는 점이다.[31] 이 부서가 1966년 이전에도 존속되었는지는 공식문건상에서는 직접 확인되고 있지 않지만, 훨씬 전인 1956년도에 이미 설치되었다는 간접적인 정보는 있다.[32] 1956년도는 아래 표에서 보는 바와 같이 마침 내각 조직의 대대적인 개편이 있었던 시점이다.

<표 4> 1972년까지의 군수산업 관련 조직과 정책의 변천과정

시 점	변천내용	비 고2)
1948. 9	농림성외에 모든 산업부문은 산업성이 일괄 담당	첫 헌법 규정 및 SPA1-1
1956.11	산업성을, 금속, 기계, 석탄, 화학, 전기, 경공업 등으로 분야별 분리; 군수산업 비밀부서인 제2기계공업성 신설(?)	SPA 1-12, 내각 구성법 2조 개정
1962.12	4대 군사로선 채택, 당 중앙위 산하에 군사위원회 신설1), 군수산업 지도 → 기존 제2 기계공업성 지도, 지원(?)	당중앙위 4-5전원회의
1966.10	4대 군사로선 구체화, 당중앙위에 비서국 설치, 그 산하에 군수공업부, 군사부 등 설치 → 구체화된 4대군로선 당차원 추진	당 2차 대표자대회
1967.12	내각 제2기계공업성 존재 첫 공개(1971까지 확인가능) * 실제군사비 첫 공개 개시(1971까지)	SPA4-1 내각구성 결정
1970.11	지속적 '국방력 강화' 방침 천명	당 5차대회
1972.초~12	중앙인민위 산하에 국방위원회 신설; 비밀부서인 제2경제위원회 발족(기존 제2기계공업성 흡수 확대?)	SPA5-1 신헌법 채택

출처: 국토통일원(편), 전게의 최고인민회의 및 당 대회관련 문건(1988), 김준엽·김창순 등(편)『북한연구자료집』(고려대학교 아세아문제연구소, 1981), 김학준, 『북한 50년사』(두산동아, 1996) 등 종합).
1) 4대 군사로선이 결정된 이 회의에서 그 추진을 위해 당에 군사위원회를 두기로 결정했으나 공식자료로써는 확인되지 않는다. 김학준, 『북한 50년사』(두산동아, 1996).
2) SPA는 최고인민회의의 몇 기 몇 차 회의를 의미.

전쟁 후 경제복구가 거의 마무리되고 사회주의화가 진행되면서, 1948년 이래 유일한 산업관련 내각부서였던「산업성」은 1956년도에 금속, 기계, 석탄 등 다양한 분야별로 세분화되어 각기 독립된 내각부서로 재편되게 되었다. 이 과정에서 ―단지 제2경제위원회와 같이 공개되지 않았을 뿐―「제2기계공업성」도 별도로 분리, 신설되었을 개연성은 충분히 있다고 할 것이다. 북한이 일찍부터 군수공업의 발전을 강조해 왔고, 특히 1956년경에 약 20개에 불과하던 병기공장이 1957~61년 사이에 19개가 증가하여 약 40개로 확대되었다는 사실이 이를 강력히 뒷받침해 준다고 할 것이다.[33] 즉 1956~57년경부터 본격적인 군수공장 신설, 확장이 시작되었으며, 따라서 이를 전담하는 부서가 이 시기 초기에 발족되었을 것으로 보는 것은 자연스러운 것이다.

이것은 또한 중국의 사례가 뒷받침해주기도 한다. 중국은 1년전인 1955년에 일부 군수공업 담당 부서를 「제2기계공업성」이라는 이름으로 설치하였는데, 북한이 중국의 이러한 관례를 답습했을 가능성은 충분히 있다고 할 수 있는 것이다.[34] 북한은 중국의 각종 제도나 정책을 모방해 왔고, 또 군수산업 관련 기술정보의 획득 차원에서 관심을 가질 수밖에 없었기 때문이다.

결국 이러한 사실들을 종합하면, 군수담당 부서인 '제2기계공업성'과 같은 조직은 1956년 이래 1966년까지도 비밀리에 존재해 왔을 가능성이 충분하다고 결론내릴 수 있다.[35]

만약 이것이 사실이라면 매우 흥미있는 가설이 유도될 수 있다. 즉 1966년까지의 거의 전기간에 걸쳐 군사 예산 뿐 아니라 군수공업 관련 조직도 '동시에 은폐'되어 온 것이며, 나아가 1967~71년 기간에는 이들 모두의 '동시적 공개'가 이루어졌다는 점이다. 다시 말해, 1967~71년간의 군사예산과 군수부서의 '동시적 공개'는 그 이전의 '동시적 은폐'가 어떤 사정으로 인해 '동시적으로 역전'되었다는 것이다.[36]

▲ 1972년의 조직개편과 '제2경'의 탄생

그런데 위와 같은 논리는 자연스럽게 1972년 및 그 이후에도 그대로 적용될 수 있을 것이라는 기대를 갖게 한다. 이제 이러한 추론의 연장선상에서 1972년 및 그 이후를 살펴보자.[37] 과연 1972년에 '예산편성 항목구조'가 변경되고 따라서 과거의 비밀주의로 복귀할 정도의 새로운 조직개편이 있었는가?

결론부터 말하자면, 1972년초경에 기존 제2기계공업성의 기능을 발전적으로 흡수, 재편한「제2경제위원회」(이하 '제2경')가 공식 출범했으며, 이것은 단순히 내각의 한 부서로서가 아니라 당-국방위원회의 직접 지도와 지원을 배경으로 보다 강력한 권한을 가짐으로써, 결국 '예산'과 '조직' 양 면에서 과거보다 더 체계적이고 조직적인 은폐구조가 정착된 것이다.

1971년 중엽~1972년초 사이에 기존 제2기계공업성이 제2경제위원회로 확대 재편되었을 근거는 대체로 2가지로 압축된다.[38] 하나는 그 기본적인 필요성이 어느 때보다 강하고 구체적으로 제시된 1970년 11월 당 5차대회에서의 김일성의 지속적인 '국방력 강화' 방침이며, 다른 하나는 1972년의 소위 '김일성 헌법'의 채택으로 상징되는 대대적 조직개편 사실이다.

우선 김일성의 1970년 '국방력 강화' 방침을 살펴보자. 김일성은 국방력 강화에 있어서의 그 때까지의 획기적인 성과를 인정하면서도, 전민무장화 확대, 실정에 맞는 새로운 '전법戰法'과 그에 따른 군 현대화 등 추후의 지속적 '국방력 강화'를 위한 추가적 과업을 제시하게 된다.[39]

이들 중 우리의 관심을 끄는 것은, '실정에 맞는 군 현대화'를 위해서는 그에 적합한 무기의 개발과 생산 확대가 필요하며, 또 이를 위해서는 '독자적인 군사과학과 군사기술을 충분히 소유해야 한다'고 강조한 점, '군수공업을 발전시키고 정세의 요구에 맞게 경제를 개편함으로써 전시에도 생산을 계속할 수 있도록 미리부터 준비해야 한다'고 주장한 점이다.

이들 주장은 독자적인 군사과학 및 기술 능력의 확보와, 군수공업 및 전시생산체제의 더 한층의 발전을 위해서는 '경제의 재편'까지 이루어져야 한다는 것이다. 여기서의 '경제의 재편'은 '국방력 강화' 과업의 중요성을 고려할 때, 당연히 경제 및 산업의 조직과 제도, 운용체계와 관리방법 등 경제일반 및 '군사경제 체제' 전반의 변화를 포괄하는 의미로 볼 수 있다. 한마디로 말해 독자적 무기・장비의 개발능력과 그 생산 및 동원능력의 대폭적 확충을 위해 관련 제도, 조직, 구조조정까지 추진하라는 것이라 할 수 있다.

이러한 '경제재편'의 첫 시작은 무엇보다도 담당부서와 조직의 개편일 것인데, 여기서 자연스럽게 그 대상으로 되는 것이 내각의 기존 제2기계공업성과 당의 각종 군사관련 조직이었을 것이다.

즉 내각부서의 하나로 설치되어 있었던 기존 제2기계공업성만으로는 위와 같은 목적을 효과적으로 달성하기가 어렵다고 판단했을 가능성이 높고, 이를 당 중앙위 비서국 산하의 군사조직이나 군사위원회, 신설될 국방위원회 등과의 상호연계성을 한층 높이고, 독자적 예산편성권 등 권한을 크게 강화해 주어야 한다는 쪽으로 귀결되었을 가능성이 짙은 것이다.

그렇다면 이러한 체제개편의 필요성이 어떻게 현실화되었을까? 그것은 두 번째 근거인 김일성 헌법으로 상징되는 대대적 조직개편 과정에서 찾을 수 있다. 1972년은 김일성에게는 무언가 중요한 '선물'을 필요로 한 환갑이 있었던 해이면서, 1960년대 후반의 반대파에 대한 숙청작업이 완료되고 '수령 유일체제'와 동시에 김정일에로의 후계체제의 발판이 완결된 시점이었다.[40] 이것을 법적, 제도적으로 완성한 것이 '국가주석'제를 핵심으로 한 1972년의 '김일성 헌법'이었던 것이다.

이 헌법은 1948년 헌법의 내각제를 완전히 뒤바꾸는 것이었고, 따라서 내각 뿐 아니라 입법, 사법, 행정 등 3권 위에 군림하는 「중앙인민위원회」와 그 산하의 「국방위원회」 신설 등 전국가적 조직재편 바람을 불러 일으키게 되었다.

군수공업 담당 조직인 '제2경'의 출범은 크게 보아 이와 같은 조직/부서 재편의 소용돌이와 어우러져 이루어진 것으로 보는 것이 '자연스러운' 결론이다. 그런데 신헌법이 채택된 것은 1972년 12월이고, 군사예산은 1972년 4월 최고인민회의에서 이미 축소, 은폐된 규모로 공표되었다. 이것은 일견 제2경의 탄생이 신헌법의 채택 및 그에 따른 대대적 조직/제도 개편과 별도로 이루어졌을 가능성을 시사한다.

그러나 가히 혁명이라 해도 좋을 신헌법의 채택과 그에 따른 대규모 조직개편은, 그 필요성의 인식으로부터 복잡한 준비 기간을 고려하면 공식채택 훨씬 이전에 이미 내부적으로는 주요 내용이 준비되고 구체화되었을 것이다.[41]

다른 한편, 앞서 본 바와 같이 '제2경'의 출범 필요성은 이미 1970년 11월 당 5차 대회 이래 제시되었던 것이므로, 그 구체적 방향 설정 시점은 신헌법 준비 시기와 일치한다고 볼 수 있는 것이다. 따라서 크게 보면 제2경의 탄생은 그 당장의 필요성은 다소 달랐을지 모르나 신헌법 채택 및 그에 따른 대대적 조직개편과 병행하여 추진되었다고 할 수 있는 것이다. 다시 말해 신설의 사실만 공식 확인되고 그 기능은 비밀에 붙여졌던 「국방위원회」나, 당내의 기존 군사관련 조직의 정비가 제2경 탄생과 동시에 추진되었을 가능성이 높다는 것이다.

제2경의 구체적 출범 시점은 논리적으로 보아 제2기계공업성의 마지막 확인시점이었던 1971년 5월로부터 1972년의 국가예산이 발표된 최고인민회의 4기 6차 회의 개최 시점인 1972년 4월말 이전의 기간이었다고 할 수 있다. 특히 그때까지 제2기계공업성 부상副相이었던 한성룡이 1971년 5월에 장관인 상相으로 승격한 시점 또는 그 직후의 시점이 제2경의 '사실상'의 출범 시점이며, 한성룡이 선박기계공업부장으로 승진, 전보된 1972년이 '공식' 출범 시점이 아닌가 판단된다. 따라서 지금까지

대체로 1970년대 초반으로만 알려져 왔던 제2경의 탄생 시점이 보다 구체적으로 확인되는 셈이다.

▲ '제2경' 탄생과 '예산항목 구조 변경'의 연관성

이렇게 보면 1972년 4월말 최고인민회의상에서의 '예산항목 구조변경 및 재계상 집행'이라는 언급은 그 실질적 의미가 보다 선명하게 파악될 수 있게 된다. 즉 1971년 5월 또는 그 직후에 제2기계공업성의 확대발전의 형태로 제2경이 '사실상' 출범하게 되고, 1972년에 들어와 '공식' 출범함으로써 그에 따른 예산항목의 구조변화가 필요하게 되었고, 그 결과 그 때부터 직전 수년간 공표군사비에 포함되어 있던 일부 군사 관련 예산이 제2경의 예산, 즉 '2경폰드'로 '재계상, 집행'되었다는 것을 달리 표현한 것을 의미한다고 할 수 있는 것이다. 다시 말해 1972년 다시 비밀조직으로 확대발전한 제2경의 출범과 함께 불가피하게 군사예산도 은폐편성되기 시작하였음을 의미한다고 파악되는 것이다.

그런데 제2경 예산은 앞 장에서 보았듯이 실제 군사비의 핵심부분인 무기획득비와 연구개발비, 그 외의 수출용 무기생산비, 그리고 군수산업 자체에 대한 각종 투자 및 운영비를 포함할 것이다.[42] 따라서 1972년부터의 공표군사비는 그 중 적어도 무기획득비와 연구개발비 등은 '제2경 예산'으로서 아예 처음부터 공표군사비에서는 제외되었던 것이다. 이것이 북한 군사경제의 중첩적-다원적 예산편성 체계라 할 수 있으며, 이러한 예산편성상의 구조적 은폐관행은 기본적으로 1966년 이전에도 적용된다고 할 수 있다.

5) 1967~71년의 '실제군사비'와 비밀조직 공개 이유

공표군사비의 실체에 대한 지금까지의 분석은 공표군사비 급증 기간인 1967~71년 기간보다도 주로 그 전 및 후의 기간에 초점이 맞추어진 것이었다. 따라서 지금까지의 분석이 옳다고 하더라도 공표군사비의 전체상이 완전히 그려지기 위해서는 왜, 어떤 이유로 1967~71년 기간만은 군수담당 부서(제2기계공업성)의 존재와 폭증한 군사예산을 있는 그대로 공개하였는가 하는 점이 해명되어져야 한다.

앞서 본 바와 같이 1967~71년간의 급팽창된 공표군사비는 일반적으로 실제군사비 또는 그에 가까운 규모로 인식되고 있고, 또 실제의 군비증강 추이와 크게 다르지 않다는 사실도 확인할 수 있었다. 그렇다면 북한 당국은 그간의 스스로의 관행이나 사회주의 국가의 통상적 관례와는 달리 왜 '실제 군사비'를 공개하게 된 것인가?[43]

이것은 대체로 다음과 같은 몇가지 관점에서 설명될 수 있다.

첫째, 특히 1967년 이후의 대대적인 국방력 강화를 위해서는 '전국가적', '전인민적' 동참과 동원이 필수적인 상황이 되었다. 따라서 이를 유도하기 위해서는 말로만이 아니라 국가의 실질적이고 절박한 국방력 강화 노력과 의지를 공개적으로 대내에 과시할 필요성이 증대되었을 것이라는 점이다. 따라서 굳이 과거와 같은 '은밀'한 추진이 아니라 이제는 국방력 강화 정책을 공개적으로 추진해야 할 필요성이 커지게 되었다고 할 수 있는 것이다. 이들의 공개적 추진이 오히려 고도의 경각심을 유지하게 함으로써 전국가적 동원체제를 구축, 강화하는 데도 유리했을 것이기 때문이다. 따라서 새삼스럽게 '실제군사비'와 군수산업담당 부서의 존재에 대한 비밀유지 필요성도 그만큼 줄어들었을 것이라는 것이다.

잘 알려진 대로 이 기간의 '국방력'의 급속한 강화는 기본적으로 1962년 쿠바사태와 그에 대한 소련의 '배신적'이고 '굴욕적'인 대응자세, 1960년대 중반 미군의 월맹 폭격 재개와, 한-일 수교 및 한국군의 월남파병과 같은 국제 안보상황의 급변에 의해 촉발되었다.[44] 따라서 이들 일련의 사태에 대해 북한당국은 1962년 이래 '전국가적, 전인민적 방위체계 구축'과 '국방력 강화'를 사활적으로 강조하게 되었고, 그 정책적 귀결이 바로 공개적으로 추진된 '4대 군사로선'과 '국방-경제 병진로선'이라 할 수 있다. 이러한 점에서 보면, 북한당국의 위와 같은 태도변화는 1967년 직전의 고도로 '히스테리컬'(hysterical)하고 '패닉'(panic)한 상황에서 나온 일종의 불가피한 선택이었다고 볼 수 있는 것이다.

둘째는 대외적 차원에서도 국방력 강화 정책은 은밀한 추진보다는 이들을 공개적으로 추진함으로써, 북한당국의 의지와 능력을 과시할 필요성이 있었을 것이라는 점이다. 북한당국은 ― 일련의 급박한 안보상황의 진전에 따라 ― 미국이나 남한, 일본 등에 대해 스스로의 힘으로도 이에 능히 대처할 수 있으며, 또 실제로 이를 위해 철저히 준비하고 있음을 보다 적극적으로 보여줄 필요가 있다고 판단했을 수 있는 것이다. 실제로 이 기간 전후에 북한의 각종 공식문건에는 특히 미국과 그 동맹국들에 대한 군사적 자신감이 빈번하게 등장하고 있다.

셋째 국방-경제 병진로선 등을 둘러싼 국내의 노선갈등과 이에 대한 김일성의 전술과 자신감의 과시라는 측면이다. 1960년대 초-중반 이래 4대 군사로선 및 국방-경제 병진로선, 김일성의 독주 등에 대한 반발이 서서히 무르익고 있었다 할 수 있다. 이에 따라 1967년초에 접어들면 과도한 국방추진보다는 경제를 중시하는 소위 '경제파'에 대한 비판이 개시되고 곧 이어 숙청이 임박하게 되었는데,45) '실제군사비' 공개 및 '군수 조직' 존재의 공개 등 국방력 강화 정책의 공개적 추진이 공식화된 시점이 바로 그 때였던 것이다.46) 따라서 공개적 추진의 배경에는, '반대파들의 도전에도 불구하고 국방-경제 병진로선은 결코 약화될 수 없으며, 또 성공적 추진이 가능하다'는 점을 과시하고, 그럼으로써 나아가 '추후의 반발까지 제압하겠다'는 의도가 깔려 있었다고 해석될 수 있는 것이다.47)

결론적으로 이러한 일련의 대내적, 대외적 차원의 근거들은 1967~

71년 기간의 국방력 강화정책을 과거와는 달리 공개적으로 추진할 수밖에 없도록 한 충분한 이유가 될 수 있다고 판단되는 것이다.

4. 군사비 '비은폐'의 논거들

지금까지는 군사비가 은폐되었을 것이라는 가설을 전제로, 이를 뒷받침해 줄 증거들을 자세히 알아 보았다.

그렇다면 이에 대한 반대의 증거들은 없는 것일까?

1) 1967~71년 군사비 급증의 '비정상성'

우선은 지금까지와는 반대의 시각에서 공표군사비의 추세를 해석하는 주장이 있을 수 있다. 즉 거꾸로 공표군사비가 급증한 1967~71년의 기간이 '비정상적' 시기이고 그 이전 및 이후의 시기가 '정상적' 상태라는 것이다. 다시 말해 이 기간의 공표군사비의 급증은 그 전후前後 기간에 없었던 예산항목들-예를 들면 무기획득비와는 직접 관련이 없는 군수공업 투자나 '요새화'를 위한 군사시설투자와 같은 항목들-이 이 기간의 특수 사정으로 공표군사비에 추가로 포함되었다가 1972년부터 다시 원상 회복되었을 가능성이다.[48] 이것은 결국 공표군사비는 군사투자비 등을 모두 포괄하는 '실제' 군사비라는 것이고, 1967~71년의 경우는 여기에 별도의 예산이 추가되어 발표되었다는 것이다.

과연 그러한지 다시 앞 절 <그림 1>의 공표군사비 추이를 통해 살펴 보자. 우선 절대규모선과 부담률선에서 각각 1966년과 1972년의 점을 연결해 보자(점선). 절대규모는 그 전후前後 기간과 대체로 동일한 추세선이 연장되는 것으로 나타나고, 부담률 기준으로는 대체로 1972년까지 서서히 증가하다가 그 후부터 점진 하락하는 비교적 부드러운(smooth) 추세선이 그려진다. 따라서 절대규모나 부담률 기준으로 보아 일견 이 기간이 '비정상적'일 수 있다는 가정이 상당히 일리 있어 보인다.

그러나 이러한 사실이 곧 이 1967~71년 기간의 '비정상성'을 의미한다고 섣불리 단정할 수 없다. 이 경우도 마찬가지로 <그림 2>의 실제 군비증강 추세와의 비교를 통해 검증되어야 한다. 즉 만약 이것이 사실이라면 <그림 2>의 획득비 누계선은 대략 1967년 시점부터 증가속도가 갑자기 상승하기보다 대체로 그 이전의 추세가 지속되는 완만한 선이 되어야 할 것이며, 1972년 이후의 추세선은 그만큼 더 가파르게 되어야 한다. 그러나 '현실'은 <그림 2>와 같다. 즉 추세선은 대략 1967년부터 완만한 상승이 아니라 급상승하고 있는 것이다.[49]

이 가설이 옳다고 했을 경우 생기는 또다른 문제로서는, 전체 군사비 및 무기획득비의 절대 누적규모가 앞서 본 실제의 군비증강 추세와의 괴리가 더 커지게 되는데 이를 설명하기가 어려워진다는 점이다. 즉 이것은 크게 축소된 군사비가 실제 구매력 면에서는 과거와 변화가 없거나 어느 정도 증가해야 함을 의미하는 데, 이것은 앞서도 본 바와 같이 적어도 군사부문의 가격이 엄청나게 하락했다는 비현실적인 가정이 성립할 때만이 가능하기 때문이다.

따라서 결국 1967~71년 기간이 오히려 비정상적 기간일 수 있다는 주장도 마찬가지로 실제 군비증강 추세와는 부합되지 않으므로 타당성이 없다고 보아야 한다. 더욱이 1972년 이후에 과거와 같은 '정상적' 상태로 복귀했다거나, 1967~71년이 '비정상적' 기간이었다는 별도의 증거를 찾기 어렵다는 사실이 이를 뒷받침해 주고 있다.

또 그 이전 1953~66년의 공표군사비 규모와 추이가 '정상적'인 것이 아니라, 오히려 공표군사비가 실제군사비보다 훨씬 적은 '비정상적' 규모였음은 앞에서 보았듯이 그들 스스로의 발언과 문건에 의해 드러나게 되었다. 따라서 결국 1967~71년 기간은 다른 기간과는 달리 '정상적'인 실제군사비를 '비정상적'으로 공표해버린 시기였음을 강력히 시사해 주는 것이다.

2) '국방력 강화' 노선의 실질적 약화 가능성

다음에는 재정부담률과 절대규모가 급락한 것으로 발표된 1972년에 '실제'로 그럴만한 군사정책상의 변화가 있었는지, 그리고 그 이후에 그 추세가 유지될만한 어떤 이유가 있었는지 살펴보자.

군사비가 외형적으로만이 아니라 실제로 줄어들 수 있는 경우는, 위협의 감소에 따른 전략의 변화, 또는 군사적 소요보다 경제개발 등 여타 소요를 더 중시하는 정책적 변화 등이 있을 수 있다.

결론부터 말하자면, 이 측면에서는 일견 수긍할만한 이유들이 다수 발견된다.

▲ 국제정치 및 군사안보적 상황의 급변

먼저 국제정치적 측면에서 살펴보자.

1969년경부터 70년대 초에는 남북관계 및 한반도 주변상황이 평화분위기로 급반전되는 시기였다. 즉 1970년에는 남한에서 평화통일 구상이 발표되어 남북한 접촉의 계기가 만들어지고, 결국 1972년에는 7.4남북공동성명이 채택되었다. 미국과 소련간에도 데탕트 분위기도 고조되고 있었고, 또 소위 '핑퐁외교'를 통해 미국과 중국 관계가 급속히 개선되어 수교에 합의(1972)하는 등 전반적 화해 및 평화공존 무드가 확산되기 시작하였다.

이러한 국제정치적 상황전개와 함께, 군사-안보적 측면에서도 북한의 위협인식을 완화시켜주는 중요한 사태의 진전이 있었다. 대표적으로

1969년의 닉슨독트린에서 출발한 미국 안보정책의 급속한 변화가 가시화됨으로써 결국 1971년에 주한미군 7사단의 철군으로 이어진 것이다. 특히 미국의 이러한 일련의 군사-안보정책 변화는 1968~69년의 푸에블로호 납치사건이나 정찰기 격추사건으로 고조된 긴장감과 대미적대감을 그게 완화시켜주고, 또 이와 아울러 국제정치적 여건 변화는 북한으로 하여금 1960년대 초중반 이래의 고도 군비증강 노력에 반영된 절박감을 일정한 정도 줄여주는 요인이 되었을 가능성은 충분하다고 판단된다.

▲ 군사비의 '경제적 부담' 인식 강화

다른 한편 경제적 측면에서도 이러한 방향에서 영향을 미칠만한 요인도 발견된다. 즉 북한은 본격적인 군비증강이 시작된 1960년대 초중반부터 '국방력 건설'이 경제에 주는 부담을 줄곧 강조한 이래, 1970년 11월에 들어와 드디어

"… 우리의 국방력은 매우 크고 비싼 대가로 이루어졌습니다. 털어놓고 말하여 우리의 국방비 지출은 나라와 인구가 적은데 비해서는 너무나 큰 부담으로 되었습니다. 만약 국방에 돌려진 한 부분이라도 덜어 그것을 경제건설에 돌렸다면 우리 인민들의 생활은 훨씬 더 높아졌을 것입니다…."

라고 김일성은 실토하기에 이르렀다.50) 즉 공표군사비에 나타난 바와 같은 1960년대 중반 이후 6~7년의 급속한 군비증강이 경제발전에 적지 않은 부담이 되었음을 자인하고 있는 것이다.

이와 같은 사실은 <표 5>에 제시된 바와 같이 국민소득 성장률 추이에도 나타나고 있다. 즉 1950년대의 연평균 성장률은 20%를 상회하였으나 대체로 고도 군비증강 시기인 60년대의 성장률은 6.5~9.9%로

그게 하락하였으며, 1971년 이후의 70년대에는 다시 12~14%대로 상당한 정도 회복되었던 것이다.51)

엄밀히 보아 국민소득 성장률은 자본과 노동, 기술 및 생산성 수준 등 다양한 요인에 의해 결정되므로, 1960년대의 성장률 하락이 꼭 과중한 군사비 부담에 의해 초래된 것이라 보는 데에는 문제가 없지는 않다.52) 그럼에도 불구하고 군사비 등 국가적 자원배분에 있어서는 궁극적 정책결정자인 김일성의 '인식'이 중요하므로, 위와 같은 경제적 부담 인식은 군사비의 절대 및 상대적 규모에 중요한 영향요인으로 작용했을 가능성은 충분하다고 보아야 할 것이다.

<표 5> 북한 국민소득 성장률 추이

기 간	연평균 국민소득 성장률(%)*
'54~56: 3개년 계획	27.8
'57~60: 5개년 계획	21.8
'61~65	9.9
'66~70	6.4
'71~74	14.2
'75~77	12.0
'78~84: 2~7개년 계획	8.8

*성장률은 공표국민소득 성장배수와 국민소득 관련 여타의 공표자료로부터 재구성한 공표국민소득 데이터로부터 도출한 것임; 자세한 내용은 이달희·성채기, 전게서(1989) 참조.

▲ '국방력 강화'에 대한 자족감

한편 군사력 증강 측면에서도 유사한 요인이 발견된다. 대표적으로 1970년대 초가 되면, 그간 4대 군사로선을 적극 추진한 결과 '국방력 강화'에서 이제는 상당한 성과를 거두게 되었다는 자족감과 자신감이 표출되고 있는 것이다. 예를 들면 1970년 당 5차 대회에서 김일성은 다음과 같이 그간의 국방력 강화 노력에 대해 상당한 만족감을 표시하게

되었다.53)

　　"… 총결기간 국방력을 강화하는 데서 거둔 가장 중요한 성과의 하나는 전체 인민을 무장시키고 온 나라를 요새화한 것입니다. 우리나라에서는 전체인민이 다 총을 쏠 줄 알며, 총을 메고 있습니다. 또한 우리는 온나라의 모든 지역에 철옹성같은 방위시설들을 쌓아 놓았으며 중요한 생산시설들까지 다 요새화하였습니다…."

　　"… 지난날에는 보총이나 몇자루 생산하는 보잘것 없는 군수공업이 있었을 뿐입니다. 그러나 오늘에 와서는 튼튼한 자립적인 국방공업기초가 창설되어 자체로 조국보위에 필요한 여러 가지 현대적 무기와 전투기술 기재들을 만들 수 있게 되었습니다…."

　　이러한 자족감은 수사가 내포된 것이어서 이를 곧 군비증강 노력의 포기로 연결지워 해석하기는 어려울 것이다. 그럼에도 불구하고 본격적인 군사력 건설을 개시하기 전인 1950년대나 60년대 초에 비해 1970년 현재의 군사력과 그 기반은 대폭 확장, 구비되었다는 상당한 자신감의 표출인 것만은 분명하다고 보여진다. 따라서 이것이 그 이전과 같은 군사력 건설의 절박감을 어느 정도는 완화시켜주는 요인으로 작용했을 가능성은 충분하다고 할 것이다.

　　결론적으로 1972년 직전의 국제정치적, 군사-안보적, 경제적, 그리고 군사력 기반구축 측면에서의 상황변화를 종합할 때, 공표군사비의 대폭적인 하락을 그대로 합리화시켜 줄 정도는 아니지만, 적어도 그 이전까지의 군사력 건설 노력의 일정한 하향조정을 지향하는 정책의 변화가 있었을 개연성은 상당히 높다고 할 수 있을 것이다.

　　▲ 1972년 이후의 '군비증강 정책 불변'의 증거

　　이와 같이 1972년 및 그 이후 시기에 있어서 과거와 같은 군비증강의 절박감은 줄어든 것으로 볼 근거는 충분하다고 할 수 있다. 그러나 이것이 곧 그 후의 군비증강 정책의 본질적 변화를 의미하지는 않는다. 군사비 부담률의 하향조정에도 불구하고 실질적 군비증강 추세는 지속되었다는 증거들도 동시에 확인되고 있기 때문이다.

이것은 무엇보다 앞서 본 바와 같은 무기획득비 누계나 병력규모로 표현된 실제의 군비증강 추세에 의해 이미 실증적으로 확인된 '결과적 사실'일 뿐 아니라, 1972년 전과 후에 있었던 김일성의 공식 발언에서도 나타나고 있는 것이다. 예를 들면 대표적으로 앞서 본 1970년 11월의 당 5차대회에서의 지속적 '국방력 강화' 방침은, 그 내용과 표현방식에 있어서 1971년까지만 적용되는 단기적인 것이라기보다 중장기적 과제였음은 앞서 본 바와 같다. 공표군사비가 급감한 바로 그 해인 1972년 1월 김일성은,

"… 전당, 전군, 전민, 전국이 사상교육을 강화하고 혁명사상으로 무장하며 <u>4대 군사로선의 계속 관철로 군수생산능력을 증대시키고 신형 장비 생산을 강화해야</u> 한다"

라고 주장하였으며,54) 남북공동성명이 발표된 이후인 1972년 12월에는 국가예산계획과 결산을 승인하는 최고인민회의 석상에서,

"… 공화국 정부는 나라의 <u>방위력을 강화하는 사업</u>에 계속 큰 힘을 넣어야 하겠습니다. 우리는 … 미제국주의자와 맞서서 사회주의를 건설하고 있는 조건에서 <u>국방력을 강화하는 사업</u>을 한 순간도 소홀히 할 수 없습니다. …언제나 경각성을 높이며 자위의 혁명적 원칙에 따라 나라의 <u>방위력을 백방으로 강화하여야 합니다</u>…"

라고 지속적인 군비증강을 강조하고 있다.55) 다시 말해 공표군사비가 급감한 1972년 및 그 후에도 기본적으로 그 이전과 동일한 국방력 강화

노선이 강조되고 있는 것이다.

1972년 및 그 후의 지속적 국방력 강화 정책은 그 경제적, 재정적 기반의 변화된 여건에 의해서도 뒷받침된다. 즉 군사비 부담률을 설사 일정한 정도 줄여도 경제와 재정규모가 급팽창한 결과, 절대규모는 계속 과거 추세 또는 그 이상으로 증가시킬 수 있게 된 것이다.

<그림 3>에 나타난 바와 같이 국민소득은 1969년 전후를 고비로, 재정수입은 1971년을 고비로 새로운 급상승의 국면에 접어든 데다, 그 절대규모도 이미 상당한 수준으로 확대되었던 것이다.56)

<그림 3> 북한의 국민소득 및 재정규모 추이

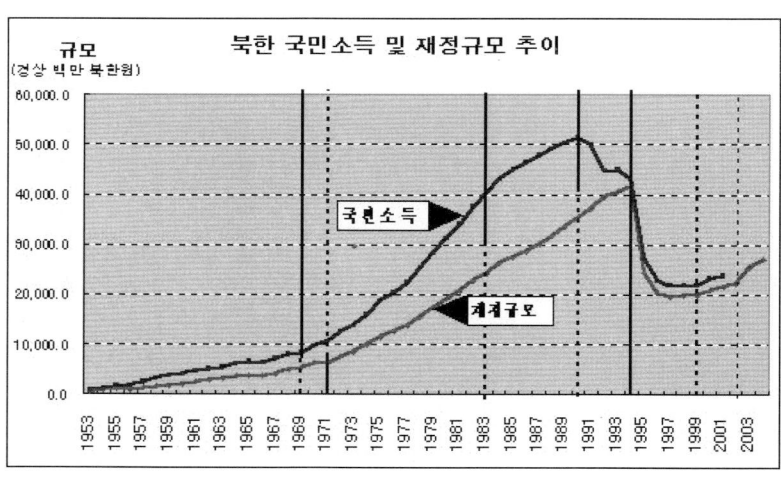

5. 결 론

지금까지 우리는 북한이 그간 공개해 온 공식발표 군사비의 성격을 은폐론과 비은폐론으로 나누어 객관적으로 종합 분석해 보았다. 지금까지의 분석결과들은 무엇을 말해 주는 것인가? 이들은 다음과 같이 압축, 정리될 수 있다.

첫째, 전후 이래 북한의 공표군사비는 기본적으로 1967~71년 기간을 제외하고는 실제 군사비의 많은 부분—특히 군사투자 관련 예산—을 포함하지 않음으로써 적어도 결과적으로 축소, 은폐된 수치들이다. 즉 '은폐의 가설'은 전체적으로 타당한 것이다.

둘째, 1967~71년 기간의 경우에는 실제에 가까운 군사비가 공개되었는데 이는 그 직전 기간에 있어서의 국제정치, 군사—안보적 상황의 긴박한 전개와 그에 따른 '전국가적 국방력 강화' 정책에 따른 불가피한 선택이었다.

셋째, 1972년 및 그 이후의 축소된 공표군사비는, 우선 남북한 및 국제적 해빙 분위기 등 1969년 이래의 안보정세의 반전과 함께, 과다한 군사비의 경제적 부담인식의 고조에 따른 군비증강 노력(재정부담률)의 상대적 저하를 반영한다. 동시에 다른 한편으로는 '국방력 강화'의 지속 필요성과 그를 위한 '제2경'의 출범 등 조직 재편 요인이 작용함으로써, 결국 군사예산 편성방식이 과거로 복귀하여 보다 체계적 은폐구조로 전환되었다. 말하자면 군비증강은 계속 추진하되, 공표군사비 추세에 나타난 정도는 아니지만 실제의 군사비 '부담률'을 일정한 정도 줄여 나가는 방향으로 정책을 전환하고, 군사예산은 과거의 비밀주의로 복귀한 것이다. 따라서 결과적으로 이 기간의 공표군사비도 축소·은폐된 수치이다.

넷째, 전후 이래 군사비의 은폐 및 공개 추이는 군수담당 조직의 은폐 및 공개 추이와 대체로 일치한다.

이러한 결론들은 본 저자와 타 연구자들의 그간의 연구결과들과 본인에 의해 새로이 발굴된 자료들을 최대한 종합하고 또 가능한한 객관적 입장을 견지하려고 노력한 연구의 결과이다. 그러나 특히 북한 군사 분야에 대한 연구가 갖는 많은 한계로 인해 앞으로도 추가로 연구되어져야 할 부분이 적지않다. 따라서 이 연구는 지금까지의 연구를 재정리함과 동시에 일부 새로운 진전을 이루고 나아가 새로운 연구를 위한 또 다른 문제제기가 되었으면 한다.

※ 이 글은 "북한공표 군사비 실체에 대한 정밀 재분석" 『국방정책연구』 제70호 (2005)에 수록되었다.

주註

1) 우리의 국회에 해당하는 최고인민회의를 통해 공개되어 온 군사비는 절대규모 형태보다는 주로 전체 예산산 규모의 몇 %라는 상대적 규모 형태로 발표되어 왔다.
2) 이들 국제안보관련 기관의 보고서들은 어떤 경우에는 자체 또는 국내외의 추정 실제군사비를, 또 어떤 때는 북한의 공식 발표 군사비를 국방비 또는 국방예산으로 발표하여 왔다.
3) 북한의 이같은 비밀주의는 대체로 사회주의 국가들의 공통된 관례였으나, 특히 북한의 경우는 그 정도가 가장 심한 경우에 속한다 할 수 있을 것이다. 이들에 관해서는 Raymond Hutchings, *The Soviet Budget* (State University of New York Press, 1983) ; 渡辺珠雄, 『ソ連の財政と國家豫算』(日本 東京: 敎育社, 1979); 茅原郁生, "中國の國防關聯支出について"(上)(下), 각각 『防衛學硏究』弟 165号 및 弟 166号, 1996.10 및 1997.3, (日本 東京: 防衛大學校); Keith Crane, *Military Spending in Eastern Europe* (RAND, 1987) 등 참조.
4) 특히 연도별 총재정규모는-김일성이 사망한 후 경제가 대혼란기에 빠지기 시작한 1995~96년도의 경우를 제외하고는-최고인민회의를 통해 거의 완전하게 공개된 유일한 자료라 할 수 있다. 1995~96년도 통계는 『조선중앙연감』이나 북한이 원조확보 차원에서 IMF에 사후적으로 공개한 자료에 의해 이용이 가능해졌다. 1948년 이후의 최고인민회의 자료에 대해서는 국토통일원, 『북한 최고인민회의자료집』제Ⅰ~Ⅳ집(1988) 및 그 후의 통일원의 각종 자료를, 1994~1996년간의 통계는 IMF, "Democratic People's Republic of Korea Fact Finding Report", 1997 참조.
5) 북한의 공표국방비 데이터는 함택영 외에도 다수의 연구기관 및 전문가들에 의해 추계가 이루어진 바 있다. 그러나 이들은 이용하고 있는 문헌이나 방법론이 유사하므로 그 결과도 대동소이하다. 일부의 차이는 본 연구의 추세분석 결과에는 큰 영향이 없는 것으로 보고, 여기서는 1953~66년 기간에 대해서는 편의상 함택영 전게서(1998)의 자료를 이용하였고, 1967년 이후의 자료는 본 저자의 그간의 각종 연구결과와 북한 최고인민회의 자료를 종합하여 추계하였다. 이들에 대해서는 이달희·성채기, 『北韓의 軍事力 建設能力 및 展望-經濟 및 軍事費를 中心으로』(서울: 한국국방연구원, 1989) ; 성채기·백승주, 『經濟難하의 北韓 軍備能力 硏究-戰鬪序列에 基礎한 軍事費 推計를 中心으로』(서울: 한국국방연구원, 1997) ; 성채기 외, 『북한경제위기 10년과 군비증강 능력』(서울: 한국국방연구원, 2003) 등 참조.
6) 본 연구에서의 추세분석은 기본적으로 경상가격 기준의 데이터에 기초하고 있음에 유의해야 한다. 이는 가장 중요하면서도 추계가 가장 어려운 분야인 북한

의 물가상승률 데이터가 여의치 못하기 때문에 현재로서는 불가피한 실정이다. 따라서 과거와 마찬가지로 특히 최근의 절대규모의 급격한 상승이 어느 정도 물가상승에 의한 것인지는 정확히 알 수 없다. 그러나 본 연구에서는—특히 2002년의 '7·1 경제관리 개선조치' 이후를 제외하면—북한의 물가상승은 여타 사회주의국가와 마찬가지로 전체적으로 연 2~3% 정도의 안정적 수준을 유지해 온 것으로 가정되고 있다. 따라서 경상가격 기준의 전반적인 추세는 실질가격 기준의 추세와 크게 다르지 않을 것이라는 잠정적인 가정이 깔려 있다.

7) 이에 관해서는 Dmitri Steinberg, "Trends in Soviet Military Expenditure," *Soviet Studies*, vol. 42, no. 4, October 1990, pp. 675-699 및 S.M. ロゴフ, "パリティーのコスト: 米ソの軍事費の比較"(ソ連東歐貿易會, 『ソ連東歐貿易 조사월보』 1991.9月號 중 Ⅲ章「米ソの 軍事支出比較」제목의 일본어 번역 논문) 등 참조.

8) 서방의 다수 전문가들은 이 때의 소련의 공개수치도 완전한 것이 아니며, 그 외에도 숨겨진 부분이 적지 않다고 분석하고 있다. 당시 소련 당국(내각회의 의장 Ryzhkov)도 군관련 우주사업비 52억루불(총 과학지출의 약 85%가 군사관련 비용) 등 여타의 군사관련 지출이 일부 추가적으로 존재하고 있음을 인정하였다. Steinberg(1990) 위의 논문.

9) 이러한 관찰은 중국 군사비 규모에 대한 연구자들의 대체로 공통된 인식이다. 대표적으로 D. Wallner, "Estimating Non-Transparent Military Expenditures: The Case of China(PRC)," *Defense and Peace* Economics, Vo. 8, 1997이나, 茅原郁生 op. cit. 등 참조.

10) 茅原郁生, op. cit.

11) 중국의 경우 전업지원비, 제대비, 퇴직비 등 통상의 군인연금 경비로 판단되는 항목들이 '퇴역관련경비'로서 대부분이 지방정부의 부담으로 되어 있는 것으로 파악하고 있다.

12) 여기서 달러 기준의 규모는 물론 구매력평가지수(PPP)가 아니라 공식환율로써 환산한 수치이다. 저자인 茅原(카야하라)는 그간 연구, 제시된 구매력평가지수 중 어느 것을 사용하느냐에 따라 실질 규모는 3~9배라는 엄청난 편차를 보이기 때문에 PPP에 의한 환산은 유보하고 있다.

13) K. Crane, op. cit. pp. 7-14.

14) 1970년 11월 5차 당대회에서의 제1 부수상 김일의 보고. 밑줄은 저자(이하 동일). 한편 1966년까지는 '국방비' 대신에 '민족보위비'로 불리워졌는데, 이러한 명칭변경도 김일의 발언과 무관하지는 않을 것으로 판단된다.

15) 즉 1967~71년간은 실제군사비로 간주하고, 그 이전의 추세와 김일이 공개한

89억원을 이용, 배분하면 1961~1966년간의 실제군사비 규모와 부담률을 개략적이나마 추정할 수 있게 된다. 나중에 보겠지만 함택영(1998) 등 많은 연구들이 이러한 방법을 이용하여 이 기간의 실제군사비를 추정하였다.
16) 김일 부수상이 그간 축소 발표해 오던 군사비 규모를 왜 뒤늦게 밝히게 되었는가는 다음에 분석될 본 연구의 기본 가설로써 설명될 것이다.
17) 소련 과학아카데미 세계사회주의 경제연구소, 『북한의 정치경제-조선민주주의인민공화국』 (1985)(국토통일원(역), 1988), 65~66쪽.
18) 위의 언급에서 '1.5배로'가 아니라 '1.5배' 증가했다고 한 점에 유의해야 한다. 1.5배 증가했다면 1970년의 수치는 1961년 수치의 2.5배라는 것을 의미한다.
19) 1966년 이전의 재구성된 공표군사비와 김일 부수상의 언급에 기초한 추정치에 대해서는 함택영(1998) 전게서 220쪽 참조.
20) 즉 1961~71년의 11년간이 연평균 30%라면, 1967~71년간 연평균 부담률은 31.2%이므로 결국 1961~66년간은 (11×30-5×31.2)/6=28.97%가 되어야 한다. 또 이 기간 중 1961년은 위와 같이 32.1%이므로 나머지 기간은 (6×28.97-32.1)/5=28.3이 되어야 한다.
21) 사회과학원 주체경제연구소, 『경제사전』 (평양: 사회과학출판사, 1985) 225쪽. 밑줄은 저자.
22) 탈북자들의 증언에 따르면 북한에서는 제2경제위원회 관할 예산과 자금, 자원을 통상 '2경폰드'라 부른다. 2경폰드에는 그 산하 '제2자연과학원' 소관의 연구개발투자도 포함되는 개념일 가능성이 높다. 그러나 여기 정의처럼 요새화를 위한 군사건설이 포함되어 있는지는 불확실하다.
23) 북한에서 '기본투자' 또는 '기본건설투자'는 '고정재산을 새로 조성하거나 개건 확장하기 위한 자금의 지출'로 정의된다. 『경제사전』, 279~280쪽 및 283.
24) 북한에는 일찍부터 '건설부/성'과 함께 '국가건설위원회'가 병존해 왔다. 『최고인민회의 회의록』 전게자료 등 참조.
25) 물론 전군간부화를 위한 경비가 외형상으로는 사회문화시책비-교육비-간부양성비로서 교육관련 부처 예산으로 은폐 편성되나, 실제 관할은 위의 '국방에 대한 지출' 관할부서(제2경제위)의 예산으로 편성될 수도 있을 것이다.
26) 『경제사전』 217쪽.
27) 병력규모는 1987년까지는 함택영 전게서(1998) 298쪽 자료이며, 그 이후는 국방백서 등의 자료이다. 함택영의 병력규모 통계는 주로 Military Balance 등의 자료에 의존하고 있지만 추세적으로 국방백서나 미국방성의 각종 자료상의 수치와 큰 괴리는 없는 것으로 보여진다. 무기획득비 누계는 무기/장비 가치의 '항목별 추계법'을 기초로 추계된 본인 등의 졸저, 전게서(2003) 자료를 주로 이용하였다.

28) 구매력평가는 북한군사비를 국제적 차원에서 비교 평가하는 데 있어서 관건적으로 중요하다. 그러나 북한 상품의 상대가격에 대한 데이터 부족으로 정확한 구매력을 파악하는 것은 현재로서는 불가능한 실정이다. 하지만 여러 자료와 연구결과들을 종합할 때 적어도 통상의 무역환율은 대용지수가 될 수 없으며, 여전히 과소평가 가능성이 있음에도 불구하고 기본환율이 구매력 평가에 더 가깝다고 할 수 있다.
29) 국토통일원(편), 전게서 제3집 중 최고인민회의 4기 6차회의(1972.4.29~30) 부분, 425쪽 참조.
30) 그간의 최고인민회의 보고 및 그에 이은 토론과정을 살펴보라. 국토통일원 편집, 전게의 최고인민회의 문건(1988) 참조.
31) 북한의 인명정보에 나타난 한성룡의 이력에는, '1970년 7월 제2기계공업성 부상副相, 1971년 5월 제2기계공업상으로 활약. 1972년 당시 정무원 선박기계공업부장으로 자리를 옮겼고 … 1988년 1월 군 관련 경제기관인 제2경제위원장 보임'이라는 내용에서도 알 수 있듯이 1970 및 71년에도 존재가 확인된다.
32) '한국기독통일연합' 홈페이지의 북한 군사관련 자료.
33) 극동문제연구소, 『북한전서』 中卷, 1974, 50쪽 (백환기, 「(북한) 군사비 특성과 군수산업」, 월간 『북한』 1982년 4월호에서 재인용).
34) 중국 군수산업 종사 과학자의 진술. 신동아, 2004년 8월호, "황의봉의 종횡무진 中國탐험 ⑧" 참조.
35) 그러나 이것은 아직은 추후 더 많은 연구가 이루어져야 할 하나의 관찰이다. 하지만 아래의 논의는 전적으로 이 관찰을 전제로 한 것은 아님에 유의해야 한다.
36) 물론 1966년 이전에 이미 군수공업 담당 비밀부서가 없었다하더라도 그 기간의 군사비 은폐는 변함없는 사실이다. 어쨌든 이 판단은 현재로서는 아직 가설의 수준을 벗어나지 못하는 것이며, 추후 추가적인 정보의 획득과 연구가 필요한 부분일 것이다. 이와 관련하여 1967~71년 기간에는 왜 이들 정보를 공개하게 되었는가를 설명할 수 있어야 할 것인데, 이는 아래에서 분석될 것이다.
37) 엄밀히 말해 1972년 이후에 대한 여기서의 분석은 반드시 그 이전에 대한 위와 같은 논리가 없더라도 동일하게 성립될 것이지만, 보다 설득력과 일관성 있는 '그림'을 그려보기 위해 그 이전과 유사한 논리를 전제로 해 보자는 것이다.
38) 지금까지 제2경제위원회는 '1970년대 초반'에 출범했다는 사실만이 간접 확인되어 왔다. 이들은 대부분 90년대 이후의 탈북자들에 의한 정보가 대다수였다. 그러나 본 분석에서는 1971년에도 제2기계공업성의 존재가 확인되었고, 1972년 4월 최고인민회의에서 축소/은폐된 군사비가 공표되었으므로, 결과적으로 1971년말~1972년 초의 기간에 설치되었을 것이라고 추론할 것이다.

39) 김일성, 「조선로동당 제5차대회 중앙위원회 사업총화보고」(1971년 11월), 김준엽·김창순 등(편) 『북한연구자료집』 제7집 (고려대학교 아세아문제연구소, 1981) 683~686쪽.
40) 이들에 대해서는 김학준, 전게서(1996) 참조.
41) 위에서 언급된 바와 같이 1972년 신헌법은 '수령 유일체제'의 완성과 '후계체제'의 발판마련 이라는 의도가 깔려 있었다. 그런데 김정일의 '후계수업'은 이미 1967년부터 시작된 것으로 파악되고 있다. 따라서 그 신헌법의 준비기간은 꽤 길었다고 할 수 있을 것이다. 김학준 전게서(1996) 292~301쪽 참조.
42) 앞 절에서 본 바와 같이 만약 '국방에 대한 지출'이 곧 '2경폰드'라면, 이것은 일종의 '4대군사로선 추진 경비'로서, '요새화'를 위한 군사건설비와 '전군간부화' 관련 투자비도 포함한다.
43) 여기서는 1967~71년간의 공표군사비를 편의상 '실제 군사비'로 부른다. 그러나 이는 1987년 이래 공개된 소련의 군사비가 그 후에 다시 전부가 아님이 파악되고 또 인정된 경우에서 보는 것처럼 진정한 실제 군사비라는 의미는 아니다.
44) 이에 대한 북한당국의 공식적 인식은 1962년~1966년 사이의 각종 당 및 최고인민회의 문건에서 확인되고 있으므로 이들을 참조하고, 그 분석에 대해서는 함택영 전게서(1998) 및 김학준 전게서(1996) 등 참조.
45) 이들은 대표적으로 박금철, 리효순 등이다. 김학준 전게서(1996) 참조.
46) 즉 1967년의 급팽창한 국방예산이 최고인민회의에서 공식 승인된 시점이 1967년 4월이며, 제2기계공업성 등 내각의 구성을 결정, 공개한 것이 같은 연도 12월이었다.
47) 그런데 아이러니컬하게도, 2년뒤인 1969년에 '경제파'의 숙청에 앞장 섰던 김광협, 김창봉, 허봉학 등 군부 강경파를 '좌경 맹동분자'로서 다시 숙청되게 된다. 이것은 1972년 이후의 군비증강 정책의 '상대적' 쇠퇴를 초래한 한 이유로 작용했다고 할 수 있다.
48) 이것은 1960년대 초중반 이래로 1962년의 '4대 군사로선' 중 '전국토 요새화'와 군수산업 육성이 집중적으로 추진되었다는 사실에 착안하는 경우, 일견 설득력이 있어 보이는 가정이라 할 수 있다.
49) 사실 <그림 2>의 획득비 누계선은 1966년부터 급상승 추세로 전환되고 있다. 그러나 이것은 (공표)군사비의 상당한 증가와 함께, 그간 거의 중단상태에 있던 소련의 방대한 무기제공이 1966년부터 급증한 사실이 동시에 작용한 것이라고 보아야 한다.
50) 김일성의 1971년 11월 노동당 5차대회 연설. '국방건설'의 경제적 부담관 관련한 북한의 공식문건과 발언의 분석에 대해서는 이달회·성채기 전게서(1989)

참조.
51) 표에 제시된 성장률은 재구성된 경상가격 기준의 공표국민소득 데이터로부터 계산된 것이므로, 물가상승분까지 포함하고 있음에 유의해야 한다. 즉 물가상승율의 크기에 따라서는 실질 성장률은 표와는 다를 수 있다. 그러나 북한의 인플레이션율은 국제기관의 추정이나 사회주의 국가들의 사례를 볼 때, 대체로 2~3% 정도로 안정되어 있다고 볼 수 있으므로 실질성장률의 상대적인 추세는 표와 크게 다르지는 않을 것이다.
52) 필자의 다른 연구에 의하면 군사비 부담이 경제침체에 미친 영향은 체제의 비효율성이나 외부지원 축소 등 여타 요인에 비해 크지 않는 것으로 분석되고 있다. 이에 대해서는 졸고, "북한 경제위기의 원인(sources)에 대한 실증적 분석 —3대 원인의 검증과 북한의 선택대안,"『국방논집』1997년 겨울호. (한국국방연구원) 참조. 또 군사비 증가는 공업생산에는 (+)의 효과를 갖는 것으로 분석된 바도 있다. 이에 대해서는 이달희·성채기 전게서(1989) 참조.
53) 김일성의 1970년 11월 노동당 5차대회 연설.
54) 김일성의 1972년 1월 1일 신년사. 밑줄은 저자 추가.
55) 1972년 12월의 최고인민회의 제5기 1차 회의에서의 김일성 연설. 밑줄은 저자 추가.
56) 그림의 국민소득 통계는 '순물적 생산'(NMP) 개념으로서, 80년대까지는 북한당국이 공개한 기간별 국민소득 성장률 자료와 1인당 국민소득 자료를 기초로 공식 국민소득 규모를 추계한 다음, 이들을 다시 재정규모나 사회총생산, 농업생산, 수출입 규모 변수와의 상호관계에 대한 회귀분석을 기초로 나머지 일부 연도로 확장 추정한 것이다. 90년대 이후는 위의 회귀모형 및 '80년대 자료, IMF에 제시한 북한 공개자료, 한국은행의 북한GNP 추계자료 등을 종합하여 추정하였다. 80년대의 추정 과정에 대해서는 이달희·성채기 전게서(1989) 참조.

<참고문헌>

1. 북한문헌

김일성, "조선로동당 제5차대회 중앙위원회 사업총화보고"(1971년 11월), 김준엽·김창순 등(편),『북한연구자료집』제7집 (서울: 고려대학교 아세아문제연구소, 1981).
사회과학원 주체경제연구소,『경제사전』(평양: 사회과학출판사, 1985).

2. 남한문헌

"황의봉의 종횡무진 中國탐험 ⑧,"『신동아』2004년 8월호.
국토통일원,『북한최고인민회의자료집』제Ⅰ~Ⅳ집 (서울: 국토통일원, 1988).
극동문제연구소,『북한전서』中卷 (서울: 극동문제연구소, 1974).
백환기, "(북한) 군사비 특성과 군수산업," 월간『북한』1982년 4월호.
성채기 외,『북한경제위기 10년과 군비증강 능력』(서울: 한국국방연구원, 2003).
성채기, "북한 경제위기의 원인(sources)에 대한 실증적 분석 - 3대 원인의 검증과 북한의 선택대안,"『국방논집』1997년 겨울호.
성채기·백승주,『經濟難下의 北韓 軍備能力 硏究 - 戰鬪序列에 基礎한 軍事費 推計를 中心으로』(서울: 한국국방연구원, 1997).
소련 과학아카데미 세계사회주의 경제연구소,『북한의 정치경제 - 조선민주주의인민공화국』(1985) (서울: 국토통일원(역), 1988).
이달희·성채기,『北韓의 軍事力 建設能力 및 展望 - 經濟 및 軍事費를 中心으로』(서울: 한국국방연구원, 1989).

3. 외국문헌

渡辺珠雄,『ソ連の財政と國家豫算』(日本 東京: 敎育社, 1979).
茅原郁生, "中國の國防關聯支出について" (上) (下),『防衛學硏究』, 弟 165号(1996.10), 弟 166号(1997.3) (日本 東京: 防衛大學校).
S.M. ロゴフ, "パリティーのコスト: 米ソの軍事費の比較," ソ連東歐貿易會,『ソ連東歐貿易 調査月報』1991.9月號 중 Ⅲ章 "米ソの 軍事支出比較" 제목의 일본어 번역 논문).
D. Wallner, "Estimating Non-Transparent Military Expenditures: The Case of China(PRC)," *Defense and Peace Economics*, Vo. 8(1997).
Dmitri Steinberg, "Trends in Soviet Military Expenditure," *Soviet Studies*, vol. 42, no.

4(October 1990).
IMF, "Democratic People's Republic of Korea Fact Finding Report", 1997.
Keith Crane, *Military Spending in Eastern Europe* (RAND, 1987).
Raymond Hutchings, *The Soviet Budget* (New York: State University of New York Press, 1983).

찾아보기

ㄱ

갑산파　7
강건　15, 29
강경노선　109
강성대국론　55
경제·국방건설 병진정책　423
공세전략　251
공표군사비　461
과두제 모델　104
99호소조　70
국가안전보위부　65
국내파　8
국방력 강화　495
국방위원장의 명령　227
국방위원장체제　139
국방위원회　63, 140
군민일치　284
군민일치모범군　288
군보위사령부　65
군비경쟁　316
군사대비태세　264
군사동향　259
군사력　243, 265
군사위협론　330
군사자본재　341

군사전략　252
군사투자비　341
군수계획국　436
군수공업부　436
군수산업　415
군의 경제적 기능　92
군의 사회적 기능　93
권력서열　62
기본건설공정비　468
김강　23
김영룡　67
김일　29
김일성 약력　13
김일성 장의위원회　90
김정일시대 북한군부　112
김호　23

ㄷ

당 기구　95
당·군 관계　32
당군사위원회　97
당비서처　172
당생활 평정서　195
당중앙　147

당중앙군사위원회의 명령　224
당중앙위원회　95, 145
당집행위원회　172
대남도발　275
대량살상무기　361, 362
대민지원　293
대외경제총국　448
WMD　361
동태적 군사력　323

무기체계　433
무정　29, 38
미사일 생산　433
민족보위성　29

ㅂ

백학림　67
보안간부훈련대대부　20
보안대　18
보위사령부　155, 191
북조선노동당　39
북한 군사력　72
북한군 지휘체계　218
북한군 최고사령관　213
북한군의 위상변화　89
북한의 정책결정　95
북한헌법　60

비대칭적 군비통제　400
비상사태　216
비정규전 전략　251
비정규전　256
빨지산　8

ㅅ

4대 군사노선　135, 423
사상적 통제　186
사회통제　64
3대진지강화　55
상의하달식 정책결정　100
생물무기금지협정　379
서대숙　16
선군정치론　55
선군혁명영도　89, 299
선제기습　252
세포비서　195
소련 군사고문단　31
소비에트화　7
속전속결　254
수상보안대　21
신의주 항공대　22
실제군사비　470, 486

아델만(Jonathan R. Adelman)　35

찾아보기 ∵ 509

IAEA 362
안길 29
알브라이트(David Albright) 34
애병정신 297
NLL의 무실화 275
MTCR 394
연안파 8
연평해전 58
우라늄농축 367, 370
우리식 사회주의 56
워게임 334
원군사업 286
원응희 67
원자력법 365
65호공장 416
이홍광 부대 29
인민군 당위원회 151
인민군따라배우기 298
인민무력부 149
인민무력부 간부국 175
인민무력성 438
인민집단군 20
일용분공장 439
임춘추 15

전력지수 320
전제 모델 104
전투동원태세 216
정치국 상무위원회 96

정치군관 159, 180
정치부 176
정태적 군사력 318
제2경제위원회 68, 437
제2기계공업성 480
제2자연과학원 448
조선공산당 북조선 분국 8, 39
조선민족해방투쟁사 15
조선민주주의인민공화국 18
조선신민당 40
조선의용군 20, 23, 30
조선인민군 제7차 선동원대회 10
조선인민군 10
조선인민군창건 25
조선인민혁명군 10
조직 동일시 모델 104
좌우 갈등 모델 104
주석단 91
준전시상태 216
중앙보안간부학교 19
집체적 협의 105

철도경비대 18
총비서 95
총정치국 조직국 173
총정치국 152, 169
총정치국의 위상 75
최고사령부 209
최고인민회의 상임위원회 98, 143

최고인민회의 97
최용건 21
최태복 97
최현 29

ㅋ

케네스 퀴노네스 102
KEDO 366
코소보사태 58

ㅌ

탄도미사일 373
통일전선사업부 110
통치스타일 100

ㅍ

페이지(Glenn D. Paige) 39
평양학원 19

ㅎ

하의상달식 정책결정 101
항일유격대 11
허스프링(Dael R. Herspring) 34
화생무기 377
화학무기금지협정 378
황장엽 102

필자 약력

▫ 강신창
　선문대학교 명예교수
　건국대학교 국제정치학 박사
　주요 저서 및 논문: 『김일성 군사평전』, 『현대정치사상』(공역), 『북한학 개론』(공저), 『북한학 원론』 외 다수

▫ 최완규
　북한대학원대학교 원장
　경희대학교 정치학 박사
　주요 저서 및 논문: 『북한은 어디로』, 『북한국가변용에 관한 연구』, 『북한 도시의 위기와 변화』 "대북 화해 협력정책의 성찰적 접근", "북한체제의 지탱력 분석: 쿠바사례와 비교론적 접근", "북한연구방법론: 논쟁의 성찰적 접근" 외 다수.

▫ 백승주
　한국국방연구원 대북정책연구실장
　경북대학교 정치학 박사
　주요 저서 및 논문: 『중국의 권력구조 현황과 정치개혁 방향』, 『남북군사회담 관련 대책방향』(공저), "핵보유시 안보정책조정방향", "2기 부시행정부의 대북정책과 북한의 대응방향", "한반도 평화협정의 주요 쟁점 및 해결방안" 외 다수.

▫ 김진무
　한국국방연구원 연구위원
　미국 피츠버그대(Univ. of Pittsburgh) 정책학 박사
　주요 저서 및 논문: "북한의 개혁개방 전망과 과제", "최근의 북러관계 강화 추이를 통해 본 군사협력 전망", "북한의 대량살상무기 개발 현황과 전망", "북한의 과학기술과 군사체제" 외 다수

▫ 정영태

통일연구원 선임연구위원

프랑스 파리1대학 정치학 박사

주요 저서 및 논문:『김정일 체제하 군부역할: 지속과 변화』,『선진국방의 비전과 과제』,『북한의 국방계획결정체계』, *North Korea's Supicious Arms Buildup and Military Threats for Regime Security*, "김정일 정권의 안정성에 관한 분석" 외 다수.

▫ 이대근

경향신문 부국장(정치 국제에디터)

고려대학교 정치학 박사

주요 저서 및 논문:『북한군부는 왜 쿠데타를 하지 않나』, "북한 국방위원회의 기능: 소련, 중국과의 비교를 통한 시사", "미국의 북한인권정책과 북한체제 위협", "조선로동당 대회(1차~6차) 대회 비교" 외 다수.

▫ 고재홍

국제문제조사연구소 연구위원

경희대 정치학 박사

주요 저서 및 논문:『북한군 최고사령관 연구』,『한국전쟁의 원인: 남북군사력 불균형(근간)』, "북한군 창설기 문화군관의 지위와 역할", "6.25전쟁기 총정치국의 위상과 역할" 외 다수.

▫ 이민룡

육군사관학교 정치학 교수

미국 메릴랜드대학교 칼리지파크 캠퍼스(University of Maryland - College Park) 정치학 박사

주요 저서 및 논문:『김정일체제의 북한군대 해부』,『동북아전략균형』(공저), "북한 군부의 정치적 위상과 군대조직의 변화" 외 다수.

▫ 김병조

국방대학교 교수

서울대학교 문학 박사(사회학)

주요 저서 및 논문: 『남북교류시대의 북한군사력과 북한 정세』(공저), "김정일정권 10년의 통치행태 변화와 향후 전망", "김정일체제하 북한군 및 군 엘리트 연구" 외 다수.

▫ 함택영

북한대학원대학교 교수, 경남대학교 극동문제연구소 부소장

미국 미시간 대학교(University of Michigan) 정치학 박사

주요 저서 및 논문: *Arming the Two Koreas: State, Capital and Military Power, North Korea 2005 and Beyoon*, 『국가안보의 정치경제학』, 『남북한 군비경쟁과 군축』(공저), "북한군사연구 서설 : 국가안보와 조선인민군" 외 다수.

▫ 윤정원

육군사관학교 정치학 교수

미국 조지아 대학교(University of Georgia) 국제정치학 박사

주요 저서 및 논문: Nuclear Bargaining and North Korea, 『21세기 한반도 안보문제 분석』, 『동북아 전략균형(2005)』(공저) 외 다수.

▫ 임강택

통일연구원 북한경제연구센터 선임연구위원

미국 뉴욕 주립대학교(State University of New York at Albany) 경제학 박사

주요 저서 및 논문: 『북한의 경제특구 개발과 외자유치 전략: 개성공업지구와 금강산 관광특구를 중심으로』(공저), "새로운 남북협력모델의 모색: 지속적으로 발전 가능한 협력 모델", "북한의 개혁·개방정책 추진 전망" 외 다수.

▫ 성채기

한국 국방연구원 국방경제연구실 연구실장, 책임연구위원
성균관대학교 대학원 경제학 박사과정 수료
주요 저서 및 논문:『북한경제위기 10년과 군비증강능력』,『경제난 하의 북한군비능력연구: 전투서열에 기초한 북한군사비 추계를 중심으로』, "북한경제위기의 원인에 대한 실증적 분석", "김정일시대의 신경제노선 평가와 전망", "A decade of Economic Crisis in North Korea : Impact on the Military", "남북한 군사력 건설비용 비교 연구" 외 다수.

북한학총서 북한의 새인식

▫ 발간위원회
  발간위원장: 전현준(북한연구학회 회장)
  발 간 위 원: 고유환(북한연구학회 부회장, 동국대학교 교수)
           정규섭(북한연구학회 부회장, 관동대학교 교수)
           이기동(북한연구학회 총무이사, 국제문제조사연구소 연구위원)

▫ 편집위원회
  책임편집: 정영철(북한연구학회 연구이사, 서울대학교 국제대학원 책임연구원)
  편집위원: 고재홍(북한연구학회 편집위원, 국제문제조사연구소 연구위원)
         신효숙(북한연구학회 편집위원, 북한대학원 대학교 연구교수)
         이무철(북한연구학회 연구위원회 간사, 북한대학원 대학교 연구교수)
         전영선(북한연구학회 문화분과위원장, 한양대학교 연구교수)

북한의 군사   정가 : 32,000원

2006년 11월 20일   초판 인쇄
2006년 11월 25일   초판 발행

　　　　　　　　　편　　저 : 북한연구학회
　　　　　　　　　발 행 인 : 한 정 희
　　　　　　　　　발 행 처 : 경인문화사
　　　　　　　　　　　　　서울특별시 마포구 마포동 324-3
　　　　　　　　　　　　　전화 : 718-4831~2, 팩스 : 703-9711
　　　　　　　　　　　　　http://www.kyunginp.co.kr 한국학서적.kr
　　　　　　　　　　　　　E-mail : kyunginp@chol.com
　　　　　　　　　등록번호 : 제10-18호(1973.11.8)

ISBN : 89-499-0439-X 93390
ⓒ2006, Kyung-in Publishing Co, Printed in Korea
* 파본 및 훼손된 책은 교환해드립니다.